U0253148

计算机

科学与技术丛书

手把手教你学
C语言版

（第2版）

51单片机

宋雪松 ◎ 编著
Song Xuesong

LEARNING MCS-51 MICROCONTROLLER
STEP BY STEP
C PROGRAMMING LANGUAGE, SECOND EDITION

清华大学出版社

北京

内 容 简 介

本书旨在培养和锻炼单片机系统实用开发技能，全书以实践为主线，让读者在一个个实践案例中逐步掌握单片机电路设计与程序代码编写能力。书中的内容从最初点亮一个小灯的简单实验，逐步扩展知识面，到最后多功能电子钟的实际项目开发指导，不仅讲解了大量原理性知识，更重要的是给读者提供了实际项目开发的思路和经验，可以让读者在实践过程中提高自己发现问题、分析问题、解决问题的能力。

本书的参编人员都是拥有多年实际项目研发经验的资深工程师，因此书中的内容涵盖了大量的实际项目中所采用的技术和技巧，具有极强的实时性和先进性，为读者铺就一条从单片机初学者晋级为工程师的康庄大道。

本书既适合刚刚接触单片机的初学者自学阅读，又可以作为各类院校电子技术相关专业的单片机教材，同时对电子行业的从业技术人员也有很高的参考价值。

图书在版编目（CIP）数据

手把手教你学 51 单片机：C 语言版/宋雪松编著.—2 版.—北京：清华大学出版社，2020.4（2024.8重印）
（计算机科学与技术丛书）
ISBN 978-7-302-54999-4

Ⅰ.①手… Ⅱ.①宋… Ⅲ.①单片微型计算机－C 语言－程序设计 Ⅳ.①TP368.1②TP312.8

中国版本图书馆 CIP 数据核字（2020）第 042644 号

责任编辑：盛东亮
封面设计：李召霞
责任校对：白 蕾
责任印制：曹婉颖

出版发行：清华大学出版社
  网 址：https://www.tup.com.cn,https://www.wqxuetang.com
  地 址：北京清华大学学研大厦 A 座 邮 编：100084
  社 总 机：010-83470000 邮 购：010-62786544
  投稿与读者服务：010-62776969，c-service@tup.tsinghua.edu.cn
  质量反馈：010-62772015，zhiliang@tup.tsinghua.edu.cn
  课件下载：https://www.tup.com.cn,010-83470236
印 装 者：三河市天利华印刷装订有限公司
经 销：全国新华书店
开 本：186mm×240mm 印 张：28 插 页：1 字 数：629 千字
版 次：2014 年 5 月第 1 版 2020 年 6 月第 2 版 印 次：2024 年 8 月第14次印刷
印 数：52501~57500
定 价：79.00 元

产品编号：085234-01

赞 誉
REVIEW

自 20 世纪 80 年代诞生以来，8051 就从未离开过嵌入式应用开发工程师的视线。在 30 多年的历程中，以 8051 为内核的单片机在结构、功能和开发语言等方面一直不断演进，至今仍被大量应用于各种电子设备，仍有大批的电子工程师采用 8051 单片机从事嵌入式系统的开发。作为微控制器的鼻祖，8051 奠定了嵌入式芯片系统的经典体系结构；掌握 8051 的开发应用，有利于从事更高层次的嵌入式开发系统的学习。该书的突出特点就是紧跟时代步伐，从实战角度论述，其设计思路、编程技巧和程序算法源于实践。作者能够灵活运用 C 语言的指针和结构体，可以将已呈现 SoC 特征的 8051 的性能发挥到极致。希望读者能够从8051 开始，开启美妙的嵌入式开发之旅。

——**于寅虎**（《电子产品世界》总编）

在该书出版前夕，很荣幸有机会阅读了样章。整体感觉这本书具有突出的原创性和优秀的实践性。作者是真正在用"心"写书，为什么这么说呢？这本书其实就是作者在和读者分享自己学习单片机的历程。作为一个工程师，作者从系统的角度，告诉读者学习单片机的方法，而不是就事论事地单纯讲应用。本书始终围绕着一个主题，即告诉读者如何根据不同应用要求，构建相关硬件接口和设计软件程序。书中给出的实例，基本上涵盖了单片机最为典型的应用场合。该书为读者提供了完备的学习生态系统，包括视频、课件、开发板和论坛。这样，读者和作者之间就建立了一个很好的交流平台，有利于高效学习。

——**何宾**（博士，《STC 单片机原理及应用》作者）

宋雪松是一个电子技术的追梦人，他在追逐单片机的道路上，摸过烧红的铁块，有过无数的坎坷。幸运的是，他坚持学习，勇于突破，终于成长为一名有理想、有本领的嵌入式工程师。该书是作者总结多年的学习经验和培训经历，凝练出的单片机学习的最佳实践途径。该书摒弃了传统的"先讲基本原理再举例"的学习套路，以一个个项目实例为载体，理论联系实践，手把手教会读者掌握单片机系统设计的方法和技巧，是一本极具变革思想的前沿教材，特推荐阅读。

——**杨晖**（《电子技术应用》副总编）

站在单片机初学者的角度，尤其是高职高专的广大师生的立足点，学习单片机的目标就是成长为单片机开发工程师。该书通过一个个独立的模块讲解，然后综合这些模块开发实际项目——这正是我们学习单片机的最有效的途径。甚至可以说，这本书是单片机学习的里程碑著作,值得学习,值得珍藏。

——刘继曾(罗定职业技术学院教师)

毫无疑问,宋雪松这本《手把手教你学 51 单片机——C 语言版》(第 2 版)既有较高的专业技术含量又通俗易懂,还附赠大量超值服务。想当初,本人在单片机与嵌入式系统学习的过程中,是摸着石头过河,走过不少弯路。现在想想,如果一开始就遇到了这样一本书,"手把手"地学习下来,至少可以节省两三年的摸索时间。真心希望更多的电子初学者读到此书,提高学习效率。

——吴常玉(青岛东软载波科技股份有限公司高级工程师)

我很久没有看到过这么好的教材了,好像正好你想知道什么它就告诉你什么,你缺什么它就给你讲解什么。宋雪松老师一定是倾其全力,把宝贵的学习和教学经验奉献给了读者;尤其是书中的实战项目,更是让人耳目一新。我目前只阅读到文字教程,还没有看视频教程,非常期待! 也更期待宋老师后续出版更高级的教程,可以领单片机初学者走出迷茫,成长为成熟的单片机工程师。

——黄克亚(苏州大学机电工程学院硕士生导师)

《手把手教你学 51 单片机——C 语言版》(第 2 版)有个鲜明的特点:"实践总结理论,理论指导实践"。该教程善于"手把手"地带领读者去做各种奇妙的实验,接着"手把手"地剖析与之紧密联系的数电、C 语言等理论根基,而后又利用这些理论去把前面的实验做改善或演变。其中的乐趣会强烈地吸引你去"动手实践",去"举一反三"。

——宋廷强(青岛科技大学信息科学技术学院副院长)

感谢各位专家及读者对于本书的不吝赞美,也感谢数千位热心读者热情洋溢的"读后感",由于篇幅所限,不再一一列出。——作者、编辑注

前 言
FOREWORD

单片机技术是现代工业自动化、电子电气、通信及物联网等领域的一门主流技术。随着人们生活及生产方式的自动化、智能化程度越来越高,单片机技术早已融入我们生活的每一个角落,几乎所有的家电内部都有单片机的身影,无数的自动化及智能公共设施也都有单片机在其背后兢兢业业地工作着。同时,单片机技术也是学习 ARM 嵌入式系统、FPGA 设计等更高阶技术的一个基础。

很多同学都想学好单片机技术,可能看了不少书,也付出了很多的努力,但总感觉似懂非懂,遇上具体项目也很茫然而无从入手。目前市面上关于单片机开发的书有很多,但绝大多数,要么是过于理论化,全是架构讲述和汇编指令等,学了半天仍不知单片机为何物;要么只是一些很简单的小实验,学完后也只能做到点亮个小灯、显示个数字等,C 语言指针都没有用到过,综合实践的例子更是一个没有。在学完这类教材后无法深入下去,很难跟实际项目开发衔接起来,于是可能会怀疑自己的能力,适不适合搞单片机。

从作者多年从事单片机领域的工作经验来说,单片机这东西,要说难的话真不怎么难,外行人看起来可能挺神秘,其实主要是没人帮忙去点破各种缘由,学不会的主要原因是方法不对头,没有专业的人员带领大家入门。

基于这些原因,我们编写了这本《手把手教你学 51 单片机——C 语言版》(第 2 版),并且配套了相关的视频教程、电子教案、源代码和实验开发板(详情浏览金沙滩工作室网站获取更多信息),手把手地带领大家来学习单片机技术,给单片机初学者带来福音,让大家一步一个脚印地掌握单片机技术。

《手把手教你学 51 单片机——C 语言版》(第 2 版)这本书除了讲解简单的实验和编程语法、由浅入深地讲解单片机技术和 C 语言编程技巧外,更重要的是结合了多个模块,以实际工程项目的编程规则来逐步带领大家学习实际开发中的电路设计和编程思路。尤其是 C 语言的指针和结构体的灵活运用、单片机的多模块编程、实际项目开发流程指导等,更是当前单片机类教材中少见的瑰宝。通过对本教材的透彻掌握,可以使读者在进入公司后能够快速适应并能承担实际的项目开发,可以说这本教材为同学们搭建了从初学者步入工程师殿堂的桥梁。

本书特色

1) 理论与实践相结合

现阶段,学习单片机不是为了应付考试,也不是为了去撰写论文,而是真正学会单片机开发技术。因此本书主要起到一个辅导实践的作用,通过每一章节的学习,目的不是让大家记住背过哪些理论,而是让大家知道如何去实际操作编程。了解方法后,大家就可以真正地去实践操作一下,从而达到学习和掌握单片机技术的目的。

2) 由浅入深、循序渐进

众多初学者不知道单片机该如何学习,不要紧,本书为你制定了一套科学的学习方法和思路,只要紧跟书中的方法和思路,按照书中的要求去实践,相信很快就可以学会单片机了。本书的学习套路和传统的方法大不相同,传统的是先讲基本原理,然后再举例,本书则是尽可能先举例子,建立起鲜活的形象,然后带领大家去探求其中的奥秘,逐一解释例程中的每个知识点的原理,这样会非常有利于大家对例程的理解。

3) 细致讲解,形象比喻

自然万物都是相通的,单片机也不例外。其实单片机技术的很多原理和道理都跟人们的实际生活类似。在课程讲解的过程中,会尽量把难以理解的技术问题和实际生活经验相联系,用形象的比喻来帮助大家透彻理解原理。

4) 实例丰富,设计规范

以前的教材大多是学校老师或者专业写书人的著作,相对来说和实际项目开发有所偏离。我们认为:学习技术,无限接近实际项目才是正道。因此参与编写本书的人员都是有着多年的丰富的实际项目开发经验的工程师,所有的电路设计、编程的思路和规范,都是与实际项目开发相结合的,这样大家在入门后,能够很快地投入实际开发中去。

5) 关注实用技术

本书的内容偏重于单片机的应用而非详尽的理论阐述。传统的书籍一般会把和单片机、C语言相关的内容一一列举介绍出来,而本书的原则是常用的重点讲解分析,不常用的只做简单介绍,早已过时的或者极少用到的内容不予理会,以提高本书的精华度。用一位网友的描述就是:都是干货,对实际开发相当有用。

6) 配套视频教程

除了纸质书本之外,出版社采用微视频的方式,将配套教材的视频教程,全部上传到云端服务器,读者只需通过扫描教材上的二维码,即可观看教学视频。

7) 完善的技术讨论平台

本书提供论坛技术讨论平台——金沙滩工作室。读者不仅可以在上边找到我们的联系方式,下载所有的学习视频和文档资料,也可以加入我们的技术讨论群和大家一起讨论学习,共同进步。

资源下载

扫描下方二维码,可以获取相应的学习资源。

工具软件　　　　　　　开发板资料　　　　　　PCB 设计指南

程序代码　　　　　　　学习说明　　　　　　　教学课件

主要内容

全书一共 20 章,从第 1 章到第 18 章以实验为载体,从单片机最小系统和 C 语言基本语法开始讲解,逐步深入,讲解单片机内部资源和 C 语言的各种用法,并穿插介绍实际项目开发常用的电路设计思路和编程技巧等。本书在知识讲解的过程中,有些地方没有按照传统思路先介绍后应用,而是先应用后讲解,这样的方式更有利于大家深入理解知识点,清楚地了解知识点的用法和原理。第 19 章是项目开发指导,带领大家逐一走过实际项目开发的全部流程,并最终完成它,让大家进行一次实际项目开发前的实战演习。第 20 章是一个扩展实例,采用 HC-SR04 超声波模块完成一个实例(超声波模块可以从网上购买),尝试以小实例项目的方式带领读者完成现实生活中的应用。附录介绍了单片机开发中一些常用工具的用法,熟练运用它们,可以帮助大家高效率地定位并解决问题。

关于作者

相信很多学电子的同学和我接触单片机的经历一样:大学里开了 C 语言和单片机相关的课程,但是上完课了却从未见过单片机长什么样子,也不知道 C 语言有何用处,考试的时候通过背一下书上的概念和程序就那么通过了,头脑中除了留下"单片机"和"C 语言"这样两个概念外,其他的全都就着馒头下肚了,没在大脑中留下一片云彩。

一个偶然的机会,我进入了我的单片机启蒙恩师李冬明老师的实验室,从此真正的单片机进入了我的世界。李老师给了我一套学习板,让我从师兄编写的程序开始学习,不懂的可以问师兄师姐。刚开始学习很难,什么都不懂,甚至想问问题都不知道该问什么,但是我还是坚持从早上 8 点半到晚上 9 点半全天候在实验室里学习。大概两三个月的时间,随着老师布置的第一个任务的完成,我发现自己一下子理解单片机了,当然这顿悟离不开两三个月的积累。半年后正式开始参与老师项目开发的一些简单工作,算是入门单片机了。我找工作的那年,由于经济危机,就业形势很严峻,但是带着在实验室学习的技术和积累的经验,我在就业大潮中很容易地找到了工作,而且进入工作岗位后,我迅速进入状态,一个月后在公司就开始参与实际产品研发工作了,几乎没有什么过渡期。

回顾我的单片机之路,我发现我是个幸运儿。一个班级里几十个人,一个学校又有那么多电子专业的学生,最终能够真正跟着老师参与项目开发锻炼的就那么几个,而全国有很多很多高校,最终有机会得到特训参加电子比赛以及项目开发实践机会的人太少太少了,大多数同学只能在外围羡慕。更有很多同学发现自己没这种机会后就自甘堕落,整天逃课玩游戏,最终大学毕业两手空空,如果不靠拼爹,靠自己很难找到称心的工作。大多数同学能考上大学,脑子一点也不比别人笨,只是没有一个领路人,没有一个正确的学习方法,缺少参与学习的平台和参加实践的机会。

致谢

本书在编写过程中得到李冬明老师的大力指点和指导,在此由衷地表示感谢。李冬明老师是一位非常严谨和认真的老师,他的严谨不仅体现在教学上,在科研上对我们的要求也是无比严格。我跟着他学习的时候,他经常说的一句话就是:"做技术必须要认真,很多人做事的时候喜欢糊弄,但做技术绝对不可以。技术是逻辑性很强的东西,不应该有任何侥幸心理,你糊弄它它就糊弄你。"这一点我在做实验的时候已经体会到了,曾经由于自己的不认真,电容极性接反,导致电容爆掉,板子烧毁。

本书诸多与实际开发相关的设计思路、编程技巧和算法等得到崔长胜工程师的大力指导,由衷地表示感谢。此外,本书在编写过程中,也得到广大单片机爱好者热情的支持和宝贵的反馈,在此表示真诚的感谢。

限于作者水平,书中难免存在不当之处,恳请广大读者批评指正。

宋雪松

2020 年 4 月

目 录

CONTENTS

第 1 章

如何学习单片机

在错误的道路上日夜兼程,最终也无法成功,方法和思路绝对是最重要的。一些学技术的同学,往往看到这类章节会直接跳过去,因为大多数类似章节都是废话连篇。但是,今天在这里作者可以很负责任地告诉你,本章节讲到的学习单片机的方法,都是作者学习单片机的无数经验和教训总结出来的瑰宝。因为作者披荆斩棘,开辟了道路,所以可以告诉读者路在何方;也因为作者摸过烧红的铁块,烫了手,所以也可以告诉读者教训和代价是什么。希望各位都能站在作者的肩膀上,看得更远。

第 1 章视频

1.1 学什么类型的单片机

单片机的型号那么多,如何选取一款合适的进行学习?如果身边有比较现成的学习单片机的条件,有什么条件就学习什么型号。比如,读者所在的公司刚好用到某个型号单片机,那么就方便多了。开发板不用购买,直接用公司现成的板子,指导老师到处都是,公司的工程师,只要虚心地请教,相信他们都愿意帮你解答问题。或者跟着学习的导师,正在使用某个型号的单片机开发产品,那么同样的道理,你也会有得天独厚的优势,直接跟着学就行了。单片机型号虽然众多,看起来纷繁复杂,其实它们的基本原理、基本用法都是相通的,只要熟练掌握其中一种,其他的都可以触类旁通,快速上手。

如果这些条件都没有,那就跟着作者学吧,建议读者学习 51 单片机。为什么呢?虽然现在单片机种类和型号非常多,每个型号都有一定的市场份额,但是哪个型号也没有早期 51 单片机那般风光和火爆,虽然现在地位不是那么高了,但是因为 51 单片机积累的资料非常多,大家学起来就会拥有众多的参考资料,所以上手肯定比其他型号要快一些。如果学习稍微偏门的单片机,可能一个简单的软件问题就要折腾好长时间,不仅仅浪费了学习时间,更重要的是打击了学习单片机的信心。

那么是不是每种单片机都要学一遍呢?答案当然是否定的。大家跟着作者来学习 51 单片机,必须得学会举一反三和融会贯通的能力。单片机型号那么多,挨个学下来估计头发白了也学不完,所以大家跟着学 51 单片机,不能仅仅当作 51 单片机来学习,更重要的是要当作"单片机"来学,要通过这个教程,把所有的单片机的内部资源都搞清楚、弄明白,每个内部模块的用法理解透彻,这样当遇到一个从未用过的单片机,也就知道如何下手去使用它进行开发了。

1.2　学习单片机的最佳方法

前边提到过,单片机是一门实用技术,学习它已经不是为了应付考试了,下面给大家总结了单片机的学习方法:一个要领,四个步骤。

学习单片机的要领就是:在实践中成长,In Doing We Learn!

学射箭得去拉弓,整天只摆造型肯定不行;学游泳得下水扑腾,整天在岸上做模仿活动不行;学开车得上车去开,坐沙发上肯定学不会。同样的道理,学单片机,整天盯着单片机书看肯定不行,也必须亲自动手去练。

没有不下水就成为游泳健将的,也没有不到车上练就能成为赛车手的,这点大家都清楚,可为什么那么多人学单片机的时候,总是只抱着一本书看呢。第一,小学、中学甚至大学的学习模式都是如此,学什么东西主要都是靠看书,应付书面考试;第二,很多人想实践却不太清楚该怎么去实践。

遇到问题查书比直接看书的效果要好过百倍。不是不让大家看书,而是说看了一点以后,要马上去实践验证,然后再回头结合实践的结果,理解书上的内容。从这个地方,大家会得出一个结论来,就是学实际技术的过程和应付考试不同,书上的内容不需要你去硬性记忆,书是用来查的,不是用来背的。

下面就是学习单片机的四个步骤。

1. 鹦鹉学舌

刚出生的孩子叫"爸爸""妈妈"的时候,他甚至不知道"爸爸""妈妈"是什么意思,更不会理解这些声音是什么意思,但是当带着孩子见到他爸爸就让他喊"爸爸",见到他妈妈就让他喊"妈妈",见到爷爷就喊"爷爷"……慢慢会发现,次数多了,孩子就知道谁是爸爸,谁是妈妈,谁是爷爷,谁是奶奶了。

大家刚开始接触单片机的时候,也属于单片机行业的新生儿。单片机的样子,单片机外围的各种器件,单片机内部的各种结构,单片机使用C语言的编程方法,初学者可能都没有见过,脑子里全无概念。没关系,有些概念和方法不理解也没有关系,甚至不需要去理解,只需要跟着去鹦鹉学舌式的学习。第一遍学习某一节课的内容时,对于程序,大家就可以完全跟着抄下来,甚至抄两三遍,过一段时间会发现,好多东西也认识了,好多概念也慢慢地理解清楚了,也能大概看懂别人的小程序了。但学习时切忌觉得自己看会了,而简单复制粘贴。

2. 照葫芦画瓢

很多同学学习的时候喜欢看视频、程序,甚至看别人的程序都能看懂,觉得自己就会了,等到自己写程序的时候,感觉就是老鼠啃天,不知道从哪里下手了,这是初学者很容易犯的

"眼高手低"的毛病,所以第二步的内容就非常重要了。

这就是要求每一位同学,在学完当前课的内容,把第一步顺利完成以后,关掉视频教程,关掉源代码,自己通过看电路图和查找非源代码的其他任何资料,把当节课的程序代码重新默写出来,边写边多少理解那么一点点,而不是纯粹的背诵,应该说是背诵加理解的结合。甚至学过几节课以后,可以回头把前边曾经这样实现过的课程,再按照这种方法做一遍。千万不要认为这一步没必要,这一步是读者能否真正学会单片机的一个关键。在学完本教程之前,每一课内容都要这样做,如果每一个程序都能够完美地完成,那么可以说,当节课的内容,百分之七八十已经掌握了。

3. 他山之石,可以攻玉

单片机技术的最大特点就是可以通过修改程序来实现不同的功能,因此举一反三的能力就必不可少了。每一节课的实例一般都会布置几个作业,大家尽量去独立完成这个作业。在完成这个作业的过程中可以参考程序思路,在这个基础上通过动脑思考去构建自己的程序框架,最终将程序完成。

在工程师实际产品研发的时候,很多情况下也是如此。比如一个产品,如果从零起步,可能会走很多弯路,遭遇很多前人也曾遭遇过的挫折,所以通常的做法是寻找或购买几款同类产品,然后先研究它们的各自优缺点,学习它们的长处,然后在同类产品基础上再来设计自己的产品。这就是"他山之石,可以攻玉"。

初学者在学习的时候往往遇到很多问题,应该想到,遇到的问题,可能前辈们早就遇到过了,所以遇到问题后不要慌张,首先利用搜索引擎在网上搜一下。要做什么新东西,先去网上找相关资料了解一下。不管是编程还是硬件设计,多参考别人的东西,只要把别人的东西分析明白了,自己用起来了,也就成为自己的知识了。

4. 理论实践结合,温故知新

当大家把所有的课程都按照前边三步完成后,不妨再把书打开,再看看书。经过了自己的实战经历,再看书的时候,对很多知识点会有一种恍然大悟的感觉。甚至视频教程、书籍都可以反复看几遍,可能有的知识点当时学习的时候不明白,过了一段时间,回过头来再学习的时候,一下就明白了。

1.3　单片机学习的准备工作

1. 足够的信心、恒心和耐心

有同学问过我,单片机这门技术难不难。我觉得这个问题可以从下面两个方面去分析。

首先,要从战略上藐视它。那么多同学跟着老师学一段时间就可以做出小车,超声波测距,甚至做出机器人,似乎很厉害的样子。他们又不是三头六臂,我们也没有什么做不了的道理。实际上要说技术,其实就是一层窗户纸,表面看不透彻,感觉特别神秘,实际只要你稍微一努力就能捅破它,夸张点说,单片机在逻辑上的关系,只有小学的水平,简单得很。正所谓会者不难,难者不会,大家不懂这个东西,看起来感觉很神秘。所以只要认真踏实坚持学下去,肯定能学好这门技术。

其次,从战术上要重视它。单片机这东西,如果十天八天就学会了,那么这个技术还能值钱吗?可以这样说,如果一个技术很简单就被学会,那么很多人都会的这个技术,肯定也没什么前途和钱途。那究竟多久能学会呢?我给大家制定的学习方案,根据每个人的基础不同,平均每天要拿出两个小时以上的学习时间,大概一到三个月就可以入门。入门的概念是给读者一个单片机开发任务,起码知道要努力的方向和解决问题的大概方法。技术这东西,关键是坚持做下去,有恒心和耐心,如果长时间不用,肯定还会生疏。所以要想成为单片机高手,起码需要一年左右的单片机开发的历练才行。成为单片机高手的概念就是自己可以从头根据自己的想法去设计一个电路,根据需要的功能编写代码,做一个产品出来。

2.教材和教程

要学习单片机这门技术,良好的教材和教程必不可少。单片机方面,大家可以直接学习这本《手把手教你学51单片机——C语言版》(第2版),并学习作者精心制作的配套视频教程。另外,因为做单片机开发使用的是C语言,所以最好能再有一本纯C语言的教材,学到一些C语言细节问题的时候,可以方便大家查阅,或者也可以直接把相关问题通过网络搜索一下,绝大部分情况都会找到满意的答案。

3.计算机一台、单片机开发板一块

计算机是学习单片机必不可少的工具,因为编写程序、查阅资料都得用到、但是有句题外话说一下,不要把计算机当成游戏机或者影碟机,偶尔玩玩游戏看看电影是可以的,劳逸结合,但是不可沉溺其中,否则还不如没有计算机。

单片机开发板是必需的。如果读者还在上学,学校实验室一般都会有开发板,可以考虑跟老师借一个,或者使用师兄师姐们用过的,这样可以省点钱。当然,如果身边有高手,比如辅导老师,会单片机的师兄,在他们的指导下做一个也可以,身边有人指导,不懂的问题还可以问他们。如果这些条件都不具备,那么可以购买一个,先学习别人板子的设计思路,给自己以后设计电路板打下基础。在这里就顺便推荐一下KST-51开发板。KST-51开发板是出自经验丰富的一线工程师之手,其中的设计都是根据实际项目开发的思路进行的,包括整体规划、电路设计、器件布局等,可以为今后的项目开发提供一个优质的参考。另外一方面,因为本教程是基于KST-51开发板做的,所以配套来用就可以节省时间,提高学习效率。

1.4　单片机开发软件环境搭建

单片机开发,首要的两个软件是编程软件和下载软件。编程软件用Keil μVision4的51版本,也称为Keil C51,不做过多介绍,先直接讲如何安装。

(1)首先准备Keil μVision4安装源文件,双击安装文件,弹出安装的欢迎界面,如图1-1所示。

图 1-1　Keil 安装欢迎界面

（2）单击 Next 按钮，弹出 License Agreement 对话框，如图 1-2 所示。这里显示的是安装许可协议，需要在"I agree to all the terms of the preceding License Agreement"前打勾。

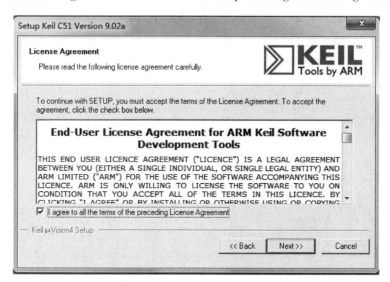

图 1-2　License Agreement 对话框

（3）单击 Next 按钮，弹出 Folder Selection 对话框，如图 1-3 所示。这里可以设置安装路径，默认安装路径在 C:\Keil 文件夹。单击 Browse 按钮，可以修改安装路径，这里建议用默认的安装路径，如果要修改，也必须使用英文路径，不要使用包含有中文字符的路径。

图 1-3　Folder Selection 对话框

（4）单击 Next 按钮，弹出 Customer Information 对话框，如图 1-4 所示。输入用户名、公司名称以及 E-mail 地址即可。

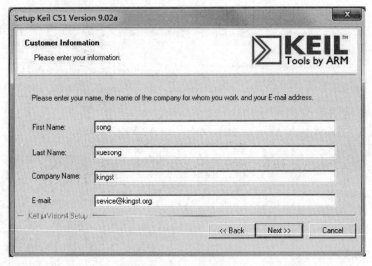

图 1-4　用户信息

（5）单击 Next 按钮，就会自动安装软件，如图 1-5 所示。

（6）安装完成后弹出安装完成对话框，如图 1-6 所示，并且出现几个选项。大家刚开始把这几个选项的对号全部去掉就可以了，先不用关注有什么作用。

（7）最后，单击 Finish 按钮，Keil 编程软件开发环境就装好了。

图 1-5 安装过程

图 1-6 安装完成

1.5 Keil 基本概况介绍

首先,用 Keil 打开一个现成的工程,认识一下 Keil 软件,如图 1-7 所示。

从图 1-7 可以很轻松地分辨出菜单栏、工具栏、工程管理区、程序代码区和信息输出窗口。这个是 Keil4 的英文版,网上有一些汉化版本,但不建议使用。即使读者的英语不好,使用英文版本的软件也一点问题没有,刚开始大家先跟着去使用,一共没几个单词,不需要

图 1-7　工程文件

去翻译,用几次就记住怎么用了。因为以后做实际开发的时候,大多数软件都是英文版的,如果现在学习的时候一直用中文软件,将来一旦换了其他的英文软件就会慌了,所以从现在开始要慢慢熟悉英文软件,将来再用到其他英文软件的时候,就可以做到触类旁通、驾轻就熟了。

　　Keil 软件的菜单栏和工具栏的具体细化功能,都可以很方便从网上查到,不需要记忆,随用随查即可。在这里只介绍一点,关于 Keil 软件里边的字体大小和颜色设置。在菜单 Edit→Configuration→Colors & Fonts 里边可以进行字体类型、颜色、大小的设置,如图 1-8 所示。

　　因为用的是 C 语言编程,所以在 Window 栏中选择 8051:Editor C Files,然后在右侧 Element 栏目里可以选择要修改的内容。一般平时用到的只是其中几项而已,比如:Text——普通文本,Text Selection——选中的文本,Number——数字,/ * Comment * /——多行注释,//Comment——单行注释,Keyword——C 语言关键字,String——字

图 1-8　字体设置(1)

符串。Keil 本身都是有默认设置的,可以直接使用默认设置,如果觉得不合口味,那就在这里更改一下,改完后直接单击 OK 按钮,看效果就可以了,如图 1-9 所示。

图 1-9　字体设置(2)

1.6　答读者问

很多读者经常问一些问题,有一些很有现实或普遍意义,于是作者把有代表性的直接写出来给大家参考,让大家了解这门技术,了解这个行业。

(1) 单片机学完了能做什么?

单片机的应用非常广泛,电子、电气、自动化、通信等领域都有大量应用,至于能做什么,得看读者将来做什么工作。如同计算机一样,计算机可以用来编程、看电影、打游戏等,用计算机做什么是不一定的。但是掌握好这门技术,起码可以让读者学会一种工具,为将来从事电子、电气、通信、自动化等领域的工作做好准备。

(2) 学单片机的捷径是什么?

做技术必须脚踏实地,没有任何捷径可走。如果非要说有,那只能告诉你,拳不离手,曲不离口就是最好的捷径。作者学习单片机的时候,每天早上 8 点半进入实验室,晚上 9 点半离开实验室,曾经创下连续 3 个月没有休息日的纪录。如果你也能这样学,那很快就可以学好这门技术了。

(3) 学习单片机应该学习什么语言,有没有必要再学习汇编?

相比较来说,汇编语言比较接近单片机的底层,使用汇编语言有助于理解单片机内部结构。简单的程序使用汇编语言,程序效率也可能比较高,但是当程序容量达到成千上万行以后(这时也仅能算个不太小的项目,还远没到大项目的级别),汇编语言在组织结构、修改维护等方面就会成为噩梦了,此时 C 语言就有不可替代的优势了。所以实际开发过程中,目前至少 90%以上的工程师都在用 C 语言做单片机开发,只有在很低端的应用中或者是特殊要求的场合才会用汇编语言开发,所以建议大家还是用 C 语言开发比较好一些。

如果现在读者正在上学学到了汇编语言,建议认真学一下,学好了肯定会有益无害。但是现在如果说想直接快速学会单片机技术,那就不建议去看汇编语言了,直接学 C 语言就可以了。那些单片机底层的结构等等,可以在日后的开发过程中慢慢理解。

(4) 学会单片机能找什么样的工作?

单片机是一个工具,和计算机有点类似但不完全一样,学会计算机可以用来编程,可以用来画图,可以用来看电影等。学会单片机可以用来做通信技术,做自动控制技术等,但是单片机本身仅仅是一个工具,在用单片机的时候,慢慢接触多了,会有一个应用方向。不仅仅要会单片机,也得对这个应用方向熟悉,比如个人从事过扩频通信技术的算法研究,那么就要对扩频通信熟悉,然后把这个技术用单片机实现出来,也得会用单片机。当然大家也不用担心,找工作的时候公司对这个方向问题要求也不会很高,但多懂点肯定也会提高自己的竞争力。

(5) 学完了单片机工资待遇如何?

对于技术来说,技术水平高低直接决定工资薪酬。技术如果学得不好,那工作都找不到,更谈不上工资待遇了,而技术做得好,那工资就自然会很高。一旦要决定从事技术,就不要把过多的精力关注在能挣多少钱上,而应该放在如何提高自身的技术水平上,只要技术水平高,比很多人都厉害,钱自然就找上门了。有一部印度的励志电影叫作《三傻大闹宝莱坞》,推荐做技术的都可以看看,里边有一句经典台词非常适合技术人员:追求卓越,成功就会在不经意间追上你!

第 2 章

点亮你的 LED

本章的标题是点亮 LED，虽然任务很简单，但是需要大家了解的单片机基础知识却很多，特别是对于初学者，刚开始要在头脑中建立一个单片机的概念，然后通过点亮一个 LED 小灯来增加初学者对单片机的兴趣和自信。

第 2 章视频

2.1 单片机的内部资源

在这里所讲到的单片机内部资源，和传统单片机书籍中讲单片机内部结构不同，这里讲到的内部资源是指作为单片机用户，单片机提供给读者可使用的东西。总结起来，主要是三大资源：

（1）Flash——程序存储空间，早期单片机是 OTPROM。

（2）RAM——数据存储空间。

（3）SFR——特殊功能寄存器。

在早期的单片机中，主要是用 OTPROM（One Time Programmable Read-Only Memory，即一次可编程只读存储器）来存储单片机的程序，程序只能写入一次，如果发现错了，没办法，只能换一片重新写入。随着技术的发展，Flash 以其可重复擦写且容量大、成本低的优点成为现在绝大多数单片机的程序存储器。对于单片机来说，Flash 最大的意义是断电后数据不丢失，这个概念类似于计算机的硬盘，保存了电影、文档、音乐等文件，把电源关掉后，下次重开计算机，所有的文件都还照样存在。

RAM 是单片机的数据存储空间，用来存储程序运行过程中产生的和需要的数据，跟计算机的内存是相似的概念，其实最典型的比喻是计算器。用计算器计算加减法，一些中间的数据都会保存在 RAM 里边，断电后数据丢失，所以每次打开计算器都是从归零开始计算。但是它的优点是读写速度非常快，理论上是可无限次写入的，即寿命无限，不管程序怎么运行和怎么读写，它都不会坏。

第三个资源是 SFR，特殊功能寄存器。这个概念大家可能刚开始理解不了，但是一定要记住。单片机有很多功能，每个功能都会对应一个或多个 SFR，用户就是通过对 SFR 的读写来实现单片机的多种多样的功能的。

讲到这里,首先来了解一下 51 单片机。通常一说到 51 单片机,指的都是兼容 Intel MCS-51 体系架构的一系列单片机,而 51 是它的一个通俗的简称。全球有众多的半导体厂商推出了无数款这一系列的单片机,比如 Atmel 的 AT89C52,NXP(Philips)的 P89V51,宏晶科技的 STC89C52……具体型号千差万别,但它们的基本原理和操作都是一样的,程序开发环境也是一样的。这里要分清楚 51 这个统称和具体的单片机型号之间的关系。

单片机内部资源的三个主要部分清楚了,那么就选择 STC89C52 这款单片机来进行学习。STC89C52 是宏晶科技出品的一款 51 内核的单片机,具有标准的 51 体系结构,全部的 51 标准功能,程序下载方式简单,方便学习,后面就用它来学习单片机。它的资源情况:Flash 程序空间是 8K 字节(1K=1024,1 字节 = 8 位),RAM 数据空间是 512 字节,SFR 后边会逐一提到并且应用。

2.2 单片机最小系统

什么是单片机最小系统呢? 单片机最小系统也称为单片机最小应用系统,是指用最少的原件组成的单片机可以工作的系统。单片机最小系统的三要素就是电源、晶振和复位电路,如图 2-1 所示。

小知识:
电路图中放置在连线上的字符叫作网络标号,相同名字的网络标号表示这两处地方实际中是连在一起的。
例如图中,R60 的右端就是跟单片机的第 9 引脚连在一起的。

图 2-1 单片机最小系统电路

这张最小系统的电路图节选自 KST-51 开发板原理图,下面就照这张电路图来具体分析最小系统的三要素。

2.2.1 电源

这个很好理解,电子设备都需要供电,就连家用电器(手电筒)也不例外。目前主流单片机的电源分为 5V 和 3.3V 这两个标准,当然现在还有对电压要求更低的单片机系统,一般多用在一些特定场合,在学习中不做过多的关注。

选用 STC89C52,它需要 5V 的供电系统,开发板是使用 USB 口输出的 5V 直流电直接供电的。从图 2-1 可以看到,供电电路在 40 引脚和 20 引脚的位置上,40 引脚接的是+5V,通常也称为 VCC 或 VDD,代表的是电源正极,20 引脚接的是 GND,代表的是电源的负极。+5V 和 GND 之间还有个电容,作用在后面介绍。

这个地方还要普及一个看原理图的知识。电路原理图是为了表达这个电路的工作原理而存在的,很多器件在绘制的时候更多考虑的是方便原理分析,而不是表达各个器件实际位置。比如原理图中的单片机引脚图,引脚的位置是可以随意放的,但是每个引脚上有一个数字标号,这个数字标号代表的才是单片机真正的引脚位置。一般情况下,这种双列直插封装的芯片,左上角是 1 引脚,逆时针旋转引脚号依次增加,一直到右上角是最大脚位。现在选用的单片机一共是 40 个引脚,因此右上角就是 40(在表示芯片的方框的内部),如图 2-2 所示。大家要分清原理图引脚标号和实际引脚位置的区别。

图 2-2 单片机封装图

2.2.2 晶振

晶振,又叫晶体振荡器,从这个名字就可以看出来,它注定一生都要不停振荡的。它起到的作用是为单片机系统提供基准时钟信号,类似于部队训练时喊口令的人,单片机内部所有的工作都是以这个时钟信号为步调基准来进行工作的。STC89C52 单片机的 18 引脚和 19 引脚是晶振引脚,接了一个 11.0592MHz 的晶振(它每秒振荡 11059200 次),外加两个 20pF 的电容,电容的作用是帮助晶振起振,并维持振荡信号的稳定。

2.2.3 复位电路

在图 2-1 左侧是一个复位电路,接到了单片机的 9 引脚 RST(Reset)复位引脚上,这个复位电路如何起作用后边再讲,现在着重讲一下复位对单片机的作用。单片机复位一般分三种情况:上电复位、手动复位和程序自动复位。

假如单片机程序有 100 行，当某一次运行到第 50 行的时候，突然停电了，这个时候单片机内部有的区域数据会丢失掉，有的区域数据可能还没丢失。那么下次打开设备的时候，人们希望单片机能正常运行，所以上电后，单片机要进行一个内部的初始化过程，这个过程就可以理解为上电复位。上电复位保证单片机每次都从一个固定的相同的状态开始工作。这个过程跟打开计算机电源的过程是一致的。

当程序运行时，如果遭受到意外干扰而导致程序死机，或者程序跑飞的时候，就可以按下一个复位按键，让程序重新初始化重新运行，这个过程就叫作手动复位，最典型的就是计算机的重启按钮。

当程序死机或者跑飞的时候，单片机往往有一套自动复位机制，比如看门狗，具体应用以后再了解。在这种情况下，如果程序长时间失去响应，单片机看门狗模块会自动复位重启。还有一些情况是程序故意重启复位单片机。

电源、晶振、复位构成了单片机最小系统的三要素，也就是说，一个单片机具备了这三个条件，就可以运行下载的程序了，其他的比如 LED 小灯、数码管、液晶等设备都是属于单片机的外部设备，即外设。最终完成用户想要的功能就是通过对单片机编程来控制各种各样的外设实现的。

2.3 LED 小灯

LED(Light-Emitting Diode)，即发光二极管，俗称 LED 小灯，它的种类很多，参数也不尽相同，KST-51 开发板用的是普通的贴片发光二极管。这种二极管通常的正向导通电压是 1.8~2.2V，工作电流一般在 1~20mA。其中，当电流在 1~5mA 变化时，随着通过 LED 的电流越来越大，人们的肉眼会明显感觉到这个灯越来越亮，而当电流在 5~20mA 变化时，看到的发光二极管的亮度变化就不太明显了。当电流超过 20mA 时，LED 就会有烧坏的危险了，电流越大，烧坏的速度也就越快。所以在使用过程中应该特别注意它在电流参数上的设计要求。

下面来看一下这个发光二极管在开发板上的设计应用，USB 接口电路如图 2-3 所示。

图 2-3　USB 接口电路

图 2-3 是开发板上的 USB 接口电路,通过 USB 线,计算机给开发板供电和下载程序以及实现计算机和开发板之间的通信。从图上可以看出,USB 座共有 6 个接口,其中 2 引脚和 3 引脚是数据通信引脚,1 引脚和 4 引脚是电源引脚,1 引脚是 VCC 正电源,4 引脚是 GND 即地线。5 引脚和 6 引脚是外壳,直接接到了 GND 上,大家可以观察一下开发板上的这个 USB 座的 6 个引脚。

现在主要来看 1 引脚 VCC 和 4 引脚 GND。1 引脚通过 F1(自恢复保险丝)接到右侧,在正常工作的情况下,保险丝可以直接看成导线,因此左右两边都是 USB 电源+5V,自恢复保险丝的作用是,当后级电路哪个地方有发生短路的时候,保险丝会自动切断电路,保护开发板以及计算机的 USB 口,当电路正常后,保险丝会恢复畅通,正常工作。

右侧有两条支路,第一条是在+5V 和 GND 接了一个 470μF 的电容,电容是隔离直流的,所以这条支路是没有电流的,电容的作用后面再介绍,下面主要看第二条支路。把第二条支路摘取出来就是如图 2-4 所示。

图 2-4　LED 小灯电路(一)

发光二极管是二极管的一种,和普通二极管一样,这个二极管也有阴极和阳极,习惯上也称之为负极和正极。原理图里的 LED 画成这样方便在电路上观察,方向必须接对了才会有电流通过,让 LED 小灯发光。刚才提到了接入的 VCC 电压是 5V,发光二极管自身压降大概是 2V,那么在右边 R34 这个电阻上承受的电压就是 3V。现在如果要求电流范围是 1~20mA,就可以根据欧姆定律 $R=U/I$,把这个电阻的上限和下限值求出来。

$U=3V$,当电流是 1mA 的时候,电阻值是 3kΩ;当电流是 20mA 的时候,电阻值是 150Ω,也就是 R34 的取值范围是 150~3kΩ。这个电阻值大小的变化,直接可以限制整条通路的电流的大小,因此这个电阻通常称为"限流电阻"。图 2-3 中用的电阻是 1kΩ,这条支路电流的大小大家可以轻松计算出来,而这个发光二极管在这里的作用是作为电源指示灯,使用 USB 线将开发板和计算机连起来,这个灯就会亮了。

同理,在板子后级开关控制的地方,又添加了一个 LED10 发光二极管,作用就是当打开开关时,这个二极管才会亮,如图 2-5 所示。

图 2-5　USB 供电电路

大家注意,这里的开关虽然只有一个,但是是 2 路的,2 路开关并联能更好地确保给后级提供更大的电流。电容 C19 和 C10 都是隔离断开直流的,作用在后面介绍,这里大家可以忽略。

下面把图 2-4 变化一下,把右侧的 GND 去掉,改成一个单片机的 I/O 口,如图 2-6 所示。

图 2-4 由于电源从正极到负极有电压差,并且电路是导通的,所以就会有电流通过,LED 小灯因为有了电流通过,所以就会直接发光。把右侧的原 GND 处接到单片机 P0.0 引脚上,如果单片机输出一个低电平,也就是跟 GND 一样的 0V 电压,就可以让 LED 小灯发光了。

图 2-6　LED 小灯电路(二)

单片机是可以编程控制的,可以让 P0.0 这个引脚输出一个高电平,就是跟 VCC 一样的 5V 电压,那么这个时候,左侧 VCC 电压和右侧 P0.0 的电压是一致的,那就没有电压差,没有电压差就不会产生电流,没有电流 LED 就不会亮,也就是会处于熄灭状态。下面就用编程软件来实现控制小灯的亮和灭。

2.4　程序代码编写

这是第一个实验程序,一定要耐心,先来了解一些 51 单片机特有的程序语法以及 Keil 软件的基本操作步骤。

2.4.1　特殊功能寄存器和位定义

一般是用 C 语言来对单片机编程,而有的单片机有那么几条很特殊的独有的编程语句,51 单片机就有,先介绍两条。

第一条语句是:

```
sfr  P0 = 0x80;
```

其中,sfr 是关键字,是 51 单片机特有的,它的作用是定义一个单片机特殊功能寄存器(special function register)。51 单片机内部有很多个小模块,每个模块居住在拥有唯一房间号的房间内,同时每个模块都有 8 个控制开关。P0 就是一个功能模块,就住在了 0x80 这个房间里,人们就是通过设置 P0 内部这个模块的 8 个开关,来让单片机的 P0 这 8 个 I/O 口输出高电平或者低电平的。而 51 单片机内部有很多寄存器,如果想使用必须提前进行 sfr 声明。不过 Keil 软件已经把所有这些声明都预先写好并保存到一个专门的文件中去了,如果要用只需在文件开头添加一行 ♯include＜reg52.h＞即可,这个在后边有用法详解。

第二条语句是:

```
sbit  LED = P0^0;
```

sbit 就是对刚才所说的 SFR 里边的 8 个开关其中的一个进行定义。经过上边第二条语句后,以后只要在程序里写 LED,就代表了 P0.0 口("^"这个符号在数字键 6 上边),注意这个 P 必须大写,也就是说给 P0.0 又取了一个更形象的名字叫作 LED。

了解了这两个语句后,再看一下单片机的特殊功能寄存器。请注意,每个型号的单片机都配有生产厂商所编写的数据手册(Datasheet),所以来看一下 STC89C52 的数据手册,从21 页到 24 页,全部是对特殊功能寄存器的介绍以及地址映射列表。在使用这个寄存器之前,必须对这个寄存器的地址进行说明。是不是花花绿绿的太多了,记不住啊,这个没关系的,不需要你记住,了解一下,后边大部分会慢慢给大家解释,少部分需要用到的时候,自己查手册就可以了,做技术不是为了应付考试,可以随时翻阅手册查找需要的资料。

如图 2-7 所示是截取的手册中第 22 页最下边的一个表格。

Mnemonic	Add	Name	7	6	5	4	3	2	1	0	Reset Value
P0	80h	8-bit Port 0	P0.7	P0.6	P0.5	P0.4	P0.3	P0.2	P0.1	P0.0	1111,1111
P1	90h	8-bit Port 1	P1.7	P1.6	P1.5	P1.4	P1.3	P1.2	P1.1	P1.0	1111,1111
P2	A0h	8-bit Port 2	P2.7	P2.6	P2.5	P2.4	P2.3	P2.2	P2.1	P2.0	1111,1111
P3	B0h	8-bit Port 3	P3.7	P3.6	P3.5	P3.4	P3.3	P3.2	P3.1	P3.0	1111,1111
P4	E8h	4-bit Port 4	—	—	—	—	P4.3	P4.2	P4.1	P4.0	xxxx,1111

图 2-7　I/O 口特殊功能寄存器

来看一下这个表,其中 P4 口 STC89C52 对标准 51 的扩展,先忽略它,只看前边的 P0、P1、P2、P3 这 4 个,每个 P 口本身又有 8 个控制端口。大家可以结合开发板原理图或者图 2-1 来看,这样就确定了单片机一共有 32 个 I/O 口(Input Output,I/O,分别是输入和输出)。

其中 P0 口所在的地址是 0x80,一共有从 7 到 0 这 8 个 I/O 口控制位,后边有个 Reset Value(复位值),这个很重要,是看寄存器必看的一个参数,8 个控制位复位值全部都是 1。这就是说,每当单片机上电复位的时候,所有的引脚的值默认是都是 1,即高电平,在设计电路的时候也要充分考虑这个问题。

前面那两条语句,写 sfr 的时候,必须根据手册里的这个地址(Add)去写,写 sbit 的时候,就可以直接将一个字节其中某一位取出来。编程的时候,也有现成的写好寄存器地址的头文件,直接包含该头文件就可以,不需要逐一去写。

2.4.2　新建一个工程

对于单片机程序来说,每个功能程序都必须有一个配套的工程(Project),即使是点亮LED 这样简单的功能程序也不例外,因此首先要新建一个工程,打开 Keil 软件后,单击Project→New μVision Project,然后会出现一个新建工程的界面,如图 2-8 所示。

在硬盘上建立一个 lesson2 的目录,然后把 LED 这个工程的路径指定到这里,这样方便今后管理程序,不同的功能程序放到不同的文件夹下,并且给这个工程起一个名字叫作LED,软件会自动添加扩展名.uvproj,如图 2-9 所示。

直接单击"保存"按钮,工程会自动保存成 LED.uvproj 文件,下次要打开 LED 这个工程时,可以直接找到文件夹,双击.uvproj 文件就可以直接打开了。

保存之后会弹出一个对话框,这个对话框让人们选择单片机型号。因为 Keil 软件是外国人开发的,所以国内的 STC89C52 并没有上榜,但是只要选择同类型号就可以了。因为

图 2-8　新建一个工程

图 2-9　保存工程

51 内核是由 Intel 公司创造的,所以这里直接选择 Intel 公司名下的 80/87C52 来代替,这个选项的选择对于后边的编程没有任何的不良影响,如图 2-10 所示。

　　单击 OK 按钮之后,会弹出一个对话框,如图 2-11 所示,每个工程都需要一段启动代码,如果单击"否"按钮,编译器会自动处理这个问题,如果单击"是"按钮,这部分代码会提供给用户,用户就可以按需要自己去处理这部分代码,这部分代码在初学 51 的这段时间内,一般是不需要修改的,但是随着技术的提高和知识的扩展,就有可能需要了解这块内容,因此这个地方单击"是"按钮,让这段代码出现,但是暂时不需要修改它,大家知道这么回事就可以了。

　　这样工程就建立好了,如图 2-12 所示,如果单击 Target 1 左边的加号,会出现刚才加入的初始化文件 STARTUP. A51。

图 2-10 单片机型号选择

图 2-11 启动代码选择

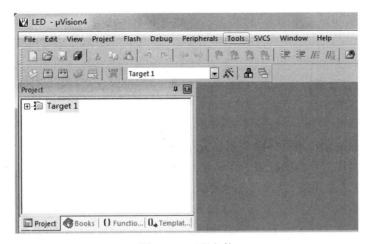

图 2-12 工程文件

工程有了之后,要建立编写代码的文件,单击 File→New,如图 2-13 所示,新建一个文件,也就是编写程序的平台。然后单击 File→Save 或者直接单击 Save 按钮,可以保存文件,保存时把它命名为 LED.c,这个地方必须加上.c,因为如果写汇编语言,这个地方的扩展名是.asm,头文件就是.h 等,这里编写的是 C 语言程序,这个地方必须自己添加文件的扩展名.c,如图 2-14 所示。

图 2-13　新建文件

图 2-14　保存文件

现在就可以在建立好的文件中输入程序代码了,在编写之前还有个工作要做。每做一个功能程序,必须新建一个工程,一个工程代表了单片机要实现的一个功能。但是一个工程有时可以把程序分为多个文件写,所以每写一个文件,都要添加到所建立的工程中去,右击 Source Group 1,单击 Add Files to Group 'Source Group 1'…,如图 2-15 所示。

在弹出的对话框中单击 LED.c 选中它,然后单击 Add 按钮,或者直接双击 LED.c 都可以将文件加入这个工程下,然后单击 Close 按钮,关闭添加(如图 2-16 所示)。这时会看到在 Source Group 1 下边又多了一个 LED.c 文件。

图 2-15　添加文件(一)

图 2-16　添加文件(二)

2.4.3　编写点亮小灯的程序

忙活了半天,准备工作做了那么多,终于要编写程序代码了。如果学过 C 语言,应该能轻松地编程,如果没学过 C 语言也没关系,先照着抄,下面在合适的位置写出对 C 语言语法的解释,这样抄几次后再看看解释,就应该很明白了,抄的时候一定要认真,尤其标点符号不可以搞错。

```
# include < reg52.h>        //包含特殊功能寄存器定义的头文件

sbit LED = P0^0;            //位地址声明,注意: sbit 必须小写,P 必须大写

void main()                 //任何一个 C 程序都必须有且仅有一个 main 函数
{                           //{}是成对存在的,在这里表示函数的起始和结束
    LED = 0;                //分号表示一条语句结束
}
```

先从程序语法上来分析一下。

(1) main 是主函数的函数名字,每一个 C 程序都必须有且仅有一个 main 函数。

(2) void 是函数的返回值类型,本程序没有返回值,用 void 表示。

(3) {}在这里是函数开始和结束的标志,不可省略。

(4) 每条 C 语言语句以分号(;)结束。

从逻辑上来看,程序这样写就可以了,但是在实际单片机应用中存在一个问题。比如程序空间可以容纳 100 行代码,但是实际上的程序只用了 50 行代码,当运行完 50 行,再继续运行时,第 51 行的程序不是自己想运行的程序,而是不确定的未知内容,一旦执行下去程序就会出错,从而可能导致单片机自动复位,所以通常在程序中加入一个死循环,让程序停留在所希望的这个状态下,不要乱运行,有以下两种写法可以参考:

参考程序(1):   参考程序(2):

```
# include < reg52.h>          # include < reg52.h>
sbit LED = P0^0;              sbit LED = P0^0;
void main()                   void main()
{                             {
    while(1)                      LED = 0;
    {                             while(1);
        LED = 0;              }
    }
}
```

程序(1)的功能是程序在反复不断地无限次执行"LED = 0;"这条语句,而程序(2)的功能是执行一次,然后程序直接停留下来等待,相对程序(1)来说程序(2)更简洁一些。针对图 2-6,这个程序能够把小灯点亮,但是这个程序却点不亮板子上的小灯,这是为什么呢?

这里大家就要培养一个意识了,做单片机编程,实际上算是硬件底层驱动程序开发,这种程序的开发是离不开电路图的,必须根据电路图来进行程序的编写。如果电路板的电路图和图 2-6 一样,程序可以成功点亮小灯,但是如果不一样,就可能点不亮。

开发板上还有一个 74HC138 作为 8 个 LED 小灯的总开关,而 P0.0 仅仅是个分开关。好像家里总是有一个供电总闸,然后每个电灯又有一个专门的开关,刚才的程序仅仅打开了

那个电灯的开关,但是没有打开那个总电闸,所以程序需要加上这部分代码。因为要介绍的内容比较多,所以把74HC138的原理以及为什么要加额外的代码在后面统一介绍,下面直接加上这部分代码,大家知道有这么一回事就可以了。

```
# include < reg52.h>        //包含特殊功能寄存器定义的头文件

sbit LED = P0^0;            //位地址声明,注意:sbit 必须小写,P 必须大写
sbit ADDR0 = P1^0;
sbit ADDR1 = P1^1;
sbit ADDR2 = P1^2;
sbit ADDR3 = P1^3;
sbit ENLED = P1^4;

void main()
{
    ENLED = 0;
    ADDR3 = 1;
    ADDR2 = 1;
    ADDR1 = 1;
    ADDR0 = 0;
    LED = 0;                //点亮小灯
    while (1);              //程序停止在这里
}
```

写了这么多啰唆的语句,刚开始大家可能觉得很麻烦,为什么有的书上程序很简单就可以点亮小灯,这里却这么麻烦呢。大家要了解一点,就是这个学习板,虽然仅仅提供给大家简单学习使用,但是也得按照实际产品的开发模式去设计,所以综合考虑因素很多,学到后边就会明白它的设计价值了,这里大家只要跟着去做就可以了。

程序编好后,要对程序进行编译,生成需要的可以下载到单片机里的文件,在编译之前,先要勾选一个选项,单击 Project→Options for Target 'Target1'...,或者直接单击图 2-17 中框内的快捷图标。

图 2-17　工程选项图标

在弹出的对话框中,单击 Output 选项页,选中其中的 Create HEX File 复选框,然后单击 OK 按钮,如图 2-18 所示。

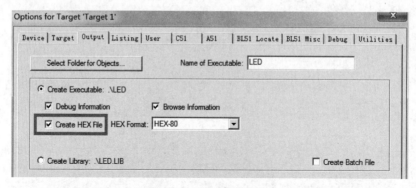

图 2-18 创建 HEX 文件

设置好以后,单击 Project→rebuild all target files,或单击图 2-19 中框内的快捷图标,就可以对程序进行编译了。

图 2-19 编译程序

编译完成后,在 Keil 下方的 Output 窗口会出现相应的提示,大家注意看图 2-20,这个窗口告诉我们编译完成后的情况,data=9.0,指的是程序使用了单片机内部的 256 字节 RAM 资源中的 9 个字节,code=29 的意思是使用了 8K 代码 Flash 资源中的 29 个字节。当提示"0 Error(s), 0 Warning(s)"表示程序没有错误和警告,就会出现"creating hex file from "LED"...",意思是从当前工程生成了一个 HEX 文件,要下载到单片机上的就是这个 HEX 文件。如果出现错误和警告提示,就是 Error 和 Warning 不是 0,那么就要对程序进行检查,找出问题,解决好了再进行编译产生 HEX 才可以。

```
Build Output
Build target 'Target 1'
assembling STARTUP.A51...
compiling LED.c...
linking...
Program Size: data=9.0 xdata=0 code=29
creating hex file from "LED"...
"LED" - 0 Error(s), 0 Warning(s).
```

图 2-20 编译输出信息

到此为止,程序就编译好了,下边就要把编译好的程序文件下载到单片机里了。

2.5　程序下载

首先连接好硬件,把板子插到计算机上,打开设备管理器查看所使用的是哪个 COM口,如图 2-21 所示,找到 USB-SERIAL CH340(COM5)这一项,这里最后的数字就是开发板目前所使用的 COM 端口号。

图 2-21　查看 COM 口

然后打开 STC 系列单片的下载软件——STC-ISP,如图 2-22 所示。

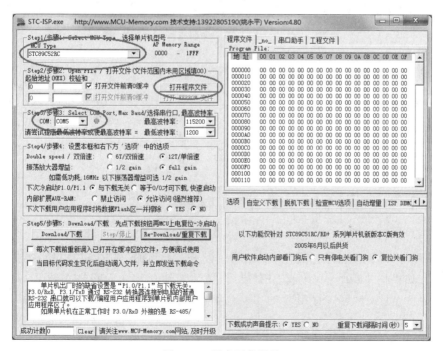

图 2-22　程序下载设置

下载软件有 5 个步骤：

第 1 步：选择单片机型号，现在用的单片机型号是 STC89C52RC，一定不要选错了。

第 2 步：单击"打开程序文件"，找到刚才建立工程的那个 lesson2 文件夹，找到 LED. hex 文件，单击打开。

第 3 步：选择刚才查到的 COM 口，波特率使用默认的就行。

第 4 步：这里的所有选项都使用默认设置，不要随便更改，有的选项改错了可能会产生麻烦。

第 5 步：因为 STC 单片机要冷启动下载，就是先点下载，然后再给单片机上电，所以先关闭板子上的电源开关，然后单击 Download 按钮，等待软件提示你请上电后，如图 2-23 所示，再按下板子的电源开关，就可以将程序下载到单片机里了。

当软件显示"已加密"就表示程序下载成功了，如图 2-24 所示。

图 2-23　程序下载过程

图 2-24　程序下载完毕

程序下载完毕就会自动运行，大家可以在板子上看到那一排 LED 中最右侧的小灯已经发光了。如果把 LED = 0 改成 LED = 1，再重新编译程序下载进去新的 HEX 文件，灯就会熄灭。至此，点亮一个 LED 的实验已经完成，终于迈出了第一步。是不是还挺好玩的呢？

2.6　练习题

1. 了解普通发光二极管的参数,掌握限流电阻的计算方法。
2. 理解单片机最小系统、单片机外围电路、Flash、RAM 和 SFR 这些概念。
3. 了解 Keil 的基本用法和单片机编程流程,能够独立完成编程下载等基本操作。

第 3 章

第 3 章视频

硬件基础知识学习

通过第 2 章的学习,我们貌似成功地点亮了一个 LED 小灯,但是有一些知识大家还没彻底搞明白。单片机是根据硬件电路图的设计来编写代码的,所以不仅仅要学习编程知识,还要学习基本的硬件知识,本章就来穿插介绍电路硬件知识。

3.1　电磁干扰

首先介绍一下去耦电容的应用背景,这个背景就是电磁干扰,也就是传说中的 EMI (Electromagnetic Interference)。

(1) 冬天的时候,尤其是空气比较干燥的内陆城市,很多朋友都有这样的经历,手触碰到计算机外壳、铁柜子等物品的时候会被电击,这就是"静电放电"现象,也称之为 ESD。

(2) 不知道你有没有这样的经历,早期使用电钻这种电机设备,并且同时在听收音机或者看电视的时候,收音机或者电视会出现杂音,这就是"快速瞬间群脉冲"的效果,也称之为 EFT。

(3) 以前的老计算机,有的性能不是很好,带电热插拔优盘、移动硬盘等外围设备的时候,内部会产生一个百万分之一秒的电源切换,直接导致计算机出现蓝屏或者重启现象,就是热插拔的"浪涌"效果,称之为 Surge。

电磁干扰的内容有很多,这里不能一一列举,但是有些内容非常重要,后边要一点点地了解。这些问题大家不要认为是小问题,比如一个简单的静电放电,用手能感觉到的静电,可能已经达到 3kV 以上了,如果用眼睛能看得到的,至少是 5kV 了,只是因为这个电压虽然很高,能量却非常小,持续的时间非常短,因此不会对人体造成伤害。但是应用这些半导体元器件就不一样了,一旦瞬间电压过高,就有可能造成器件的损坏。即使不损坏,在(2)、(3)里边介绍的两种现象,也已经严重干扰到设备的正常使用了。

基于以上的这些问题,就诞生了电磁兼容(EMC)这个名词。本章仅仅讲一下去耦电容的应用,电磁兼容的处理在今后设计电路,对 PCB 画板布局中应用尤为重要。

3.2 去耦电容的应用

首先来看图 3-1,前面已经见过 USB 接口和供电电路。

图 3-1 USB 接口和供电电路

在图 3-1(a),过了保险丝以后,接了一个 470μF 的电容 C16,在图 3-1(b)中,经过开关后,接了一个 100μF 的电容 C19,并且并联了一个 0.1μF 的电容 C10。其中 C16 和 C19 起到的作用是一样的,C10 的作用和它们两个不一样,先来介绍这两个大一点的电容。

容值比较大的电容,理论上可以理解成水缸或者水池子,同时,大家可以直接把电流理解成水流,其实大自然万物的原理都是类似的。

(1) 缓冲作用。当上电的瞬间,电流从电源处流下来的时候,不稳定,容易冲击电子器件,加个电容可以起到缓冲作用。就如同直接用水龙头的水浇地,容易冲坏花花草草。只需要在水龙头处加个水池,让水经过水池后再缓慢流进草地,就不会冲坏花草,起到有效的保护作用。

(2) 稳定作用。电路中后级电子器件的功率大小都不一样,而器件正常工作的时候,所需电流的大小也不是一成不变的。比如后级有个器件还没有工作的时候,电流消耗是100mA,突然它参与工作了,电流猛的增大到了 150mA,这个时候如果没有一个水缸,电路中的电压(水位)就会直接突然下降,比如 5V 电压突然降低到 3V 了。而系统中有些电子元器件,必须高于一定的电压才能正常工作,电压太低就直接不工作了,这个时候水缸就必不可少了。电容会在这个时候把存储在里边的电量释放一下,稳定电压,当然,随后前级的电流会及时把水缸充满的。

有了这个电容,可以说电压和电流就会很稳定了,不会产生大的波动。这种电容常用的有如图 3-2~图 3-4 所示。

图 3-2 铝电解电容

图 3-3　钽电容

图 3-4　陶瓷电容

这三种电容是最常用的。其中第一种个头大,占空间大,单位容量价格最便宜,第二种和第三种个头小,占空间小,性能一般也略好于第一种,但是价格也贵不少。当然,除了价格,还有一些特殊参数,在通信要求高的场合也要考虑很多,这里暂且不说。板子上现在用的是第一种,在同样的符合条件的耐压值和容值下,第一种 470μF 的电容不到一角钱,而第二种和第三种可能要一元钱左右了。

电容的选取,第一个参数是耐压值的考虑。我们用的是 5V 系统,电容的耐压值要高于5V,一般推荐 1.5 倍到 2 倍即可,有些场合稍微再高点也可以。我们板子上用的是 10V 耐压的。第二个参数是电容容值,这个就需要根据经验来选取了,选取的时候,要看这个电容起作用的整套系统的功率消耗情况,如果系统耗电较大,波动可能比较大,那么容值就要选大一些,反之可以小一些。

刚开始设计电路也是要模仿别人,别人用多大自己也用多大,慢慢积累。比如上边讲电容作用(2)的时候,电流从 100mA 突然增大到 150mA 的时候,其实即使加上这个电容,电压也会轻微波动,比如从 5V 波动到 4.9V,但是只要板子上的器件在电压 4.9V 以上也可以正常工作,这点波动是被容许的,如果不加或者加的很小,电压波动比较大,有些器件的工作就会不正常了。如果加的太大,占空间并且价格也高,所以这个地方电容的选取多参考经验。

再来看图 3-1 中的另一种电容 C10,它容值较小,是 0.1μF,也就是 100nF,是用来滤除高频信号干扰的。比如 ESD、EFT 等。初中学过电容的特性——可以通交流隔直流,但是电容的参数对不同频率段的干扰的作用是不一样的。这个 100nF 的电容,是前辈们根据干扰的频率段、板子的参数、电容本身的参数所总结出来的一个值。也就是说,以后大家在设计数字电路的时候,在电源处的去耦高频电容,直接用这个 0.1μF 就可以了,不需要再去计算和考量太多。

还有一点,大家可以仔细观察 KST-51 开发板,在电路中需要较大电流供给的器件附近,会加一个大电容,比如在 1602 液晶左上角的 C18,靠近单片机的 VCC 以及 1602 液晶背光的 VCC,起到稳定电压的作用,而图 3-1 中的 C19 的实际位置也是放在了在左上角电机和蜂鸣器附近,因为它们所需的电流都比较大,而且工作时电流的波动也很大。还有在所有的 IC 器件的 VCC 和 GND 之间,都会放一个 $0.1\mu F$ 的高频去耦电容,特别在布板的时候,这个 $0.1\mu F$ 电容要尽可能的靠近 IC,尽量很顺利地与这个 IC 的 VCC 和 GND 连到一起,这个大家先了解,细节以后再讨论。

3.3 三极管在数字电路中的应用

三极管在数字电路和模拟电路中都有大量的应用,在 KST-51 开发板上也用了多个三极管。在板子上的 LED 小灯部分,就有这个三极管的应用了,图 3-5 的 LED 电路中的 Q16 就是一个 PNP 型的三极管。

图 3-5　LED 电路

3.3.1 三极管的初步认识

三极管是一种很常用的控制和驱动器件,常用的三极管根据材料分有硅管和锗管两种,原理相同,压降略有不同,硅管用的较普遍,而锗管应用较少,本书就用硅管的参数来进行讲解。三极管有两种类型,分别是 PNP 型和 NPN 型,如图 3-6 所示。

三极管一共有 3 个极,从图 3-6 来看,横向左侧的引脚叫作基极(base),中间有一个箭头,一头连接基极,另外一头连接的是发射极 e(emitter),那剩下的一个引脚就是集电极 c(collector)了。这是必须记住的内容,死记硬背即可,后边慢慢用得多了,每死记硬背一次,多次以后就会深入脑海了。

图 3-6　三极管示意图

3.3.2 三极管的原理

三极管有截止、放大、饱和三种工作状态。放大状态主要应用于模拟电路中,且用法和计算方法也比较复杂,暂时用不到。而数字电路主要使用的是三极管的开关特性,只用到了截止与饱和两种状态,所以只来讲解这两种用法。三极管的类型和用法作者给大家总结了一句口诀,大家要把这句口诀记牢了:箭头朝内 PNP,导通电压顺箭头过,电压导通,电流控制。

下面来一句一句解析口诀。大家可以看图 3-6,三极管有两种类型,箭头朝内就是PNP,那箭头朝外的自然就是 NPN 了,在实际应用中,要根据实际电路的需求来选择到底用哪种类型,大家多用几次也就会了,很简单。

三极管的用法特点,关键点在于 b 极(基极)和 e 级(发射极)之间的电压情况,对于 PNP 而言,e 极电压只要高于 b 级 0.7V 以上,这个三极管 e 级和 c 级之间就可以顺利导通。也就是说,控制端在 b 和 e 之间,被控制端是 e 和 c 之间。同理,NPN 型三极管的导通电压是 b 极比 e 极高 0.7V,总之是箭头的始端比末端高0.7V 就可以导通三极管的 e 极和 c 极。这就是关于"导通电压顺箭头过,电压导通"的解释。

图 3-7 三极管的用法

以图 3-7 为例,三极管基极通过一个 10kΩ 的电阻接到了单片机的一个 I/O 口上,假定是 P1.0,发射极直接接到 5V 的电源上,集电极接了一个 LED 小灯,并且串联了一个 1kΩ 的限流电阻最终接到了电源负极 GND 上。

如果 P1.0 由程序给一个高电平 1,那么基极 b 和发射极 e 都是 5V,也就是说 e 到 b 不会产生一个 0.7V 的压降,这个时候,发射极和集电极也就不会导通,那么竖着看这个电路在三极管处是断开的,没有电流通过,LED2 小灯也就不会亮。如果程序给 P1.0 一个低电平 0,这时 e 极还是 5V,于是 e 和 b 之间产生了压差,三极管 e 和 b 之间也就导通了,三极管e 和 b 之间大概有 0.7V 的压降,那还有 (5−0.7)V 的电压会在电阻 R47 上。这个时候,e 和 c 之间也会导通了,那么 LED 小灯本身有 2V 的压降,三极管本身 e 和 c 之间大概有0.2V 的压降,忽略不计。那么在 R41 上就会有大概 3V 的压降,可以计算出来,这条支路的电流大概是 3mA,可以成功点亮 LED。

最后一个概念,电流控制。前边讲过,三极管有截止、放大、饱和三个状态,截止就不用说了,只要 e 和 b 之间不导通即可。要让这个三极管处于饱和状态,就是所谓的开关特性,必须满足一个条件。三极管都有一个放大倍数 β,要想处于饱和状态,b 极电流就必须大于e 和 c 之间电流值除以 β。这个 β 对于常用的三极管大概可以认为是 100。那么上边的 R47的阻值必须要计算一下了。

刚才算过了,e 和 c 之间的电流是 3mA,那么 b 极电流最小就是 3mA 除以 100 等于30μA,大概有 4.3V 电压会落在基极电阻上,那么基极电阻最大值就是 4.3V/30μA =143kΩ。电阻值只要比这个值小就可以,当然也不能太小,太小会导致单片机的 I/O 口电流过大烧坏三极管或者单片机,STC89C52 的 I/O 口输入电流最大理论值是 25mA,推荐不要超过 6mA,用电压和电流算一下就可以算出最小电阻值,图 3-7 取的是经验值。

3.3.3　三极管的应用

三极管在数字电路里的开关特性,最常见的应用有两个:一个是控制应用,另一个是驱动应用。所谓的控制就是图 3-7 里边介绍的,可以通过单片机控制三极管的基极来间接控制后边的小灯的亮灭,用法大家基本熟悉了。还有一个控制就是进行不同电压之间的转换控制,比如单片机是 5V 系统,它现在要跟一个 12V 的系统对接,如果 I/O 直接接 12V 电压就会烧坏单片机,所以加一个三极管,三极管的工作电压高于单片机的 I/O 口电压,用 5V 的 I/O 口来控制 12V 的电路,如图 3-8 所示。

图 3-8 中,当 I/O 口输出高电平 5V 时,三极管导通,OUT 输出低电平 0V,当 I/O 口输出低电平时,三极管截止,OUT 则由于上拉电阻 R2 的作用而输出 12V 的高电平,这样就实现了低电压控制高电压的工作原理。

所谓的驱动,主要是指电流输出能力。再来看如图 3-9 所示中两个电路之间的对比。

图 3-8　三极管实现电压转换

图 3-9　LED 小灯控制方式对比

图 3-9 中上边的 LED 灯,和前面讲过的 LED 灯是一样的,当 I/O 口是高电平时,小灯熄灭,当 I/O 口是低电平时,小灯点亮。那么下边的电路呢,按照这种推理,I/O 口是高电平的时候,应该有电流流过并且点亮小灯,但实际上却并非这么简单。

单片机主要是个控制器件,具备四两拨千斤的特点。就如同杠杆必须有一个支点一样,想要撑起整个地球必须有力量承受的支点。单片机的 I/O 口可以输出一个高电平,但是它的输出电流却很有限,普通 I/O 口输出高电平的时候,大概只有几十到几百 μA 的电流,达不到 1mA,也就点不亮这个 LED 小灯或者是亮度很低,这时如果用高电平点亮 LED,就可以用上三极管来处理了,板上的这种三极管型号,可以通过 500mA 的电流,有的三极管通过的电流还更大一些,如图 3-10 所示。

图 3-10 中,当 I/O 口是高电平,三极管导通,因为三极管的电流放大作用,c 极电流就可以达到 mA 以上了,就可以成功点亮 LED 小灯。

图 3-10　三极管驱动 LED 小灯

虽然用I/O口的低电平可以直接点亮LED,但是单片机的I/O口作为低电平,输入电流就可以很大吗?这个大家都能猜出来,当然不可以。单片机的I/O口电流承受能力,不同型号不完全一样,就STC89C52来说,官方手册的81页有对电气特性的介绍,整个单片机的工作电流,不要超过50mA,单个I/O口总电流不要超过6mA。即使一些增强型51的I/O口承受电流大一点,可以到25mA,但是还要受到总电流50mA的限制。下面来看电路图的8个LED小灯这部分电路,如图3-11所示。

图 3-11   LED 电路图(一)

这里要学会看电路图的一个知识点,电路图右侧所有的LED下侧的线最终都连到一根黑色的粗线上去了,大家注意,这个地方不是实际的完全连到一起,而是一种总线的画法,画了这种线以后,表示这是个总线结构。而所有的名字一样的节点是一一对应地连接到一起,其他名字不一样的,是不连在一起的。比如左侧的DB0和右侧的最右边的LED2小灯下边的DB0是连在一起的,而和DB1等其他线不是连在一起的。

把图3-11中现在需要讲解的这部分单独摘出来看,如图3-12所示。

现在通过3-12的电路图来计算一下,5V的电压减去LED本身的压降,减掉三极管e和c之间的压降,限流电阻用的是330Ω,那么每条支路的电流大概是8mA,那么8路LED如果全部同时点亮的话电流总和就是64mA。这样如果直接接到单片机的I/O口,那单片机肯定是承受不了的,即使短时间可以承受,长时间工作就会不稳定,甚至导致单片机烧毁。

有的用户会提出来可以加大限流电阻的方式来降低这个电流。比如改到1kΩ,那么电流不到3mA,8路总的电流就是20mA左右。首先,降低

图 3-12   LED 电路图(二)

电流会导致 LED 小灯亮度变暗,小灯的亮度可能关系还不大,但因为同样的电路接了数码管,后边要讲数码管还要动态显示,如果数码管亮度不够,那视觉效果就会很差,所以降低电流的方法并不可取。其次,对于单片机来说,它主要是起到控制作用,电流输入和输出的能力相对较弱,P0 的 8 个口总电流也有一定限制,所以如果接一两个 LED 小灯观察,可以勉强直接用单片机的 I/O 口来接,但是接多个小灯,从实际工程的角度去考虑,就不推荐直接接 I/O 口了。如果要用单片机控制多个 LED 小灯该怎么办呢?

除了三极管之外,其实还有一些驱动 IC,这些驱动 IC 可以作为单片机的缓冲器,仅仅是电流驱动缓冲,不起到任何逻辑控制的效果,比如板子上用的 74HC245 这个芯片,这个芯片在逻辑上起不到什么别的作用,就是当作电流缓冲器的,通过查看其数据手册,74HC245 稳定工作在 70mA 电流是没有问题的,比单片机的 8 个 I/O 口大多了,所以可以把它接在小灯和 I/O 口之间做缓冲,如图 3-13 所示。

图 3-13　74HC245 功能图

从图 3-13 来分析,其中 VCC 和 GND 就不用多说了,细心的读者会发现这里有个 0.1μF 的去耦电容。

74HC245 是个双向缓冲器,1 引脚 DIR 是方向引脚,当这个引脚接高电平的时候,右侧所有的 B 编号的电压都等于左侧 A 编号对应的电压。比如 A1 是高电平,那么 B1 就是高电平,A2 是低电平,B2 就是低电平等。如果 DIR 引脚接低电平,得到的效果是左侧 A 编号的电压都会等于右侧 B 编号对应的电压。因为这个地方控制端是左侧接的是 P0 口,要求 B 等于 A 的状态,所以 1 脚直接接的 5V 电源,即高电平。图 3-13 中还有一排电阻 R10 到 R17 是上拉电阻,这个电阻的用法将在后边介绍。

还有最后一个使能引脚 19 引脚 OE,叫作输出使能,这个引脚上边有一横,表明是低电平有效,当接了低电平后,74HC245 就会按照刚才上边说的起到双向缓冲器的作用,如果 OE 接了高电平,那么无论 DIR 怎么接,A 和 B 的引脚是没有关系的,也就是 74HC245 功能不能实现出来。

从图 3-14 可以看出来,单片机的 P0 口和 74HC245 的 A 端是直接接起来的。这个地方,有个别读者有疑问,就是明明在电源 VCC 那地方加了一个三极管驱动了,为何还要再加 245 驱动芯片呢？这里大家要理解一个道理,电路上从正极经过器件到地,首先必须有电流才能正常工作,电路中任何一个位置断开,都不会有电流,器件也就不会参与工作了。其次,和水流一个道理,从电源正极到负极的电流水管的粗细都要满足要求,任何一个位置的管子过细,都会出现瓶颈效应,电流在整个通路中细管处会受到限制而降低,所以在电路通路的每个位置上,都要保证通道足够畅通,这个 74HC245 的作用就是消除单片机 I/O 这一环节的瓶颈。

图 3-14　单片机与 74HC245 的连接

3.4　74HC138 三八译码器的应用

在设计单片机电路的时候,单片机的 I/O 口数量是有限的,有时满足不了设计需求,比如 STC89C52 一共有 32 个 I/O 口,但是为了控制更多的器件,就要使用一些外围的数字芯片,这种数字芯片由简单的输入逻辑来控制输出逻辑,比如 74HC138 这个三八译码器,图 3-15 是 74HC138 在原理图上的一个应用。

图 3-15　74HC138 应用原理图

从这个名字来分析,三八译码器就是把 3 种输入状态翻译成 8 种输出状态。从图 3-15 所示能看出来的,74HC138 有 1～6 一共是 6 个输入引脚,但是其中 4、5、6 这三个引脚是使能引脚。使能引脚和前边讲74HC245的OE引脚是一样的,这三个引脚如果不符合规定的输入要求,Y0到Y7不管输入的1、2、3引脚是什么电平状态,总是高电平。所以要想让这个74HC138正常工作,ENLED那个输入位置必须输入低电平,ADDR3位置必须输入高电平,这两个位置都是使能控制端口。不知道大家是否记得在前面的程序有这么两句:

```
ENLED = 0; ADDR3 = 1;
```

就是控制使这个74HC138使能的。

这类逻辑芯片,大多都是有使能引脚的,使能符合要求了,那下面就要研究控制逻辑了。对于数字器件的引脚,如果一个引脚输入的时候,有0和1两种状态;对于两个引脚输入的时候,就会有00、01、10、11这四种状态了,那么对于3个输入的时候,就会出现8种状态了,大家可以看下边的这个真值表(见图3-16),其中输入是A2、A1、A0的顺序,输出是从Y0、Y1,…,Y7的顺序。

```
■A2, A1, A0→Y0, Y1, Y2, Y3, Y4, Y5, Y6, Y7
■0  0  0→ 0  1  1  1  1  1  1  1
■0  0  1→ 1  0  1  1  1  1  1  1
■0  1  0→ 1  1  0  1  1  1  1  1
■0  1  1→ 1  1  1  0  1  1  1  1
■1  0  0→ 1  1  1  1  0  1  1  1
■1  0  1→ 1  1  1  1  1  0  1  1
■1  1  0→ 1  1  1  1  1  1  0  1
■1  1  1→ 1  1  1  1  1  1  1  0
```

图 3-16   74HC138 真值表

从图3-16可以看出,任一输入状态下,只有一个输出引脚是低电平,其他的引脚都是高电平。在前面的电路中已经看到,8个LED小灯的总开关三极管Q16基极的控制端是LEDS6,也就是Y6输出一个低电平的时候,可以开通三极管Q16,从右侧的希望输出的结果,可以推导出A2、A1、A0的输入状态应该是110,如图3-17所示。

那么再整体捋一遍点亮LED小灯的过程,首先看74HC138,要让LEDS6为低电平才能导通三极管Q16,所以

```
ENLED = 0;ADDR3 = 1;
```

保证74HC138使能。然后

```
ADDR2 = 1; ADDR1 = 1; ADDR0 = 0;
```

这样保证了三极管Q16这个开关开通,5V电源加到LED上。

而74HC245左侧是通过P0口控制,让P0.0引脚等于0,就是DB_0等于0,而右侧DB0等于DB_0的状态,也是0,那么这样在这一排共8个LED小灯当中,只有最右侧的小灯和5V之间有压差,有压差就会有电流通过,有电流通过LED2就会发光了。

图 3-17 LED 小灯整体电路图

74HC245 左侧可以看出来,是直接接到 P0 口上的,而 74HC138 的 ADDR0～ADDR3
接在何处呢?来看图 3-18。

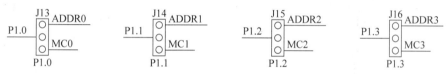

图 3-18 显示译码与步进电机的选择跳线

跳线是大家以后经常会接触到的一个器件,它就是 2 根或者 3 根靠在一起的排针,然后
可以用一个叫作跳线帽的东西连接其相邻的 2 根针。
它的作用就是起到导线的作用,可以通过跳线帽来实
现连接线的切换,如图 3-19 所示。

从图中可以看出,跳线帽本身可以占两个针的位
置,现在是把右侧和中间的针连到了一起,这样实现的
就是图 3-18 中的 P1.0 和 ADDR0 连接到一起,P1.1
和 ADDR1 接一起,P1.2 和 ADDR2 接一起,P1.3 和
ADDR3 接一起,这样就可以透彻理解前面的程序了。

好了,大家认真再回顾一下前面的那个程序,再领
悟一下这几个数字器件的用法。

图 3-19 跳线实物图

3.5 LED 闪烁程序

点亮 LED 小灯的程序就是让 LED＝0。熄灭小灯的程序也很简单,就是 LED＝1。点
亮和熄灭都会了,那么如果在亮和灭中间加个延时,反复不停地点亮和熄灭小灯,就成了闪
烁了。

首先复习一下 Keil 写程序的过程,建立工程→保存工程→建立文件→添加文件到工程→
编写程序→编译→下载程序。

LED 闪烁程序对于有 C 基础的读者来说很简单,那先写出来,大家可以先看下。没有
C 语言基础的读者也可以跟着抄一遍,下面会补充部分 C 语言基础知识,这样先抄一遍,再
跟着看 C 语言基础知识也比较容易理解透彻。

```
#include<reg52.h>

sbit LED = P0^0;
sbit ADDR0 = P1^0;
sbit ADDR1 = P1^1;
sbit ADDR2 = P1^2;
sbit ADDR3 = P1^3;
sbit ENLED = P1^4;
```

```
void main()                          //void 即函数类型
{
    //以下为声明语句部分
    unsigned int i = 0;              //定义一个无符号整型变量 i,并赋初值 0

    //以下为执行语句部分
    ENLED = 0;                       //U3、U4 两片 74HC138 总使能
    ADDR3 = 1;                       //使能 U3 使之正常输出
    ADDR2 = 1;                       //经 U3 的 Y6 输出开启三极管 Q16
    ADDR1 = 1;
    ADDR0 = 0;
    while (1)
    {
        LED = 0;                     //点亮小灯
        for (i = 0; i < 30000; i++); //延时一段时间
        LED = 1;                     //熄灭小灯
        for (i = 0; i < 30000; i++); //延时一段时间
    }
}
```

大家把这个程序编译一下,下载到单片机里,就会发现 LED2 这个小灯会闪烁了。

3.6 练习题

1. 深刻理解电容的意义,并且在今后的学习电路过程中要多多注意并且参考别人电路中所用到的去耦电路,积累经验。

2. 完全背过三极管的导通原理,并且熟练掌握 NPN 和 PNP 这两种三极管在开关特性下的应用方法。

3. 学习并且掌握 74HC245 和 74HC138 的应用原理,能够在设计电路中正确应用。

4. 能够独立实现点亮开发板上的每一个小灯,并且可以实现小灯点亮和关闭以及闪烁功能。

第4章
C语言基础以及流水灯的实现

C语言,在编程领域是久负盛名的,可能没接触过计算机编程的人会把它看得很神秘,感觉非常的难。其实并非如此,C语言的逻辑和运算,充其量也就是小学水平,所以大家不要怕它,作者尽可能地从小学数学逻辑方式带着大家学习C语言。

第4章视频

4.1 二进制、十进制和十六进制

进制,看似很简单的东西,但很多读者还是不能彻底理解。这里先简单介绍一些注意事项,然后还是从实验中讲解会比较深刻。

(1) 十进制就不多说了,逢十进位,一个位有十个值:0~9,生活中到处都是它的身影。二进制就是逢二进位,它的一个位只有两个值:0和1,但它却是实现计算机系统的最基本的理论基础,计算机(包括单片机)芯片是基于成万上亿个的开关管组合而成的,它们每一个都只能有开和关两种状态,再难找出第三个状态了(不要辩解半开半关这个状态,它是不稳定态,是极力避免的),所以它们只能对应二进制的1和0两个值,而没有2、3、4…,理解二进制对于理解计算机的本质很有帮助。书写二进制数据时需加前缀0b,每一位的值只能是0或1。十六进制就是把4个二进制位组合为一位来表示,于是它的每一位有0b0000~0b1111共16个值,用0~9再加上A~F(或a~f)表示,那么它自然就是逢十六进位了,它本质上同二进制是一样的,是二进制的一种缩写形式,也是程序编写中常用的形式。书写十六进制数据时需加前缀0x,表4-1是三种进制之间的对应关系。

表 4-1 进制转换

十　进　制	二　进　制	十　六　进　制
0	0b0	0x00
1	0b1	0x01
2	0b10	0x02
3	0b11	0x03
4	0b100	0x04
…	…	…

十 进 制	二 进 制	十 六 进 制
9	0b1001	0x09
10	0b1010	0x0A
11	0b1011	0x0B
12	0b1100	0x0C
13	0b1101	0x0D
14	0b1110	0x0E
15	0b1111	0x0F
16	0b10000	0x10
17	0b10001	0x11
…	…	…

（2）对于二进制来说，8 位二进制称为一个字节，二进制的表达范围值是从 0b00000000～0b11111111，而在程序中用十六进制表示的时候就是从 0x00 到 0xFF，这里教大家一个二进制转换十进制和十六进制的方法，二进制 4 位一组，遵循 8/4/2/1 的规律，比如 0b1010，那么从最高位开始算，数字大小是 8×1+4×0+2×1+1×0 ＝ 10，那么十进制就是 10，十六进制就是 0xA。尤其二进制转十六进制的时候，十六进制一位刚好是和二进制的 4 位相对应的，这些大家不需要强行记忆，多用几次自然就熟练了。

（3）对于进制来说，只是数据的表现形式，而数据的大小不会因为进制表现形式不同而不同，比如二进制的 0b1、十进制的 1、十六进制的 0x01，它们本质上是数值大小相等的同一个数据。在进行 C 语言编程的时候，只写十进制和十六进制，那么不带 0x 的就是十进制，带了 0x 符号的就是十六进制。

4.2　C语言变量类型和范围

什么是变量？变量自然和常量是相对的。常量就是 1、2、3、4.5、10.6…等固定的数字，而变量则跟小学学的 x 是一个概念，既可以让它是 1，也可以让它是 2，想让它是几是程序说了算的。

小学学的数学里边有这么几类，正数、负数、整数和小数。在 C 语言里，除名字和数学里学的不一样外，还对数据大小进行了限制。这个地方有一点复杂的是，在 C51 里边的数据范围和其他编程环境还可能不完全一样，因此图 4-1 仅仅代表的是 C51，其他编程环境可能不一样，大家知道有这回事就可以了。

C 语言的数据基本类型分为字符型、整型、长整型以及浮点型，如图 4-1 所示。

图 4-1 中的四种基本类型，每个基本类型又包含了两个类型。字符型、整型、长整型除了可表达的数值大小范围不同之外，都是只能表达整数，而 unsigned 型的又只能表达正整数，要表达负整数则必须用 signed 型，如要表达小数的话，则必须用浮点型了。

图 4-1 C 语言基本数据类型

比如前面讲到的闪烁 LED 小灯的程序,用的是

```
unsigned int i = 0;
```

这个地方 i 的取值范围就是 0~65535,在接下来的 for 语句里,如果把原来那个 30000 改成 70000,

```
for(i = 0;i < 70000;i++);
```

大家会发现小灯会一直亮,而不是闪烁了,这里自然就有因超出 i 取值范围所造成的问题,但要彻底搞明白这个问题,还要了解 for 语句的用法。不用急,接下来很快就会学到它了。

这里有一个编程宗旨,就是能用小不用大。就是说定义能用 1 个字节 char 解决问题的,就不定义成 int,一方面节省 RAM 空间可以让其他变量或者中间运算过程使用,另外一方面,占空间小程序运算速度也快一些。

4.3 C 语言基本运算符

小学数学有加、减、乘、除等运算符号以及四则混合运算,而这些运算符号在 C 语言中也有,但是有些表达方法不一样,并且还有额外的运算符号。在 C 语言编程中,加、减、乘、除和取余数的符号分别是:＋、－、＊、/、％。此外,C 语言中还有额外的两个运算符＋＋和－－,它们的用法是一样的,一个是自加 1,一个是自减 1,下面选＋＋来讲一下。

＋＋在用法上就是加 1 的意思,注意是变量自己加,比如 b＋＋的意思就是 b＝b＋1,而在编程的时候有两种常用的方式先加和后加。比如

```
unsigned char a = 0; unsigned char b = 0;
```

那么

```
a = ++b;
```

其整个运算过程是先计算 b=b+1,那么 b 就等于 1 了,然后再运行 a=b,运行完毕 a=1, b=1。如果写成

```
a = b++;
```

那么运算过程就是先执行

```
a = b;
```

再执行 b=b+1,执行完的结果就是 a=0,b=1。

刚刚讲的叫作算数运算符,其中用到了 C 语言一个很重要的赋值运算符"="。前边的程序在不停地用,但是始终没有详细诠释这个运算符。在 C 语言里,"="代表赋值,而不是等于。最经典的一个例子就是

```
a = 1;b = 2;
```

如果写成

```
a = a + b;
```

这个在数学里的运算是 a 等于 a 加 b,但是在 C 语言里的意思是把 a 加 b 的结果送给 a,那么运算完的结果是 a 等于 3,b 还等于 2。

说到这里就不得不说 C 语言的比较运算符"=="。这个在 C 语言里是进行是否等于判断的关系运算符,而"!="就是不等于的关系运算符。这些运算符这里就是简单介绍一下,而后边会通过使用来帮助大家巩固这些知识。其他一些运算符,在使用过程中也会陆陆续续介绍。

4.4 for 循环语句

for 语句是编程的一个常用的语句,这个语句必须学会其用法,它不仅仅可以用来做延时,更重要的是用来做一些循环运算。for 语句的一般形式如下:

```
for (表达式 1; 表达式 2; 表达式 3)
{
    (需要执行的语句);
}
```

其执行过程是:表达式 1 首先执行且只执行一次;然后执行表达式 2,通常都是一个用于判定条件的表达式,如果表达式 2 条件成立,就执行(需要执行的语句);然后再执行表达式 3;再判断表达式 2,执行(需要执行的语句);再执行表达式 3……一直到表达式 2 不成立时,跳出循环继续执行循环后面的语句。举个例子:

```
for (i = 0; i < 2; i++)
{
    j++;
}
```

这里有一个符号++,我们刚刚讲过了。假如j最开始初值是0,首先执行表达式1的i=0,然后判断i小于2这个条件成立,就执行一次j++,j的值就是1了,然后经过表达式3后,i的值也变成1了,再判断条件2,还是符合,j再加一次,j变成2了,再经过表达式3后i也变成2了,再判断条件2,发现2<2这个条件不成立了,所以就不会再执行j++这个语句了。所以执行完后j的值就是2。

for语句除了这种标准用法,还有几种特殊用法,比如前面的闪烁小灯对for语句的用法(for(i=0;i<30000;i++);)。没有加(需要执行的语句),就是什么都不操作。但是什么都不操作,这个for语句循环判断了30000次,程序执行是会用掉时间的,所以就起到了延时的作用。比如把30000改成20000,会发现灯的闪烁速度加快了,因为延时时间短了,当然,改成40000后会发现,闪烁慢了。但是有一点特别注意,C语言的延时时间是不能通过程序看出来的,也不会成比例,比如for循环里边的表达式2使用30000时延时是3秒,那么改成40000的时候,可能不是4秒,那如何看实际延时时间呢,一会儿我再教大家。

还有一种写法for(;;),这样写后,这个for循环就变成死循环了,它不停地执行(需要执行的语句),和前边讲的while(1)的意思是一样的了。while这个语法是如何用的呢?

4.5　while 循环语句

在单片机C语言编程的时候,每个程序都会固定地加一句while(1),这条语句就可以起到死循环的作用。对于while语句来说,其一般形式是:

```
while (表达式)
{
    循环体语句;
}
```

在C语言里,通常表达式符合条件称为真,不符合条件称为假。比如前边i<30000,当i等于0的时候,这个条件成立,就是真;如果i大于30000,条件不成立,就称为假。

while(表达式)这个括号里的表达式,为真的时候,就会执行循环体语句,当为假的时候,就不执行。在这里先不举例,后边遇到时再详细说明。

还有另外一种情况,就是C语言里边,除了表达式外,还有常数,习惯上,把非0的常数都认为是真,只有0认为是假,所以程序中使用了while(1),这个数字1,可以改成2、3、4……都可以,都是一个死循环,不停地执行循环体的语句,如果把这个数字改成0,那么就不会执行循环体的语句了。

大家通过学习for循环和while循环,是不是会产生一个疑问?为何有的循环加上{},而有的循环却没加呢?什么时候需要加,什么时候不需要加呢?

前边讲过,在C语言中,分号表示语句的结束,而在循环语句里{}表示的是循环体的所有语句,如果不加大括号,则只循环执行一条语句,即第一个分号之前的语句,而加上大括号,则会执行大括号中所有的语句,举个例子看一下吧,前面的闪烁小灯程序如下所示。

程序(1):

```
while (1)
{
    LED = 0;
    for(i = 0;i < 30000;i++);
    LED = 1;
    for(i = 0;i < 30000;i++);
}
```

程序(2):

```
while (1)
LED = 0;
for(i = 0;i < 30000;i++);
LED = 1;
for(i = 0;i < 30000;i++);
```

程序(1)可直接实现闪烁功能。而程序(2)没有加大括号,从语法上来看是没有任何错误的,写到 Keil 里编译一下也不会报错。但是从逻辑上来讲,程序(2)只会不停地循环"LED = 0;"这条语句,实际上和程序(3)效果是相同的。

程序(3):

```
while(1)
{
    LED = 0;
}
for(i = 0;i < 30000;i++);
LED = 1;
for(i = 0;i < 30000;i++);
```

程序执行到 while(1)已经进入死循环了,所以后边三条语句是永远也执行不到的。因此为了防止出类似的逻辑错误,推荐不管循环语句后边是一条还是多条语句,都加上{}以防出错。

4.6 函数的简单介绍

函数定义的一般形式如下:

```
函数值类型 函数名 (形式参数列表)
{
    函数体
}
```

(1) 函数值类型,就是函数返回值的类型。在后边的程序中,会有很多函数中有 return x,这个返回值也就是函数本身的类型。还有一种情况,就是这个函数只执行操作,不需要返回任何值,那么这个时候它的类型就是空类型 void,这个 void 按道理来说是可以省略的,但是一旦省略,Keil 软件会报一个警告,所以通常也不省。

(2) 函数名,可以由任意的字母、数字和下画线组成,但数字不能作为开头。函数名不能与其他函数或者变量重名,也不能是关键字。什么是关键字呢,后边会慢慢接触,比如char 就是关键字,是程序中具备特殊功能的标志符,这种东西不可以命名函数。

（3）形式参数列表，也叫作形参列表，这个是函数调用的时候，相互传递数据用的。有的函数不需要传递参数给它，可以用 void 来替代，void 同样可以省略，但是括号是不能省略的。

（4）函数体，包含了声明语句部分和执行语句部分。声明语句部分主要用于声明函数内部所使用的变量，执行语句部分主要是一些函数需要执行的语句。特别注意，所有的声明语句部分必须放在执行语句之前，否则编译的时候会报错。

（5）一个工程文件必须有且仅有一个 main 函数，程序执行的时候，都是从 main 函数开始的。

（6）关于形参和实参的概念，后边再总结，如果遇到程序里有，大家再跟着抄一段时间。先用，后讲解，这样更有利于理解。

下面来回顾一下前面的闪烁 LED 程序中的主函数，大家根据注释再认真分析一遍，是不是对函数的认识就清楚多了。

```
void main()                         //void 即函数类型
{
    //以下为声明语句部分
    unsigned int i = 0;             //定义一个无符号整型变量 i,并赋初值 0

    //以下为执行语句部分
    ENLED = 0;                      //U3、U4 两片 74HC138 总使能
    ADDR3 = 1;                      //使能 U3 使之正常输出
    ADDR2 = 1;                      //经 U3 的 Y6 输出开启三极管 Q16
    ADDR1 = 1;
    ADDR0 = 0;
    while (1)
    {
        LED = 0;                    //点亮小灯
        for (i = 0; i < 30000; i++);   //延时一段时间
        LED = 1;                    //熄灭小灯
        for (i = 0; i < 30000; i++);   //延时一段时间
    }
}
```

代码中的"//"是注释符，意思是说在这之后的内容都是注释。注释是给程序员自己或其他人看的，用于对程序代码做一些补充说明，对程序的编译和执行没有任何影响。

4.7　Keil 软件延时

C 语言常用的延时方法有 4 种，如图 4-2 所示。

图 4-2 是 C 语言编程常用的 4 种延时方法，其中两种非精确延时，两种精确一些的延时。for 语句和 while 语句都可以通过改变 i 的范围值来改变延时时间，但是 C 语言循环的执行时间都是不能通过程序看出来的。

图 4-2　C 语言延时方法

精确延时有两个方法：一个方法是用定时器来延时，这个方法后边课程要详细介绍，定时器是单片机的一个重点；另外一个方法就是用库函数_nop_();，一个 NOP 的时间是一个机器周期的时间，这个后边也要介绍。

非精确延时，只是在做一些比如小灯闪烁、流水灯等简单演示实验中使用，而实际项目开发过程中其实这种非精确延时用的很少。

好了，介绍完了，就要实战了。前面的 LED 小灯闪烁的程序，用的延时方式是 for(i=0;i<30000;i++);大家如果把这里的 i 改成 100，下载进入单片机，会发现小灯一直亮，而不是闪烁状态，现在就请大家都把这个程序改一下，改成 100，然后下载观察一下现象再继续……

观察完了，毫无疑问，实际现象和刚才提到的理论是相符合的，这是为什么呢？这里介绍一个常识。人的肉眼对闪烁的光线有一个最低分辨能力，通常情况下当闪烁的频率高于50Hz 时，看到的信号就是常亮的。即，延时的时间低于 20ms 的时候，人的肉眼是分辨不出来小灯是在闪烁的，可能最多看到的是小灯亮暗稍微变化了一下。要想清楚地看到小灯闪烁，延时的值必须大一点，大到什么程度呢，不同的亮度的灯不完全一样，大家可以自己做实验。

那么如何观察写的延时到底有多长时间呢？选择 Keil 菜单项 Project→Options for Target 'Target1'…，或单击在图 2-17 中已提到过的图标，进入工程选项，如图 4-3 所示。

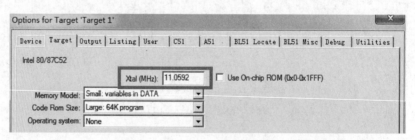

图 4-3　工程选项——时钟频率设置

首先打开 Target 这个选项卡，找到里边的 Xtal(MHz)这个位置，这是填写进行模拟时间的晶振选项，从原理图以及板子上都可以看到，单片机所使用的晶振是 11.0592MHz，所以这个地方要填上 11.0592。然后找到 Debug 这个选项卡，选择左侧的 Use Simulator，然后单击 OK 按钮就可以了，如图 4-4 所示。

图 4-4 工程选项——仿真设置

选择菜单项 Debug→Start/Stop Debug Session,或者单击图 4-5 中粗线框内的按钮,就会进入一个新的页面,如图 4-6 所示。

图 4-5 启动/结束调试按钮

图 4-6 工程调试界面

最左侧那一栏显示单片机一些寄存器的当前值和系统信息,最上边那一栏是 Keil 将 C 语言转换成汇编的代码,下边就是写 C 语言的程序,调试界面包含很多的子窗口,都可以通过菜单 View 中的选项打开和关闭。读者可能会感觉这种默认的分布不符合习惯或者不方便观察特定信息,好办,界面上几乎所有子窗口的位置都可以调整。比如想把 Disassembly

反汇编窗口和源代码窗口横向并排摆放,那么只需要用鼠标拖动反汇编窗口的标题栏,这时会在屏幕上出现多个指示目标位置的图标,拖着窗口把鼠标移动到相应的图标上,软件还会用蓝色底纹指示具体的位置,如图 4-7 所示,松开鼠标窗口就会放到新位置了。调整后的效果如图 4-8 所示。

图 4-7　调整窗口位置

图 4-8　窗口位置调整效果

　　读者可能已经注意到在 C 语言的源代码文件和反汇编窗口内都有一个黄色的箭头,这个箭头代表的就是程序当前运行的位置,因为反汇编内的代码就由源文件编译生成的,所以它们指示的是相同的实际位置。在这个工程调试界面里,可以看到程序运行的过程。在左上角的工具栏里有这样三个按钮:第一个标注有 RST 字样的是复位,单击一下之后,程序就会跑到最开始的位置运行;右侧紧挨着的按钮是全速运行,单击一下程序就会全速跑起来;右边打叉的是停止按钮,当程序全速运行起来,可以通过单击第三个图标来让程序停止,观察程序运行到哪里了。单击一下复位,会发现 C 语言程序左侧有灰色或绿色,有的地方还是保持原来的白色,可以在灰色的位置双击设置断点,就是比如程序一共 20 行,在第 10 行设置断点后,点全速运行,程序就会运行到第 10 行停止,方便观察运行到这个地方的情况。

　　读者会发现,有的位置可以设置断点,有的地方不可以设置断点,这是为什么呢?因为 Keil 软件本身具备程序优化的功能,如果大家想在所有的代码位置都能设置断点,可以在工程选项里把优化等级设置为 0,就是告诉 Keil 不要进行优化,如图 4-9 所示。

图 4-9　工程优化等级

　　本节重点是讲 C 语言代码的运行时间,在最左侧的 register 那个框内,有一个 sec 选项,这个选项显示就是单片机运行了多少时间。单击一下复位按钮,会发现这个 sec 变成了 0,然后在"LED = 0;"这一句加一个断点,在"LED = 1;"这个位置加一个断点,单击全速运行按钮,会直接停留在"LED = 0;",会看到时间变化成 0.00042752 秒,如图 4-10 所示。请注意,这里设置的优化等级是默认的 8,如果用的是其他等级的话运行时间就会有所差别,因为优化等级会直接影响程序的执行效率。

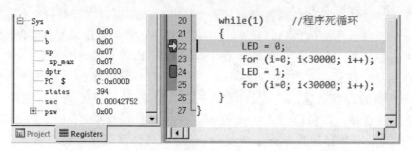

图 4-10　查看程序运行时间

再单击一下全速运行，会发现 sec 变成了 0.16342556，那么减去上次的值，就是程序在这两个断点之间执行所经历的时间，也就是这个 for 循环的执行时间，大概是 163 毫秒。也可以通过改变 30000 这个数字来改变这个延时时间。当然了，大家要注意 i 的取值范围，如果写成了大于 65535 的值以后，程序就一直运行不下去了，因为 i 无论如何变化，都不会大于这个值，如果要大于这个值且正常运行，必须改变 i 定义的类型了。后边如果要查看一段程序运行了多长时间，都可以通过这种方式来查看。

实际上，进入 debug 模式，除了可以看程序运行了多长时间外，还可以观察各个寄存器、各个变量的数值变化情况。单击 View 菜单里的 Watch Windows→Watch 1，可以打开变量观察窗口，如图 4-11 所示。

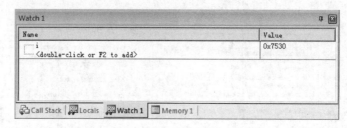

图 4-11　变量观察窗口

在这个窗口内，可以通过双击或按 F2 键，然后输入想观察的变量或寄存器的名字，后边就会显示出它的数值，这个功能在后边的调试程序中比较有用，大家先了解一下。

4.8　流水灯程序

前边学了点亮一个 LED 小灯，然后又学了 LED 小灯闪烁，现在要进一步学习如何让 8 个小灯依次一个接一个的点亮，流动起来，也就是常说的流水灯。先来看 8 个 LED 的核心电路图，如图 4-12 所示。

通过前面的介绍，可以了解到控制引脚 P0.0 经过 74HC245 控制了 DB0，P0.1 控制 DB1，…，P0.7 控制 DB7。还学到一个字节是 8 位，如果写一个 P0，就代表了 P0.0 到 P0.7 的全部 8 个位。比如写 P0 = 0xFE；转换成二进制就是 0b11111110，所以点亮 LED 小灯

图4-12　LED小灯电路图

的程序,实际上可以改成另外一种写法,代码如下。

```
#include < reg52.h>

sbit ADDR0 = P1^0;
sbit ADDR1 = P1^1;
sbit ADDR2 = P1^2;
sbit ADDR3 = P1^3;
sbit ENLED = P1^4;

void main()
{
    ENLED = 0;
    ADDR3 = 1;
    ADDR2 = 1;
    ADDR1 = 1;
    ADDR0 = 0;
    P0 = 0xFE;      //向 P0 写入数据来控制 LED 小灯
    while(1);        //程序停止在这里
}
```

通过上边这个程序可以看出来,可以通过 P0 来控制所有的 8 个 LED 小灯的亮和灭。下边要进行依次亮和灭,怎么办呢? 从这里就可以得到方法了,如果想让单片机流水灯流动起来,依次要赋给 P0 的数值就是:0xFE、0xFD、0xFB、0xF7、0xEF、0xDF、0xBF、0x7F。

在 C 语言当中,有一个移位操作,其中<<代表的是左移,>>代表的是右移。比如 a = 0x01 << 1;就是 a 的结果等于 0x01 左移一位。大家注意,移位都是指二进制移位,那么移位完了,本来在第 0 位的 1 移动到了第一位上,移动完了低位是补 0 的。所以 a 的值最终是等于 0x02。

还要学习另外一个运算符~,这个符号是按位取反的意思,同理按位取反也是针对二进制而言。比如 a = ~(0x01);0x01 的二进制是 0b00000001,按位取反后就是 0b11111110,那么 a 的值就是 0xFE 了。

学会了这两个符号,就可以把流水灯的程序写出来,代码如下。

```c
#include <reg52.h>

sbit ADDR0 = P1^0;
sbit ADDR1 = P1^1;
sbit ADDR2 = P1^2;
sbit ADDR3 = P1^3;
sbit ENLED = P1^4;

void  main()
{
    unsigned int i = 0;             //定义循环变量 i,用于软件延时
    unsigned char cnt = 0;          //定义计数变量 cnt,用于移位控制

    ENLED = 0;
    ADDR3 = 1;
    ADDR2 = 1;
    ADDR1 = 1;
    ADDR0 = 0;
    while(1)                        //主循环,程序无限循环执行该循环体语句
    {
        P0 = ~(0x01 << cnt);        //P0 等于 1 左移 cnt 位,控制 8 个 LED
        for (i = 0; i < 20000; i++); //软件延时
        cnt++;                      //移位计数变量自加 1
        if (cnt >= 8)               //移位计数超过 7 后,再重新从 0 开始
        {
            cnt = 0;
        }
    }
}
```

程序中 cnt 是 count 的缩写,计数的意思,是经常用的一个变量名称。当 cnt 等于 0 的时候,1 左移 0 位还是 1,那么写成二进制后就是 0b00000001,对这个数字按位取反就是 0b11111110,亮的是最右边的小灯。当 cnt 等于 7 的时候,1 左移 7 位就是 0b10000000,按位取反后是 0b01111111,亮的是最左边的小灯。中间过程大家可以自己分析一下。

流水灯结束后,关于小灯的讲解,就暂时告一段落了,后边还有小灯的高级用法,到时候再详细讲解。

4.9 练习题

1. 熟练掌握二进制、十进制和十六进制的转换方法。

2. 掌握 C 语言变量类型与取值范围,for、while 等基本语句的用法。

3. 了解函数的基本结构,能够独立进入程序 Debug,多多动手操作,熟练掌握 Keil 软件环境的一些基本操作。

4. 将流水灯左移理解透彻后,独立完成流水灯右移操作。

5. 独立完成一个左移到头接着右移,右移到头再左移的花样流水灯程序。

第 5 章

定时器与数码管基础

通过前面的讲解,大家会发现,自己逐渐进入比较实质性的学习了,需要记住的内容也更多了,个别地方可能会感觉吃力。但是大家不要担心,要有信心。这个跟小孩学走路一样,刚开始走得不太稳,没关系,多走几步多练

第 5 章视频

练。看教材的时候要注意专心,一遍看不懂,思考一下,再回头看第二遍和第三遍,没准一下就明白了。如果三遍还看不明白,那就把不懂的问题放一放,继续往下学,然后再回头看一次,也可以到群里或者论坛里多咨询一下其他的同学,讨论一下,可能就会茅塞顿开了。

5.1 逻辑电路与逻辑运算

在数字电路中经常会遇到逻辑电路,而在 C 语言中则经常用到逻辑运算。二者在原理上是相互关联的,在这里就先简单介绍一下,随着学习的深入,再慢慢加深理解。

首先,在"逻辑"这个概念范畴内,存在真和假这两个逻辑值,而将其对应到数字电路或 C 语言中,就变成了"非 0 值"和"0 值"这两个值,即逻辑上的"假"就是数字电路或 C 语言中的"0"这个值,而逻辑"真"就是其他一切"非 0 值"。

然后,来具体分析一下几个主要的逻辑运算符。假定有两个字节变量:A 和 B,二者进行某种逻辑运算后的结果为 F。

以下逻辑运算符都是按照变量整体值进行运算的,通常就叫作逻辑运算符。

- && 逻辑与。F = A && B,当 A、B 的值都为真(即非 0 值,下同)时,其运算结果 F 为真(具体数值为 1,下同);当 A、B 值任意一个为假(即 0,下同)时,结果 F 为假(具体数值为 0,下同)。
- || 逻辑或。F = A || B,当 A、B 值任意一个为真时,其运算结果 F 为真;当 A、B 值都为假时,结果 F 为假。
- ! 逻辑非,F = !A,当 A 值为假时,其运算结果 F 为真;当 A 值为真时,结果 F 为假。

以下逻辑运算符都是按照变量内的每一个位来进行运算的,通常就叫作位运算符:

- & 按位与,F = A & B,将 A、B 两个字节中的每一位都进行与运算,再将得到的每

一位结果组合为总结果 F,例如 A = 0b11001100,B = 0b11110000,则结果 F 就等于 0b11000000。

- | 按位或,F = A | B,将 A、B 两个字节中的每一位都进行或运算,再将得到的每一位结果组合为总结果 F,例如 A = 0b11001100,B = 0b11110000,则结果 F 就等于 0b11111100。

序号	名 称	GB/T 4728.12—1996		国外流行图形符号	曾用图形符号
		限定符号	国标图形符号		
1	与门	&	&		
2	或门	≥1	≥1		+
3	非门	逻辑非入和出	1 / 1		
4	与非门		&		
5	或非门		≥1		+
6	与或非门		& ≥1		+
7	异或门	=1	=1		⊕
8	同或门	=	= / =1		⊙ / ⊕
9	集电极开路 OC门、漏极开路OD门	L形开路输出	&		
10	缓冲器	▷	▷		

图 5-1 逻辑电路符号

- ~按位取反,F = ~A,将 A 字节内的每一位进行非运算(就是取反),再将得到的每一位结果组合为总结果 F,例如 A = 0b11001100,则结果 F 就等于 0b00110011;这个运算符在前面的流水灯实验里已经用过了,现在再回头看一眼,是不是清楚多了。
- ^ 按位异或,异或的意思是,如果运算双方的值不同(即相异)则结果为真,双方值相同则结果为假。在 C 语言里没有按变量整体值进行的异或运算,所以仅以按位异或为例,F = A^B,A = 0b11001100,B = 0b11110000,则结果 F 就等于 0b00111100。

今后要看资料或芯片手册的时候,会经常遇到一些电路符号,图 5-1 所示就是数字电路中的常用符号,知道这些符号有利于大家理解器件的逻辑结构,尤其重点认识图 5-1 中的国外流行图形符号。在这里我们先简单看一下,如果日后遇到了可以到这里来查阅。

5.2 定时器的学习

定时器是单片机系统的一个重点,但并不是难点,大家一定要完全理解并且熟练掌握定时器的应用。

5.2.1 定时器的初步认识

1. 时钟周期

时钟周期 T 是时序中最小的时间单位,具体计算的方法就是

$$时钟周期 = \frac{1}{时钟源频率}$$

KST-51 单片机开发板上用的晶振是 11.0592MHz,那么对于这个单片机系统来说,时钟周期=1/11059200 秒。

2. 机器周期

单片机完成一个操作的最短时间。机器周期主要针对汇编语言而言,在汇编语言下程序的每一条语句执行所使用的时间都是机器周期的整数倍,而且语句占用的时间是可以计算出来的,而 C 语言一条语句的时间是不确定的,受到诸多因素的影响。51 单片机系列,在其标准架构下一个机器周期是 12 个时钟周期,也就是 12/11059200 秒。现在有不少增强型的 51 单片机,其速度都比较快,有的 1 个机器周期等于 4 个时钟周期,有的 1 个机器周期就等于 1 个时钟周期,也就是说大体上其速度可以达到标准 51 架构的 3 倍或 12 倍。因为是讲标准的 51 单片机,所以后边的内容如果遇到这个概念,全部是指 12 个时钟周期。

这两个概念了解即可,下面来讲讲重头戏,定时器和计数器。定时器和计数器是单片机内部的同一个模块,通过配置 SFR(特殊功能寄存器)可以实现两种不同的功能,大多数情况下是使用定时器功能,因此主要来讲定时器功能,计数器功能读者自己了解一下即可。

顾名思义,定时器就是用来进行定时的。定时器内部有一个寄存器,让它开始计数后,这个寄存器的值每经过一个机器周期就会自动加 1,因此,可以把机器周期理解为定时器的

计数周期。就像钟表,每经过一秒,数字自动加 1,而这个定时器就是每过一个机器周期的时间,也就是 12/11059200 秒,数字自动加 1。还有一个特别注意的地方,就是钟表是加到 60 后,秒就自动变成 0 了,这种情况在单片机或计算机里称为溢出。那定时器加到多少才会溢出呢? 后面会讲到定时器有多种工作模式,分别使用不同的位宽(指使用多少个二进制位),假如是 16 位的定时器,也就是两个字节,最大值就是 65535,那么加到 65535 后,再加 1 就算溢出,如果有其他位数,道理是一样的,对于 51 单片机来说,溢出后,这个值会直接变成 0。从某一个初始值开始,经过确定的时间后溢出,这个过程就是定时的含义。

5.2.2 定时器的寄存器

标准的 51 单片机内部有 T0 和 T1 这两个定时器,T 就是 Timer 的缩写,现在很多 51 系列单片机还会增加额外的定时器,在这里先讲定时器 0 和 1。前边提到过,对于单片机的每一个功能模块,都是由它的 SFR,也就是特殊功能寄存器来控制。与定时器有关的特殊功能寄存器,有以下几个,大家不需要去记忆这些寄存器的名字和作用,只要大概知道就行,用的时候,随时可以查手册,找到每个寄存器的名字和每个寄存器所起到的作用。

表 5-1 的寄存器是存储定时器的计数值的。TH0/TL0 用于 T0,TH1/TL1 用于 T1。

表 5-1 定时值存储寄存器

名称	描述	SFR 地址	复位值
TH0	定时器 0 高字节	0x8C	0x00
TL0	定时器 0 低字节	0x8A	0x00
TH1	定时器 1 高字节	0x8D	0x00
TL1	定时器 1 低字节	0x8B	0x00

表 5-2 是定时器控制寄存器 TCON 的位分配,表 5-3 则是对每一位的具体含义的描述。

表 5-2 TCON——定时器控制寄存器的位分配(地址 0x88、可位寻址)

位	7	6	5	4	3	2	1	0
符号	TF1	TR1	TF0	TR0	IE1	IT1	IE0	IT0
复位值	0	0	0	0	0	0	0	0

表 5-3 TCON——定时器控制寄存器的位描述

位	符号	描述
7	TF1	定时器 1 溢出标志。一旦定时器 1 发生溢出时硬件置 1。清零有两种方式:软件清零或者进入定时器中断时硬件清零
6	TR1	定时器 1 运行控制位。软件置位/清零来进行启动/停止定时器
5	TF0	定时器 0 溢出标志。一旦定时器 0 发生溢出时硬件置 1。清零有两种方式:软件清零或者进入定时器中断时硬件清零

续表

位	符号	描 述
4	TR0	定时器 0 运行控制位。软件置位/清零来进行启动/停止定时器
3	IE1	
2	IT1	
1	IE0	外部中断部分,与定时器无关,暂且不看
0	IT0	

大家注意在表 5-3 中的描述中,只要写到硬件置 1 或者清 0 的,就是指一旦符合条件,单片机将自动完成动作,只要写软件置 1 或者清 0 的,就是指必须用程序去完成这个动作,后续遇到此类描述就不再另做说明了。

对于 TCON 这个 SFR,其中有 TF1、TR1、TF0、TR0 这 4 位需要理解清楚,它们分别对应于 T1 和 T0,以定时器 1 为例讲解,那么定时器 0 同理。先看 TR1,当程序中写 TR1 = 1 以后,定时器值就会每经过一个机器周期自动加 1,当程序中写 TR1 = 0 以后,定时器就会停止加 1,其值会保持不变化。TF1 是一个标志位,它的作用是告诉大家定时器溢出了。比如定时器设置成 16 位的模式,那么每经过一个机器周期,TL1 加 1 一次,当 TL1 加到 255 后,再加 1,TL1 变成 0,TH1 会加 1 一次,如此一直加到 TH1 和 TL1 都是 255(即 TH1 和 TL1 组成的 16 位整型数为 65535)以后,再加 1 一次,就会溢出了,TH1 和 TL1 同时都变为 0,只要一溢出,TF1 马上自动变成 1,告诉大家定时器溢出了,仅仅是提供给读者一个信号,让读者知道定时器溢出了,它不会对定时器是否继续运行产生任何影响。

本节开头就提到了定时器有多种工作模式,工作模式的选择就由 TMOD 来控制,TMOD 的位分配和描述如表 5-4 和表 5-5 所示,TMOD 的位功能如表 5-6 所示。

表 5-4　TMOD——定时器模式寄存器的位分配(地址 0x89、不可位寻址)

位	7	6	5	4	3	2	1	0
符号	GATE (T1)	C/T (T1)	M1 (T1)	M0 (T1)	GATE (T0)	C/T (T0)	M1 (T0)	M0 (T0)
复位值	0	0	0	0	0	0	0	0

表 5-5　TMOD——定时器模式寄存器的位描述

符号	描 述
T1/T0	在表 5-4 中,标 T1 的表示控制定时器 1 的位,标 T0 的表示控制定时器 0 的位
GATE	该位被置 1 时为门控位。仅当 INTx 引脚为高并且 TRx 控制位被置 1 时使能定时器 x,定时器开始计时,当该位被清零时,只要 TRx 位被置 1,定时器 x 就使能开始计时,不受到单片机引脚 INTx 外部信号的干扰,常用来测量外部信号脉冲宽度。这是定时器一个额外功能,暂不介绍
C/T	定时器或计数器选择位。该位被清零时用作定时器功能(内部系统时钟),被置 1 用作计数器功能

表 5-6   TMOD——定时器模式寄存器 M1/M0 工作模式

M1	M0	工作模式	描　　述
0	0	0	兼容 8048 单片机的 13 位定时器,THn 的 8 位和 TLn 的 5 位组成一个 13 位定时器
0	1	1	THn 和 TLn 组成一个 16 位的定时器
1	0	2	8 位自动重装模式,定时器溢出后 THn 重装到 TLn 中
1	1	3	禁用定时器 1,定时器 0 变成两个 8 位定时器

可能读者已经注意到了,表 5-2 的 TCON 最后标注了"可位寻址",而表 5-4 的 TMOD 标注的是"不可位寻址"。意思就是说:比如 TCON 有一个位叫 TR1,可以在程序中直接进行 TR1 = 1 这样的操作。但对 TMOD 里的位比如(T1)M1 = 1 这样的操作就是错误的。要操作就必须一次操作这整个字节,也就是必须一次性对 TMOD 所有位操作,不能对其中某一位单独进行操作,那么能不能只修改其中的一位而不影响其他位的值呢?当然可以,在后续内容中读者就会学到方法的,现在就先不关心它了。

表 5-6 列出的就是定时器的 4 种工作模式,其中模式 0 是为了兼容老的 8048 系列单片机而设计的,现在的 51 几乎不会用到这种模式,而模式 3 根据应用经验,它的功能用模式 2 完全可以取代,所以基本上也是不用的,那么就重点来学习模式 1 和模式 2。

模式 1,是 THn 和 TLn 组成了一个 16 位的定时器,计数范围是 0~65535,溢出后,只要不对 THn 和 TLn 重新赋值,则从 0 开始计数。模式 2,是 8 位自动重装载模式,只有 TLn 做加 1 计数,计数范围 0~255,THn 的值不会变化,而会保持原来的值;TLn 溢出后,TFn 就直接置 1 了,并且 THn 原先的值直接赋给 TLn,然后 TLn 从新赋值的这个数字开始计数。这个功能可以用来产生串口的通信波特率,讲串口的时候要用到,本节我们重点来学习模式 1。为了加深大家理解定时器的原理,先来看一下模式 1 的电路示意,如图 5-2 所示。

图 5-2   定时器/计数器模式 1 示意图

大家一起来分析一下这个示意图,日后如果再遇到类似的图,就可以自己研究了。OSC 框表示时钟频率,因为 1 个机器周期等于 12 个时钟周期,所以那个 d 就等于 12。下边 GATE 右边的那个门是一个非门电路,再右侧是一个或门,再往右是一个与门电路,大家可以对照一下 5.1 节的内容。

图上可以看出来,下边部分电路是控制了上边部分,那先来看下边是如何控制的,以定时器 0 为例。

（1）TR0 和下边或门电路的结果要进行与运算，TR0 如果是 0 的话，与运算完了肯定是 0，所以如果要让定时器工作，那么 TR0 就必须置 1。

（2）这里的与门结果要想得到 1，那么前面的或门出来的结果必须也得是 1 才行。在 GATE 位为 1 的情况下，经过一个非门变成 0，或门电路结果要想是 1，那 INT0 即 P3.2 引脚必须是 1 的情况下，这个时候定时器才会工作，而 INT0 引脚是 0 的情况下，定时器不工作，这就是 GATE 位的作用。

（3）当 GATE 位为 0 的时候，经过一个非门会变成 1，那么不管 INT0 引脚是什么电平，经过或门电路后都肯定是 1，定时器就会工作。

（4）要想让定时器工作，就是自动加 1，从图上看有两种方式，第一种方式是那个开关打到上边的箭头，就是 C/T＝0 的时候，一个机器周期 TL 就会加 1 一次，当开关打到下边的箭头，即 C/T＝1 的时候，T0 引脚即 P3.4 引脚来一个脉冲，TL 就加 1 一次，这也就是计数器功能。

5.2.3 定时器的应用

了解了定时器相关的寄存器，下面就来做一个定时器的程序，巩固一下前面学到的内容。下面的程序先使用定时器 0，在使用定时器的时候，需要以下几个步骤：

第 1 步：设置特殊功能寄存器 TMOD，配置好工作模式。

第 2 步：设置计数寄存器 TH0 和 TL0 的初值。

第 3 步：设置 TCON，通过 TR0 置 1 来让定时器开始计数。

第 4 步：判断 TCON 寄存器的 TF0 位，监测定时器溢出情况。

写程序之前，要先学会计算如何用定时器定时。晶振是 11.0592MHz，时钟周期就是 $1/11059200$，机器周期是 $12/11059200$，假如要定时 20ms，就是 0.02 秒，要经过 x 个机器周期得到 0.02 秒，下面来算一下 $x×12/11059200＝0.02$，得到 x＝18432。16 位定时器的溢出值是 65536（因 65535 再加 1 才是溢出），于是就可以这样操作，先给 TH0 和 TL0 一个初始值，让它们经过 18432 个机器周期后刚好达到 65536，也就是溢出，溢出后可以通过检测 TF0 的值得知，就刚好是 0.02 秒。那么初值 y＝65536－18432＝47104，转成十六进制就是 0xB800，也就是 TH0＝0xB8，TL0＝0x00。

这样 0.02 秒的定时就做出来了，细心的读者会发现，如果初值直接给一个 0x0000，一直到 65536 溢出，定时器定时值最大也就是 71ms 左右，那么想定时更长时间怎么办呢？用小学学过的逻辑，倍数关系就可以解决此问题。

好了，下面就用程序来实现这个功能，代码如下：

```
#include <reg52.h>

sbit LED = P0^0;
sbit ADDR0 = P1^0;
```

```
sbit ADDR1 = P1^1;
sbit ADDR2 = P1^2;
sbit ADDR3 = P1^3;
sbit ENLED = P1^4;

void main()
{
    unsigned char cnt = 0;      //定义一个计数变量,记录 T0 溢出次数

    ENLED = 0;                  //使能 U3,选择独立 LED
    ADDR3 = 1;
    ADDR2 = 1;
    ADDR1 = 1;
    ADDR0 = 0;
    TMOD = 0x01;                //设置 T0 为模式 1
    TH0  = 0xB8;                //为 T0 赋初值 0xB800
    TL0  = 0x00;
    TR0  = 1;                   //启动 T0

    while (1)
    {
        if (TF0 == 1)          //判断 T0 是否溢出
        {
            TF0 = 0;           //T0 溢出后,清 0 中断标志
            TH0 = 0xB8;        //并重新赋初值
            TL0 = 0x00;
            cnt++;             //计数值自加 1
            if (cnt >= 50)     //判断 T0 溢出是否达到 50 次
            {
                cnt = 0;       //达到 50 次后计数值清 0
                LED = ~LED;    //LED 取反: 0 --> 1、1 --> 0
            }
        }
    }
}
```

程序中都写了注释,结合前几章学的内容,自己分析一下,不难理解。本程序实现的结果是开发板上最右边的小灯点亮一秒,熄灭一秒,也就是以 0.5Hz 的频率进行闪烁。

5.3 数码管的学习

LED 小灯是一种简单的 LED,只能通过亮和灭来表达简单的信息。而本节要来学习一种能表达更复杂信息的器件——LED 数码管。

5.3.1 数码管的基本介绍

数码管的原理图如图 5-3 所示。

这是比较常见的数码管的原理图,板子上一共有 6 个数码管。前边有了 LED 小灯的学习,数码管学习就会轻松得多了。从图 5-3 可以看出来,数码管共有 a、b、c、d、e、f、g、dp 这么 8 个段,而实际上,这 8 个段每一段都是一个 LED 小灯,所以一个数码管就是由 8 个 LED 小灯组成的。数码管内部结构的示意图如图 5-4 所示。

图 5-3　数码管原理图　　　　　图 5-4　数码管内容结构示意图

数码管分为共阳和共阴两种,共阴数码管就是 8 只 LED 小灯的阴极是连接在一起的,阴极是公共端,由阳极来控制单个小灯的亮灭。同理,共阳数码管就是阳极接在一起,大家可以认真研究下图 5-4。细心的读者会发现,图 5-3 的数码管上边有 2 个 com,这就是数码管的公共端。为什么有 2 个呢,一方面是 2 个可以起到对称的效果,刚好是 10 个引脚,另外一个方面,公共端通过的电流较大,读者初中就学过,并联电路电流之和等于总电流,用 2 个 com 可以把公共电流平均到 2 个引脚上去,降低单条线路承受的电流。

从开发板的电路图上能看出来,所用的数码管都是共阳数码管,一共有 6 个,如图 5-5 所示。

6 个数码管的 com 都是接到了正极上,当然了,和 LED 小灯电路一样,也是由 74HC138 控制三极管的导通来控制整个数码管的使能。先来看最右边的 DS1 这个数码管,原理图上可以看出,控制 DS1 的三极管是 Q17,控制 Q17 的引脚是 LEDS0,对应到 74HC138 上边就是 U3 的 Y0 输出,如图 5-6 所示。

现在的目的是让 LEDS0 这个引脚输出低电平,相信大家现在可以根据前边学过的知识独立把 ADDR0、ADDR1、ADDR2、ADDR3、ENLED 这 4 个所需输入的值写出来了,现在大家不要偷懒,根据 74HC138 的手册去写一下,不需要你记住这些结论,但是遇到就写一次,锻炼过几次后,遇到同类芯片自己就知道如何去解决问题了。

图 5-5　KST-51 数码管电路

图 5-6   74HC138 控制图

数码管通常是用来显示数字的,开发板上有 6 个数码管,习惯上称之为 6 位,那控制位选择的就是 74HC138 了。而数码管内部的 8 个 LED 小灯称为数码管的段,那么数码管的段选择(即该段的亮灭)是通过 P0 口控制,经过 74HC245 驱动。

5.3.2   数码管的真值表

数码管的 8 个段直接当成 8 个 LED 小灯来控制,那就是 a、b、c、d、e、f、g、dp 一共 8 个 LED 小灯。通过图 5-3 可以看出,如果点亮 b 和 c 这两个 LED 小灯,也就是数码管的 b 段和 c 段,其他的所有的段都熄灭的话,就可以让数码管显示出一个数字 1,那么这个时候实际上 P0 的值就是 0b11111001,十六进制就是 0xF9。那么写一个程序进去,来看一看数码管显示的效果,代码如下:

```
# include < reg52.h>

sbit ADDR0 = P1^0;
sbit ADDR1 = P1^1;
sbit ADDR2 = P1^2;
sbit ADDR3 = P1^3;
sbit ENLED = P1^4;

void main()
{
    ENLED = 0;       //使能 U3,选择数码管 DS1
    ADDR3 = 1;
    ADDR2 = 0;
    ADDR1 = 0;
    ADDR0 = 0;
    P0 = 0xF9;       //点亮数码管段 b 和 c
    while (1);
}
```

大家把这个程序编译一下,并下载到单片机中,就可以看到程序运行的结果是在最右侧的数码管上显示了一个数字1。

用同样的方法,可以把其他的数字字符都在数码管上显示出来,而数码管显示的数字字符对应给P0的赋值,叫作数码管的真值表。下面来列一下电路图的数码管真值表,注意,这个真值表里显示的数字都不带小数点的,如表5-7所示。

表 5-7　数码管真值表

字符	0	1	2	3	4	5	6	7
数值	0xC0	0xF9	0xA4	0xB0	0x99	0x92	0x82	0xF8
字符	8	9	A	B	C	D	E	F
数值	0x80	0x90	0x88	0x83	0xC6	0xA1	0x86	0x8E

大家可以把上边那个用数码管显示数字1程序中的P0的赋值随便修改成表5-7真值表中的数值,看看显示的数字的效果。

5.3.3　数码管的静态显示

在第3章学习了74HC138,了解到74HC138在同一时刻只能让一个输出口为低电平,也就是说在一个时刻内,只能使能一个数码管,并根据给出的P0的值来改变这个数码管的显示字符,可以将此理解为数码管的静态显示。

数码管静态显示是对应动态显示而言的,静态显示对于一两个数码管还行,对于多个数码管,静态显示实现的意义就没有了。本节先用一个数码管的静态显示来实现一个简单的秒表,为后面的动态显示打下基础。

先来介绍一个51单片机的关键字code。前边定义变量的时候,一般用到unsigned char或者unsigned int这两个关键字,这样定义的变量都是放在单片机的RAM中,在程序中可以随意去改变这些变量的值。但是还有一种数据,在程序中要使用,却不会改变它的值,定义这种数据时可以加一个code关键字修饰一下,这个数据就会存储到程序空间Flash中,这样可以大大节省单片机的RAM的使用量,毕竟单片机RAM空间比较小,而程序空间则大得多。那么现在要使用的数码管真值表,只会使用它们的值,而不需要改变它们,就可以用code关键字把它放入Flash中了,具体程序代码如下:

```
#include<reg52.h>

sbit ADDR0 = P1^0;
sbit ADDR1 = P1^1;
sbit ADDR2 = P1^2;
sbit ADDR3 = P1^3;
sbit ENLED = P1^4;

//用数组来存储数码管的真值表,数组将在下一章详细介绍
```

```c
unsigned char code LedChar[] = {
    0xC0, 0xF9, 0xA4, 0xB0, 0x99, 0x92, 0x82, 0xF8,
    0x80, 0x90, 0x88, 0x83, 0xC6, 0xA1, 0x86, 0x8E
};

void main()
{
    unsigned char cnt = 0;          //记录 T0 中断次数
    unsigned char sec = 0;          //记录经过的秒数

    ENLED = 0;                      //使能 U3,选择数码管 DS1
    ADDR3 = 1;
    ADDR2 = 0;
    ADDR1 = 0;
    ADDR0 = 0;
    TMOD = 0x01;                    //设置 T0 为模式 1
    TH0  = 0xB8;                    //为 T0 赋初值 0xB800
    TL0  = 0x00;
    TR0  = 1;                       //启动 T0

    while (1)
    {
        if (TF0 == 1)              //判断 T0 是否溢出
        {
            TF0 = 0;               //T0 溢出后,清 0 中断标志
            TH0 = 0xB8;            //并重新赋初值
            TL0 = 0x00;
            cnt++;                 //计数值自加 1
            if (cnt >= 50)         //判断 T0 溢出是否达到 50 次
            {
                cnt = 0;           //达到 50 次后计数值清 0
                P0 = LedChar[sec]; //当前秒数对应的真值表中的值送到 P0 口
                sec++;             //秒数记录自加 1
                if (sec >= 16)     //当秒数超过 0x0F(15)后,重新从 0 开始
                {
                    sec = 0;
                }
            }
        }
    }
}
```

5.4 练习题

1. 熟练掌握单片机定时器的原理和应用方法。

2. 通过研究定时器模式 1 的示意图,自己打开 STC89C52RC 数据手册的定时器部分,独立研究模式 0、模式 2 和模式 3 的示意图,锻炼一下研究示意图的能力。

3. 使用定时器来实现左右移动的流水灯程序。

4. 了解数码管的原理,掌握数码管的真值表的计算方法。

5. 编程实现数码管静态显示秒表的倒计时。

第6章

中断与数码管动态显示

中断是单片机系统重点中的重点,因为有了中断,单片机就具备了快速协调多模块工作的能力,可以完成复杂的任务。本章首先带领大家学习一些必要的 C 语言基础知识,然后讲解数码管动态显示的原理,并最终借助于中断系统来完成实用的数码管显示程序。大家对本章内容要多多研究,要完全掌握并能熟练运用。

第 6 章视频

6.1 C语言的数组

6.1.1 数组的基本概念

第 4 章已经学过变量的基本类型,比如 char、int 等。这种类型描述的都是单个具有特定意义的数据,当要处理拥有同类意义但是却包含很多个数据的时候,就可以用到数组了,比如数码管的真值表,就是用一个数组来表达的。

从概念上讲,数组是具有相同数据类型的有序数据的组合,一般来讲,数组定义后满足以下三个条件。

(1) 具有相同的数据类型。

(2) 具有相同的名字。

(3) 在存储器中是被连续存放的。

比如数码管真值表,如果把关键字 code 去掉,数组元素将被保存在 RAM 中,在程序中可读可写,同时也可以在中括号里边标明这个数组所包含的元素个数,比如:

```
unsigned char LedChar[16] = {
    0xC0, 0xF9, 0xA4, 0xB0, 0x99, 0x92, 0x82, 0xF8,
    0x80, 0x90, 0x88, 0x83, 0xC6, 0xA1, 0x86, 0x8E
};
```

在这个数组中的每个值都称为数组的一个元素,这些元素都具备相同的数据类型就是 unsigned char 型,它们有一个共同的名字 LedChar,不管放到 RAM 中还是 FLASH 中,它们都是存放在一块连续的存储空间里的。

有一点要特别注意,这个数组一共有 16(中括号里面的数值)个元素,但是数组的单个元素的表达方式——下标是从 0 开始,因此,实际上上边这个数组的首个元素 LedChar[0] 的值是 0xC0,而 LedChar[15] 的值是 0x8E,下标从 0~15 一共是 16 个元素。

数组 LedChar 只有一个下标,称之为一维数组,还有两个下标和多个下标的,称之为二维数组和多维数组。比如"unsigned char a[2][3];"表示这是一个 2 行 3 列的二维数组。在大多数情况下使用的是一维数组,对于初学者来说,先来研究一维数组,多维数组等遇到了再来了解。

6.1.2 数组的声明

一维数组的声明格式如下:

数据类型 数组名 [数组长度];

(1) 数组的数据类型声明的是该数组的每个元素的类型,即一个数组中的元素具有相同的数据类型。

(2) 数组名的声明要符合 C 语言固定的标识符的声明要求,只能由字母、数字、下画线这三种符号组成,且第一个字符只能是字母或者下画线。

(3) 方括号中的数组长度是一个常量或常量表达式,并且必须是正整数。

6.1.3 数组的初始化

数组在进行声明的同时可以进行初始化操作,格式如下:

数据类型 数组名 [数组长度] = {初值列表};

还是以数码管的真值表为例来讲解注意事项。

```
unsigned char LedChar[16] = {
    0xC0, 0xF9, 0xA4, 0xB0, 0x99, 0x92, 0x82, 0xF8,
    0x80, 0x90, 0x88, 0x83, 0xC6, 0xA1, 0x86, 0x8E
};
```

(1) 初值列表里的数据之间要用逗号隔开。

(2) 初值列表里的初值的数量必须等于或小于数组长度,当小于数组长度时,数组的后边没有赋初值的元素由系统自动赋值为 0。

(3) 若给数组的所有元素都赋初值,可以省略数组的长度。

(4) 系统为数组分配连续的存储单元的时候,数组元素的相对次序由下标来决定,就是说 LedChar[0],LedChar[1],…,LedChar[15]是按照顺序依次排下来的。

6.1.4 数组的使用和赋值

在 C 语言程序中,是不能一次使用整个数组的,只能使用数组的单个元素。一个数组元素相当于一个变量,使用数组元素的时候与使用相同数据类型的变量的方法是一样的。

比如 LedChar 这个数组,如果没加 code 关键字,那么它可读可写,可以写成 a = LedChar[0]这样来把数组的一个元素的值送给 a 这个变量,也可以写成 LedChar[0] = a 这样把 a 这个变量的值送给数组中的一个元素,以下三点要注意。

(1) 引用数组的时候,那个方括号里的数字代表的是数组元素的下标,而数组初始化的时候方括号里的数字代表的是这个数组中元素的总数。

(2) 数组元素的方括号里的下标可以是整型常数、整型变量或者表达式,而数组初始化的时候方括号里的数字必须是常数而不能是变量。

(3) 数组整体赋值只能在初始化的时候进行,程序执行代码中只能对单个元素赋值。

6.2 if 语句

到目前为止,对 if 语句应该已经不陌生了,前边程序已用过多次了,下面系统地介绍一下,方便后边的深入学习。if 语句有两个关键字:if 和 else,把这两个关键字翻译一下就是:"如果"和"否则"。if 语句一共有 3 种格式,分别介绍如下。

1. if 语句的默认形式

```
if (条件表达式)
{
    语句1;
}
```

其执行过程是,if(即如果)条件表达式的值为"真",则执行语句 1;如果条件表达式的值为"假",则不执行语句 1。真和假的概念不再赘述,参考第 5 章。

这里要提醒大家一点,C 语言一个分号表示一条语句的结束,因此,如果 if 后边只有一条执行语句,可以省略大括号,如果有多条执行语句,则必须加上大括号。

```
if (sec >= 16)
{
    sec = 0;
}
```

当 sec 的值大于或等于 16 的时候,括号里的值才是"真",那么就执行 sec=0 这一句,当 sec 的值小于 16 时,那么括号里就为"假",就不执行这一句。

2. if…else 语句

有些情况下,除了要在括号里条件满足时执行相应的语句外,在不满足该条件的时候,也要执行一些另外的语句,这时就用到了 if…else 语句,它的基本语法形式是:

```
if (条件表达式)
{
    语句1;
}
else
{
```

```
        语句 2;
}
```

比如前面的最后一段程序也可以写成：

```
P0 = LedChar[sec];
if (sec >= 15)
{
    sec = 0;
}
else
{
    Sec++;
}
```

这个程序可以修改下载到单片机里验证一下，程序逻辑大家自己动脑筋分析，注意条件表达式内 16 到 15 的变化，想一下为什么，这里就不多解释了。

3. if…else if 语句

if…else 语句是一个二选一的语句，或者执行 if 分支后的语句，或者执行 else 分支后的语句。还有一种多选一的用法就是 if…else if 语句。基本语法格式如下：

```
if (条件表达式 1)         {语句 1;}
else if (条件表达式 2)    {语句 2;}
else if (条件表达式 3)    {语句 3;}
…
else                     {语句 n;}
```

执行过程是：依次判断条件表达式的值，当出现某个值为"真"时，则执行相对应的语句，然后跳出整个 if 的语句块，执行"语句 n"后面的程序；如果所有的表达式都为"假"，则执行 else 分支的"语句 n"后，再执行"语句 n"后边的程序。

if 语句在 C 语言编程中使用频率很高，用法也不复杂，所以必须熟练掌握。

6.3 switch 语句

用 if…else 语句处理多分支的时候，分支太多就会显得不方便，且容易出现 if 和 else 配对出现错误的情况，在 C 语言中提供了另外一种多分支选择的语句——switch 语句，它的基本语法格式如下：

```
switch (表达式)
{
    case 常量表达式 1: 语句 1;
    case 常量表达式 2: 语句 2;
    …
    case 常量表达式 n: 语句 n;
    default: 语句 n + 1;
}
```

执行过程是：首先计算"表达式"的值，然后从第一个 case 开始，与"常量表达式 x"进行比较，如果与当前常量表达式的值不相等，那么就不执行冒号后边的语句 x，一旦发现和某个常量表达式的值相等了，那么它会执行之后所有的语句，如果直到最后一个"常量表达式 n"都没有找到相等的值，那么就执行 default 后的"语句 n+1"。请特别注意一点，当找到一个相等的 case 分支后，会执行该分支以及之后所有分支的语句，很明显这不是读者想要的结果。

在 C 语言中，有一条 break 语句，作用是跳出当前的循环语句，包括 for 循环和 while 循环，同时，它还能用来结束 switch 语句块。switch 的分支语句一共有 n+1 种，而通常都是希望选择其中的一个分支来执行，执行完后就结束整个 switch 语句，而继续执行 switch 后面的语句，此时就可以通过在每个分支后加上 break 语句来实现了。

```
switch (表达式)
{
    case 常量表达式 1: 语句 1; break;
    case 常量表达式 2: 语句 2; break;
    …
    case 常量表达式 n: 语句 n; break;
    default: 语句 n+1; break;
}
```

加了这个 break 语句后，一旦"常量表达式 x"与"表达式"的值相等了，那么就执行"语句 x"，执行完后，由于有了 break，就直接跳出 switch 语句，继续执行 switch 语句后面的程序了，这样就可以避免执行不必要的语句。了解这个 switch 语句后，马上在下面程序中使用并巩固它。

6.4　数码管的动态显示

6.4.1　动态显示的基本原理

第 5 章学习数码管静态显示的时候说到，74HC138 只能在同一时刻导通一个三极管，数码管是靠了 6 个三极管来控制，如何来让数码管同时显示呢？这就用到了动态显示的概念。

多个数码管显示数字的时候，实际上是轮流点亮数码管（一个时刻内只有一个数码管是亮的），利用人眼的视觉暂留现象（也叫余晖效应），就可以做到看起来是所有数码管都同时亮了，这就是动态显示，也叫作动态扫描。

例如，有两个数码管，要显示"12"这个数字，先让高位的位选三极管导通，然后控制段选让其显示"1"，延时一定时间后再让低位的位选三极管导通，然后控制段选让其显示"2"。把这个流程以一定的速度循环运行就可以让数码管显示出"12"，由于交替速度非常快，人眼识别到的就是"12"这两位数字同时亮了。

那么一个数码管需要点亮多长时间呢？也就是说要多长时间完成一次全部数码管的扫

描呢(很明显,整体扫描时间=单个数码管点亮时间×数码管个数)? 答案是 10ms 以内。当电视机和显示器还处在 CRT(电子显像管)时代的时候,有一句很流行的广告语——"100Hz 无闪烁",没错,只要刷新率大于 100Hz,即刷新时间小于 10ms,就可以做到无闪烁,这也就是动态扫描的硬性指标。那么也许有人会问,有最小值的限制吗? 理论上没有,但实际上做到更快的刷新却没有任何进步的意义了,因为已经无闪烁了,再快也还是无闪烁,只是徒然增加 CPU 的负荷而已(因为 1s 内要执行更多次的扫描程序)。所以,通常设计程序的时候,都是取一个接近 10ms,又比较规整的值就行了。开发板上有 6 个数码管,那么现在就来着手写一个数码管动态扫描的程序,实现兼验证上面讲的动态显示原理。

目标还是实现秒表功能,只不过这次有 6 个位了,最大可以计到 999999s。那么现在要实现的这个程序相对于前几章的例程来说就要复杂得多了,既要处理秒表计数,又要处理动态扫描。在编写这类稍复杂的程序时,建议初学者们先用程序流程图来把程序的整个流程理清,在动手写程序之前先把整个程序的结构框架搭好,把每一个环节要实现的功能先细化出来,然后再用程序代码一步一步地去实现出来。这样就可以避免无处下笔的迷茫感了。如图 6-1 就是本例的程序流程图,大家先根据流程图把程序的执行经过在大脑里走一遍,然后再看接下来的程序代码,体会一下流程图的作用,看是不是能帮助读者更顺畅地理清程序流程。

图 6-1 数码管动态显示秒表程序流程图

```
#include <reg52.h>

sbit ADDR0 = P1^0;
sbit ADDR1 = P1^1;
sbit ADDR2 = P1^2;
sbit ADDR3 = P1^3;
sbit ENLED = P1^4;

unsigned char code LedChar[] = {  //数码管显示字符转换表
    0xC0, 0xF9, 0xA4, 0xB0, 0x99, 0x92, 0x82, 0xF8,
```

```
    0x80, 0x90, 0x88, 0x83, 0xC6, 0xA1, 0x86, 0x8E
};
unsigned char LedBuff[6] = {          //数码管显示缓冲区,初值 0xFF 确保启动时都不亮
    0xFF, 0xFF, 0xFF, 0xFF, 0xFF, 0xFF
};

void main()
{
    unsigned char i = 0;          //动态扫描的索引
    unsigned int  cnt = 0;        //记录 T0 中断次数
    unsigned long sec = 0;        //记录经过的秒数

    ENLED = 0;                    //使能 U3,选择控制数码管
    ADDR3 = 1;                    //因为需要动态改变 ADDR0-2 的值,所以不需要再初始化了
    TMOD = 0x01;                  //设置 T0 为模式 1
    TH0  = 0xFC;                  //为 T0 赋初值 0xFC67,定时 1ms
    TL0  = 0x67;
    TR0  = 1;                     //启动 T0

    while (1)
    {
        if (TF0 == 1)            //判断 T0 是否溢出
        {
            TF0 = 0;             //T0 溢出后,清 0 中断标志
            TH0 = 0xFC;          //并重新赋初值
            TL0 = 0x67;
            cnt++;               //计数值自加 1
            if (cnt >= 1000)     //判断 T0 溢出是否达到 1000 次
            {
                cnt = 0;         //达到 1000 次后计数值清 0
                sec++;           //秒计数自加 1
                //以下代码将 sec 按十进制位从低到高依次提取并转为数码管显示字符
                LedBuff[0] = LedChar[sec % 10];
                LedBuff[1] = LedChar[sec/10 % 10];
                LedBuff[2] = LedChar[sec/100 % 10];
                LedBuff[3] = LedChar[sec/1000 % 10];
                LedBuff[4] = LedChar[sec/10000 % 10];
                LedBuff[5] = LedChar[sec/100000 % 10];
            }
            //以下代码完成数码管动态扫描刷新
            if (i == 0)
            { ADDR2 = 0; ADDR1 = 0; ADDR0 = 0; i++; P0 = LedBuff[0]; }
            else if (i == 1)
            { ADDR2 = 0; ADDR1 = 0; ADDR0 = 1; i++; P0 = LedBuff[1]; }
            else if (i == 2)
            { ADDR2 = 0; ADDR1 = 1; ADDR0 = 0; i++; P0 = LedBuff[2]; }
            else if (i == 3)
            { ADDR2 = 0; ADDR1 = 1; ADDR0 = 1; i++; P0 = LedBuff[3]; }
            else if (i == 4)
```

```
            { ADDR2 = 1; ADDR1 = 0; ADDR0 = 0; i++; P0 = LedBuff[4]; }
            else if (i == 5)
            { ADDR2 = 1; ADDR1 = 0; ADDR0 = 1; i = 0; P0 = LedBuff[5]; }
        }
    }
}
```

这段程序可以先抄到 Keil 中,然后边抄边结合程序流程图来理解,最终下载到实验板上看一下运行结果。其中 if…else 语句就是每 1ms 快速地刷新一个数码管,这样 6 个数码管整体刷新一遍的时间就是 6ms,视觉感官上就是 6 个数码管同时亮起来了。

在 C 语言中,"/"等同于数学里的除法运算,而"%"等同于小学学的求余数运算,这个前边已有介绍。如果是 123456 这个数字,要正常显示在数码管上的个位显示,就是直接对 10 取余数,这个"6"就出来了,十位数字就是先除以 10,然后再对 10 取余数,以此类推,就把 6 个数字全部显示出来了。

对于多选一的动态刷新数码管的方式,如果用 switch 会有更好的效果,下面用 switch 语句完成,代码如下。

```
# include < reg52.h >

sbit ADDR0 = P1^0;
sbit ADDR1 = P1^1;
sbit ADDR2 = P1^2;
sbit ADDR3 = P1^3;
sbit ENLED = P1^4;

unsigned char code LedChar[ ] = {      //数码管显示字符转换表
    0xC0, 0xF9, 0xA4, 0xB0, 0x99, 0x92, 0x82, 0xF8,
    0x80, 0x90, 0x88, 0x83, 0xC6, 0xA1, 0x86, 0x8E
};
unsigned char LedBuff[6] = {          //数码管显示缓冲区,初值 0xFF 确保启动时都不亮
    0xFF, 0xFF, 0xFF, 0xFF, 0xFF, 0xFF
};

void main()
{
    unsigned char i = 0;           //动态扫描的索引
    unsigned int   cnt = 0;        //记录 T0 中断次数
    unsigned long sec = 0;         //记录经过的秒数

    ENLED = 0;                     //使能 U3,选择控制数码管
    ADDR3 = 1;                     //因为需要动态改变 ADDR0 - 2 的值,所以不需要再初始化了
    TMOD = 0x01;                   //设置 T0 为模式 1
    TH0  = 0xFC;                   //为 T0 赋初值 0xFC67,定时 1ms
    TL0  = 0x67;
```

```
    TR0   = 1;                   //启动 T0

    while (1)
    {
        if (TF0 == 1)            //判断 T0 是否溢出
        {
            TF0 = 0;             //T0 溢出后,清 0 中断标志
            TH0 = 0xFC;          //并重新赋初值
            TL0 = 0x67;
            cnt++;               //计数值自加 1
            if (cnt >= 1000)     //判断 T0 溢出是否达到 1000 次
            {
                cnt = 0;         //达到 1000 次后计数值清 0
                sec++;           //秒计数自加 1
                //以下代码将 sec 按十进制位从低到高依次提取并转为数码管显示字符
                LedBuff[0] = LedChar[sec % 10];
                LedBuff[1] = LedChar[sec/10 % 10];
                LedBuff[2] = LedChar[sec/100 % 10];
                LedBuff[3] = LedChar[sec/1000 % 10];
                LedBuff[4] = LedChar[sec/10000 % 10];
                LedBuff[5] = LedChar[sec/100000 % 10];
            }
            //以下代码完成数码管动态扫描刷新
            switch (i)
            {
                case 0: ADDR2 = 0; ADDR1 = 0; ADDR0 = 0; i++; P0 = LedBuff[0]; break;
                case 1: ADDR2 = 0; ADDR1 = 0; ADDR0 = 1; i++; P0 = LedBuff[1]; break;
                case 2: ADDR2 = 0; ADDR1 = 1; ADDR0 = 0; i++; P0 = LedBuff[2]; break;
                case 3: ADDR2 = 0; ADDR1 = 1; ADDR0 = 1; i++; P0 = LedBuff[3]; break;
                case 4: ADDR2 = 1; ADDR1 = 0; ADDR0 = 0; i++; P0 = LedBuff[4]; break;
                case 5: ADDR2 = 1; ADDR1 = 0; ADDR0 = 1; i = 0; P0 = LedBuff[5]; break;
                default: break;
            }
        }
    }
}
```

程序完成的功能是一模一样的,但大家看一下,switch 语句是不是比 if…else 语句显得要整齐呢?

6.4.2　数码管显示消隐

不知道读者是否发现了,这两个数码管动态显示程序的运行效果似乎并不是那么完美,第一个小问题,大家仔细看,数码管不应该亮的段,似乎有微微的发亮,这种现象叫作"鬼影",这个"鬼影"严重影响了视觉效果,该如何解决呢?

在今后可能会遇到各种各样的实际问题,可能很多都是没有讲过的,遇到问题怎么办呢? 大家要相信,作为初学者,遇到的问题肯定不是第一个遇到的,肯定有前辈已经遇到过

相同的或类似的问题,一般都会在网上发表各种帖子,各种讨论,所以大家遇到问题,首先就应该形成一个到网上搜索的条件反射,这个问题大家可以到网上搜:"数码管消隐"或者"数码管鬼影解决",多找相关关键词搜索试试,会搜索也是一种能力。

大家在网上搜了一下会发现,解决这类问题的方法有两个,其中之一是延时,延时之后肉眼就可能看不到这个"鬼影"了。但是延时是一个非常拙劣的手段,且不说延时多久能看不到"鬼影",延时后,数码管亮度会普遍降低。解决问题不能只知其然,还要知其所以然,首先就来弄明白为什么会出现"鬼影"。

"鬼影"的出现,主要是在数码管位选和段选产生的瞬态造成的。举个简单例子,在数码管动态显示的那部分程序中,实际上每一个数码管点亮的持续时间是1ms的时间,1ms后进行下个数码管的切换。在进行数码管切换的时候,比如从 case 5 要切换到 case 0 的时候,case 5 的位选用的是"ADDR0=1;ADDR1=0;ADDR2=1;"假如此刻 case 5 也就是最高位数码管对应的值是 0,要切换成的 case 0 的数码管位选是"ADDR0=0;ADDR1=0;ADDR2=0;"而对应的数码管的值假如是 1。又因为 C 语言程序是一句一句顺序往下执行的,每一条语句的执行都会占用一定的时间,即使这个时间非常非常短暂。但是当把"ADDR0=1"改变成"ADDR0=0"时,这个瞬间存在了一个中间状态 ADDR0=0;ADDR1=0;ADDR2=1;在这个瞬间上,就给 case 4 对应的数码管 DS5 瞬间赋值了 0。当全部写完了 ADDR0=0;ADDR1=0;ADDR2=0;后,P0 还没有正式赋值,而 P0 却保持了前一次的值,也就是在这个瞬间,又给 case 0 对应的数码管 DS1 赋值了一个 0。直到把 case 0 后边的语句全部完成后,刷新才正式完成。而在这个刷新过程中,有两个瞬间给错误的数码管赋了值,虽然很弱(因为亮的时间很短),但还是能够发现。

搞明白了原理后,解决起来就不是困难的事情了,只要避开这个瞬间错误就可以了。不产生瞬间错误的方法是,在进行位选切换期间,避免一切数码管的赋值即可。方法有两个,一个方法是刷新之前关闭所有的段,改变好了位选后,再打开段即可;第二个方法是关闭数码管的位,赋值过程都做好后,再重新打开即可。

关闭段:在 switch(i)这句程序之前,加一句 P0=0xFF;这样就把数码管所有的段都关闭了,当把"ADDR"的值全部搞定后,再给 P0 赋对应的值即可。

关闭位:在 switch(i)这句程序之前,加上一句 ENLED=1;等到把 ADDR2=0;ADDR1=0;ADDR0=0;i++;P0=LedBuff[0];这几条刷新程序全部写完,再加上一句 ENLED=0;然后再进行 break 操作即可。

这个地方逻辑思路上稍微有点复杂,大家一定要理解深刻,彻底弄明白,把这个瞬间的问题弄明白了,后边很多牵扯到此类情况的问题,都可以迎刃而解。

数码管程序还有第二个问题,大家仔细看,数码管上的数字每一秒变化一次,变化的时候,不参加变化的数码管可能出现一次抖动,这个抖动没有什么专业的名字,称之为数码管抖动。这种数码管抖动是什么原因造成的呢?为何在数据改变的时候才抖动呢?

来分析一下程序,程序在定时到 1 秒的时候,执行了"秒数+1并转换为数码管显示字符"这个操作,一个 32 位整型数的除法运算,实际上是比较耗费时间的,至于这一段程序究竟耗费了多少时间,大家可以通过第4章讲的调试方法来看看这段程序运行用了多少时间。由于每次定时到1秒的时候,程序都多运行了这么一段,导致了某个数码管的点亮时间比其他情况下要长一些,总时间就变成了1ms＋本段程序运行时间,与此同时,其他的数码管就熄灭了5ms＋本段程序运行时间,如果这段程序运行时间非常短,那么可以忽略不计,但很明显,现在这段程序运行时间已经比较长了,以至于严重影响到视觉效果了,所以要采取另外一种思路去解决这个问题。

6.5　单片机中断系统

6.5.1　中断的产生背景

请设想这样一个场景:此刻我正在厨房用煤气烧一壶水,而烧开一壶水刚好需要10分钟,我是一个主体,烧水是一个目的,而且我只能时时刻刻在这里烧水,因为一旦水开了,溢出来浇灭煤气,有可能引发一场灾难。但就在这个时候呢,又听到了电视里传来《天龙八部》的主题歌,马上就要开演了,真想夺门而出,去看我最喜欢的电视剧。然而,听到这个水壶发出的"咕嘟"的声音,我清楚:除非等水烧开了,否则是无法享受我喜欢的电视剧的。

这里边主体只有一个,而要做的有两件事情:一个是看电视;另一个是烧水,而电视和烧水是两个独立的客体,它们是同时进行的。其中烧水需要10分钟,但不需要了解烧水的过程,只需要得到水烧开的这样一个结果就行了,提下水壶和关闭煤气只需要几秒的时间而已。所以采取的办法就是:烧水的时候,定上一个闹钟,定时10分钟,然后我就可以安心看电视了。当10分钟时间到了,闹钟响了,此刻水也烧开了,就过去把煤气灭掉,然后继续回来看电视就可以了。

这个场景和单片机有什么关系呢?

在单片机的程序处理过程中也有很多类似的场景,当单片机正在专心致志地做一件事情(看电视)的时候,总会有一件或者多件紧迫或者不紧迫的事情发生,需要去关注,有一些需要停下手头的工作马上去处理(比如水开了),只有处理完了,才能回头继续完成刚才的工作(看电视)。这种情况下单片机的中断系统就该发挥它的强大作用了,合理巧妙地利用中断,不仅可以获得处理突发状况的能力,而且可以使单片机能够"同时"完成多项任务。

6.5.2　定时器中断的应用

在第5章学过了定时器,而实际上定时器一般用法都是采取中断方式来做的,在第5章用查询法,就是使用if(TF0==1)这样的语句先用定时器,目的是明确告诉读者定时器和中断不是一回事,定时器是单片机模块的一个资源,确确实实存在的一个模块,而中断,是单片机的一种运行机制。尤其是初学者,很多人会误以为定时器和中断是一个东西,只有定时器才会触发中断,但实际上很多事件都会触发中断的,除了"烧水",还有"有人按门铃""来电话了"等。

标准 51 单片机中控制中断的寄存器有两个：一个是中断使能寄存器；另一个是中断优先级寄存器，这里先介绍中断使能寄存器，如表 6-1 和表 6-2 所示。随着一些增强型 51 单片机的问世，可能会有增加的寄存器，大家理解了这里所讲的，其他的通过自己研读数据手册就可以理解并且用起来了。

表 6-1　IE——中断使能寄存器的位分配(地址 **0xA8**、可位寻址)

位	7	6	5	4	3	2	1	0
符号	EA	—	ET2	ES	ET1	EX1	ET0	EX0
复位值	0	—	0	0	0	0	0	0

表 6-2　IE——中断使能寄存器的位描述

位	符　号	描　述
7	EA	总中断使能位,相当于总开关
6	—	—
5	ET2	定时器 2 中断使能
4	ES	串口中断使能
3	ET1	定时器 1 中断使能
2	EX1	外部中断 1 使能
1	ET0	定时器 0 中断使能
0	EX0	外部中断 0 使能

中断使能寄存器 IE 的位 0～5 控制了 6 个中断使能,而第 6 位没有用到,第 7 位是总开关。总开关就相当于家里或者学生宿舍里的那个电源总闸门,而 0～5 位这 6 个位相当于每个分开关。也就是说,只要用到中断,就要写 EA = 1 这一句,打开中断总开关,然后用到哪个分中断,再打开相对应的控制位就可以了。

现在就把前面的数码管动态显示的程序改用中断再实现出来,同时数码管显示抖动和"鬼影"也一并处理掉了。程序运行的流程跟图 6-1 所示的流程图是基本一致的,但因为加入了中断,所以整个流程被分成了两部分,转换为数码管显示字符的部分还留在主循环内,而实现 1 秒定时和动态扫描部分则移到了中断函数内,并加入了消隐的处理。下面来看程序：

```c
#include < reg52.h>
sbit ADDR0 = P1^0;
sbit ADDR1 = P1^1;
sbit ADDR2 = P1^2;
sbit ADDR3 = P1^3;
sbit ENLED = P1^4;
unsigned char code LedChar[] = {   //数码管显示字符转换表
    0xC0, 0xF9, 0xA4, 0xB0, 0x99, 0x92, 0x82, 0xF8,
    0x80, 0x90, 0x88, 0x83, 0xC6, 0xA1, 0x86, 0x8E
};
```

```
unsigned char LedBuff[6] = {          //数码管显示缓冲区,初值 0xFF 确保启动时都不亮
    0xFF, 0xFF, 0xFF, 0xFF, 0xFF, 0xFF
};
unsigned char i = 0;                  //动态扫描的索引
unsigned int cnt = 0;                 //记录 T0 中断次数
unsigned char flag1s = 0;             //1 秒定时标志
void main()
{
    unsigned long sec = 0;            //记录经过的秒数
    EA = 1;                           //使能总中断
    ENLED = 0;                        //使能 U3,选择数码管
    ADDR3 = 1;                        //因为需要动态改变 ADDR0 - 2 的值,所以不需要再初始化了
    TMOD = 0x01;                      //设置 T0 为模式 1
    TH0 = 0xFC;                       //为 T0 赋初值 0xFC67,定时 1ms
    TL0 = 0x67;
    ET0 = 1;                          //使能 T0 中断
    TR0 = 1;                          //启动 T0
    while (1)
    {
        if (flag1s == 1)             //判断 1 秒定时标志
        {
            flag1s = 0;              //1 秒定时标志清 0
            sec++;                   //秒计数自加 1
            //以下代码将 sec 按十进制位从低到高依次提取并转为数码管显示字符
            LedBuff[0] = LedChar[sec % 10];
            LedBuff[1] = LedChar[sec/10 % 10];
            LedBuff[2] = LedChar[sec/100 % 10];
            LedBuff[3] = LedChar[sec/1000 % 10];
            LedBuff[4] = LedChar[sec/10000 % 10];
            LedBuff[5] = LedChar[sec/100000 % 10];
        }
    }
}
/* 定时器 0 中断服务函数 */
void InterruptTimer0() interrupt 1
{
    TH0 = 0xFC;                       //重新加载初值
    TL0 = 0x67;
    cnt++;                            //中断次数计数值加 1
    if (cnt >= 1000)                  //中断 1000 次即 1 秒
    {
        cnt = 0;                     //清 0 计数值以重新开始下 1 秒计时
        flag1s = 1;                  //设置 1 秒定时标志为 1
    }
    //以下代码完成数码管动态扫描刷新
    P0 = 0xFF;                        //显示消隐
    switch (i)
    {
        case 0: ADDR2 = 0; ADDR1 = 0; ADDR0 = 0; i++; P0 = LedBuff[0]; break;
```

```
        case 1: ADDR2 = 0; ADDR1 = 0; ADDR0 = 1; i++; P0 = LedBuff[1]; break;
        case 2: ADDR2 = 0; ADDR1 = 1; ADDR0 = 0; i++; P0 = LedBuff[2]; break;
        case 3: ADDR2 = 0; ADDR1 = 1; ADDR0 = 1; i++; P0 = LedBuff[3]; break;
        case 4: ADDR2 = 1; ADDR1 = 0; ADDR0 = 0; i++; P0 = LedBuff[4]; break;
        case 5: ADDR2 = 1; ADDR1 = 0; ADDR0 = 1; i = 0; P0 = LedBuff[5]; break;
        default: break;
    }
}
```

大家可以先把程序抄下来,编译下载到单片机里运行,看看实际效果。是否可以看到,近乎完美的显示效果终于做成功了。下面还要再来解析一下这个程序。

在这个程序中有两个函数:一个是主函数;另一个是中断服务函数。主函数 main()就不用说了,重点强调一下中断服务函数,它的书写格式是固定的,首先中断函数前边 void 表示函数返回空,即中断函数不返回任何值,函数名是 InterruptTimer0(),这个函数名在符合函数命名规则的前提下可以随便取,取这个名字是为了方便区分和记忆,而后是 interrupt 这个关键字,一定不能错,这是中断特有的关键字,另外后边还有个数字 1,这个数字 1 怎么来的呢? 先来看表 6-3。

表 6-3 中断查询序列

中断函数编号	中断名称	中断标志位	中断使能位	中断向量地址	默认优先级
0	外部中断 0	IE0	EX0	0x0003	1(最高)
1	T0 中断	TF0	ET0	0x000B	2
2	外部中断 1	IE1	EX1	0x0013	3
3	T1 中断	TF1	ET1	0x001B	4
4	UART 中断	TI/RI	ES	0x0023	5
5	T2 中断	TF2/EXF2	ET2	0x002B	6

这个表同样不需要大家记住,需要的时候过来查就可以了。现在看第 2 行的 T0 中断,要使能这个中断那么就要把它的中断使能位 ET0 置 1,当它的中断标志位 TF0 变为 1 时,就会触发 T0 中断了,这时就应该来执行中断函数了,单片机又怎样找到这个中断函数呢? 靠的就是中断向量地址,所以 interrupt 后面中断函数编号的数字 x 就是根据中断向量得出的,它的计算方法是 x×8+3=向量地址。当然表中都已经给算好放在第一栏了,可以直接查出来用就行了。到此为止,中断函数的命名规则都搞清楚了。

中断函数写好后,每当满足中断条件而触发中断后,系统就会自动来调用中断函数。比如上面这个程序,平时一直在主程序 while(1)的循环中执行,假如程序有 100 行,当执行到 50 行时,定时器溢出了,那么单片机就会立刻跑到中断函数中执行中断程序,中断程序执行完毕后再自动返回到刚才的第 50 行处继续执行下面的程序,这样就保证了动态显示间隔是固定的 1ms,不会因为程序执行时间不一致的原因导致数码管显示的抖动了。

6.5.3　中断的优先级

中断优先级的内容先大概了解一下即可，后边实际应用的时候再详细理解。

在讲中断产生背景的时候，仅仅讲了看电视和烧水的例子，但是实际生活当中还有更复杂的，比如正在看电视，这个时候来电话了，要进入接电话的"中断"程序当中去，就在接电话的同时，听到了水开的声音，水开的"中断"也发生了，就必须要放下手上的电话，先把煤气关掉，然后再回来听电话，最后听完了电话再看电视，这里就产生了一个优先级的问题。

还有一种情况，在看电视的时候，这个时候听到水开的声音，水开的"中断"发生了，要进入关煤气的"中断"程序当中，而在关煤气的同时，电话声音响了，而这个时候，处理方式是先把煤气关闭，再去接听电话，最后再看电视。

从这两个过程中可以得到一个结论，就是最最紧急的事情，一旦发生，不管当时处在哪个"程序"中，必须先去处理最最紧急的事情，处理完毕再去解决其他事情。单片机程序中有时候也是这样的，有一般紧急的中断，有特别紧急的中断，这取决于具体的系统设计，这就涉及中断优先级和中断嵌套的概念，在本章先简单介绍一下相关寄存器，不做例程说明。

中断优先级有两种：一种是抢占优先级，另一种是固有优先级。先介绍抢占优先级。来看表 6-4 和表 6-5。

表 6-4　IP——中断优先级寄存器的位分配（地址 0xB8、可位寻址）

位	7	6	5	4	3	2	1	0
符号	—	—	PT2	PS	PT1	PX1	PT0	PX0
复位值	—	—	0	0	0	0	0	0

表 6-5　IP——中断优先级寄存器的位描述

位	符　号	描　述
7	—	保留
6	—	保留
5	PT2	定时器 2 中断优先级控制位
4	PS	串口中断优先级控制位
3	PT1	定时器 1 中断优先级控制位
2	PX1	外部中断 1 中断优先级控制位
1	PT0	定时器 0 中断优先级控制位
0	PX0	外部中断 0 中断优先级控制位

IP 这个寄存器的每一位，表示对应中断的抢占优先级，每一位的复位值都是 0，当把某一位设置为 1 的时候，这一位的优先级就比其他位的优先级高了。比如设置了 PT0 位为 1 后，当单片机在主循环或者任何其他中断程序中执行时，一旦定时器 T0 发生中断，作为更高的优先级，程序马上就会跑到 T0 的中断程序中来执行。反过来，当单片机正在 T0 中断

程序中执行时,如果有其他中断发生了,还是会继续执行 T0 中断程序,直到把 T0 中的中断程序执行完后,才会去执行其他中断程序。

当进入低优先级中断中执行时,如又发生了高优先级的中断,则立刻进入高优先级中断执行,处理完高优先级中断后,再返回处理低优先级中断,这个过程就称为中断嵌套,也称为抢占。所以抢占优先级的概念就是,优先级高的中断可以打断优先级低的中断的执行,从而形成嵌套。当然反过来,优先级低的中断是不能打断优先级高的中断的。

既然有抢占优先级,自然就也有非抢占优先级了,也称为固有优先级。在表 6-3 中的最后一列给出的就是固有优先级,请注意,在中断优先级的编号中,一般都是数字越小优先级越高。从表中可以看到一共有 1~6 共 6 级的优先级,这里的优先级与抢占优先级的一个不同点就是,它不具有抢占的特性,也就是说即使在低优先级中断执行过程中又发生了高优先级的中断,那么高优先级的中断也只能等到低优先级中断执行完后才能得到响应。既然不能抢占,那么这个优先级有什么用呢?

答案是多个中断同时存在时的仲裁。比如说有多个中断同时发生了,当然实际上发生这种情况的概率很低,但另外一种情况就常见得多了,那就是出于某种原因暂时关闭了总中断,即 EA=0,执行完一段代码后又重新使能了总中断,即 EA=1,那么在这段时间里就很可能有多个中断都发生了,但因为总中断是关闭的,所以它们当时都得不到响应,而当总中断再次使能后,它们就会在同时请求响应了,很明显,这时也必需有个先后顺序才行,这就是非抢占优先级的作用了(见表 6-3),谁优先级最高先响应谁,然后按编号排队,依次得到响应。

抢占优先级和非抢占优先级的协同,可以使单片机中断系统有条不紊地工作,既不会无休止地嵌套,又可以保证必要时紧急任务得到优先处理。在后续的学习过程中,中断系统会与读者如影随形,随着学习的深入,相信会对它的理解更加深入。

6.6 练习题

1. 掌握 C 语言数组的概念、定义和应用。

2. 掌握 if 语句和 switch 语句的用法及区别,编程的时候能够正确选择使用。

3. 彻底理解中断的原理和应用方法,能独立把本章节程序编写完毕并且下载到实验板上实践。

4. 尝试修改程序,使数码管只显示有效位,也就是高位的 0 不显示。

5. 尝试写一个从 999999 开始倒计时的程序,并且改用定时器 T1 的中断来完成,通过写这个程序,熟练掌握定时器和中断的应用。

第 7 章

变量进阶与点阵 LED

当走在马路上的时候,经常会看到马路两侧有一些 LED 点阵的广告牌,这些广告牌看起来绚烂夺目,非常吸引人,而且还会变化很多种不同的显示方式。本章就会学习到点阵 LED 的控制方式,但是首先得来了解一点 C 语言变量的进阶知识——变量的作用域和存储类别。

第 7 章视频

7.1　变量的作用域

所谓的作用域就是指变量起作用的范围,也是变量的有效范围。变量按作用域可以分为局部变量和全局变量。

7.1.1　局部变量

在一个函数内部声明的变量是内部变量,它只在本函数内有效,在本函数以外是不能使用的,这样的变量就是局部变量。此外,函数的形参也是局部变量,形参会在后面再详细解释。

比如第 6 章程序中定义的 unsigned long sec 这个变量,它是定义在 main 函数内部的,所以只能由 main 函数使用,中断函数就不能使用这个变量。同理,如果在中断函数内部定义的变量,在 main 函数中也是不能使用的。

7.1.2　全局变量

在函数外声明的变量就是全局变量。一个源程序文件可以包含一个或者多个函数,全局变量的作用范围是从它开始声明的位置一直到程序结束。

比如第 6 章程序中定义的 unsigned char LedBuff[6]这个数组,它的作用域就是从开始定义的位置一直到程序结束,不管是 main 函数还是中断函数 InterruptTimer0,都可以直接使用这个数组。

局部变量只有在声明它的函数范围内可以使用,而全局变量可以被作用域内的所有的函数直接使用。所以在一个函数内既可以使用本函数内声明的局部变量,也可以使用全局变量。从编程规范上讲,一个程序文件内所有的全局变量都应定义在文件的开头部分,在文件中所有函数之前。

由于 C 语言函数只有一个返回值,但经常会希望一个函数可以提供或影响多个结果值,这时就可以利用全局变量来实现。但是考虑到全局变量的一些特征,应该限制全局变量的使用,过多使用全局变量也会带来一些问题。

(1) 全局变量可以被作用域内所有的函数直接引用,可以增加函数间数据联系的途径,但同时加强了函数模块之间的数据联系,使这些函数的独立性降低,对其中任何一个函数的修改都可能会影响到其他函数的执行结果,函数之间过于紧密的联系不利于程序的维护。

(2) 全局变量的应用会降低函数的通用性。函数在执行的时候过多依赖于全局变量,不利于函数的重复利用。目前编写的程序还都比较简单,就一个.c 文件,但以后要学到一个程序中有多个.c 文件,当一个函数被另外一个.c 文件调用的时候,必须将这个全局变量的变量值一起移植,而全局变量不只被一个函数调用,这样会引起一些不可预见的后果。

(3) 过多使用全局变量会降低程序的清晰度,使程序的可读性下降。在各个函数执行的时候都可能改变全局变量值,往往难以清楚地判断出每个时刻各个全局变量的值。

(4) 定义全局变量会永久占用单片机的内存单元,而局部变量只有进入定义局部变量的函数时才会占用内存单元,函数退出后会自动释放所占用的内存。所以大量的全局变量会额外增加内存消耗。

综上所述,在编程规范上有一条原则,就是尽量减少全局变量的使用,能用局部变量代替的就不用全局变量。

还有一种特殊情况,大家在看程序的时候请注意,C 语言是允许局部变量和全局变量同名的,它们定义后在内存中占有不同的内存单元。如果在同一源文件中,全局变量和局部变量同名,在局部变量作用域范围内,只有局部变量有效,全局变量不起作用,也就是说局部变量具有更高优先级。但是从编程规范上讲,是要避免全局变量与局部变量重名的,从而避免不必要的误解和误操作。

7.2 变量的存储类别

变量的存储类别分为自动、静态、寄存器和外部四种。其中后两种暂不介绍,主要是自动变量和静态变量。

函数中的局部变量,如果不加 static 这个关键字来修饰都属于自动变量,也叫作动态存储变量。这种存储类别的变量,在调用该函数的时候系统会给它们分配存储空间,在函数调用结束后会自动释放这些存储空间。动态存储变量的关键字是 auto,但是这个关键字是可以省略的,所以平时都不用。

那么与动态变量对应的就是静态变量。首先,全局变量均是静态变量,此外,还有一种特殊的局部变量也是静态变量。即在定义局部变量时前边加上 static 这个关键字,加上这个关键字的变量就称为静态局部变量,它的特点是,在整个生存期中只赋一次初值,在第一次执行该函数时,它的值就是给定的那个初值,而之后在该函数所有的执行次数中,它的值都是上一次函数执行结束后的值，即它可以保持前次的执行结果。

　　有这样一种情况，某个变量只在一个函数中使用，但想在函数多次调用期间保持这个变量的值而不丢失，也就是说在该函数的本次调用中该变量值的改变要依赖于上一次调用函数时的值，而不能每次都从初值开始。如果使用局部动态变量，每次进入函数后上一次的值就丢失了，它每次都从初值开始，如果定义成全局变量，又违背了上面提到的尽量减少全局变量的使用这条原则，那么此时，局部静态变量就是最好的解决方案了。

　　比如第6章最后的例子中有一个控制数码管动态扫描显示用的索引变量 i 和实现秒定时的变量 cnt，当时就是定义成了全局变量，现在就可以改成局部静态变量来试试。

```c
# include < reg52.h >
sbit ADDR0 = P1^0;
sbit ADDR1 = P1^1;
sbit ADDR2 = P1^2;
sbit ADDR3 = P1^3;
sbit ENLED = P1^4;
unsigned char code LedChar[] = {   //数码管显示字符转换表
    0xC0, 0xF9, 0xA4, 0xB0, 0x99, 0x92, 0x82, 0xF8,
    0x80, 0x90, 0x88, 0x83, 0xC6, 0xA1, 0x86, 0x8E
};
unsigned char LedBuff[6] = {        //数码管显示缓冲区,初值 0xFF 确保启动时都不亮
    0xFF, 0xFF, 0xFF, 0xFF, 0xFF, 0xFF
};
unsigned char flag1s = 0;          //1 秒定时标志
void main()
{
    unsigned long sec = 0;         //记录经过的秒数
    EA = 1;                        //使能总中断
    ENLED = 0;                     //使能 U3,选择数码管
    ADDR3 = 1;                     //因为需要动态改变 ADDR0 - 2 的值,所以不需要再初始化了
    TMOD = 0x01;                   //设置 T0 为模式 1
    TH0  = 0xFC;                   //为 T0 赋初值 0xFC67,定时 1ms
    TL0  = 0x67;
    ET0  = 1;                      //使能 T0 中断
    TR0  = 1;                      //启动 T0
    while (1)
    {
        if (flag1s == 1)           //判断 1 秒定时标志
        {
            flag1s = 0;            //1 秒定时标志清 0
            sec++;                 //秒计数自加 1
            //以下代码将 sec 按十进制位从低到高依次提取并转为数码管显示字符
            LedBuff[0] = LedChar[sec % 10];
            LedBuff[1] = LedChar[sec/10 % 10];
            LedBuff[2] = LedChar[sec/100 % 10];
            LedBuff[3] = LedChar[sec/1000 % 10];
```

```
        LedBuff[4] = LedChar[sec/10000 % 10];
        LedBuff[5] = LedChar[sec/100000 % 10];
    }
}
/* 定时器 0 中断服务函数 */
void InterruptTimer0() interrupt 1
{
    static unsigned char i = 0;   //动态扫描的索引,定义为局部静态变量
    static unsigned int cnt = 0; //记录 T0 中断次数,定义为局部静态变量
    TH0 = 0xFC;   //重新加载初值
    TL0 = 0x67;
    cnt++;           //中断次数计数值加 1
    if (cnt >= 1000) //中断 1000 次即 1 秒
    {
        cnt = 0; //清 0 计数值以重新开始下一秒计时
        flag1s = 1; //设置 1 秒定时标志为 1
    }

    //以下代码完成数码管动态扫描刷新
    P0 = 0xFF;   //显示消隐
    switch (i)
    {
        case 0: ADDR2 = 0; ADDR1 = 0; ADDR0 = 0; i++; P0 = LedBuff[0]; break;
        case 1: ADDR2 = 0; ADDR1 = 0; ADDR0 = 1; i++; P0 = LedBuff[1]; break;
        case 2: ADDR2 = 0; ADDR1 = 1; ADDR0 = 0; i++; P0 = LedBuff[2]; break;
        case 3: ADDR2 = 0; ADDR1 = 1; ADDR0 = 1; i++; P0 = LedBuff[3]; break;
        case 4: ADDR2 = 1; ADDR1 = 0; ADDR0 = 0; i++; P0 = LedBuff[4]; break;
        case 5: ADDR2 = 1; ADDR1 = 0; ADDR0 = 1; i = 0; P0 = LedBuff[5]; break;
        default: break;
    }
}
```

大家注意看程序中中断函数里的局部变量 i,为其加上了 static 关键字来修饰,就成为静态局部变量。它的初始化 i = 0 操作只进行一次,程序执行代码中会进行 i++ 等操作,那么下次再进入中断函数的时候,i 会保持上次中断函数执行完的值。如果去掉 static,那么每次进入中断函数后,i 都会被初始化成 0,大家可以自己修改程序,看一下实际效果上是否和理论相符。

7.3   点阵的初步认识

点阵 LED 显示屏作为一种现代电子媒体,具有灵活的显示面积(可任意分割和拼装)、高亮度、长寿命、数字化、实时性等特点,应用非常广泛。

前边学了 LED 小灯和 LED 数码管后,学 LED 点阵就要轻松多了。一个数码管是 8 个 LED 组成,同理,一个 8×8 的点阵就是由 64 个 LED 小灯组成。图 7-1 就是一个点阵 LED

最小单元,即一个 8×8 的点阵 LED,图 7-2 是它的内部结构原理图。

图 7-1　8×8 LED 点阵外观　　　　图 7-2　8×8 点阵结构原理图

从图 7-2 中可以看出,点阵 LED 点亮原理是很简单的。在图中大方框外侧的是点阵 LED 的引脚号,左侧的 8 个引脚接内部 LED 的阳极,上侧的 8 个引脚接内部 LED 的阴极。如果把引脚 9 置成高电平、引脚 13 置成低电平,则左上角的那个 LED 小灯会亮。下面就用程序来实现一下,特别注意,控制点阵左侧引脚的 74HC138 是原理图上的 U4,8 个引脚自上而下依次由 U4 的 Y0～Y7 输出来控制。

```c
#include <reg52.h>

sbit LED = P0^0;
sbit ADDR0 = P1^0;
sbit ADDR1 = P1^1;
sbit ADDR2 = P1^2;
sbit ADDR3 = P1^3;
sbit ENLED = P1^4;

void main()
{
    ENLED = 0;      //U3、U4 两片 74HC138 总使能
    ADDR3 = 0;      //使能 U4 使之正常输出
    ADDR2 = 0;      //经 U4 的 Y0 输出开启三极管 Q10
    ADDR1 = 0;
    ADDR0 = 0;
    LED = 0;        //向 P0.0 写入 0 来点亮左上角的一个点
    while(1);        //程序停止在这里
}
```

　　同样的方法,通过对 P0 的整体赋值可以一次点亮点阵的一行,这次用程序来点亮点阵的第二行,对应地需要编号 U4 的 74HC138 在其 Y1 引脚输出低电平。

```
# include < reg52.h >

sbit ADDR0 = P1^0;
sbit ADDR1 = P1^1;
sbit ADDR2 = P1^2;
sbit ADDR3 = P1^3;
sbit ENLED = P1^4;

void main()
{
    ENLED = 0;      //U3、U4 两片 74HC138 总使能
    ADDR3 = 0;      //使能 U4 使之正常输出
    ADDR2 = 0;      //经 U4 的 Y1 输出开启三极管 Q11
    ADDR1 = 0;
    ADDR0 = 1;
    P0 = 0x00;      //向 P0 写入 0 来点亮一行
    while(1);       //程序停止在这里
}
```

　　从这里可以逐步发现点阵的控制原理。前面讲了一个数码管是 8 个 LED 小灯,一个点阵是 64 个 LED 小灯。同样的道理,可以把一个点阵理解成是 8 个数码管。经过前面的学习已经掌握了 6 个数码管同时显示的方法,那么 8 个数码管也应该轻轻松松掌握了。下面就利用定时器中断和数码管动态显示的原理把这个点阵全部点亮。

```
# include < reg52.h >

sbit ADDR0 = P1^0;
sbit ADDR1 = P1^1;
sbit ADDR2 = P1^2;
sbit ADDR3 = P1^3;
sbit ENLED = P1^4;

void main()
{
    EA = 1;         //使能总中断
    ENLED = 0;      //使能 U4,选择 LED 点阵
    ADDR3 = 0;      //因为需要动态改变 ADDR0-2 的值,所以不需要再初始化
    TMOD = 0x01;    //设置 T0 为模式 1
    TH0 = 0xFC;     //为 T0 赋初值 0xFC67,定时 1ms
    TL0 = 0x67;
    ET0 = 1;        //使能 T0 中断
    TR0 = 1;        //启动 T0
    while (1);      //程序停在这里,等待定时器中断
}
```

```
/* 定时器 0 中断服务函数 */
void InterruptTimer0() interrupt 1
{
    static unsigned char i = 0;              //动态扫描的索引

    TH0 = 0xFC;   //重新加载初值
    TL0 = 0x67;
    //以下代码完成 LED 点阵动态扫描刷新
    P0 = 0xFF;   //显示消隐
    switch (i)
    {
        case 0: ADDR2 = 0; ADDR1 = 0; ADDR0 = 0; i++; P0 = 0x00; break;
        case 1: ADDR2 = 0; ADDR1 = 0; ADDR0 = 1; i++; P0 = 0x00; break;
        case 2: ADDR2 = 0; ADDR1 = 1; ADDR0 = 0; i++; P0 = 0x00; break;
        case 3: ADDR2 = 0; ADDR1 = 1; ADDR0 = 1; i++; P0 = 0x00; break;
        case 4: ADDR2 = 1; ADDR1 = 0; ADDR0 = 0; i++; P0 = 0x00; break;
        case 5: ADDR2 = 1; ADDR1 = 0; ADDR0 = 1; i++; P0 = 0x00; break;
        case 6: ADDR2 = 1; ADDR1 = 1; ADDR0 = 0; i++; P0 = 0x00; break;
        case 7: ADDR2 = 1; ADDR1 = 1; ADDR0 = 1; i = 0; P0 = 0x00; break;
        default: break;
    }
}
```

7.4　点阵的图形显示

独立的 LED 小灯可以实现流水灯,数码管可以显示多位数字,点阵 LED 则可以显示一些花样。

要显示花样,往往要先做出一些小图形,将这些小图形的数据转换到程序当中,这时需要取模软件。给大家介绍一款简单的取模软件,这种取模软件可以在网上下载,其操作界面如图 7-3 所示。

单击"新建图像"命令,根据开发板上的点阵,把宽度和高度均改成 8,然后单击"确定"按钮,如图 7-4 所示。

单击左侧的"模拟动画"命令,再单击"放大格点"选项,一直放大到最大,就可以在 8×8 的点阵图形中用鼠标填充黑点画图形了,如图 7-5 所示。

经过精心设计,画出一个心形图形,并且填充满,最终出现想要的效果图,如图 7-6 所示。

由于取模软件是把黑色取为 1,白色取为 0,但点阵是 1 对应 LED 熄灭,0 对应 LED 点亮,而我们需要的是一颗点亮的"心",所以要选择"修改图像"菜单中的"黑白反显图像"选项,再单击"基本操作"菜单中的"保存图像"命令,即可保存设计好的图片,如图 7-7 所示。

图 7-3　字模提取软件界面

图 7-4　新建图形

图 7-5　字模提取软件画图

图 7-6　心形图形

图 7-7 保存图形

保存文件只是为了再次使用或修改更方便,当然也可以不保存。操作完这一步,单击"参数设置"菜单中的"其他选项"命令,如图 7-8 所示。

图 7-8 选项设置

这里的选项要结合图 7-2 进行设置，可以看到 P0 口控制的是一行，所以选择"横向取模"选项，如果控制的是一列，就要选择"纵向取模"选项。选中"字节倒序"选项，是因为图 7-2 中左边是低位 DB0，右边是高位 DB7，所以是字节倒序。其他两个选项大家自己了解。单击"确定"按钮，选择"取模方式"命令，单击"C51 格式"后，在"点阵生成区"自动产生了 8 字节的数据，这 8 字节的数据就是取出来的"模"，如图 7-9 所示。

图 7-9 取模结果

大家注意，虽然是使用软件取模，但是也得知道其原理是什么，在这个图片里，黑色的一个格子表示一位二进制的 1，白色的一个格子表示一位二进制的 0。第一个字节是 0xFF，其实就是这个 8×8 图形的第一行，全黑就是 0xFF；第二个字节是 0x99，低位在左边，高位在右边，黑色的表示 1，白色的表示 0，就组成了 0x99 这个数值。同理可知其他数据的生成过程。

下面就用程序把这些数据依次送到点阵上去，看看运行效果如何。

```c
#include <reg52.h>

sbit ADDR0 = P1^0;
sbit ADDR1 = P1^1;
sbit ADDR2 = P1^2;
sbit ADDR3 = P1^3;
sbit ENLED = P1^4;
```

```c
unsigned char code image[] = {        //图片的字模表
    0xFF, 0x99, 0x00, 0x00, 0x00, 0x81, 0xC3, 0xE7
};

void main()
{
    EA = 1;                           //使能总中断
    ENLED = 0;                        //使能 U4,选择 LED 点阵
    ADDR3 = 0;
    TMOD = 0x01;                      //设置 T0 为模式 1
    TH0  = 0xFC;                      //为 T0 赋初值 0xFC67,定时 1ms
    TL0  = 0x67;
    ET0  = 1;                         //使能 T0 中断
    TR0  = 1;                         //启动 T0
    while (1);
}
/* 定时器 0 中断服务函数 */
void InterruptTimer0() interrupt 1
{
    static unsigned char i = 0;       //动态扫描的索引

    TH0 = 0xFC;                       //重新加载初值
    TL0 = 0x67;
    //以下代码完成 LED 点阵动态扫描刷新
    P0 = 0xFF;                        //显示消隐
    switch (i)
    {
        case 0: ADDR2 = 0; ADDR1 = 0; ADDR0 = 0; i++; P0 = image[0]; break;
        case 1: ADDR2 = 0; ADDR1 = 0; ADDR0 = 1; i++; P0 = image[1]; break;
        case 2: ADDR2 = 0; ADDR1 = 1; ADDR0 = 0; i++; P0 = image[2]; break;
        case 3: ADDR2 = 0; ADDR1 = 1; ADDR0 = 1; i++; P0 = image[3]; break;
        case 4: ADDR2 = 1; ADDR1 = 0; ADDR0 = 0; i++; P0 = image[4]; break;
        case 5: ADDR2 = 1; ADDR1 = 0; ADDR0 = 1; i++; P0 = image[5]; break;
        case 6: ADDR2 = 1; ADDR1 = 1; ADDR0 = 0; i++; P0 = image[6]; break;
        case 7: ADDR2 = 1; ADDR1 = 1; ADDR0 = 1; i = 0; P0 = image[7]; break;
        default: break;
    }
}
```

对于 8×8 的点阵来说,可以显示一些简单的图形、字符等。但大部分汉字通常要用到 16×16 个点,而 8×8 的点阵只能显示一些简单笔画的汉字,大家可以自己取模试试看。使用大屏显示汉字的方法和小屏的方法类似,所需要做的只是按照相同的原理来扩展行数和列数。

7.5　点阵的动画显示

　　点阵的动画显示,说到底就是对多张图片分别进行取模,使用程序算法巧妙地切换图片,多张图片组合起来就形成了一段动画,动画片、游戏等的基本原理都是如此。

7.5.1　点阵的纵向移动

　　7.4节介绍了如何在点阵上画一个心形,有时希望这些显示是动起来的,而不是静止的。对于点阵本身已经没有多少知识点可以介绍了,要使用编程算法来解决这个问题。例如让点阵显示一个"I♥U"的动画,首先要把这个图形用取模软件画出来看一下,如图7-10所示。

图 7-10　上下移动横向取模

　　这张图片共有40行,每8行组成一张点阵图片,并且每向上移动一行就出现一张新图片,一共组成了32张图片。

　　用变量index代表每张图片的起始位置,每次从index开始向下数8行代表当前的图片,250ms改变一张图片,然后不停地动态刷新,这样图片就变成动画了。首先要对显示的图片进行横向取模,虽然这是32张图片,但由于每一张图片都是和下一行连续的,所以实际的取模值只需要40字节就可以完成,程序如下。

```
# include < reg52.h>

sbit ADDR0 = P1^0;
sbit ADDR1 = P1^1;
sbit ADDR2 = P1^2;
sbit ADDR3 = P1^3;
sbit ENLED = P1^4;

unsigned char code image[] = {          //图片的字模表
    0xFF,0xFF,0xFF,0xFF,0xFF,0xFF,0xFF,0xFF,
    0xC3,0xE7,0xE7,0xE7,0xE7,0xE7,0xC3,0xFF,
    0x99,0x00,0x00,0x00,0x81,0xC3,0xE7,0xFF,
    0x99,0x99,0x99,0x99,0x99,0x81,0xC3,0xFF,
    0xFF,0xFF,0xFF,0xFF,0xFF,0xFF,0xFF,0xFF
};

void main()
{
    EA = 1;                             //使能总中断
    ENLED = 0;                          //使能 U4,选择 LED 点阵
    ADDR3 = 0;
    TMOD = 0x01;                        //设置 T0 为模式 1
    TH0  = 0xFC;                        //为 T0 赋初值 0xFC67,定时 1ms
    TL0  = 0x67;
    ET0  = 1;                           //使能 T0 中断
    TR0  = 1;                           //启动 T0
    while (1);
}
/* 定时器 0 中断服务函数 */
void InterruptTimer0() interrupt 1
{
    static unsigned char i = 0;         //动态扫描的索引
    static unsigned char tmr = 0;       //250ms 软件定时器
    static unsigned char index = 0;     //图片刷新索引

    TH0 = 0xFC;                         //重新加载初值
    TL0 = 0x67;
    //以下代码完成 LED 点阵动态扫描刷新
    P0 = 0xFF;                          //显示消隐
    switch (i)
    {
        case 0: ADDR2 = 0; ADDR1 = 0; ADDR0 = 0; i++; P0 = image[index + 0]; break;
        case 1: ADDR2 = 0; ADDR1 = 0; ADDR0 = 1; i++; P0 = image[index + 1]; break;
        case 2: ADDR2 = 0; ADDR1 = 1; ADDR0 = 0; i++; P0 = image[index + 2]; break;
        case 3: ADDR2 = 0; ADDR1 = 1; ADDR0 = 1; i++; P0 = image[index + 3]; break;
        case 4: ADDR2 = 1; ADDR1 = 0; ADDR0 = 0; i++; P0 = image[index + 4]; break;
```

```
        case 5: ADDR2 = 1; ADDR1 = 0; ADDR0 = 1; i++; P0 = image[index + 5]; break;
        case 6: ADDR2 = 1; ADDR1 = 1; ADDR0 = 0; i++; P0 = image[index + 6]; break;
        case 7: ADDR2 = 1; ADDR1 = 1; ADDR0 = 1; i = 0; P0 = image[index + 7]; break;
        default: break;
    }
    //以下代码完成每250ms改变一帧图像
    tmr++;
    if (tmr >= 250)                 //达到250ms时改变一次图片索引
    {
        tmr = 0;
        index++;
        if (index >= 32)            //图片索引达到32后归零
        {
            index = 0;
        }
    }
}
```

把这个程序下载到单片机上，即可看到"I❤U"一直往上走动的动画。

当然，别光图开心，学习还要继续。往上走动的动画代码写出来了，那往下走动的动画代码，大家就要自己独立完成了，不要偷懒，一定要去写代码调试代码。看只能了解知识，而能力是在真正的写代码、调试代码中培养起来的。

7.5.2　点阵的横向移动

上下移动会了，左右移动该如何操作呢？

方法1：最简单的方法就是把板子侧过来放，纵向取模。

这里大家是不是有种头顶冒汗的感觉？要做好技术，但是不能沉溺于技术。技术是工具，在做开发的时候除了用好这个工具外，也得多拓展自己解决问题的思路，慢慢培养多角度思维方式。

把开发板正过来，左右移动就完不成了吗？当然不是。大家学多了就会慢慢培养出一种能力，就是一旦硬件设计好了，要完成一种功能，大脑就可以直接确定能否完成这个功能，这在进行电路设计的时候最为重要。在开发产品的时候，首先是设计电路，设计电路的时候，读者就要在大脑中通过思维来验证开发板硬件和程序能否完成想要的功能，一旦硬件做好了，板子就是靠编程来完成了。只要硬件逻辑没问题，所有的功能均可由软件实现。

在进行硬件电路设计的时候，也得充分考虑软件编程的方便性。因为程序是用P0控制点阵的整行，所以对于这样的电路设计，编写上下移动程序是比较容易的。如果设计电路的时候知道图形要左右移动，那么在画板子时就要尽可能地把点阵横过来放，这样可使编程方便，减少软件工作量。

方法2：利用二维数组来实现，算法和上下移动相似。

二维数组的声明方式是：

```
数据类型 数组名[数组长度1][数组长度2];
```

与一维数组类似,数据类型是全体元素的数据类型,数组名是标识符,数组长度1和数组长度2分别代表数组具有的行数和列数。数组元素的下标一律从0开始。例如:

```
unsigned char a[2][3];
```

声明了一个具有2行3列的无符号字符型的二维数组a。

二维数组的数组元素总个数是两个长度的乘积。二维数组在内存中存储的时候,采用行优先的方式来存储,即在内存中先存放第0行的元素,再存放第一行的元素……同一行中再按照列顺序存放,a[2][3]的存放形式如表7-1所示。

表7-1 二维数组的物理存储结构

a[0][0]	a[0][1]	a[0][2]	a[1][0]	a[1][1]	a[1][2]

二维数组的初始化方法分两种情况,前边学一维数组的时候学过,数组元素的数量可以小于数组元素个数,没有赋值的会自动给0。当数组元素的数量等于数组个数的时候,如下所示:

```
unsigned char a[2][3] = {{1,2,3}, {4,5,6}};
```

或者是

```
unsigned char a[2][3] = {1,2,3,4,5,6};
```

当数组元素的数量小于数组个数的时候,如下所示:

```
unsigned char a[2][3] = {{1,2}, {3,4}};
```

等价于

```
unsigned char a[2][3] = {1,2,0,3,4,0};
```

而反过来的写法

```
unsigned char a[2][3] = {1,2,3,4};
```

等价于

```
unsigned char a[2][3] = {{1,2,3}, {4,0,0}};
```

此外,二维数组初始化的时候,行数可以省略,编译系统会自动根据列数计算出行数,但是列数不能省略。

讲这些只是为了让大家了解一下,看别人写的代码的时候别发懵就行了,但是今后写程序的时候,按照规范行数列数都不要省略,全部写齐,初始化的时候,全部写成

```
unsigned char a[2][3] = {{1,2,3}, {4,5,6}};
```

的形式,而不允许写成一维数组的格式,以防止大家出错,同时也能提高程序的可读性。

要做横向移动"I♥U"的动画,先把需要的图片画出来,再逐一取模,和上一张图片类似的是,这个图形共有 30 张图片,通过程序每 250ms 改变一张图片,就可以做出动画效果了。但不同的是,这个是要横向移动,横向移动的图片切换时,字模数据不是连续的,所以这次要对 30 张图片分别取模,如图 7-11 所示。

图 7-11　横向动画取模图片

图 7-11 中最上面的图形是横向连在一起的效果,而实际上要把它分解为 30 个帧,每帧图片单独取模,取出来都是 8 字节的数据,一共就是 30×8 个数据,用一个二维数组来存储这些数据。

```
#include <reg52.h>

sbit ADDR0 = P1^0;
```

```c
sbit ADDR1 = P1^1;
sbit ADDR2 = P1^2;
sbit ADDR3 = P1^3;
sbit ENLED = P1^4;

unsigned char code image[30][8] = {
    {0xFF,0xFF,0xFF,0xFF,0xFF,0xFF,0xFF,0xFF},   //动画帧1
    {0xFF,0x7F,0xFF,0xFF,0xFF,0xFF,0xFF,0x7F},   //动画帧2
    {0xFF,0x3F,0x7F,0x7F,0x7F,0x7F,0x7F,0x3F},   //动画帧3
    {0xFF,0x1F,0x3F,0x3F,0x3F,0x3F,0x3F,0x1F},   //动画帧4
    {0xFF,0x0F,0x9F,0x9F,0x9F,0x9F,0x9F,0x0F},   //动画帧5
    {0xFF,0x87,0xCF,0xCF,0xCF,0xCF,0xCF,0x87},   //动画帧6
    {0xFF,0xC3,0xE7,0xE7,0xE7,0xE7,0xE7,0xC3},   //动画帧7
    {0xFF,0xE1,0x73,0x73,0x73,0xF3,0xF3,0xE1},   //动画帧8
    {0xFF,0x70,0x39,0x39,0x39,0x79,0xF9,0xF0},   //动画帧9
    {0xFF,0x38,0x1C,0x1C,0x1C,0x3C,0x7C,0xF8},   //动画帧10
    {0xFF,0x9C,0x0E,0x0E,0x0E,0x1E,0x3E,0x7C},   //动画帧11
    {0xFF,0xCE,0x07,0x07,0x07,0x0F,0x1F,0x3E},   //动画帧12
    {0xFF,0x67,0x03,0x03,0x03,0x07,0x0F,0x9F},   //动画帧13
    {0xFF,0x33,0x01,0x01,0x01,0x03,0x87,0xCF},   //动画帧14
    {0xFF,0x99,0x00,0x00,0x00,0x81,0xC3,0xE7},   //动画帧15
    {0xFF,0xCC,0x80,0x80,0x80,0xC0,0xE1,0xF3},   //动画帧16
    {0xFF,0xE6,0xC0,0xC0,0xC0,0xE0,0xF0,0xF9},   //动画帧17
    {0xFF,0x73,0x60,0x60,0x60,0x70,0x78,0xFC},   //动画帧18
    {0xFF,0x39,0x30,0x30,0x30,0x38,0x3C,0x7E},   //动画帧19
    {0xFF,0x9C,0x98,0x98,0x98,0x9C,0x1E,0x3F},   //动画帧20
    {0xFF,0xCE,0xCC,0xCC,0xCC,0xCE,0x0F,0x1F},   //动画帧21
    {0xFF,0x67,0x66,0x66,0x66,0x67,0x07,0x0F},   //动画帧22
    {0xFF,0x33,0x33,0x33,0x33,0x33,0x03,0x87},   //动画帧23
    {0xFF,0x99,0x99,0x99,0x99,0x99,0x81,0xC3},   //动画帧24
    {0xFF,0xCC,0xCC,0xCC,0xCC,0xCC,0xC0,0xE1},   //动画帧25
    {0xFF,0xE6,0xE6,0xE6,0xE6,0xE6,0xE0,0xF0},   //动画帧26
    {0xFF,0xF3,0xF3,0xF3,0xF3,0xF3,0xF0,0xF8},   //动画帧27
    {0xFF,0xF9,0xF9,0xF9,0xF9,0xF9,0xF8,0xFC},   //动画帧28
    {0xFF,0xFC,0xFC,0xFC,0xFC,0xFC,0xFC,0xFE},   //动画帧29
    {0xFF,0xFE,0xFE,0xFE,0xFE,0xFE,0xFE,0xFF}    //动画帧30
};

void main()
{
    EA = 1;                   //使能总中断
    ENLED = 0;                //使能U4,选择LED点阵
    ADDR3 = 0;
    TMOD = 0x01;              //设置T0为模式1
    TH0  = 0xFC;              //为T0赋初值0xFC67,定时1ms
    TL0  = 0x67;
    ET0  = 1;                 //使能T0中断
    TR0  = 1;                 //启动T0
    while (1);
```

```
}
/* 定时器 0 中断服务函数 */
void InterruptTimer0() interrupt 1
{
    static unsigned char i = 0;              //动态扫描的索引
    static unsigned char tmr = 0;            //250ms 软件定时器
    static unsigned char index = 0;          //图片刷新索引

    TH0 = 0xFC;                              //重新加载初值
    TL0 = 0x67;
    //以下代码完成 LED 点阵动态扫描刷新
    P0 = 0xFF;                               //显示消隐
    switch (i)
    {
        case 0: ADDR2 = 0; ADDR1 = 0; ADDR0 = 0; i++; P0 = image[index][0]; break;
        case 1: ADDR2 = 0; ADDR1 = 0; ADDR0 = 1; i++; P0 = image[index][1]; break;
        case 2: ADDR2 = 0; ADDR1 = 1; ADDR0 = 0; i++; P0 = image[index][2]; break;
        case 3: ADDR2 = 0; ADDR1 = 1; ADDR0 = 1; i++; P0 = image[index][3]; break;
        case 4: ADDR2 = 1; ADDR1 = 0; ADDR0 = 0; i++; P0 = image[index][4]; break;
        case 5: ADDR2 = 1; ADDR1 = 0; ADDR0 = 1; i++; P0 = image[index][5]; break;
        case 6: ADDR2 = 1; ADDR1 = 1; ADDR0 = 0; i++; P0 = image[index][6]; break;
        case 7: ADDR2 = 1; ADDR1 = 1; ADDR0 = 1; i = 0; P0 = image[index][7]; break;
        default: break;
    }
    //以下代码完成每 250ms 改变一帧图像
    tmr++;
    if (tmr >= 250)                          //达到 250ms 时改变一次图片索引
    {
        tmr = 0;
        index++;
        if (index >= 30)                     //图片索引达到 30 后归 0
        {
            index = 0;
        }
    }
}
```

下载到开发板上看看,是不是有一种特别好的感觉呢? 技术这东西,在外行人看来是很神秘的,其实做出来会发现,也就是那么回事而已,每 250ms 更改一张图片,每 1ms 在定时器中断里刷新单张图片的某一行。

不管是上下移动还是左右移动,大家要建立一种概念,就是对一帧帧的图片进行切换,这种切换带给大家动态的视觉效果。比如 DV 拍摄动画,实际上就是快速地拍摄一帧帧图片,然后快速回放这些图片,把动画效果显示出来。因为硬件设计的缘故,所以在写上下移动程序的时候,数组定义的元素比较少,但是实际上大家也可理解成是 32 张图片的切换显示,而并非真正的"移动"。

7.6 练习题

1. 掌握变量的作用域以及存储类别。
2. 了解点阵的显示原理,理解点阵动画显示原理。
3. 独立完成点阵显示"I♥U"向下移动的程序。
4. 独立完成点阵显示"I♥U"向右移动的程序。
5. 用点阵做一个 9～0 的倒计时牌显示。
6. 尝试实现流水灯、数码管和点阵的同时显示。

第 8 章

函数进阶与按键

用户与单片机之间的信息交互依赖两类设备：输入设备和输出设备。前边讲的 LED 小灯、数码管、点阵都是输出设备，本章就来学习一下最常用的输入设备——按键，同时还会学到硬件电路的一些基础知识与 C 语言函数的一些进阶知识。

第 8 章视频

8.1 单片机最小系统

8.1.1 电源

在学习过程中，很多指标都是概念指标，比如说＋5V 代表 1，GND 代表 0 等。但在实际电路中的电压值并不是完全精准的，那这些指标的允许范围是什么呢？随着所学内容的不断增多，大家要慢慢培养阅读数据手册的习惯。

例如，要使用 STC89C52RC 单片机的时候，找到它的数据手册第 11 页，看第二项——工作电压：3.4～5.5V(5V 单片机)，这说明这个单片机正常的工作电压是一个范围值，只要电源 VCC 在 3.4～5.5V 都可以正常工作，电压超过 5.5V 是绝对不允许的，会烧坏单片机，电压低于 3.4V，单片机不会损坏，但是也不能正常工作。而在这个范围内，最典型、最常用的电压值就是 5V，这就是后面括号里"5V 单片机"这个名称的由来。除此之外，还有一种常用的工作电压是 2.7～3.6V，典型值是 3.3V 的单片机，也就是所谓的"3.3V 单片机"。随着接触更多的器件，对这点会有更深刻的理解。

再顺便多了解一点，打开 74HC138 的数据手册，会发现 74HC138 手册的第二页也有一个表格，上边写了 74HC138 的工作电压范围，最小值是 4.75V，额定值是 5V，最大值是 5.25V，可以得知它的工作电压是 4.75～5.25V。这个地方讲这些的目的是让大家清楚地了解，获取器件工作参数的一个最重要、最权威的途径就是查阅该器件的数据手册。

8.1.2 晶振

晶振通常分为无源晶振和有源晶振两种类型，无源晶振一般称为 crystal(晶体)，而有源晶振则叫作 oscillator(振荡器)。

　　有源晶振是一个完整的谐振振荡器,它是利用石英晶体的压电效应起振,所以有源晶振需要供电,当把有源晶振电路做好后,不需要外接其他器件,只要给它供电,它就可以主动产生振荡频率,并且可以提供高精度的频率基准,信号质量也比无源信号稳定。

　　无源晶振自身无法振荡起来,它需要芯片内部的振荡电路一起工作才能振荡,它允许不同的电压,但是信号质量和精度较有源晶振差一些。相对价格来说,无源晶振要比有源晶振价格便宜很多。无源晶振两侧通常都会有一个电容,一般其容值为 $10\sim40pF$,如果手册中有具体电容值的要求则要根据要求来选电容,如果手册没有要求,用 20pF 是比较好的选择,这是一个长久以来的经验值,具有极其普遍的适用性。

　　下面来认识一下比较常用的两种晶振,如图 8-1 和图 8-2 所示。

图 8-1　有源晶振实物图

图 8-2　无源晶振实物图

　　有源晶振通常有 4 个引脚,VCC、GND、晶振输出引脚和一个用不到的悬空引脚(有些晶振也把该引脚作为使能引脚)。无源晶振有 2 个或 3 个引脚,如果是 3 个引脚,则中间的引脚接晶振的外壳,使用时要接到 GND,两侧的引脚就是晶体的两个引出脚了,这两个引脚作用是等同的,就像电阻的两个引脚一样,没有正负之分。对于无源晶振,用单片机上的两个晶振引脚接上即可,而有源晶振,只接到单片机晶振的输入引脚,输出引脚不需要连接,分别如图 8-3 和图 8-4 所示。

图 8-3　无源晶振接法

图 8-4　有源晶振接法

8.1.3　复位电路

　　先来分析一下 KST-51 开发板上的复位电路,如图 8-5 所示。

　　当这个电路处于稳态时,电容起到隔离直流的作用,隔离了 +5V,而左侧的复位按键是弹起状态,复位按键下面部分电路就不产生电压差,所以按键和电容 C11 以下部分的电位都是和 GND 相等的,也就是 0V。这个单片机是高电平复位,低电平正常工作,所以正常工作的电压是 0V。

图 8-5 单片机复位电路

再来分析从没有电到上电的瞬间,电容 C11 上方电压是 5V,下方是 0V,根据初中所学的知识,电容 C11 要进行充电,正离子从上往下充电,负电子从 GND 往上充电,这时电容对电路来说相当于一根导线,全部电压都加在 R31 这个电阻上,RST 端口位置的电压就是 5V,随着电容充电越来越多,电流会越来越小,而 RST 端口上的电压值等于电流乘以 R31 的阻值,因此也就会越来越小,一直到电容完全充满后,线路上不再有电流,这时 RST 和 GND 的电位就相等了,也就是 0V。

从这个过程来看,加上这个电路,单片机系统上电后,RST 引脚会先保持一小段时间的高电平而后变成低电平,这个过程就是上电复位的过程。这个“一小段时间”到底是多少才合适呢? 每种单片机不完全一样,51 单片机手册里写的是持续时间不少于两个机器周期。每种单片机的复位电压值不完全一样,按照通常值 0.7VCC 作为复位电压值,复位时间的计算比较复杂,这里只给大家一个结论,时间 t=1.2RC,取 R=4700Ω,C=0.0000001F,那么计算出 t 就是 0.000564s,即 564μs,远远大于两个机器周期(2μs),在电路设计的时候一般留够余量就行。

按键复位(即手动复位)有两个过程,按下按键之前,RST 的电压是 0V,当按下按键后电路导通,同时电容也会在瞬间进行放电,RST 电压值变为 4700VCC/(4700+18),处于高电平复位状态。松开按键后和上电复位类似,先是电容充电,后电流逐渐减小直到 RST 电压变 0V。按下按键的时间通常都会有几百毫秒,这个时间足够复位了。按下按键的瞬间,电容两端的 5V 电压(注意不是电源的 5V 和 GND 之间)会直接接通,此刻会有一个瞬间的大电流冲击,在局部范围内产生电磁干扰,为了抑制这个大电流所引起的干扰,这里在电容放电回路中串入一个 18Ω 的电阻来限流。

如果有的读者已经想开始设计自己的电路板,那么单片机最小系统的设计现在已经有了足够的理论依据了,可以考虑尝试一下。基础比较薄弱的同学先不要着急,继续跟着往下学,把相关知识都学完了再动手操作也不迟。

8.2 函数的调用

在一个程序的编写过程中,随着代码量的增加,如果把所有的语句都写到 main 函数中,一方面程序会显得比较乱,另一方面,当同一个功能需要在不同地方执行时,就得再重复写一遍相同的语句。此时,如果把一些零碎的功能单独写成一个函数,则在需要它们时只需进行一些简单的函数调用,这样既有助于程序结构的清晰条理,又可以避免大量的代码重复。

在实际工程项目中,一个程序通常都是由很多个子程序模块组成的,一个模块实现一个特定的功能,在 C 语言中,这个模块用函数来表示。一个 C 程序一般由一个主函数和若干个其他函数构成。主函数可以调用其他函数,其他函数也可以相互调用,但其他函数不能调用主函数。在 51 单片机程序中,还有中断服务函数,在相应的中断到来后自动调用,不需要也不能由其他函数调用。

函数调用的一般形式是:

函数名 (实参列表)

函数名就是需要调用的函数的名称,实参列表就是根据实际需求调用函数要传递给被调用函数的参数列表,不需要传递参数时只保留括号就可以了,传递多个参数时参数之间要用逗号隔开。

先举例看一下函数调用使程序结构更加条理清晰方面的作用。回顾一下图 6-1 所示的程序流程图和为实现它而编写的程序代码,相对来说这个主函数的结构就比较复杂了,很难一眼看清楚它的执行流程。如果把其中最重要的两件事——秒计数和数码管动态扫描功能——都用单独的函数来实现会怎样呢? 来看以下程序。

```c
# include < reg52. h>

sbit ADDR0 = P1^0;
sbit ADDR1 = P1^1;
sbit ADDR2 = P1^2;
sbit ADDR3 = P1^3;
sbit ENLED = P1^4;

unsigned char code LedChar[ ] = {    //数码管显示字符转换表
    0xC0, 0xF9, 0xA4, 0xB0, 0x99, 0x92, 0x82, 0xF8,
    0x80, 0x90, 0x88, 0x83, 0xC6, 0xA1, 0x86, 0x8E
};
unsigned char LedBuff[6] = {         //数码管显示缓冲区,初值 0xFF 确保启动时都不亮
    0xFF, 0xFF, 0xFF, 0xFF, 0xFF, 0xFF
};

void SecondCount();
void LedRefresh();

void main()
{
    ENLED = 0;              //使能 U3,选择数码管
    ADDR3 = 1;             //因为需要动态改变 ADDR0 - 2 的值,所以不需要再初始化
    TMOD = 0x01;           //设置 T0 为模式 1
    TH0  = 0xFC;           //为 T0 赋初值 0xFC67,定时 1ms
    TL0  = 0x67;
    TR0  = 1;              //启动 T0
```

```
        while (1)
        {
            if (TF0 == 1)                  //判断 T0 是否溢出
            {
                TF0 = 0;                   //T0 溢出后,清 0 中断标志
                TH0 = 0xFC;                //并重新赋初值
                TL0 = 0x67;
                SecondCount();             //调用秒计数函数
                LedRefresh();              //调用显示刷新函数
            }
        }
}
/* 秒计数函数,每秒进行一次秒数+1,并转换为数码管显示字符 */
void SecondCount()
{
    static unsigned int  cnt = 0;         //记录 T0 中断次数
    static unsigned long sec = 0;         //记录经过的秒数

    cnt++;                                //计数值自加 1
    if (cnt >= 1000)                      //判断 T0 溢出是否达到 1000 次
    {
        cnt = 0;                          //达到 1000 次后计数值清 0
        sec++;                            //秒计数自加 1
        LedBuff[0] = LedChar[sec % 10];
        LedBuff[1] = LedChar[sec/10 % 10];
        LedBuff[2] = LedChar[sec/100 % 10];
        LedBuff[3] = LedChar[sec/1000 % 10];
        LedBuff[4] = LedChar[sec/10000 % 10];
        LedBuff[5] = LedChar[sec/100000 % 10];
    }
}
/* 数码管动态扫描刷新函数 */
void LedRefresh()
{
    static unsigned char i = 0;           //动态扫描的索引

    switch (i)
    {
        case 0: ADDR2 = 0; ADDR1 = 0; ADDR0 = 0; i++; P0 = LedBuff[0]; break;
        case 1: ADDR2 = 0; ADDR1 = 0; ADDR0 = 1; i++; P0 = LedBuff[1]; break;
        case 2: ADDR2 = 0; ADDR1 = 1; ADDR0 = 0; i++; P0 = LedBuff[2]; break;
        case 3: ADDR2 = 0; ADDR1 = 1; ADDR0 = 1; i++; P0 = LedBuff[3]; break;
        case 4: ADDR2 = 1; ADDR1 = 0; ADDR0 = 0; i++; P0 = LedBuff[4]; break;
        case 5: ADDR2 = 1; ADDR1 = 0; ADDR0 = 1; i = 0; P0 = LedBuff[5]; break;
        default: break;
    }
}
```

看一下,主函数的结构是不是清晰多了——每隔 1ms 就去干两件事,至于这两件事

是什么,交由各自的函数去实现。还请大家注意一点:原来程序中的 i、cnt、sec 这三个变量在放到单独的函数中后,都加了 static 关键字而变成了静态变量。因为原来的 main() 永远不会结束,所以它们的值也总是得到保持,但它们在各自的功能函数内,如不加 static 修饰,那么每当函数被调用时它们的值就都成为初值,借此也对静态变量再加深一下理解吧。

当然,这是我们刻意把程序功能做了这样的划分,主要目的是讲解函数的调用,对于这个程序,即使不划分函数也复杂不到哪里去,但继续学下去你就能领会到划分功能函数的必要了。现在还是把注意力放在学习函数调用上,有以下几点需要大家注意:

(1)函数调用的时候,不需要加函数类型。在主函数内调用 SecondCount() 和 LedRefresh() 时都没有加 void。

(2)调用函数与被调用函数的位置关系。C 语言规定:函数在被调用之前,必须先被定义或声明。意思就是说:在一个文件中,一个函数应该先定义,然后才能被调用,也就是调用函数应位于被调用函数的下方。但是作为一种通常的编程规范,一般推荐 main 函数写在最前面(因为它起到提纲挈领的作用),其后再定义各个功能函数,而中断函数则写在文件的最后。那么主函数要调用定义在它之后的函数怎么办呢? 在文件开头(所有函数定义之前)开辟一块区域,叫作函数声明区,用来把被调用的函数声明一下,如此,该函数就可以被随意调用了。

(3)函数声明的时候必须加函数类型,函数的形式参数,最后加上一个分号表示结束。函数声明行与函数定义行的唯一区别就是最后的分号,其他的都必须保持一致。这点尤其注意,初学者很容易因粗心大意而搞错分号,或是修改了定义行中的形参却忘了修改声明行中的形参,导致程序编译出错。

8.3 函数的形式参数和实际参数

上一个例子中,在进行函数调用的时候,不需要任何参数传递,所以函数定义和调用时括号内都是空的,但是更多的时候需要在主调函数和被调用函数之间传递参数。在调用一个有参数的函数时,函数名后边括号中的参数叫作实际参数,简称实参。而被调用的函数在进行定义时,括号里的参数叫作形式参数,简称形参。下面用个简单程序例子说明。

```
unsigned char add( unsigned char x, unsigned char y);   //函数声明
void main()
{
    unsigned char a = 1;
    unsigned char b = 2;
    unsigned char c = 0;
    c = add(a, b);                          //调用时,a 和 b 就是实参,把函数的返回值赋给 c
                                            //执行完后,c 的值就是 3
    while(1);
}
```

```
unsigned char add(unsigned char x, unsigned char y) //函数定义
{                                      //这里括号中的 x 和 y 就是形参
    unsigned char z = 0;
    z = x + y;
    return z;                          //返回值 z 的类型就是函数 add 的类型
}
```

这个演示程序虽然很简单,但是函数调用的全部内容都囊括在内了。主调函数 main 和被调用函数 add 之间的数据通过形参和实参发生了传递关系,而函数运算完后把值传递给了变量 c,函数只要不是 void 类型,就都会有返回值,返回值类型就是函数的类型。关于形参和实参,还有以下几点需要注意。

(1)函数定义中指定的形参,在未发生函数调用时不占内存,只有函数调用时,函数 add 中的形参才被分配内存单元。在调用结束后,形参所占的内存单元也被释放,形参是局部变量。

(2)实参可以是常量,也可以是简单或者复杂的表达式,但是要求它们必须有确定的值,在调用发生时将实参的值传递给形参。如上边这个程序也可以写成

```
c = add(1, a + b);
```

(3)形参必须指定数据类型,和定义变量一样,因为它本来就是局部变量。

(4)实参和形参的数据类型应该相同或者赋值兼容。和变量赋值一样,当形参和实参出现不同类型时,按照不同类型数值的赋值规则进行转换。

(5)主调函数在调用函数之前,应对被调函数做原型声明。

(6)实参向形参的数据传递是单向传递,不能由形参再回传给实参。也就是说,实参值传递给形参后,调用结束,形参单元被释放,而实参单元仍保留并且维持原值。

8.4　按键

8.4.1　独立按键

常用的按键电路有两种形式:独立式按键和矩阵式按键。独立式按键比较简单,它们各自与独立的输入线相连接,如图 8-6 所示。

4 条输入线接到单片机的 I/O 口上,当按下按键 K1 时,+5V 依次通过电阻 R1 和按键 K1 最终进入 GND 形成一条通路,这条线路的全部电压都加到电阻 R1 上,引脚 KeyIn1 就是一个低电平。当松开按键后,线路断开,不会有电流通过,KeyIn1 和+5V 应该是等电位,是一个高电平。因此,可以通过引脚 KeyIn1 这个 I/O 口的高低电平来判断是否有按键按下。

这个电路中按键的原理讲清楚了,但是实际上在单片机 I/O 口内部,也有一个上拉电阻。按键是接到 P2 口上,P2 口上电默认是准双向 I/O 口,下面来简单了解一下准双向 I/O 口的电路,如图 8-7 所示。

图 8-6 独立式按键原理图

图 8-7 准双向 I/O 口结构图

首先说明一点,就是现在绝大多数单片机的 I/O 口都是使用 MOS 管而非三极管,但用在这里的 MOS 管,其原理和三极管是一样的,因此用三极管替代它来进行原理讲解,把前面讲过的三极管的知识搬过来,一切都是适用的,有助于理解。

图 8-7 方框内的电路都是指单片机内部部分,方框外的就是外接的上拉电阻和按键。这个地方大家要注意一下,就是当要读取外部按键信号的时候,单片机必须先给该引脚写"1",也就是高电平,这样才能正确读取到外部按键信号,下面来分析一下缘由。

当内部输出是高电平时,经过一个反向器变成低电平,NPN 三极管不会导通,单片机 I/O 口从内部来看,由于上拉电阻 R 的存在,所以是一个高电平。当外部没有按键按下将电平拉低,VCC 也是 +5V,它们之间虽然有两个电阻,但是没有压差,就不会有电流,线上所有的位置都是高电平,这时就可以正常读取按键的状态了。

当内部输出是低电平时,经过一个反相器变成高电平,NPN 三极管导通,单片机的内部 I/O 口就是一个低电平,这时,外部虽然也有上拉电阻的存在,但是两个电阻是并联关系,不管按键是否按下,单片机的 I/O 口上输入单片机内部的状态都是低电平,因此无法正常读取按键的状态。

这与水流很类似,内部和外部,只要有一边是低电位,电流就会顺流而下,由于只有上拉电阻,下边没有分压电阻,直接到 GND 上,所以不管另一边是高电位还是低电位,电平都是低电平。

从上面的分析可以得出一个结论,这种具有上拉的准双向 I/O 口,如果要正常读取外部信号的状态,必须首先保证自己内部输出的是 1,如果内部输出 0,则无论外部信号是 1 还是 0,这个引脚读进来的都是 0。

8.4.2 矩阵按键

在某一个系统设计中,当需要使用很多按键时,做成独立按键会大量占用 I/O 口,因此引入了矩阵按键的设计。如图 8-8 所示是 KST-51 开发板上的矩阵按键电路原理图,使用 8 个 I/O 口实现 16 个按键。

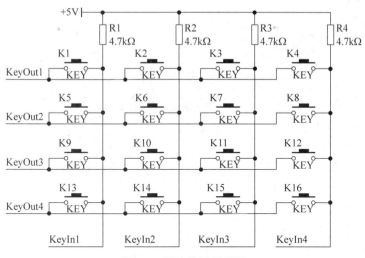

图 8-8 矩阵按键原理图

如果理解了独立按键,就不难理解矩阵按键,下面来分析一下。图 8-8 中,一共有 4 组按键,我们只看其中一组,如图 8-9 所示。大家认真看一下,如果 KeyOut1 输出一个低电平,则 KeyOut1 相当于 GND,此时,K1、K2、K3、K4 相当于 4 个独立按键。当然这时 KeyOut2、KeyOut3、KeyOut4 必须都输出高电平,才能保证与它们相连的 3 路按键不会对这一路产生干扰,大家可以对照两张原理图分析一下。

图 8-9 矩阵按键变独立按键示意图

8.4.3 独立按键的扫描

了解了原理,下面编写一个独立按键的程序,把最基本的功能验证一下。

```
# include < reg52.h >

sbit ADDR0 = P1^0;
sbit ADDR1 = P1^1;
sbit ADDR2 = P1^2;
```

```
sbit ADDR3 = P1^3;
sbit ENLED = P1^4;
sbit LED9 = P0^7;
sbit LED8 = P0^6;
sbit LED7 = P0^5;
sbit LED6 = P0^4;
sbit KEY1 = P2^4;
sbit KEY2 = P2^5;
sbit KEY3 = P2^6;
sbit KEY4 = P2^7;

void main()
{

    ENLED = 0;              //选择独立 LED 进行显示
    ADDR3 = 1;
    ADDR2 = 1;
    ADDR1 = 1;
    ADDR0 = 0;
    P2 = 0xF7;             //P2.3 置 0, 即 KeyOut1 输出低电平

    while (1)
    {
        //将按键扫描引脚的值传递到 LED 上
        LED9 = KEY1;       //按下时为 0, 对应的 LED 点亮
        LED8 = KEY2;
        LED7 = KEY3;
        LED6 = KEY4;
    }
}
```

本程序固定在 KeyOut1 上输出低电平,而 KeyOut2～KeyOut4 保持高电平,相当于把矩阵按键的第一行即 K1～K4 作为 4 个独立按键来处理,然后把这 4 个按键的状态直接送给 LED9～LED6 这 4 个 LED 小灯,那么当按键按下时,对应按键的输入引脚是 0,对应小灯控制信号也是 0,于是灯亮,这说明上述关于按键检测的理论都是可实现的。

绝大多数情况下,按键是不会一直按住的,所以通常检测按键的动作并不是检测一个固定的电平值,而是检测电平值的变化,即按键在按下和弹起这两种状态之间的变化,只要发生了这种变化就说明现在按键产生了动作。

程序上,可以把每次扫描到的按键状态都保存起来,当一次按键状态扫描进来的时候,与前一次的状态做比较,如果发现这两次按键状态不一致,则说明按键产生了动作。若上一次的状态是未按下而现在是按下,则此时按键的动作就是"按下";若上一次的状态是按下而现在是未按下,则此时按键的动作就是"弹起"。显然,每次按键动作都会包含一次"按下"和一次"弹起",可以任选其一来执行程序,或者两个都用,以执行不同的程序也是可以的。下面就用程序来实现这个功能,程序只取按键 K4 为例。

```
#include <reg52.h>

sbit ADDR0 = P1^0;
sbit ADDR1 = P1^1;
sbit ADDR2 = P1^2;
sbit ADDR3 = P1^3;
sbit ENLED = P1^4;
sbit KEY1 = P2^4;
sbit KEY2 = P2^5;
sbit KEY3 = P2^6;
sbit KEY4 = P2^7;

unsigned char code LedChar[] = {        //数码管显示字符转换表
    0xC0, 0xF9, 0xA4, 0xB0, 0x99, 0x92, 0x82, 0xF8,
    0x80, 0x90, 0x88, 0x83, 0xC6, 0xA1, 0x86, 0x8E
};

void main()
{
    bit backup = 1;                     //定义一个位变量,保存前一次扫描的按键值
    unsigned char cnt = 0;              //定义一个计数变量,记录按键按下的次数

    ENLED = 0;                          //选择数码管 DS1 进行显示
    ADDR3 = 1;
    ADDR2 = 0;
    ADDR1 = 0;
    ADDR0 = 0;
    P2 = 0xF7;                          //P2.3 置 0,即 KeyOut1 输出低电平
    P0 = LedChar[cnt];                  //显示按键次数初值

    while (1)
    {
        if (KEY4 != backup)             //当前值与前次值不相等说明此时按键有动作
        {
            if (backup == 0)            //如果前次值为 0,则说明当前是由 0 变 1,即按键弹起
            {
                cnt++;                  //按键次数 + 1
                if (cnt >= 10)
                {                       //只用 1 个数码管显示,所以加到 10 就清 0 重新开始
                    cnt = 0;
                }
                P0 = LedChar[cnt];      //计数值显示到数码管上
            }
            backup = KEY4;              //更新备份为当前值,以备进行下次比较
        }
    }
}
```

先来介绍出现在程序中的一个新知识点,就是变量类型——bit,这个在标准 C 语言中是没有的。51 单片机有一种特殊的变量类型就是 bit 型。比如 unsigned char 型是定义了一个无符号的 8 位的数据,它占用 1 字节(Byte)的内存,而 bit 型是 1 位数据,只占用 1 位(bit)内存,用法和标准 C 中其他的基本数据类型是一致的。它的优点就是节省内存空间,8个 bit 型变量才相当于 1 个 char 型变量所占用的空间。虽然它只有 0 和 1 两个值,但可以表示很多信息,例如,按键的按下和弹起,LED 灯的亮和灭,三极管的导通与关断等,联想一下已经学过的内容,它是不是能用最小的内存代价来完成很多工作呢?

在这个程序中,以 K4 为例,按一次按键,就会产生"按下"和"弹起"两个动态的动作,选择在"弹起"时对数码管进行加 1 操作。理论是如此,大家可以在开发板上用 K4 按键做实验试试,多按几次,是不是会发生这样一种现象:有的时候明明只按了一下按键,数字却加了不止 1,而是 2 或者更多?但是程序并没有任何逻辑上的错误,这是怎么回事呢?这就引出了按键抖动和消抖的问题。

8.4.4　按键消抖

通常按键所用的开关都是机械弹性开关,当机械触点断开、闭合时,由于机械触点的弹性作用,一个按键开关在闭合时不会马上就稳定接通,在断开时也不会一下子彻底断开,而是在闭合和断开的瞬间伴随了一连串的抖动,如图 8-10 所示。

按键稳定闭合时间长短是由操作人员决定的,通常都会在 100ms 以上,刻意快速按能达到 40~50ms,很难再低了。抖动时间是由按键的机械特性决定的,一般都会在 10ms 以内,为了确保程序对按键的一次闭合或者一次断开只响应一次,必须进行按键的消抖处理。当检测到按键状态变化时,不是立即去响应动作,而是先等待闭合或断开稳定后再进行处理。按键消抖可分为硬件消抖和软件消抖。

硬件消抖就是在按键上并联一个电容,如图 8-11 所示,利用电容的充放电特性对抖动过程中产生的电压毛刺进行平滑处理,从而实现消抖。但实际应用中,这种方式的效果往往不是很好,而且还增加了成本和电路复杂度,所以实际中的应用并不多。

图 8-10　按键抖动状态图

图 8-11　硬件电容消抖

在绝大多数情况下是用软件即程序来实现消抖的。最简单的消抖原理,就是当检测到按键状态变化后,先等待 10ms 左右的延时,让抖动消失后再进行一次按键状态检测,如果与刚才检测到的状态相同,则可以确认按键已经稳定动作。将上一个程序稍加改动,得到新的带消抖功能的程序如下。

```
#include < reg52.h>

sbit ADDR0 = P1^0;
sbit ADDR1 = P1^1;
sbit ADDR2 = P1^2;
sbit ADDR3 = P1^3;
sbit ENLED = P1^4;
sbit KEY1 = P2^4;
sbit KEY2 = P2^5;
sbit KEY3 = P2^6;
sbit KEY4 = P2^7;

unsigned char code LedChar[] = {          //数码管显示字符转换表
    0xC0, 0xF9, 0xA4, 0xB0, 0x99, 0x92, 0x82, 0xF8,
    0x80, 0x90, 0x88, 0x83, 0xC6, 0xA1, 0x86, 0x8E
};

void delay();

void main()
{
    bit keybuf = 1;                 //按键值暂存,临时保存按键的扫描值
    bit backup = 1;                 //按键值备份,保存前一次的扫描值
    unsigned char cnt = 0;          //按键计数,记录按键按下的次数

    ENLED = 0;                      //选择数码管 DS1 进行显示
    ADDR3 = 1;
    ADDR2 = 0;
    ADDR1 = 0;
    ADDR0 = 0;
    P2 = 0xF7;                      //P2.3 置 0,即 KeyOut1 输出低电平
    P0 = LedChar[cnt];             //显示按键次数初值

    while (1)
    {
        keybuf = KEY4;             //把当前扫描值暂存
        if (keybuf != backup)      //当前值与前次值不相等说明此时按键有动作
        {
            delay();               //延时大约 10ms
            if (keybuf == KEY4)    //判断扫描值有没有发生改变,即按键抖动
            {
                if (backup == 0)   //如果前次值为 0,则说明当前是弹起动作
                {
                    cnt++;         //按键次数 +1
```

```
                          if (cnt >= 10)
                          {                    //只用1个数码管显示,所以加到10就清零重新开始
                              cnt = 0;
                          }
                          P0 = LedChar[cnt];   //计数值显示到数码管上
                      }
                      backup = keybuf;         //更新备份为当前值,以备进行下次比较
                  }
              }
          }
      }
      /* 软件延时函数,延时约10ms */
      void delay()
      {
          unsigned int i = 1000;

          while (i-- );
      }
```

大家把这个程序下载到板子上再进行试验,只按一下按键却加了多次数字的问题是不是就解决了?把问题解决掉的感觉是不是很好呢?

这个程序用了一个简单的算法实现了按键的消抖。对于这种很简单的演示程序,可以这样来写,但是实际做项目开发的时候,程序量往往很大,各种状态值也很多,while(1)主循环要不停地扫描各种状态值是否发生变化,及时地进行任务调度,如果程序中间加了这种delay延时操作,则很可能某一事件发生了,但是程序还在进行delay延时操作中,当这个事件发生,程序还在delay操作中,delay完再去检查的时候,已经晚了,检测不到那个事件了。为了避免这种情况的发生,要尽量缩短while(1)循环一次所用的时间,而需要进行长时间延时的操作,必须用其他的办法来处理。

那么消抖操作所需要的延时该怎么处理呢?其实除了这种简单的延时,还有更优异的方法来处理按键抖动问题。举个例子:如果启用一个定时中断,每2ms进一次中断,扫描一次按键状态并且存储起来,则连续扫描8次后,看看这连续8次的按键状态是否一致。8次按键的时间大概是16ms,这16ms内如果按键状态一直保持一致,那就可以确定现在按键处于稳定的阶段,而非处于抖动的阶段,如图8-12所示。

图8-12 按键连续扫描判断

假如左边时间是起始0,每经过2ms左移一次,每移动一次,判断当前连续的8次按键状态,如果是全1则判定为弹起,如果是全0则判定为按下,如果0和1交错,就认为是抖动,不做任何判定。想一下,这样是不是比简单的延时更加可靠。

利用这种方法,就可以避免通过延时消抖占用单片机执行时间,而是转化成一种按键状

态判定而非按键过程判定,我们只对当前按键的连续 16ms 的 8 次状态进行判断,而不再关心它在这 16ms 内都做了什么事情,下面就按照这种思路用程序实现出来,同样只以 K4 为例。

```c
#include <reg52.h>

sbit ADDR0 = P1^0;
sbit ADDR1 = P1^1;
sbit ADDR2 = P1^2;
sbit ADDR3 = P1^3;
sbit ENLED = P1^4;
sbit KEY1 = P2^4;
sbit KEY2 = P2^5;
sbit KEY3 = P2^6;
sbit KEY4 = P2^7;

unsigned char code LedChar[] = {        //数码管显示字符转换表
    0xC0, 0xF9, 0xA4, 0xB0, 0x99, 0x92, 0x82, 0xF8,
    0x80, 0x90, 0x88, 0x83, 0xC6, 0xA1, 0x86, 0x8E
};
bit KeySta = 1;                         //当前按键状态

void main()
{
    bit backup = 1;                     //按键值备份,保存前一次的扫描值
    unsigned char cnt = 0;              //按键计数,记录按键按下的次数

    EA = 1;                             //使能总中断
    ENLED = 0;                          //选择数码管 DS1 进行显示
    ADDR3 = 1;
    ADDR2 = 0;
    ADDR1 = 0;
    ADDR0 = 0;
    TMOD = 0x01;                        //设置 T0 为模式 1
    TH0  = 0xF8;                        //为 T0 赋初值 0xF8CD,定时 2ms
    TL0  = 0xCD;
    ET0  = 1;                           //使能 T0 中断
    TR0  = 1;                           //启动 T0
    P2 = 0xF7;                          //P2.3 置 0,即 KeyOut1 输出低电平
    P0 = LedChar[cnt];                  //显示按键次数初值

    while (1)
    {
        if (KeySta != backup)           //当前值与前次值不相等说明此时按键有动作
        {
            if (backup == 0)            //如果前次值为 0,则说明当前是弹起动作
            {
                cnt++;                  //按键次数 +1
```

```
                    if (cnt >= 10)
                    {                       //只用1个数码管显示,所以加到10就清0,重新开始
                        cnt = 0;
                    }
                    P0 = LedChar[cnt];      //计数值显示到数码管上
                }
                backup = KeySta;            //更新备份为当前值,以备进行下次比较
            }
        }
    }
}
/* T0中断服务函数,用于按键状态的扫描并消抖 */
void InterruptTimer0() interrupt 1
{
    static unsigned char keybuf = 0xFF;  //扫描缓冲区,保存一段时间内的扫描值

    TH0 = 0xF8;                             //重新加载初值
    TL0 = 0xCD;
    keybuf = (keybuf << 1) | KEY4;          //缓冲区左移一位,并将当前扫描值移入最低位
    if (keybuf == 0x00)
    {                   //连续8次扫描值都为0,即16ms内都只检测到按下状态时,可认为按键已按下
        KeySta = 0;
    }
    else if (keybuf == 0xFF)
    {                   //连续8次扫描值都为1,即16ms内都只检测到弹起状态时,可认为按键已弹起
        KeySta = 1;
    }
    else
    {}                  //其他情况说明按键状态尚未稳定,不对KeySta变量值进行更新
}
```

这个算法是在实际工程中经常使用按键所总结出来的一个比较好的消抖方法。当然,按键消抖还有其他的方法,程序实现更是多种多样,大家可以尝试其他的算法,拓展思路。

8.4.5　矩阵按键的扫描

我们讲独立按键扫描的时候,已经简单了解了矩阵按键。矩阵按键相当于4组,每组各4个独立按键,一共是16个按键。如何区分这些按键呢?想一下我们生活的地球,要想确定我们所在的位置,就要借助经纬线,而矩阵按键就是通过行线和列线来确定哪个按键被按下。在程序中如何进行这项操作呢?

前边讲过,按键按下通常都会保持100ms以上,如果在按键扫描中断中,每次让矩阵按键的一个KeyOut输出低电平,其他三个输出高电平,判断当前所有KeyIn的状态,下次中断再让下一个KeyOut输出低电平,其他三个输出高电平,再次判断所有KeyIn,通过快速的中断不停地循环进行判断,就可以最终确定哪个按键按下了,这个原理是不是跟数码管动态扫描有点类似?数码管在动态赋值,而按键在动态读取状态。至于扫描间隔时间和消抖

时间,因为现在有 4 个 KeyOut 输出,要中断 4 次才能完成一次全部按键的扫描,显然再采用 2ms 中断判断 8 次扫描值的方式时间就太长了(2×4×8=64ms),可改用 1ms 中断判断 4 次采样值,这样消抖时间还是 16ms(1×4×4)。下面就用程序实现出来,程序循环扫描板子上的 K1~K16 这 16 个矩阵按键,分离出按键动作并在按键按下时把当前按键的编号显示在一位数码管上(用 0~F 表示,显示值=按键编号-1)。

```c
#include <reg52.h>

sbit ADDR0 = P1^0;
sbit ADDR1 = P1^1;
sbit ADDR2 = P1^2;
sbit ADDR3 = P1^3;
sbit ENLED = P1^4;
sbit KEY_IN_1  = P2^4;
sbit KEY_IN_2  = P2^5;
sbit KEY_IN_3  = P2^6;
sbit KEY_IN_4  = P2^7;
sbit KEY_OUT_1 = P2^3;
sbit KEY_OUT_2 = P2^2;
sbit KEY_OUT_3 = P2^1;
sbit KEY_OUT_4 = P2^0;

unsigned char code LedChar[] = {        //数码管显示字符转换表
    0xC0, 0xF9, 0xA4, 0xB0, 0x99, 0x92, 0x82, 0xF8,
    0x80, 0x90, 0x88, 0x83, 0xC6, 0xA1, 0x86, 0x8E
};
unsigned char KeySta[4][4] = {          //全部矩阵按键的当前状态
    {1, 1, 1, 1},  {1, 1, 1, 1},  {1, 1, 1, 1},  {1, 1, 1, 1}
};

void main()
{
    unsigned char i, j;
    unsigned char backup[4][4] = {      //按键值备份,保存前一次的值
        {1, 1, 1, 1},  {1, 1, 1, 1},  {1, 1, 1, 1},  {1, 1, 1, 1}
    };

    EA = 1;                             //使能总中断
    ENLED = 0;                          //选择数码管 DS1 进行显示
    ADDR3 = 1;
    ADDR2 = 0;
    ADDR1 = 0;
    ADDR0 = 0;
    TMOD = 0x01;                        //设置 T0 为模式 1
    TH0  = 0xFC;                        //为 T0 赋初值 0xFC67,定时 1ms
    TL0  = 0x67;
    ET0  = 1;                           //使能 T0 中断
```

```c
    TR0 = 1;                                         //启动 T0
    P0 = LedChar[0];                                 //默认显示 0

    while (1)
    {
        for (i = 0; i < 4; i++)                      //循环检测 4 * 4 的矩阵按键
        {
            for (j = 0; j < 4; j++)
            {
                if (backup[i][j] != KeySta[i][j])    //检测按键动作
                {
                    if (backup[i][j] != 0)           //按键按下时执行动作
                    {
                        P0 = LedChar[i * 4 + j];     //将编号显示到数码管
                    }
                    backup[i][j] = KeySta[i][j];     //更新前一次的备份值
                }
            }
        }
    }
}
/* T0 中断服务函数,扫描矩阵按键状态并消抖 */
void InterruptTimer0() interrupt 1
{
    unsigned char i;
    static unsigned char keyout = 0;                 //矩阵按键扫描输出索引
    static unsigned char keybuf[4][4] = {            //矩阵按键扫描缓冲区
        {0xFF, 0xFF, 0xFF, 0xFF}, {0xFF, 0xFF, 0xFF, 0xFF},
        {0xFF, 0xFF, 0xFF, 0xFF}, {0xFF, 0xFF, 0xFF, 0xFF}
    };

    TH0 = 0xFC;                                       //重新加载初值
    TL0 = 0x67;
    //将一行的 4 个按键值移入缓冲区
    keybuf[keyout][0] = (keybuf[keyout][0] << 1) | KEY_IN_1;
    keybuf[keyout][1] = (keybuf[keyout][1] << 1) | KEY_IN_2;
    keybuf[keyout][2] = (keybuf[keyout][2] << 1) | KEY_IN_3;
    keybuf[keyout][3] = (keybuf[keyout][3] << 1) | KEY_IN_4;
    //消抖后更新按键状态
    for (i = 0; i < 4; i++)                           //每行 4 个按键,所以循环 4 次
    {
        if ((keybuf[keyout][i] & 0x0F) == 0x00)
        {        //连续 4 次扫描值为 0,即 4 * 4ms 内都是按下状态时,可认为按键已稳定地按下
            KeySta[keyout][i] = 0;
        }
        else if ((keybuf[keyout][i] & 0x0F) == 0x0F)
        {        //连续 4 次扫描值为 1,即 4 * 4ms 内都是弹起状态时,可认为按键已稳定地弹起
            KeySta[keyout][i] = 1;
        }
```

```
    }
    //执行下一次的扫描输出
    keyout++;                    //输出索引递增
    keyout = keyout & 0x03;      //索引值加到 4 即归 0
    switch (keyout)              //根据索引，释放当前输出引脚，拉低下次的输出引脚
    {
        case 0: KEY_OUT_4 = 1; KEY_OUT_1 = 0; break;
        case 1: KEY_OUT_1 = 1; KEY_OUT_2 = 0; break;
        case 2: KEY_OUT_2 = 1; KEY_OUT_3 = 0; break;
        case 3: KEY_OUT_3 = 1; KEY_OUT_4 = 0; break;
        default: break;
    }
}
```

这个程序完成了矩阵按键的扫描、消抖、动作分离的全部内容，希望读者认真研究，彻底掌握矩阵按键的原理和应用方法。在程序中还有两点值得说明。

首先，可能读者已经发现了，中断函数中扫描 KeyIn 输入和切换 KeyOut 输出的顺序与前面提到的顺序不同，程序中首先对所有的 KeyIn 输入做了扫描、消抖，然后才切换到了下一次的 KeyOut 输出，也就是说中断每次扫描的实际是上一次输出选择的那行按键，这是为什么呢？因为任何信号从输出到稳定都需要一个时间，有时它足够快而有时却不够快，这取决于具体的电路设计，这里的输入输出顺序的颠倒就是为了让输出信号有足够的时间（一次中断间隔）来稳定，并有足够的时间来完成它对输入的影响，当按键电路中还有硬件电容消抖时，这样处理就是绝对必要的了，虽然这样使得程序理解起来有点绕，但它的适应性是最好的，换个说法就是，这段程序足够"健壮"，足以应对各种恶劣情况。

其次，是一点小小的编程技巧。注意看 keyout = keyout & 0x03; 这一行，在这里要让 keyout 在 0～3 之间变化，加到 4 就自动归零，按照常规可以用前面讲过的 if 语句轻松实现，但是现在看一下这样程序是不是同样可以做到这一点呢？因为 0、1、2、3 这四个数值正好占用两个二进制的位，所以把一个字节的高 6 位一直清零，这个字节的值自然就是一种到 4 归零的效果了。这样一句代码比 if 语句更为简洁，而效果完全一样。

8.5 简易加法计算器

学到这里，我们已经掌握了一种显示设备和一种输入设备的使用，那么是不是可以来做点综合性的实验了。好吧，下面就来做一个简易的加法计算器，用程序实现从板子上标有 0～9 数字的按键输入相应数字，该数字要实时显示到数码管上，用标有向上箭头的按键代替加号，按下加号后可以再输入一串数字，然后回车键计算加法结果，并同时显示到数码管上。虽然这远不是一个完善的计算器程序，但作为初学者也足够你研究一阵子了。

首先，本程序相对于之前的例程要复杂得多，需要完成的工作也多得多，所以把各个子功能都作成独立的函数，以使程序便于编写和维护。分析程序的时候就从主函数和中断函

数入手,随着程序的流程进行就可以了。可以体会体会划分函数的好处,想想如果还是只有主函数和中断函数来实现的话程序会是什么样子。

其次,大家可以看到再把矩阵按键扫描分离出动作以后,并没有直接使用行列数所组成的数值作为分支判断执行动作的依据,而是把抽象的行列数转换为了一种叫作标准键盘键码(就是计算机键盘的编码)的数据,然后用得到的这个数据作为下一步分支判断执行动作的依据,为什么多此一举呢? 有两层含义:第一,尽量让自己设计的东西(包括硬件和软件)向已有的行业规范或标准看齐,这样有助于别人理解认可你的设计,也有助于你的设计与别人的设计相对接,毕竟标准就是为此而生的嘛。第二,有助于程序的层次化而方便维护与移植,比如用的按键是 4×4,如果后续又增加了一行成了 4×5,那么由行列数组成的编号可能就变了,就要在程序的各个分支中查找修改,稍不留神就会出错,而采用这种转换后,则只需要维护 KeyCodeMap 这样一个数组表格就行了,看上去就像是把程序的底层驱动与应用层的功能实现函数分离开了,应用层不用关心底层的实现细节,底层改变后也无须在应用层中做相应修改,两层程序之间是一种标准化的接口。这就是程序的层次化,而层次化是构建复杂系统的必备条件,现在就先通过简单的示例来学习一下吧。

作为初学者针对这种程序的学习方式是,先从头到尾读一到三遍,边读边理解,然后边抄边理解,彻底理解透彻后,自己尝试独立写出来。完全采用记忆模式来学习这种例程,一两个例程你可能感觉不到什么提高,当这种例程背过上百八十个的时候,厚积薄发的感觉就来了。同时,在抄读的过程中也要注意学习编程规范,这些可都是无形的财富,可以为日后的研发工作加分。

```c
#include <reg52.h>

sbit ADDR0 = P1^0;
sbit ADDR1 = P1^1;
sbit ADDR2 = P1^2;
sbit ADDR3 = P1^3;
sbit ENLED = P1^4;
sbit KEY_IN_1  = P2^4;
sbit KEY_IN_2  = P2^5;
sbit KEY_IN_3  = P2^6;
sbit KEY_IN_4  = P2^7;
sbit KEY_OUT_1 = P2^3;
sbit KEY_OUT_2 = P2^2;
sbit KEY_OUT_3 = P2^1;
sbit KEY_OUT_4 = P2^0;

unsigned char code LedChar[] = {          //数码管显示字符转换表
    0xC0, 0xF9, 0xA4, 0xB0, 0x99, 0x92, 0x82, 0xF8,
    0x80, 0x90, 0x88, 0x83, 0xC6, 0xA1, 0x86, 0x8E
};
unsigned char LedBuff[6] = {              //数码管显示缓冲区
```

```
                                0xFF, 0xFF, 0xFF, 0xFF, 0xFF, 0xFF
};
unsigned char code KeyCodeMap[4][4] = {       //矩阵按键编号到标准键盘键码的映射表
    { 0x31, 0x32, 0x33, 0x26 },                //数字键 1、数字键 2、数字键 3、向上键
    { 0x34, 0x35, 0x36, 0x25 },                //数字键 4、数字键 5、数字键 6、向左键
    { 0x37, 0x38, 0x39, 0x28 },                //数字键 7、数字键 8、数字键 9、向下键
    { 0x30, 0x1B, 0x0D, 0x27 }                 //数字键 0、ESC 键、回车键、向右键
};
unsigned char KeySta[4][4] = {                 //全部矩阵按键的当前状态
    {1, 1, 1, 1},  {1, 1, 1, 1},  {1, 1, 1, 1},  {1, 1, 1, 1}
};

void KeyDriver();

void main()
{
    EA = 1;                        //使能总中断
    ENLED = 0;                     //选择数码管进行显示
    ADDR3 = 1;
    TMOD = 0x01;                   //设置 T0 为模式 1
    TH0  = 0xFC;                   //为 T0 赋初值 0xFC67,定时 1ms
    TL0  = 0x67;
    ET0  = 1;                      //使能 T0 中断
    TR0  = 1;                      //启动 T0
    LedBuff[0] = LedChar[0];       //上电显示 0

    while (1)
    {
        KeyDriver();               //调用按键驱动函数
    }
}
/* 将一个无符号长整型的数字显示到数码管上,num 为待显示数字 */
void ShowNumber(unsigned long num)
{
    signed char i;
    unsigned char buf[6];

    for (i = 0; i < 6; i++)        //把长整型数转换为 6 位十进制的数组
    {
        buf[i] = num % 10;
        num = num / 10;
    }
    for (i = 5; i >= 1; i--)       //从最高位起,遇到 0 转换为空格,遇到非 0 则退出循环
    {
        if (buf[i] == 0)
            LedBuff[i] = 0xFF;
        else
            break;
    }
```

```c
    for ( ; i>= 0; i-- )                    //剩余低位都如实转换为数码管显示字符
    {
        LedBuff[i] = LedChar[buf[i]];
    }
}
/* 按键动作函数,根据键码执行相应的操作,keycode - 按键键码 */
void KeyAction(unsigned char keycode)
{
    static unsigned long result = 0;        //用于保存运算结果
    static unsigned long addend = 0;        //用于保存输入的加数

    if ((keycode >= 0x30) && (keycode <= 0x39))  //输入 0~9 的数字
    {
        addend = (addend * 10) + (keycode - 0x30);  //整体十进制左移,新数字进入个位
        ShowNumber(addend);                 //运算结果显示到数码管
    }
    else if (keycode == 0x26)               //向上键用作加号,执行加法或连加运算
    {
        result += addend;                   //进行加法运算
        addend = 0;
        ShowNumber(result);                 //运算结果显示到数码管
    }
    else if (keycode == 0x0D)               //回车键执行加法运算(实际效果与加号相同)
    {
        result += addend;                   //进行加法运算
        addend = 0;
        ShowNumber(result);                 //运算结果显示到数码管
    }
    else if (keycode == 0x1B)               //Esc 键,清 0 结果
    {
        addend = 0;
        result = 0;
        ShowNumber(addend);                 //清 0 后的加数显示到数码管
    }
}
/* 按键驱动函数,检测按键动作,调度相应动作函数,需在主循环中调用 */
void KeyDriver()
{
    unsigned char i, j;
    static unsigned char backup[4][4] = {   //按键值备份,保存前一次的值
        {1, 1, 1, 1},  {1, 1, 1, 1},  {1, 1, 1, 1},  {1, 1, 1, 1}
    };

    for (i = 0; i < 4; i++)                  //循环检测 4 * 4 的矩阵按键
    {
        for (j = 0; j < 4; j++)
        {
            if (backup[i][j] != KeySta[i][j])  //检测按键动作
            {
```

```
            if (backup[i][j] != 0)                //按键按下时执行动作
            {
                KeyAction(KeyCodeMap[i][j]);       //调用按键动作函数
            }
            backup[i][j] = KeySta[i][j];           //刷新前一次的备份值
        }
    }
  }
}
/* 按键扫描函数,需在定时中断中调用,推荐调用间隔 1ms */
void KeyScan()
{
    unsigned char i;
    static unsigned char keyout = 0;               //矩阵按键扫描输出索引
    static unsigned char keybuf[4][4] = {          //矩阵按键扫描缓冲区
        {0xFF, 0xFF, 0xFF, 0xFF},  {0xFF, 0xFF, 0xFF, 0xFF},
        {0xFF, 0xFF, 0xFF, 0xFF},  {0xFF, 0xFF, 0xFF, 0xFF}
    };

    //将一行的 4 个按键值移入缓冲区
    keybuf[keyout][0] = (keybuf[keyout][0] << 1) | KEY_IN_1;
    keybuf[keyout][1] = (keybuf[keyout][1] << 1) | KEY_IN_2;
    keybuf[keyout][2] = (keybuf[keyout][2] << 1) | KEY_IN_3;
    keybuf[keyout][3] = (keybuf[keyout][3] << 1) | KEY_IN_4;
    //消抖后更新按键状态
    for (i = 0; i < 4; i++)                         //每行 4 个按键,所以循环 4 次
    {
        if ((keybuf[keyout][i] & 0x0F) == 0x00)
        {       //连续 4 次扫描值为 0,即 4 * 4ms 内都是按下状态时,可认为按键已稳定地按下
            KeySta[keyout][i] = 0;
        }
        else if ((keybuf[keyout][i] & 0x0F) == 0x0F)
        {       //连续 4 次扫描值为 1,即 4 * 4ms 内都是弹起状态时,可认为按键已稳定地弹起
            KeySta[keyout][i] = 1;
        }
    }
    //执行下一次的扫描输出
    keyout++;         //输出索引递增
    keyout = keyout & 0x03;   //索引值加到 4 即归 0
    switch (keyout)           //根据索引,释放当前输出引脚,拉低下次的输出引脚
    {
        case 0: KEY_OUT_4 = 1; KEY_OUT_1 = 0; break;
        case 1: KEY_OUT_1 = 1; KEY_OUT_2 = 0; break;
        case 2: KEY_OUT_2 = 1; KEY_OUT_3 = 0; break;
        case 3: KEY_OUT_3 = 1; KEY_OUT_4 = 0; break;
        default: break;
    }
}
```

```
/* 数码管动态扫描刷新函数,需在定时中断中调用 */
void LedScan()
{
    static unsigned char i = 0;          //动态扫描的索引

    P0 = 0xFF;                           //显示消隐
    switch (i)
    {
        case 0: ADDR2 = 0; ADDR1 = 0; ADDR0 = 0; i++; P0 = LedBuff[0]; break;
        case 1: ADDR2 = 0; ADDR1 = 0; ADDR0 = 1; i++; P0 = LedBuff[1]; break;
        case 2: ADDR2 = 0; ADDR1 = 1; ADDR0 = 0; i++; P0 = LedBuff[2]; break;
        case 3: ADDR2 = 0; ADDR1 = 1; ADDR0 = 1; i++; P0 = LedBuff[3]; break;
        case 4: ADDR2 = 1; ADDR1 = 0; ADDR0 = 0; i++; P0 = LedBuff[4]; break;
        case 5: ADDR2 = 1; ADDR1 = 0; ADDR0 = 1; i = 0; P0 = LedBuff[5]; break;
        default: break;
    }
}
/* T0 中断服务函数,用于数码管显示扫描与按键扫描 */
void InterruptTimer0() interrupt 1
{
    TH0 = 0xFC;                          //重新加载初值
    TL0 = 0x67;
    LedScan();                           //调用数码管显示扫描函数
    KeyScan();                           //调用按键扫描函数
}
```

8.6 练习题

1. 理解单片机最小系统三要素电路设计规则。
2. 掌握函数间相互调用的方法和规则。
3. 学会独立按键和矩阵按键的电路设计方法和软件编程思路。
4. 用一个按键实现一个数码管数字从 F 到 0 递减的变化程序。
5. 用矩阵按键做一个简易减法计算器。

第 9 章

步进电机与蜂鸣器

对于技术的学习,希望读者一定要有足够的耐性和韧性。如果决定从事单片机这门技术,就一定要坚持学习下去,不能半途而废,当坚持学习一段时间后会发现自己慢慢会喜欢上单片机,对这些东西有了浓厚的兴趣和感情,离成功就不远了。学到第 9 章了,鼓励鼓励自己,再加把劲哦! 本章首先来了解单片机 I/O 的一些细节内容,然后在此基础上再学习两种常用设备的使用方法——步进电机和蜂鸣器。

第 9 章视频

9.1 单片机 I/O 口的结构

第 8 章提到了单片机 I/O 口的其中一种"准双向 I/O"的内部结构,实际上单片机 I/O口还有另外三种状态,分别是开漏、推挽、高阻态,下面通过图 9-1 来分析这三种状态。

图 9-1   单片机 I/O 结构示意图

前边简单介绍"准双向 I/O"的时候是用三极管来说明的,出于严谨的态度,这里按照实际情况用 MOS 管画图示意。实际上三极管是靠电流导通的,而 MOS 管是靠电压导通的,具体缘由和它们的内部构造有关系,在这里暂且不必关心,如果今后有必要了解可以直接查找模拟电子书或者百度相关资料进行细致学习。在单片机 I/O 口状态这一块内容上,可以把 MOS 管当三极管来理解。在图 9-1 中,T1 相当于一个 PNP 三极管,T2 相当于一个NPN 三极管。

其中准双向 I/O 口原理已经讲过了,开漏输出和准双向 I/O 的唯一区别就是开漏输出把内部的上拉电阻去掉了。开漏输出如果要输出高电平时,T2关断,I/O电平要靠外部的上拉电阻才能拉成高电平,如果没有外部上拉电阻I/O电平就是一个不确定态。标准51单片机的P0口默认就是开漏输出,如果要用的时候外部需要加上拉电阻。而强推挽输出就是有比较强的驱动能力,如图9-1中第三张小图,当内部输出一个高电平时,通过MOS管直接输出电流,没有电阻的限流,电流输出能力也比较大;如果内部输出一个低电平,那反向电流也可以很大,强推挽的一个特点就是驱动能力强。

单片机I/O还有一种状态叫高阻态。通常用来做输入引脚的时候,可以将I/O口设置成高阻态,高阻态引脚本身如果悬空,用万用表测量的时候可能是高可能是低,它的状态完全取决于外部输入信号的电平,高阻态引脚对GND的等效电阻很大(理论上相当于无穷大,但实际上总是有限值而非无穷大),所以称之为高阻。

这就是单片机的I/O口的四种状态,在51单片机的学习过程中,主要应用的是准双向I/O口,随着学习深入,其他状态也会有接触,在这里介绍一下。

9.2 上下拉电阻

前边似乎多次提到了上拉电阻和下拉电阻,具体到底什么样的电阻算是上、下拉电阻,上、下拉电阻都有何作用呢?

上拉电阻就是将不确定的信号通过一个电阻拉到高电平,同时此电阻也起到一个限流作用,下拉就是下拉到低电平。

比如I/O设置为开漏输出高电平或者是高阻态时,默认的电平就是不确定的,外部经一个电阻接到VCC,也就是上拉电阻,那么相应的引脚就是高电平;经一个电阻到GND,也就是下拉电阻,那么相应的引脚就是一个低电平。

上拉电阻应用很多,都可以起到什么作用呢? 现在主要先了解最常用的以下4点。

(1) OC门要输出高电平,必须外部加上拉电阻才能正常使用,其实OC门就相当于单片机I/O的开漏输出,其原理可参照图9-1中的开漏电路。

(2) 加大普通I/O口的驱动能力。标准51单片机的内部I/O口的上拉电阻,一般都是在几十kΩ,比如STC89C52内部是20kΩ的上拉电阻,所以最大输出电流是250μA,因此外部加个上拉电阻,可以形成和内部上拉电阻的并联结构,增大高电平时电流的输出能力。

(3) 在电平转换电路中,比如前边讲的5V转12V的电路中,上拉电阻其实起到的是限流电阻的作用,见图3-8。

(4) 单片机中未使用的引脚,比如总线引脚和引脚悬空时,容易受到电磁干扰而处于紊乱状态,虽然不会对程序造成什么影响,但通常会增加单片机的功耗,加上一个对VCC的上拉电阻或者一个对GND的下拉电阻后,可以有效地抵抗电磁干扰。

在进行电路设计的时候,又该如何选择合适的上、下拉电阻的阻值呢?

(1) 从降低功耗的方面考虑应当足够大,因为电阻越大,电流越小。

(2) 从确保足够的引脚驱动能力考虑应当足够小,电阻小了,电流才能大。

（3）在开漏输出时，过大的上拉电阻会导致信号上升沿变缓。这里解释一下：实际电平的变化都是需要时间的，虽然很小，但永远都达不到零，而开漏输出时上拉电阻的大小就直接影响了这个上升过程所需要的时间，如图9-2所示。想一下，如果电阻很大，而信号频率又很快，最终将导致信号还没等上升到高电平就又变为低的了，于是信号就无法正确传送了。

理想的上升沿　　　上拉电阻较小时的上升沿　　　上拉电阻较大时的上升沿

图 9-2　上拉电阻阻值对波形的影响

综合考虑各种情况，常用的上下拉电阻值大多选取在 1～10kΩ 之间，具体到底多大通常要根据实际需求来选取，只要在标准范围内就可以了，不一定是一个固定的值。

9.3　28BYJ-48 型步进电机详解与实例

9.3.1　电机的分类

电机的分类方式有很多，从用途角度可划分为驱动类电机和控制类电机。直流电机属于驱动类电机，这种电机是将电能转换成机械能，主要应用在电钻、小车轮子、电风扇、洗衣机等设备上。步进电机属于控制类电机，它是将脉冲信号转换成一个转动角度的电机，在非超载的情况下，电机的转速、停止的位置只取决于脉冲信号的频率和脉冲数，主要应用在自动化仪表、机器人、自动生产流水线、空调扇叶转动等设备。

步进电机又分为反应式、永磁式和混合式三种。

（1）反应式步进电机：结构简单成本低，但是动态性能差、效率低、发热大，可靠性难以保证，所以现在基本已经被淘汰了。

（2）永磁式步进电机：动态性能好、输出力矩较大，但误差相对来说大一些，因其价格低而广泛应用于消费性产品。

（3）混合式步进电机：综合了反应式和永磁式的优点，力矩大、动态性能好、步距角小、精度高，但结构相对来说复杂，价格也相对较高，主要应用于工业。

本章内容主要讲解 28BYJ-48 步进电机，先介绍型号中包含的具体含义：

28——步进电机的有效最大外径是 28mm。

B——表示是步进电机。

Y——表示是永磁式。

J——表示是减速型。

48——表示四相八拍。

9.3.2 28BYJ-48型步进电机原理详解

28BYJ-48是4相永磁式减速步进电机,其外观如图9-3所示。

图9-3 步进电机外观

先来解释"4相永磁式"的概念,28BYJ-48的内部结构示意如图9-4所示。先看里圈,它上面有6个齿,分别标注为0~5,这个叫作转子,顾名思义,它是要转动的,转子的每个齿上都带有永久的磁性,是一块永磁体,这就是"永磁式"的概念。再看外圈,这个就是定子,它是保持不动的,实际上它是跟电机的外壳固定在一起的,上面有8个齿,而每个齿上都缠上了一个线圈绕组,正对着的两个齿上的绕组又是串联在一起的,也就是说正对着的两个绕组总是会同时导通或关断的,如此就形成了4相,在图中分别标注为A-B-C-D,这就是"4相"的概念。

图9-4 步进电机内部结构示意图

步进电机的工作原理如下。

假定电机的起始状态就如图9-4所示,逆时针方向转动,起始时是B相绕组的开关闭合,B相绕组导通,那么导通电流就会在正上和正下两个定子齿上产生磁性,这两个定子齿上的磁性就会对转子上的 0 和 3 号齿产生最强的吸引力,就会如图 9-4 所示的那样,转子的 0 号齿在正上、3 号齿在正下而处于平衡状态;此时会发现,转子的 1 号齿与右上的定子齿也就是 C 相的一个绕组呈现一个很小的夹角,2 号齿与右边的定子齿也就是 D 相绕组呈现一个稍微大一点的夹角,很明显这个夹角是 1 号齿和 C 绕组夹角的 2 倍,同理,左侧的情况也是一样的。

接下来把 B 相绕组断开,而使 C 相绕组导通,那么很明显,右上的定子齿将对转子 1 号齿产生最大的吸引力,而左下的定子齿将对转子 4 号齿,产生最大的吸引力,在这个吸引力的作用下,转子 1、4 号齿将对齐到右上和左下的定子齿上而保持平衡,这样,转子就转过了起始状态时 1 号齿和 C 相绕组那个夹角的角度。

再接下来断开 C 相绕组,导通 D 相绕组,过程与上述的情况完全相同,最终将使转子 2、5 号齿与定子 D 相绕组对齐,转子又转过了上述同样的角度。

很明显,当 A 相绕组再次导通,即完成一个 B-C-D-A 的四节拍操作后,转子的 0、3 号齿将由原来的对齐到上下两个定子齿,而变为了对齐到左上和右下的两个定子齿上,即转子转过了一个定子齿的角度。以此类推,再来一个四节拍,转子就将再转过一个齿的角度,8 个四节拍以后转子将转过完整的一圈,而其中单个节拍使转子转过的角度就很容易计算出来了,即 $360°/(8×4)=11.25°$,这个值就叫作步进角度。而上述这种工作模式就是步进电机的单四拍模式——单相绕组通电四节拍。

再来讲解一种具有更优性能的工作模式,那就是在单四拍的每两个节拍之间再插入一个双绕组导通的中间节拍,组成八拍模式。比如,在从 B 相导通到 C 项导通的过程中,假如一个 B 相和 C 相同时导通的节拍,这个时候,由于 B、C 两个绕组的定子齿对它们附近的转子齿同时产生相同的吸引力,这将导致这两个转子齿的中心线对比到 B、C 两个绕组的中心线上,也就是新插入的这个节拍使转子转过了上述单四拍模式中步进角度的一半,即 $5.625°$。这样一来,就使转动精度增加了一倍,而转子转动一圈则需要 $8×8=64$ 拍了。另外,新增加的这个中间节拍还会在原来单四拍的两个节拍引力之间又加了一把引力,从而可以大大增加电机的整体扭力输出,使电机更"有劲"了。

除了上述的单四拍和八拍的工作模式外,还有一个双四拍的工作模式——双绕组通电四节拍。其实就是把八拍模式中的两个绕组同时通电的那四拍单独拿出来,而舍弃单绕组通电的那四拍而已。其步进角度同单四拍是一样的,但由于它是两个绕组同时导通,所以扭矩会比单四拍模式大,在此就不做过多解释了。

八拍模式是这类 4 相步进电机的最佳工作模式,能最大限度地发挥电机的各项性能,也是绝大多数实际工程中所选择的模式,因此就重点来讲解如何用单片机程序来控制电机按八拍模式工作。

9.3.3 让电机转起来

再重新看一下上面的步进电机外观图和内部结构图:步进电机一共有 5 根引线,其中红色的是公共端,连接到 5V 电源,接下来的橙、黄、粉、蓝就对应了 A、B、C、D 相;如果要导通 A 相绕组,就只需将橙色线接地即可,B 相则黄色接地,以此类推;再根据上述单四拍和八拍工作过程的讲解,可以得出下面的绕组控制顺序表,如表 9-1 所示。

表 9-1 八拍模式绕组控制顺序表

	1	2	3	4	5	6	7	8
P1-红	VCC	VCC	VCC	VCC	VCC	VCC	VCC	VCC
P2-橙	GND	GND						GND
P3-黄		GND	GND	GND				
P4-粉				GND	GND	GND		
P5-蓝						GND	GND	GND

开发板上控制步进电机部分是和板子上的显示控制的 74HC138 译码器部分复用的 P1.0~P1.3,关于跳线在第 3 章已经讲过了,通过调整跳线帽的位置可以让 P1.0~P1.3 控制步进电机的四个绕组,如图 9-5 所示。

图 9-5 显示译码与步进电机的选择跳线

如果要使用电机,需要把 4 个跳线帽都调到跳线组的左侧(开发板上的实际位置),即左侧针和中间针连通(对应原理图中的中间和下边的针),就可以使用 P1.0 到 P1.3 控制步进电机了,如要再使用显示部分,就要再换回到右侧了。如果读者既想让显示部分正常工作,又想让电机工作该怎么办呢?跳线帽保持在右侧,用杜邦线把步进电机的控制引脚(即左侧的排针)连接到其他的暂不使用的单片机 I/O 上即可。

再来看一下步进电机的原理图,步进电机的控制电路如图 9-6 所示。

图 9-6 步进电机控制电路

诚然,单片机的 I/O 口可以直接输出 0V 和 5V 的电压,但是电流驱动能力,也就是带载能力非常有限,所以在每相的控制线上都增加一个三极管来提高驱动能力。若要使 A 相导通,则必须是 Q2 导通,此时 A 相也就是橙色线就相当于接地了,于是 A 相绕组导通,此时单片机 P1 口低 4 位应输出 0b1110,即 0xE;如要 A、B 相同时导通,就是 Q2、Q3 导通,P1 口低 4 位应输出 0b1100,即 0xC,以此类推,可以得到下面的八拍节拍的 I/O 控制代码数组:

```
unsigned char code BeatCode[8] = { 0xE, 0xC, 0xD, 0x9, 0xB, 0x3, 0x7, 0x6 };
```

讲到这里,似乎所有的逻辑问题都解决了,循环将这个数组内的值送到 P1 口就行了。但是,只要再深入想一下就会发现还有个问题:多长时间送一次数据,也就是说一个节拍要持续多长时间合适呢?是随意的吗?当然不是了,这个时间是由步进电机的启动频率决定的。启动频率就是步进电机在空载情况下能够正常启动的最高脉冲频率,如果脉冲频率高于该值,电机就不能正常启动。表 9-2 就是由厂家提供的步进电机参数表。

表 9-2　28BYJ-48 步进电机参数表

供电电压	相数	相电阻 Ω	步进角度	减速比	启动频率 P.P.S	转矩 g.cm	噪声 dB	绝缘介电强度
5V	4	50±10%	5.625/64	1∶64	≥550	≥300	≤35	600VAC

表中给出的参数是≥550,单位是 P.P.S,即每秒脉冲数,这里的意思就是说:电机保证在每秒给出 550 个步进脉冲的情况下可以正常启动。换算成单节拍持续时间就是 1s/550＝1.8ms,为了让电机能够启动,控制节拍刷新时间大于 1.8ms 就可以了。有了这个参数,就可以动手写出最简单的电机转动程序了,代码如下。

```c
#include <reg52.h>

unsigned char code BeatCode[8] = {      //步进电机节拍对应的 I/O 控制代码
    0xE, 0xC, 0xD, 0x9, 0xB, 0x3, 0x7, 0x6
};

void delay();

void main()
{
    unsigned char tmp;                  //定义一个临时变量
    unsigned char index = 0;            //定义节拍输出索引

    while (1)
    {
        tmp = P1;                       //用 tmp 把 P1 口当前值暂存
        tmp = tmp & 0xF0;               //用 & 操作清 0 低 4 位
        tmp = tmp | BeatCode[index];    //用 | 操作把节拍代码写到低 4 位
        P1  = tmp;                      //把低 4 位的节拍代码和高 4 位的原值送回 P1
        index++;                        //节拍输出索引递增
```

```
            index = index & 0x07;          //用 & 操作实现到 8 归 0
            delay();                        //延时 2ms,即 2ms 执行一拍
        }
}
/* 软件延时函数,延时约 2ms */
void delay()
{
    unsigned int i = 200;

    while (i-- );
}
```

把程序编译下载到开发板上试试,看看电机转了没有,要记得换跳线哦!

9.3.4　转动精度与深入分析

转是转了,但是不是感觉有点不太对劲呢? 太慢了? 别急,咱们继续。根据本章开头讲解的原理,八拍模式时,步进电机转过一圈是需要 64 个节拍,而程序中是每个节拍持续 2ms,那么转一圈就应该是 128ms,即 1 秒钟转 7 圈多,可怎么看上去它好像是 7 秒多才转了一圈呢?

那么,是时候来了解“永磁式减速步进电机”中这个“减速”的概念了。图 9-7 是 28BYJ-48 步进电机的拆解图,从图中可以看到,位于最中心的那个白色小齿轮才是步进电机的转子输出,64 个节拍只是让这个小齿轮转了一圈,然后它带动那个浅蓝色的大齿轮,这就是一级减速。大家看一下右上方的白色齿轮的结构,除电机转子和最终输出轴外的 3 个传动齿轮都是这样的结构,由一层多齿和一层少齿构成,而每一个齿轮都用自己的少齿层去驱动下一个齿轮的多齿层,这样每两个齿轮都构成一级减速,一共就有了 4 级减速,那么总的减速比是多少呢? 即转子要转多少圈最终输出轴才转一圈呢?

图 9-7　步进电机内部齿轮示意图

回头看一下电机参数表中的减速比这个参数吧——1:64,转子转 64 圈,最终输出轴才会转一圈,也就是需要 64×64=4096 个节拍输出轴才转过一圈,2ms×4096=8192ms,8 秒多才转一圈呢,是不是跟刚才的实验结果正好吻合了? 4096 个节拍转动一圈,那么一个节拍转动的角度——步进角度就是 360/4096,看一下表中的步进角度参数 5.625/64,算一下就知道这两个值相等,一切都已吻合了。

关于基本的控制原理本该到这里就全部结束了,但是,希望大家都能培养一种“实践是检验真理的唯一标准”的思维方式。回想一下,步进电机最大的特点是什么? 精确控制转动量! 那么是不是应该检验一下它到底是不是能精确呢? 精确到什么程度呢? 怎么来检验

呢？让它转过 90°，然后量一下准不准？也行，但是如果它只差了 1°甚至不到 1°，能准确测量出来吗？在没有精密仪器的情况很难。还是让它多转几个整圈，看看它最后停下的位置还是不是原来的位置。对应的，把程序修改一下，以方便控制电机转过任意的圈数。

```c
#include <reg52.h>

void TurnMotor(unsigned long angle);

void main()
{
    TurnMotor(360 * 25);                //360 度 * 25,即 25 圈
    while (1);
}
/* 软件延时函数,延时约 2ms */
void delay()
{
    unsigned int i = 200;

    while (i--);
}
/* 步进电机转动函数,angle 为需转过的角度 */
void TurnMotor(unsigned long angle)
{
    unsigned char tmp;                  //临时变量
    unsigned char index = 0;            //节拍输出索引
    unsigned long beats = 0;            //所需节拍总数
    unsigned char code BeatCode[8] = {  //步进电机节拍对应的 I/O 控制代码
        0xE, 0xC, 0xD, 0x9, 0xB, 0x3, 0x7, 0x6
    };

    beats = (angle * 4096) / 360;       //计算需要的节拍总数,4096 拍对应一圈
    while (beats--)                     //判断 beats 不为 0 时执行循环,然后自减 1
    {
        tmp = P1;                       //用 tmp 把 P1 口当前值暂存
        tmp = tmp & 0xF0;               //用 & 操作清零低 4 位
        tmp = tmp | BeatCode[index];    //用 | 操作把节拍代码写到低 4 位
        P1  = tmp;                      //把低 4 位的节拍代码和高 4 位的原值送回 P1
        index++;                        //节拍输出索引递增
        index = index & 0x07;           //用 & 操作实现到 8 归 0
        delay();                        //延时 2ms,即 2ms 执行一拍
    }
    P1 = P1 | 0x0F;                     //关闭电机所有的相
}
```

上述程序中，先编写了一个控制电机转过指定角度的函数，这个角度值由函数的形式参数给出，然后在主函数中就可以方便地通过更改调用时的实际参数来控制电机转过任意的角度了。用了 360×25，也就是 25 圈，当然也可以随意改为其他的值，看看是什么结果。程

序会执行 25×8＝200 秒的时间,先记下输出轴的初始位置,然后上电并耐心等它执行完毕,看一下,是不是有误差,怎么回事,哪儿出问题了,不是说能精确控制转动量吗?

这个问题其实是出在了减速比上,再来看一下,厂家给出的减速比是 1:64,不管是哪个厂家生产的电机,只要型号是 28BYJ-48,其标称的减速比就都是 1:64。但实际上呢?经过拆解计算发现:真实准确的减速比并不是 1:64 这个值,而是 1:63.684。得出这个数据的方法也很简单,实际数一下每个齿轮的齿数,然后将各级减速比相乘,就可以得出结果了,实测的减速比为 $(32/9)×(22/11)×(26/9)×(31/10)≈63.684$,从而得出实际误差为 0.0049,即约为 0.5%,转 100 圈就会差出半圈,那么我们刚才转了 25 圈,是不是就差了 1/8 圈了,也就是 45°,看一下刚才的误差是 45°吧。那么按照 1:63.684 的实际减速比,可以得出转过一圈所需要节拍数是 $64×63.684≈4076$。那么就把上面程序中电机驱动函数里的 4096 改成 4076 再试一下,是不是看不出丝毫的误差了?但实际上误差还是存在的,因为上面的计算结果都是约等得出的,实际误差大约是 0.000056,即 0.56‰,转一万圈才会差出半圈,已经可以忽略不计了。

那么厂家的参数为什么会有误差呢?难道厂家不知道吗?要解释这个问题,得回到实际应用中,步进电机最通常的目的是控制目标转过一定的角度,通常都是在 360°以内,而 28BYJ-48 最初的设计目的是用来控制空调的扇叶的,扇叶的活动范围是不会超过 180°,所以在这种应用场合下,厂商给出一个近似的整数减速比 1:64 已经足够精确了,这也是合情合理的。然而,正如程序那样,不一定要用它来驱动空调扇叶,可以让它转动很多圈来干别的,这时就需要更为精确的数据了,这也是希望同学们都能了解并掌握的,就是说要能自己"设计"系统并解决其中发现的问题,而不要被所谓的"现成的方案"限制住思路。

9.3.5 编写实用程序的基础

解决了精度问题,再回到的电机控制程序上。上面给出的两个例程都不是实用的程序,为什么?因为程序中存在大段的延时,而在延时的时候是其他的事都干不了的。想想第二个程序,整整 200 秒别的事都干不了,这在实际的控制系统中是绝对不允许的。那么怎么改造一下呢?当然还是用定时中断来完成了,既然每个节拍持续时间是 2ms,直接用定时器定时 2ms 来刷新节拍就行了。修改后的程序如下。

```c
#include < reg52.h >

unsigned long beats = 0;                //电机转动节拍总数

void StartMotor(unsigned long angle);

void main()
{
    EA = 1;                             //使能总中断
    TMOD = 0x01;                        //设置 T0 为模式 1
```

```
        TH0    = 0xF8;                        //为 T0 赋初值 0xF8CD,定时 2ms
        TL0    = 0xCD;
        ET0    = 1;                           //使能 T0 中断
        TR0    = 1;                           //启动 T0

        StartMotor(360 * 2 + 180);           //控制电机转动两圈半
        while (1);
    }
/* 步进电机启动函数,angle 为需转过的角度 */
void StartMotor(unsigned long angle)
{
    //在计算前关闭中断,完成后再打开,以避免中断打断计算过程而造成错误
    EA = 0;
    beats = (angle * 4076) / 360;            //实测为 4076 拍转动一圈
    EA = 1;
}
/* T0 中断服务函数,用于驱动步进电机旋转 */
void InterruptTimer0() interrupt 1
{
    unsigned char tmp;                       //临时变量
    static unsigned char index = 0;          //节拍输出索引
    unsigned char code BeatCode[8] = {       //步进电机节拍对应的 I/O 控制代码
        0xE, 0xC, 0xD, 0x9, 0xB, 0x3, 0x7, 0x6
    };

    TH0 = 0xF8;                              //重新加载初值
    TL0 = 0xCD;
    if (beats != 0)                          //节拍数不为 0 则产生一个驱动节拍
    {
        tmp = P1;                            //用 tmp 把 P1 口当前值暂存
        tmp = tmp & 0xF0;                    //用 & 操作清 0 低 4 位
        tmp = tmp | BeatCode[index];         //用 | 操作把节拍代码写到低 4 位
        P1   = tmp;                          //把低 4 位的节拍代码和高 4 位的原值送回 P1
        index++;                             //节拍输出索引递增
        index = index & 0x07;                //用 & 操作实现到 8 归 0
        beats -- ;                           //总节拍数 - 1
    }
    else                                     //节拍数为 0 则关闭电机所有的相
    {
        P1 = P1 | 0x0F;
    }
}
```

程序还是比较简单的,电机转动的启动函数 StartMotor 只负责计算一个需要的总节拍数 beats,然后在中断函数内检测这个变量,不为 0 时就执行节拍操作,同时将其减 1,直到减到 0 为止。

这里要特别说明一下的是 StartMotor 函数中对 EA 的两次操作。我们可以看到对

beats 的赋值计算语句是夹在"EA＝0;""EA＝1;"这两行语句中间的,也就是说这行赋值计算语句在执行前先关闭了中断,而等它执行完后,才又重新打开了中断。在它执行过程中,单片机是不会响应中断的,即中断函数 InterruptTimer0 不会被执行,即使这时候定时器溢出,发生中断,也只能等待 EA 重新置 1 后,才能得到响应,中断函数 InterruptTimer0 才会被执行。

那么为什么要这么做呢? 我们来想一下:在本书开始就曾提到,所使用的 STC89C52 单片机是 8 位单片机,这个 8 位的概念就是说单片机操作数据时都是按 8 位即按 1 字节进行的,那么要操作多字节(不论是读还是写)必须分多次进行。而程序中定义的 beats 这个变量是 unsigned long 型,它要占用 4 字节,那么对它的赋值最少也要分 4 次才能完成。想象一下,假如在完成其中第一个字节的赋值后,恰好发生中断,InterruptTimer0 函数得到执行,而这个函数内可能会对 beats 进行减 1 的操作,减法就有可能发生借位,借位就会改变其他的字节,但因为此时其他的字节还没有被赋入新值,于是错误就会发生,减 1 所得到的结果就不是预期的值了。所以,要避免这种错误就要先暂时关闭中断,等赋值完成后再打开中断。如果使用的是 char 或 bit 型变量,因为它们都是在 CPU 的一次操作中就完成的,所以即使不关中断,也不会发生错误。问题分析清楚了,如何取舍还得根据实际情况来决定。

9.3.6　包含综合应用的实用程序

上面虽然完成了用中断控制电机转动的程序,但实际上这个程序没多少实用价值,我们不能每次想让它转动的时候都上电,而且它不但能正转还得能反转,也就是说不但能转过去,还得能转回来。下面就来做一个实例程序吧,结合第 8 章的按键程序设计这样一个功能程序:按数字键 1~9,控制电机转 1~9 圈;配合上下键改变转动方向,按向上键后正向转 1~9 圈,按向下键则反向转 1~9 圈;按左键固定正转 90°,按右键固定反转 90°;按 Esc 键终止转动。通过这个程序,可以进一步体会如何用按键来控制程序完成复杂的功能,以及控制和执行模块之间如何协调工作,在这样的实践练习中可以锻炼和提升编程水平。

```c
#include < reg52.h >

sbit KEY_IN_1  = P2^4;
sbit KEY_IN_2  = P2^5;
sbit KEY_IN_3  = P2^6;
sbit KEY_IN_4  = P2^7;
sbit KEY_OUT_1 = P2^3;
sbit KEY_OUT_2 = P2^2;
sbit KEY_OUT_3 = P2^1;
sbit KEY_OUT_4 = P2^0;

unsigned char code KeyCodeMap[4][4] = { //矩阵按键编号到标准键盘键码的映射表
```

```
    { 0x31, 0x32, 0x33, 0x26 },              //数字键1、数字键2、数字键3、向上键
    { 0x34, 0x35, 0x36, 0x25 },              //数字键4、数字键5、数字键6、向左键
    { 0x37, 0x38, 0x39, 0x28 },              //数字键7、数字键8、数字键9、向下键
    { 0x30, 0x1B, 0x0D, 0x27 }               //数字键0、ESC键、回车键、向右键
};
unsigned char KeySta[4][4] = {               //全部矩阵按键的当前状态
    {1, 1, 1, 1},  {1, 1, 1, 1},  {1, 1, 1, 1},  {1, 1, 1, 1}
};
signed long beats = 0;                       //电机转动节拍总数

void KeyDriver();

void main()
{
    EA   = 1;                                //使能总中断
    TMOD = 0x01;                             //设置T0为模式1
    TH0  = 0xFC;                             //为T0赋初值0xFC67,定时1ms
    TL0  = 0x67;
    ET0  = 1;                                //使能T0中断
    TR0  = 1;                                //启动T0

    while (1)
    {
        KeyDriver();                         //调用按键驱动函数
    }
}
/* 步进电机启动函数,angle为需转过的角度 */
void StartMotor(signed long angle)
{
    //在计算前关闭中断,完成后再打开,以避免中断打断计算过程而造成错误
    EA = 0;
    beats = (angle * 4076) / 360;            //实测为4076拍转动一圈
    EA = 1;
}
/* 步进电机停止函数 */
void StopMotor()
{
    EA = 0;
    beats = 0;
    EA = 1;
}
/* 按键动作函数,根据键码执行相应的操作,keycode为按键键码 */
void KeyAction(unsigned char keycode)
{
    static bit dirMotor = 0;                 //电机转动方向

    if ((keycode >= 0x30) && (keycode <= 0x39))  //控制电机转动1~9圈
    {
        if (dirMotor == 0)
```

```
            StartMotor(360 * (keycode - 0x30));
        else
            StartMotor( - 360 * (keycode - 0x30));
    }
    else if (keycode == 0x26)                //向上键,控制转动方向为正转
    {
        dirMotor = 0;
    }
    else if (keycode == 0x28)                //向下键,控制转动方向为反转
    {
        dirMotor = 1;
    }
    else if (keycode == 0x25)                //向左键,固定正转 90°
    {
        StartMotor(90);
    }
    else if (keycode == 0x27)                //向右键,固定反转 90°
    {
        StartMotor( - 90);
    }
    else if (keycode == 0x1B)                //Esc 键,停止转动
    {
        StopMotor();
    }
}
/* 按键驱动函数,检测按键动作,调度相应动作函数,需在主循环中调用 */
void KeyDriver()
{
    unsigned char i, j;
    static unsigned char backup[4][4] = {        //按键值备份,保存前一次的值
        {1, 1, 1, 1},  {1, 1, 1, 1},  {1, 1, 1, 1},  {1, 1, 1, 1}
    };

    for (i = 0; i < 4; i++)                   //循环检测 4 * 4 的矩阵按键
    {
        for (j = 0; j < 4; j++)
        {
            if (backup[i][j] != KeySta[i][j])    //检测按键动作
            {
                if (backup[i][j] != 0)           //按键按下时执行动作
                {
                    KeyAction(KeyCodeMap[i][j]);    //调用按键动作函数
                }
                backup[i][j] = KeySta[i][j];    //刷新前一次的备份值
            }
        }
    }
}
/* 按键扫描函数,需在定时中断中调用,推荐调用间隔 1ms */
```

```
void KeyScan()
{
    unsigned char i;
    static unsigned char keyout = 0;        //矩阵按键扫描输出索引
    static unsigned char keybuf[4][4] = {   //矩阵按键扫描缓冲区
        {0xFF, 0xFF, 0xFF, 0xFF}, {0xFF, 0xFF, 0xFF, 0xFF},
        {0xFF, 0xFF, 0xFF, 0xFF}, {0xFF, 0xFF, 0xFF, 0xFF}
    };

    //将一行的 4 个按键值移入缓冲区
    keybuf[keyout][0] = (keybuf[keyout][0] << 1) | KEY_IN_1;
    keybuf[keyout][1] = (keybuf[keyout][1] << 1) | KEY_IN_2;
    keybuf[keyout][2] = (keybuf[keyout][2] << 1) | KEY_IN_3;
    keybuf[keyout][3] = (keybuf[keyout][3] << 1) | KEY_IN_4;
    //消抖后更新按键状态
    for (i = 0; i < 4; i++)                  //每行 4 个按键,所以循环 4 次
    {
        if ((keybuf[keyout][i] & 0x0F) == 0x00)
        {   //连续 4 次扫描值为 0,即 4 * 4ms 内都是按下状态时,可认为按键已稳定地按下
            KeySta[keyout][i] = 0;
        }
        else if ((keybuf[keyout][i] & 0x0F) == 0x0F)
        {   //连续 4 次扫描值为 1,即 4 * 4ms 内都是弹起状态时,可认为按键已稳定地弹起
            KeySta[keyout][i] = 1;
        }
    }
    //执行下一次的扫描输出
    keyout++;                                //输出索引递增
    keyout = keyout & 0x03;                  //索引值加到 4 即归 0
    switch (keyout)                          //根据索引,释放当前输出引脚,拉低下次的输出引脚
    {
        case 0: KEY_OUT_4 = 1; KEY_OUT_1 = 0; break;
        case 1: KEY_OUT_1 = 1; KEY_OUT_2 = 0; break;
        case 2: KEY_OUT_2 = 1; KEY_OUT_3 = 0; break;
        case 3: KEY_OUT_3 = 1; KEY_OUT_4 = 0; break;
        default: break;
    }
}
/* 电机转动控制函数 */
void TurnMotor()
{
    unsigned char tmp;                       //临时变量
    static unsigned char index = 0;          //节拍输出索引
    unsigned char code BeatCode[8] = {       //步进电机节拍对应的 I/O 控制代码
        0xE, 0xC, 0xD, 0x9, 0xB, 0x3, 0x7, 0x6
    };

    if (beats != 0)                          //节拍数不为 0 则产生一个驱动节拍
    {
```

```
            if (beats > 0)                      //节拍数大于 0 时正转
            {
                index++;                        //正转时节拍输出索引递增
                index = index & 0x07;           //用 & 操作实现到 8 归 0
                beats--;                         //正转时节拍计数递减
            }
            else                                 //节拍数小于 0 时反转
            {
                index--;                         //反转时节拍输出索引递减
                index = index & 0x07;           //用 & 操作同样可以实现到 -1 时归 7
                beats++;                         //反转时节拍计数递增
            }
            tmp = P1;                            //用 tmp 把 P1 口当前值暂存
            tmp = tmp & 0xF0;                     //用 & 操作清 0 低 4 位
            tmp = tmp | BeatCode[index];         //用 | 操作把节拍代码写到低 4 位
            P1  = tmp;                            //把低 4 位的节拍代码和高 4 位的原值送回 P1
        }
        else                                     //节拍数为 0 则关闭电机所有的相
        {
            P1 = P1 | 0x0F;
        }
    }
    /* T0 中断服务函数,用于按键扫描与电机转动控制 */
    void InterruptTimer0() interrupt 1
    {
        static bit div = 0;

        TH0 = 0xFC;                              //重新加载初值
        TL0 = 0x67;
        KeyScan();                               //执行按键扫描
        //用一个静态 bit 变量实现二分频,即 2ms 定时,用于控制电机
        div = ~div;
        if (div == 1)
        {
            TurnMotor();
        }
    }
```

这个程序是第 8 章和本章知识的一个综合——用按键控制步进电机转动。程序中有以下几点值得注意。

(1) 针对电机要完成正转和反转两个不同的操作,我们并没有使用正转启动函数和反转启动函数这么两个函数来完成,也没有在启动函数定义的时候增加一个形式参数来指明其方向。这里的启动函数 void StartMotor(signed long angle)与单向正转时的启动函数唯一的区别就是把形式参数 angle 的类型从 unsigned long 改为了 signed long,我们用有符号数固有的正负特性来区分正转与反转,正数表示正转 angle 度,负数就表示反转 angle 度,这样处理是不是很简洁又很明了呢? 而你对有符号数和无符号数的区别用法是不是也更有体

会了？

（2）针对终止电机转动的操作，这里定义了一个单独的 StopMotor 函数来完成，尽管这个函数非常简单，尽管它也只在 Esc 按键分支内被调用了，但仍然把它单独提出来作为了一个函数。而这种做法就是基于这样一条编程原则：尽可能用单独的函数来完成硬件的某种操作，当一个硬件包含多个操作时，把这些操作函数组织在一起，形成一个对上层的统一接口。这样的层次化处理，会使得整个程序条理清晰，既有利于程序的调试维护，又有利于功能的扩充。

（3）中断函数中要处理按键扫描和电机驱动两件事情，而为了避免中断函数过于复杂，就又分出了按键扫描和电机驱动两个函数（这也同样符合上述 2 的编程原则），而中断函数的逻辑就变得简洁而清晰了。这里还有个矛盾，就是按键扫描选择的定时时间是 1ms，而本章之前的实例中电机节拍持续时间都是 2ms；很显然，用 1ms 的定时可以定出 2ms 的间隔，而用 2ms 的定时却得不到准确的 1ms 间隔；所以我们的做法就是，定时器依然定时 1ms，然后用一个 bit 变量做标志，每 1ms 改变一次它的值，而只选择值为 1 的时候执行一次动作，这样就是 2ms 的间隔了；如果是 3ms、4ms……呢，把 bit 改为 char 或 int 型，然后对它们递增，判断到哪个值该归零就可以了。这就是在硬件定时器的基础上实现准确的软件定时，其实类似的操作在讲数码管的时候也用过了。

9.4　蜂鸣器

蜂鸣器从结构上可分为压电式蜂鸣器和电磁式蜂鸣器。压电式为压电陶瓷片发音，电流比较小一些，电磁式蜂鸣器为线圈通电震动发音，体积比较小。

按照驱动方式分为有源蜂鸣器和无源蜂鸣器。这里的有源和无源不是指电源，而是振荡源。有源蜂鸣器内部带了振荡源，如图 9-8 所示，给了 BUZZ 引脚一个低电平，蜂鸣器就会直接响。而无源蜂鸣器内部是不带振荡源的，要让它响必须给 500Hz～4.5kHz 之间的脉冲频率信号来驱动它才会响。有源蜂鸣器往往比无源蜂鸣器贵一些，因为里边多了振荡电路，驱动发音也简单，靠电平就可以驱动，而无源蜂鸣器价格比较便宜，此外无源蜂鸣器声音频率可以控制，而音阶与频率又有确定的对应关系，因此就可以做出"do re mi fa sol la si"的效果，可以用它制作出简单的音乐曲目，比如生日歌、两只老虎等。

图 9-8　蜂鸣器电路原理图

来看一下图 9-8 的电路，蜂鸣器电流依然相对较大，因此需要用三极管驱动，并且加了一个 100Ω 的电阻作为限流电阻。此外还加了一个 D4 二极管，这个二极管称为续流二极管。蜂鸣器是感性器件，当三极管导通给蜂鸣器供电时，就会有导通电流流过蜂鸣器。电感的一个特点就是电流不能突变，导通时电流是逐渐加大的，这点没有问题，但当关断时，经"电源-三极管-蜂鸣器-地"这条回路就截断了,过不了任何电流了,那么储存的电流往哪儿去呢,就是经过 D4 和蜂鸣器自身的环路来消耗掉了,从而就避免了关断时由于电感电流造成的反向冲击。接续关断时的电流,这就是续流二极管名称的由来。

蜂鸣器经常用于计算机、打印机、万用表这些设备上做提示音,提示音一般也很简单,就是简单发出个声音就行,我们用程序简单做了个 4kHz 频率下的发声和 1kHz 频率下的发声程序,同学们可以自己研究一下程序,比较实际效果。

```c
#include <reg52.h>

sbit BUZZ = P1^6;                          //蜂鸣器控制引脚
unsigned char T0RH = 0;                    //T0 重载值的高字节
unsigned char T0RL = 0;                    //T0 重载值的低字节

void OpenBuzz(unsigned int frequ);
void StopBuzz();

void main()
{
    unsigned int i;

    TMOD = 0x01;                           //配置 T0 工作在模式 1,但先不启动
    EA = 1;                                //使能全局中断

    while (1)
    {
        OpenBuzz(4000);                    //以 4kHz 的频率启动蜂鸣器
        for (i = 0; i < 40000; i++);
        StopBuzz();                        //停止蜂鸣器
        for (i = 0; i < 40000; i++);
        OpenBuzz(1000);                    //以 1kHz 的频率启动蜂鸣器
        for (i = 0; i < 40000; i++);
        StopBuzz();                        //停止蜂鸣器
        for (i = 0; i < 40000; i++);
    }
}
/* 蜂鸣器启动函数,frequ - 工作频率 */
void OpenBuzz(unsigned int frequ)
{
    unsigned int reload;                   //计算所需的定时器重载值

    reload = 65536 - (11059200/12)/(frequ * 2); //由给定频率计算定时器重载值
    T0RH = (unsigned char)(reload >> 8);   //16 位重载值分解为高低两个字节
    T0RL = (unsigned char)reload;
    TH0  = 0xFF;              //设定一个接近溢出的初值,以使定时器马上投入工作
    TL0  = 0xFE;
    ET0  = 1;                //使能 T0 中断
```

```
    TR0  = 1;                        //启动 T0
}
/*  蜂鸣器停止函数 */
void StopBuzz()
{
    ET0  = 0;                        //禁用 T0 中断
    TR0  = 0;                        //停止 T0
}
/* T0 中断服务函数,用于控制蜂鸣器发声 */
void InterruptTimer0() interrupt 1
{
    TH0  = T0RH;                     //重新加载重载值
    TL0  = T0RL;
    BUZZ = ~BUZZ;                    //反转蜂鸣器控制电平
}
```

另外用蜂鸣器来输出音乐,仅仅是好玩而已,应用很少,里边包含了音阶、乐谱的相关内容,程序也有一点复杂,所以就不详细给大家去讲解了。仅提供一个可以播放《两只老虎》的程序,大家可以下载到板子上玩玩,满足一下好奇心。

```
# include < reg52. h>

sbit BUZZ = P1^6;                      //蜂鸣器控制引脚

unsigned int code NoteFrequ[] = {      //中音 1~7 和高音 1~7 对应频率列表
    523,  587,  659,  698,  784,  880,  988, //中音 1~7
    1047, 1175, 1319, 1397, 1568, 1760, 1976 //高音 1~7
};
unsigned int code NoteReload[] = {     //中音 1~7 和高音 1~7 对应的定时器重载值
    65536 - (11059200/12) / (523 * 2),     //中音 1
    65536 - (11059200/12) / (587 * 2),     //2
    65536 - (11059200/12) / (659 * 2),     //3
    65536 - (11059200/12) / (698 * 2),     //4
    65536 - (11059200/12) / (784 * 2),     //5
    65536 - (11059200/12) / (880 * 2),     //6
    65536 - (11059200/12) / (988 * 2),     //7
    65536 - (11059200/12) / (1047 * 2),    //高音 1
    65536 - (11059200/12) / (1175 * 2),    //2
    65536 - (11059200/12) / (1319 * 2),    //3
    65536 - (11059200/12) / (1397 * 2),    //4
    65536 - (11059200/12) / (1568 * 2),    //5
    65536 - (11059200/12) / (1760 * 2),    //6
    65536 - (11059200/12) / (1976 * 2),    //7
};
bit enable = 1;                        //蜂鸣器发声使能标志
bit tmrflag = 0;                       //定时器中断完成标志
unsigned char T0RH = 0xFF;             //T0 重载值的高字节
```

```c
unsigned char T0RL = 0x00;                    //T0 重载值的低字节

void PlayTwoTiger();

void main()
{
    unsigned int i;

    EA = 1;                                   //使能全局中断
    TMOD = 0x01;                              //配置 T0 工作在模式 1
    TH0 = T0RH;
    TL0 = T0RL;
    ET0 = 1;                                  //使能 T0 中断
    TR0 = 1;                                  //启动 T0

    while (1)
    {
        PlayTwoTiger();                       //播放乐曲——两只老虎
        for (i = 0; i < 40000; i++);          //停止一段时间
    }
}
/* 两只老虎乐曲播放函数 */
void PlayTwoTiger()
{
    unsigned char beat;                       //当前节拍索引
    unsigned char note;                       //当前节拍对应的音符
    unsigned int time = 0;                    //当前节拍计时
    unsigned int beatTime = 0;                //当前节拍总时间
    unsigned int soundTime = 0;               //当前节拍需发声时间
    //两只老虎音符表
    unsigned char code TwoTigerNote[] = {
        1,   2,   3, 1,    1,   2,   3, 1,   3, 4, 5,   3, 4, 5,
        5,6, 5,4, 3, 1,    5,6, 5,4, 3, 1,   1, 5, 1,   1, 5, 1,
    };
    //两只老虎节拍表,4 表示一拍,1 就是 1/4 拍,8 就是 2 拍
    unsigned char code TwoTigerBeat[] = {
        4,   4,   4, 4,    4,   4,   4, 4,   4, 4, 8,   4, 4, 8,
        3,1, 3,1, 4, 4,    3,1, 3,1, 4, 4,   4, 4, 8,   4, 4, 8,
    };

    for (beat = 0; beat < sizeof(TwoTigerNote); ) //用节拍索引作为循环变量
    {
        while (!tmrflag);                     //每次定时器中断完成后,检测并处理节拍
        tmrflag = 0;
        if (time == 0)                        //当前节拍播完则启动一个新节拍
        {
            note = TwoTigerNote[beat] - 1;
            T0RH = NoteReload[note] >> 8;
            T0RL = NoteReload[note];
```

```
                    //计算节拍总时间,右移 2 位相当于除 4,移位代替除法可以加快执行速度
                    beatTime = (TwoTigerBeat[beat] * NoteFrequ[note]) >> 2;
                    //计算发声时间,为总时间的 0.75,移位原理同上
                    soundTime = beatTime - (beatTime >> 2);
                    enable = 1;                    //指示蜂鸣器开始发声
                    time++;
                }
            else  //当前节拍未播完则处理当前节拍
            {
                if (time >= beatTime)              //当前持续时间到达节拍总时间时归 0,
                {                                  //并递增节拍索引,以准备启动新节拍
                    time = 0;
                    beat++;
                }
                else                               //当前持续时间未达到总时间
                {
                    time++;                        //累加时间计数
                    if (time == soundTime)         //到达发声时间后,指示关闭蜂鸣器,
                    {                              //插入 0.25 * 总时间的静音间隔,
                        enable = 0;                //用以区分连续的两个节拍
                    }
                }
            }
        }
}
/* T0 中断服务函数,用于控制蜂鸣器发声 */
void InterruptTimer0() interrupt 1
{
    TH0 = T0RH;                                    //重新加载重载值
    TL0 = T0RL;
    tmrflag = 1;
    if (enable)                                    //使能时反转蜂鸣器控制电平
        BUZZ = ~BUZZ;
    else                                           //未使能时关闭蜂鸣器
        BUZZ = 1;
}
```

9.5 练习题

1. 能够理解清楚单片机 I/O 口的结构。
2. 能够看懂上下拉电阻的电路应用并且熟练使用上下拉电阻。
3. 理解 28BYJ-48 减速步进电机的工作原理。
4. 能够熟练编写步进电机正反转任意角度的程序。
5. 学会蜂鸣器发声的方法。

第 10 章

实例练习与经验积累

第 10 章视频

　　本章内容主要通过一些实践例程来提高大家对编程的熟练度,并且帮助大家进行一些算法和技巧上的积累。虽然是练习为主,但也涉及了不少软硬件知识的学习,比如数据类型转换、中断响应延迟、位操作技巧以及 PWM 的知识等。在学习本章内容的时候,一定要达到不看教材,就能独立把程序做出来的效果,那样才能基本上掌握相关知识点和内容。

10.1　数字秒表实例

10.1.1　不同数据类型间的相互转换

　　在 C 语言中,不同数据类型之间是可以混合运算的。当表达式中的数据类型不一致时,首先转换为同一种类型,然后再进行计算。C 语言有两种方法实现类型转换,一是自动类型转换,另外一种是强制类型转换。这块内容是比较繁杂的,因此根据常用的编程应用来讲部分相关内容。

　　当不同数据类型之间混合运算的时候,不同类型的数据首先会转换为同一类型,转换的主要原则是:短字节的数据向长字节数据转换。比如:

unsigned char a;　unsigned int b;　unsigned int c;　c = a * b;

　　在运算的过程中,程序会自动全部按照 unsigned int 型来计算。比如 $a=10, b=200, c$ 的结果就是 2000。那当 $a=100, b=700, c$ 是 70000 吗? 新手最容易犯这种错误,大家要注意每个变量类型的取值范围,c 的数据类型是 unsigned int 型,取值范围是 $0 \sim 65535$,而 70000 超过 65535 了,其结果会溢出,最终 c 的结果是 $(70000-65536) = 4464$。

　　要想让 c 正常获得 70000 这个结果,需要把 c 定义成一个 unsigned long 型。如果写成:

unsigned char a = 100;　unsigned int b = 700;　unsigned long c = 0;　c = a * b;

做过实验的同学会发现这个 c 的结果还是 4464,这是个什么情况呢?

　　大家注意,C 语言不同类型运算的时候数值会转换为同一类型运算,但是每一步运算都会进行识别判断,不会进行一个总的分析判断。比如这段代码中 a 和 b 相乘的时候,是按照 unsigned int 类型运算的,运算的结果也是 unsigned int 类型的 4464,只是最终把 unsigned int 类型 4464 赋值给了一个 unsigned long 型的变量而已。那么在运算的时候如何避免这类问题的产生呢? 可以采用强制类型转换的方法。

在一个变量前边加上一个数据类型名,并且这个类型名用小括号括起来,就表示把这个变量强制转换成括号里的类型。如 c =(unsigned long)a * b;,由于强制类型转换运算符优先级高于 *,所以这个地方的运算是先把 a 转换成一个 unsigned long 型的变量,而后与 b 相乘,根据 C 语言的规则,b 会自动转换成一个 unsigned long 型的变量,而后运算完毕结果也是一个 unsigned long 型的,最终赋值给了 c。

不同类型变量之间的相互赋值,短字节类型变量向长字节类型变量赋值时,其值保持不变,比如

unsigned char a = 100;　unsigned int b = 700;　b = a;

那么最终 b 的值就是 100 了。但如果程序是

unsigned char a = 100;　unsigned int b = 700;　a = b;

那么 a 的值仅仅是取了 b 的低 8 位,首先要把 700 变成一个 16 位的二进制数据,然后取它的低 8 位出来,也就是 188,这就是长字节类型给短字节类型赋值的结果,会从长字节类型的低位开始截取刚好等于短字节类型长度的位,然后赋给短字节类型。

在 51 单片机里边,有一种特殊情况,就是 bit 类型的变量,这个 bit 类型的强制类型转换,是不符合上边讲的这个原则的,比如

bit a = 0;　unsigned char b;　a = (bit)b;

这个地方要特别注意,使用 bit 做强制类型转换,不是取 b 的最低位,而是它会判断 b 这个变量是 0 还是非 0 的值,如果 b 是 0,那么 a 的结果就是 0,如果 b 是任意非 0 的其他值,那么 a 的结果都是 1。

10.1.2　定时时间精准性调整

在 6.5.2 节有一个数码管秒表显示程序,那个程序是 1 秒数码管加 1,但是细心的同学做了实验后,经过长时间运行会发现,和实际的时间有了较大误差了,那如何去调整这种误差呢? 要解决问题,先找到问题是什么原因造成的。

先对前面讲过的中断内容做一个较深层次的补充。还是讲解中断的那个场景,当在看电视的时候,突然发生了水开的中断,必须去提水的时候,第一,从电视跟前跑到厨房需要一定的时间,第二,因为看的电视是智能数字电视,因此在去提水之前可以使用遥控器将电视进行暂停操作,方便回来后继续从刚才的剧情往下进行。那么暂停电视,跑到厨房提水,这一点点时间是很短的,在实际生活中可以忽略不计,但是在单片机秒表程序中,误差是会累计的,每 1 秒钟都差了几个微秒,时间一久,造成的累计误差就不可小觑了。

单片机系统里,硬件进入中断需要一定的时间,大概是几个机器周期,还要进行原始数据保护,就是把进中断之前程序运行的一些变量先保存起来,专业术语叫作中断压栈,进入中断后,重新给定时器 TH 和 TL 赋值,也需要几个机器周期,这样下来就会消耗一定的时间,得想法把这些时间补偿回来。

方法 1:使用软件 debug 进行补偿。

在前边讲过使用 debug 来观察程序运行时间,可以把 2 次进入中断的时间间隔观察出来,看看和实际定时的时间相差了几个机器周期,然后在进行定时器初值赋值的时候,进行一个调整。我们用的是 11.0592M 的晶振,发现差了几个机器周期,就把定时器初值加上几个机器周期,这样就相当于进行了一个补偿。

方法 2:使用累计误差计算出来。

有时除了程序本身存在的误差外,硬件精度也可能会影响到时钟的精度,比如晶振,会随着温度变化出现温漂现象,就是实际值和标称值要差一点。还可以采取累计误差的方法来提高精度。比如可以让时钟运行半个小时或者一个小时,看看最终时间差了几秒,然后算算一共进了多少次定时器中断,把这差的几秒平均分配到每次的定时器中断中,就可以实现时钟的调整。

大家要明白,这个世界上本就没有绝对的精确,只能在一定程度上提高精确度,但是永远都不会使误差为零,如果在这个基础上还感觉精度不够,不要着急,后边会专门讲时钟芯片的,通常时钟芯片计时的精度比单片机的精度要高一些。

10.1.3　字节操作修改位的技巧

这里再介绍个编程小技巧,在编程时,有的情况下需要改变一个字节中的某一位或者几位,但是又不想改变其他位原有的值,该如何操作呢?

比如学定时器的时候遇到一个寄存器 TCON,这个寄存器是可以进行位操作的,可以直接写 TR0=1;TR0 是 TCON 的一个位,因为这个寄存器是允许位操作,这样写是没有任何问题的。还有一个寄存器 TMOD,这个寄存器是不支持位操作的,如果要使用 T0 的模式1,希望达到的效果是 TMOD 的低 4 位是 0b0001,但如果直接写成 TMOD = 0x01,实际上已经同时操作到了高 4 位,即属于 T1 的部分,设置成了 0b0000,如果 T1 定时器没有用到,那随便怎么样都行,但是如果程序中既用到了 T0,又用到了 T1,那设置 T0 的同时已经干扰到了 T1 的模式配置,这是大家不希望看到的结果。

在这种情况下,就可以用前边学过的"&"和"|"运算了。对于二进制位操作来说,不管该位原来的值是 0 还是 1,它跟 0 进行 & 运算,得到的结果都是 0,而跟 1 进行 & 运算,将保持原来的值不变;不管该位原来的值是 0 还是 1,它跟 1 进行|运算,得到的结果都是 1,而跟 0 进行|运算,将保持原来的值不变。

利用上述这个规律就可以着手解决刚才的问题了。如果现在要设置 TMOD,使定时器0工作在模式 1 下,又不干扰定时器 1 的配置,可以进行这样的操作:

```
TMOD = TMOD & 0xF0; TMOD = TMOD | 0x01;
```

第一步与 0xF0 做 & 运算后，TMOD 的高 4 位不变，低 4 位清零，变成了 0bxxxx0000；然后再进行第二步与 0x01 进行 | 运算，那么高 7 位均不变，最低位变成 1 了，这样就完成了只将低 4 位的值修改位 0b0001，而高 4 位保持原值不变的任务，即只设置了 T0 而不影响 T1。熟练掌握并灵活运用这个方法，会给以后的编程带来便利。

另外，在 C 语言中，语句"a&=b;"等价于"a=a&b;"，同理，"a|=b;"等价于"a=a|b;"，那么刚才的一段代码就可以写成"TMOD & = 0xF0; TMOD | = 0x01;"这样的简写形式。这种写法可以一定程度上简化代码，是 C 语言常用的一种编程风格。

10.1.4 数码管扫描函数算法改进

在学习数码管动态扫描的时候，为了方便读者理解，程序要写得细致一些，给大家引入了 switch 的用法，随着编程能力与领悟能力的增强，对于 74HC138 这种非常有规律的数字器件，在编程上也可以改进一下逻辑算法，让程序变得更简洁。这种逻辑算法通常不是靠学一下就可以全部掌握的，而是通过不断地编写程序以及研究他人程序的过程中一点点积累起来的，从今天开始，大家就开始积累吧。

动态扫描刷新函数的代码如下：

```
P0 = 0xFF;
switch (i)
{
    case 0: ADDR2 = 0; ADDR1 = 0; ADDR0 = 0; i++; P0 = LedBuff[0]; break;
    case 1: ADDR2 = 0; ADDR1 = 0; ADDR0 = 1; i++; P0 = LedBuff[1]; break;
    case 2: ADDR2 = 0; ADDR1 = 1; ADDR0 = 0; i++; P0 = LedBuff[2]; break;
    case 3: ADDR2 = 0; ADDR1 = 1; ADDR0 = 1; i++; P0 = LedBuff[3]; break;
    case 4: ADDR2 = 1; ADDR1 = 0; ADDR0 = 0; i++; P0 = LedBuff[4]; break;
    case 5: ADDR2 = 1; ADDR1 = 0; ADDR0 = 1; i = 0; P0 = LedBuff[5]; break;
    default: break;
}
```

下面来分析每一个 case 分支，它们的结构是相同的，即改变 ADDR2～0、改变索引 i、取数据写入 P0，只要把 case 后的常量与 ADDR2～0 和 LedBuff 的下标对比，就可以发现它们其实是相等的，可以直接把常量值（实际上就是 i 在改变前的值）赋值给它们即可，而不必写上 6 遍。还剩下一个 i 的操作，它进行了 5 次相同的 ++ 与一次归 0 操作，那么很明显用 ++ 和 if 判断就可以替代这些操作。下面就是据此改进后的代码：

```
P0 = 0xFF;
P1 = (P1 & 0xF8) | i;
P0 = LedBuff[i];
if (i < 5)
    i++;
else
    i = 0;
```

大家看一下，P1 = (P1 & 0xF8) | i;这行代码就利用了上面讲到的 & 和 | 运算来将 i

的低 3 位直接赋值到 P1 口的低 3 位上,而 P0 的赋值也只需要一行代码,i 的处理也很简单。这样写成的代码是不是要简洁得多,也巧妙得多,而功能与前面的 switch 是一样的,同样可以完美实现动态显示刷新的功能。

10.1.5 秒表程序

做了一个秒表程序给读者参考,程序中涉及的知识点前面都讲过了,包括定时器、数码管、中断、按键等多个知识点。多知识点同时应用到一个程序中的小综合,因此需要大家完全消化掉。此程序是一个"真正的"并且"实用的"秒表程序,第一,它有足够的分辨率,保留到小数点后两位,即每 10ms 计一次数,第二,它也足够精确,因为补偿了定时器中断延时造成的误差,如果你愿意,它完全可以被用来测量你的百米成绩。这种小综合也是将来做大项目程序的基础,因此还是老规矩,大家边抄边理解,理解透彻后独立写出来就算此关通过。

```c
#include <reg52.h>

sbit ADDR3 = P1^3;
sbit ENLED = P1^4;
sbit KEY1 = P2^4;
sbit KEY2 = P2^5;
sbit KEY3 = P2^6;
sbit KEY4 = P2^7;

unsigned char code LedChar[] = {          //数码管显示字符转换表
    0xC0, 0xF9, 0xA4, 0xB0, 0x99, 0x92, 0x82, 0xF8,
    0x80, 0x90, 0x88, 0x83, 0xC6, 0xA1, 0x86, 0x8E
};
unsigned char LedBuff[6] = {              //数码管显示缓冲区
    0xFF, 0xFF, 0xFF, 0xFF, 0xFF, 0xFF
};
unsigned char KeySta[4] = {               //按键当前状态
    1, 1, 1, 1
};

bit StopwatchRunning = 0;                 //秒表运行标志
bit StopwatchRefresh = 1;                 //秒表计数刷新标志
unsigned char DecimalPart = 0;            //秒表的小数部分
unsigned int  IntegerPart = 0;            //秒表的整数部分
unsigned char T0RH = 0;                   //T0 重载值的高字节
unsigned char T0RL = 0;                   //T0 重载值的低字节

void ConfigTimer0(unsigned int ms);
void StopwatchDisplay();
void KeyDriver();

void main()
{
```

```
        EA = 1;                              //开总中断
        ENLED = 0;                           //使能选择数码管
        ADDR3 = 1;
        P2 = 0xFE;                           //P2.0 置 0,选择第 4 行按键作为独立按键
        ConfigTimer0(2);                     //配置 T0 定时 2ms

        while (1)
        {
            if (StopwatchRefresh)            //需要刷新秒表示数时调用显示函数
            {
                StopwatchRefresh = 0;
                StopwatchDisplay();
            }
            KeyDriver();                     //调用按键驱动函数
        }
}
/* 配置并启动 T0,ms - T0 定时时间 */
void ConfigTimer0(unsigned int ms)
{
    unsigned long tmp;                       //临时变量

    tmp = 11059200 / 12;                     //定时器计数频率
    tmp = (tmp * ms) / 1000;                 //计算所需的计数值
    tmp = 65536 - tmp;                       //计算定时器重载值
    tmp = tmp + 18;                          //补偿中断响应延时造成的误差
    T0RH = (unsigned char)(tmp >> 8);        //定时器重载值拆分为高低字节
    T0RL = (unsigned char)tmp;
    TMOD &= 0xF0;                            //清零 T0 的控制位
    TMOD |= 0x01;                            //配置 T0 为模式 1
    TH0 = T0RH;                              //加载 T0 重载值
    TL0 = T0RL;
    ET0 = 1;                                 //使能 T0 中断
    TR0 = 1;                                 //启动 T0
}
/* 秒表计数显示函数 */
void StopwatchDisplay()
{
    signed char i;
    unsigned char buf[4];                    //数据转换的缓冲区

    //小数部分转换到低 2 位
    LedBuff[0] = LedChar[DecimalPart % 10];
    LedBuff[1] = LedChar[DecimalPart/10];
    //整数部分转换到高 4 位
    buf[0] = IntegerPart % 10;
    buf[1] = (IntegerPart/10) % 10;
    buf[2] = (IntegerPart/100) % 10;
    buf[3] = (IntegerPart/1000) % 10;
    for (i = 3; i >= 1; i--)                 //整数部分高位的 0 转换为空字符
```

```
    {
        if (buf[i] == 0)
            LedBuff[i + 2] = 0xFF;
        else
            break;
    }
    for ( ; i >= 0; i-- )              //有效数字位转换为显示字符
    {
        LedBuff[i + 2] = LedChar[buf[i]];
    }
    LedBuff[2] &= 0x7F;                //点亮小数点
}
/* 秒表启停函数 */
void StopwatchAction()
{
    if (StopwatchRunning)              //已启动则停止
        StopwatchRunning = 0;
    else                               //未启动则启动
        StopwatchRunning = 1;
}
/* 秒表复位函数 */
void StopwatchReset()
{
    StopwatchRunning = 0;              //停止秒表
    DecimalPart = 0;                   //清 0 计数值
    IntegerPart = 0;
    StopwatchRefresh = 1;             //置刷新标志
}
/* 按键驱动函数,检测按键动作,调度相应动作函数,需在主循环中调用 */
void KeyDriver()
{
    unsigned char i;
    static unsigned char backup[4] = {1,1,1,1};

    for (i=0; i<4; i++)                //循环检测 4 个按键
    {
        if (backup[i] != KeySta[i])    //检测按键动作
        {
            if (backup[i] != 0)        //按键按下时执行动作
            {
                if (i == 1)            //Esc 键复位秒表
                    StopwatchReset();
                else if (i == 2)       //回车键启停秒表
                    StopwatchAction();
            }
            backup[i] = KeySta[i];     //刷新前一次的备份值
        }
    }
}
```

```
/* 按键扫描函数,需在定时中断中调用 */
void KeyScan()
{
    unsigned char i;
    static unsigned char keybuf[4] = {          //按键扫描缓冲区
        0xFF, 0xFF, 0xFF, 0xFF
    };

    //按键值移入缓冲区
    keybuf[0] = (keybuf[0] << 1) | KEY1;
    keybuf[1] = (keybuf[1] << 1) | KEY2;
    keybuf[2] = (keybuf[2] << 1) | KEY3;
    keybuf[3] = (keybuf[3] << 1) | KEY4;
    //消抖后更新按键状态
    for (i = 0; i < 4; i++)
    {
        if (keybuf[i] == 0x00)
        {               //连续 8 次扫描值为 0,即 16ms 内都是按下状态时,可认为按键已稳定地按下
            KeySta[i] = 0;
        }
        else if (keybuf[i] == 0xFF)
        {               //连续 8 次扫描值为 1,即 16ms 内都是弹起状态时,可认为按键已稳定地弹起
            KeySta[i] = 1;
        }
    }
}
/* 数码管动态扫描刷新函数,需在定时中断中调用 */
void LedScan()
{
    static unsigned char i = 0;                  //动态扫描索引

    P0 = 0xFF;                                   //关闭所有段选位,显示消隐
    P1 = (P1 & 0xF8) | i;                        //位选索引值赋值到 P1 口低 3 位
    P0 = LedBuff[i];                             //缓冲区中索引位置的数据送到 P0 口
    if (i < 5)                                   //索引递增循环,遍历整个缓冲区
        i++;
    else
        i = 0;
}
/* 秒表计数函数,每隔 10ms 调用一次进行秒表计数累加 */
void StopwatchCount()
{
    if (StopwatchRunning)                        //当处于运行状态时递增计数值
    {
        DecimalPart++;                           //小数部分 + 1
        if (DecimalPart >= 100)                  //小数部分计到 100 时进位到整数部分
        {
            DecimalPart = 0;
            IntegerPart++;                       //整数部分 + 1
```

```
                    if (IntegerPart >= 10000)        //整数部分计到 10000 时归 0
                    {
                        IntegerPart = 0;
                    }
                }
                StopwatchRefresh = 1;                //设置秒表计数刷新标志
            }
        }
        /* TO 中断服务函数,完成数码管、按键扫描与秒表计数 */
        void InterruptTimer0() interrupt 1
        {
            static unsigned char tmr10ms = 0;

            TH0 = T0RH;                              //重新加载重载值
            TL0 = T0RL;
            LedScan();                               //数码管扫描显示
            KeyScan();                               //按键扫描
            //定时 10ms 进行一次秒表计数
            tmr10ms++;
            if (tmr10ms >= 5)
            {
                tmr10ms = 0;
                StopwatchCount();                    //调用秒表计数函数
            }
        }
```

关于这个程序有两点值得提一下:首先是定时器配置函数,虽然这样在程序里通过计算得出初值(重载值)增加了些许代码,但它换来的是便利性和编程效率的提高,因为只要你完成这个函数,之后所有需要用定时器定时 x 毫秒的场合,都可以直接把函数拿过去,用所需要的时间数(单位为毫秒)作为实参调用它即可,不需要再用计算器算一通了,是不是很值呢? 其次是没有使用矩阵按键的程序,而是只用矩阵按键的第 4 行作为独立按键来使用,因为秒表只需要两个键就够了,这里是想告诉大家,处理问题要灵活,千万不能墨守成规,能用简单方法解决的问题,就不要选择复杂的方案。

10.2 PWM 知识与实例

PWM 在单片机中的应用是非常广泛的,它的基本原理很简单,但往往应用于不同场合时的意义也不完全一样,这里先介绍基本概念和基本原理。

PWM 是 Pulse Width Modulation 的缩写,它的中文名字是脉冲宽度调制,一种说法是它是利用微处理器的数字输出对模拟电路进行控制的一种有效的技术,其实就是使用数字信号达到一个模拟信号的效果。这是什么概念呢? 下面一步步来介绍。

首先从它的名字来看,脉冲宽度调制就是通过改变脉冲宽度来实现不同的效果。先来看三组不同的脉冲信号,如图 10-1 所示。

图 10-1 PWM 波形

这是一个周期是 10ms、频率是 100Hz 的波形,但是每个周期内,高低电平脉冲宽度各不相同,这就是 PWM 的本质。在这里大家要记住一个概念,叫作"占空比"。占空比是指高电平的时间占整个周期的比例。比如第一部分波形的占空比是 40%,第二部分波形占空比是 60%,第三部分波形占空比是 80%,这就是 PWM 的解释。

那为何它能对模拟电路进行控制呢?大家想一想,在数字电路里,只有 0 和 1 两种状态,比如第 2 章学的点亮 LED 小灯那个程序,当写一个 LED = 0;小灯就会长亮,当写一个 LED = 1;小灯就会灭掉。当让小灯亮和灭间隔运行的时候,小灯是闪烁。如果把这个间隔不断地减小,减小到连肉眼分辨不出来,也就是 100Hz 以上的频率,这个时候小灯表现出来的现象就是既保持亮的状态,但亮度又没有 LED = 0;时的亮度高。不断改变时间参数,让 LED = 0;的时间大于或者小于 LED = 1;的时间,会发现亮度都不一样,这就是模拟电路的感觉了,不再是纯粹的 0 和 1,还有亮度不断变化。大家会发现,如果用 100Hz 的信号,如图 10-1 所示,假如高电平熄灭小灯,低电平点亮小灯的话,第一部分波形熄灭 4ms,点亮 6ms,亮度最高,第二部分熄灭 6ms,点亮 4ms,亮度次之,第三部分熄灭 8ms,点亮 2ms,亮度最低。那么用程序验证一下理论,用定时器 T0 定时改变 P0.0 的输出来实现 PWM,与纯定时不同的是,这里每周期内都要重载两次定时器初值,即用两个不同的初值来控制高低电平的不同持续时间。为了使亮度的变化更加明显,程序中使用的占空比差距更大。

```c
# include < reg52.h>

sbit PWMOUT = P0^0;
sbit ADDR0 = P1^0;
sbit ADDR1 = P1^1;
sbit ADDR2 = P1^2;
sbit ADDR3 = P1^3;
sbit ENLED = P1^4;

unsigned char HighRH = 0;      //高电平重载值的高字节
unsigned char HighRL = 0;      //高电平重载值的低字节
unsigned char LowRH  = 0;      //低电平重载值的高字节
unsigned char LowRL  = 0;      //低电平重载值的低字节

void ConfigPWM(unsigned int fr, unsigned char dc);
```

```c
void ClosePWM();

void main()
{
    unsigned int i;

    EA = 1;                              //开总中断
    ENLED = 0;                           //使能独立 LED
    ADDR3 = 1;
    ADDR2 = 1;
    ADDR1 = 1;
    ADDR0 = 0;

    while (1)
    {
        ConfigPWM(100, 10);              //频率 100Hz,占空比 10%
        for (i = 0; i < 40000; i++);
        ClosePWM();
        ConfigPWM(100, 40);              //频率 100Hz,占空比 40%
        for (i = 0; i < 40000; i++);
        ClosePWM();
        ConfigPWM(100, 90);              //频率 100Hz,占空比 90%
        for (i = 0; i < 40000; i++);
        ClosePWM();                      //关闭 PWM,相当于占空比 100%
        for (i = 0; i < 40000; i++);
    }
}
/* 配置并启动 PWM,fr 为频率,dc 为占空比 */
void ConfigPWM(unsigned int fr, unsigned char dc)
{
    unsigned int  high, low;
    unsigned long tmp;

    tmp  = (11059200/12) / fr;           //计算一个周期所需的计数值
    high = (tmp * dc) / 100;             //计算高电平所需的计数值
    low  = tmp - high;                   //计算低电平所需的计数值
    high = 65536 - high + 12;            //计算高电平的重载值并补偿中断延时
    low  = 65536 - low  + 12;            //计算低电平的重载值并补偿中断延时
    HighRH = (unsigned char)(high >> 8); //高电平重载值拆分为高低字节
    HighRL = (unsigned char)high;
    LowRH  = (unsigned char)(low >> 8);  //低电平重载值拆分为高低字节
    LowRL  = (unsigned char)low;
    TMOD &= 0xF0;                        //清 0 T0 的控制位
    TMOD |= 0x01;                        //配置 T0 为模式 1
    TH0 = HighRH;                        //加载 T0 重载值
    TL0 = HighRL;
    ET0 = 1;                             //使能 T0 中断
    TR0 = 1;                             //启动 T0
    PWMOUT = 1;                          //输出高电平
```

```
    }
/* 关闭 PWM */
void ClosePWM()
{
    TR0 = 0;                    //停止定时器
    ET0 = 0;                    //禁止中断
    PWMOUT = 1;                 //输出高电平
}
/* T0 中断服务函数,产生 PWM 输出 */
void InterruptTimer0() interrupt 1
{
    if (PWMOUT == 1)            //当前输出为高电平时,装载低电平值并输出低电平
    {
        TH0 = LowRH;
        TL0 = LowRL;
        PWMOUT = 0;
    }
    else                        //当前输出为低电平时,装载高电平值并输出高电平
    {
        TH0 = HighRH;
        TL0 = HighRL;
        PWMOUT = 1;
    }
}
```

需要提醒大家的是,由于标准 51 单片机中没有专门的 PWM 模块,所以用定时器加中断的方式来产生 PWM,而现在有很多的单片机都会集成硬件的 PWM 模块,这种情况下需要做的就是仅仅计算一下周期计数值和占空比计数值,然后配置到相关的 SFR 中即可,程序得到了简化,又确保了 PWM 的输出品质(因为消除了中断延时的影响)。

大家编译下载程序后,会发现小灯从最亮到灭一共 4 个亮度等级。如果让亮度等级更多,并且让亮度等级连续起来,会产生一个小灯渐变的效果,与呼吸有点类似,所以习惯上称之为呼吸灯,程序代码如下,这个程序用了两个定时器两个中断,这是第一次这样用,大家可以学习一下。试试这个程序,试完了大家一定能自己把程序写出来。

```
# include < reg52.h>

sbit PWMOUT = P0^0;
sbit ADDR0 = P1^0;
sbit ADDR1 = P1^1;
sbit ADDR2 = P1^2;
sbit ADDR3 = P1^3;
sbit ENLED = P1^4;

unsigned long PeriodCnt = 0;            //PWM 周期计数值
unsigned char HighRH = 0;               //高电平重载值的高字节
```

```
    unsigned char HighRL = 0;                   //高电平重载值的低字节
    unsigned char LowRH  = 0;                    //低电平重载值的高字节
    unsigned char LowRL  = 0;                    //低电平重载值的低字节
    unsigned char T1RH = 0;                      //T1 重载值的高字节
    unsigned char T1RL = 0;                      //T1 重载值的低字节

    void ConfigTimer1(unsigned int ms);
    void ConfigPWM(unsigned int fr, unsigned char dc);

    void main()
    {
        EA = 1;                                  //开总中断
        ENLED = 0;                               //使能独立 LED
        ADDR3 = 1;
        ADDR2 = 1;
        ADDR1 = 1;
        ADDR0 = 0;

        ConfigPWM(100, 10);                      //配置并启动 PWM
        ConfigTimer1(50);                        //用 T1 定时调整占空比
        while (1);
    }
    /* 配置并启动 T1,ms 为定时时间 */
    void ConfigTimer1(unsigned int ms)
    {
        unsigned long tmp;                       //临时变量

        tmp = 11059200 / 12;                     //定时器计数频率
        tmp = (tmp * ms) / 1000;                 //计算所需的计数值
        tmp = 65536 - tmp;                       //计算定时器重载值
        tmp = tmp + 12;                          //补偿中断响应延时造成的误差
        T1RH = (unsigned char)(tmp >> 8);        //定时器重载值拆分为高低字节
        T1RL = (unsigned char)tmp;
        TMOD &= 0x0F;                            //清 0 T1 的控制位
        TMOD |= 0x10;                            //配置 T1 为模式 1
        TH1 = T1RH;                              //加载 T1 重载值
        TL1 = T1RL;
        ET1 = 1;                                 //使能 T1 中断
        TR1 = 1;                                 //启动 T1
    }
    /* 配置并启动 PWM,fr 为频率,dc 为占空比 */
    void ConfigPWM(unsigned int fr, unsigned char dc)
    {
        unsigned int high, low;

        PeriodCnt = (11059200/12) / fr;          //计算一个周期所需的计数值
        high = (PeriodCnt * dc) / 100;           //计算高电平所需的计数值
        low  = PeriodCnt - high;                 //计算低电平所需的计数值
        high = 65536 - high + 12;                //计算高电平的定时器重载值并补偿中断延时
```

```
    low   = 65536 - low  + 12;            //计算低电平的定时器重载值并补偿中断延时
    HighRH = (unsigned char)(high >> 8);  //高电平重载值拆分为高低字节
    HighRL = (unsigned char)high;
    LowRH  = (unsigned char)(low >> 8);   //低电平重载值拆分为高低字节
    LowRL  = (unsigned char)low;
    TMOD &= 0xF0;                          //清 0 T0 的控制位
    TMOD |= 0x01;                          //配置 T0 为模式 1
    TH0 = HighRH;                          //加载 T0 重载值
    TL0 = HighRL;
    ET0 = 1;                               //使能 T0 中断
    TR0 = 1;                               //启动 T0
    PWMOUT = 1;                            //输出高电平
}
/* 占空比调整函数,频率不变只调整占空比 */
void AdjustDutyCycle(unsigned char dc)
{
    unsigned int  high, low;

    high = (PeriodCnt * dc) / 100;        //计算高电平所需的计数值
    low  = PeriodCnt - high;              //计算低电平所需的计数值
    high = 65536 - high + 12;             //计算高电平的定时器重载值并补偿中断延时
    low  = 65536 - low  + 12;             //计算低电平的定时器重载值并补偿中断延时
    HighRH = (unsigned char)(high >> 8);  //高电平重载值拆分为高低字节
    HighRL = (unsigned char)high;
    LowRH  = (unsigned char)(low >> 8);   //低电平重载值拆分为高低字节
    LowRL  = (unsigned char)low;
}
/* T0 中断服务函数,产生 PWM 输出 */
void InterruptTimer0() interrupt 1
{
    if (PWMOUT == 1)                      //当前输出为高电平时,装载低电平值并输出低电平
    {
        TH0 = LowRH;
        TL0 = LowRL;
        PWMOUT = 0;
    }
    else                                 //当前输出为低电平时,装载高电平值并输出高电平
    {
        TH0 = HighRH;
        TL0 = HighRL;
        PWMOUT = 1;
    }
}
/* T1 中断服务函数,定时动态调整占空比 */
void InterruptTimer1() interrupt 3
{
    static bit dir = 0;
    static unsigned char index = 0;
    unsigned char code table[13] = {      //占空比调整表
```

```
        5, 18, 30, 41, 51, 60, 68, 75, 81, 86, 90, 93, 95
    };

    TH1 = T1RH;                          //重新加载 T1 重载值
    TL1 = T1RL;
    AdjustDutyCycle(table[index]);       //调整 PWM 的占空比
    if (dir == 0)                        //逐步增大占空比
    {
        index++;
        if (index >= 12)
        {
            dir = 1;
        }
    }
    else                                 //逐步减小占空比
    {
        index -- ;
        if (index == 0)
        {
            dir = 0;
        }
    }
}
```

呼吸灯效果做出来后,利用这个基本原理,其他各种效果的灯光闪烁都应该可以做出来,大家看到的 KTV 里边那绚丽的灯光闪烁,其实就是采用 PWM 技术控制的。

10.3 交通灯实例

在学习技术的时候,一定要多动脑筋,遇到问题后,三思而后问。有时你考虑的和真理就差一点点了,没有坚持下去,别人告诉你后才恍然大悟。这样得到的结论,可以让你学到知识,但培养不了你的逻辑思维能力。不是不能问,而是要在认真思考的基础上再发问。

有同学会有疑问,板子上只有 8 个流水灯,如果要做很多个流水灯一起花样显示怎么办呢? 其实前面都提到过,板子上是有 8 个流水灯,还 6 个数码管,1 个点阵 LED,一个数码管相当于 8 个小灯,一个点阵相当于 64 个小灯,如果全部算上,板子上实际共接了 8+6×8+64=120 个小灯,如果单独只接小灯,花样灯就做出来了。

还有同学问,板子上流水灯和数码管可以一起工作吗? 如何一起工作呢? 一个数码管是 8 个小灯,但是大家反过来想一想,8 个流水灯不也就是相当于一个数码管嘛。那板子上 6 个数码管可以让它们同时亮,7 个数码管就不会了吗? 当然了,思考的习惯是要慢慢培养的,想不到的同学继续努力,每天前进一小步,坚持一段时间后回头看看,就会发现你学会了很多。

下面做一个交通灯的程序给大家做学习参考。因为板子资源有限,所以把左边 LED8 和 LED9 一起亮作为绿灯,把中间 LED5 和 LED6 一起亮作为黄灯,把右边 LED2 和 LED3 一起亮作为红灯,用数码管的低 2 位做倒计时,让 LED 和数码管同时参与工作。程序并不复杂,也没有什么新知识点,大家完全可以自己分析,然后下载编译试试看。

```c
#include <reg52.h>

sbit  ADDR3 = P1^3;
sbit  ENLED = P1^4;

unsigned char code LedChar[] = {        //数码管显示字符转换表
    0xC0, 0xF9, 0xA4, 0xB0, 0x99, 0x92, 0x82, 0xF8,
    0x80, 0x90, 0x88, 0x83, 0xC6, 0xA1, 0x86, 0x8E
};
unsigned char LedBuff[7] = {            //数码管 + 独立 LED 显示缓冲区
    0xFF, 0xFF, 0xFF, 0xFF, 0xFF, 0xFF, 0xFF
};
bit flag1s = 1;                         //1 秒定时标志
unsigned char T0RH = 0;                 //T0 重载值的高字节
unsigned char T0RL = 0;                 //T0 重载值的低字节

void ConfigTimer0(unsigned int ms);
void TrafficLight();

void main()
{
    EA = 1;                             //开总中断
    ENLED = 0;                          //使能数码管和 LED
    ADDR3 = 1;
    ConfigTimer0(1);                    //配置 T0 定时 1ms

    while (1)
    {
        if (flag1s)                     //每秒执行一次交通灯刷新
        {
            flag1s = 0;
            TrafficLight();
        }
    }
}
/* 配置并启动 T0,ms - T0 定时时间 */
void ConfigTimer0(unsigned int ms)
{
    unsigned long tmp;                  //临时变量

    tmp = 11059200 / 12;                //定时器计数频率
    tmp = (tmp * ms) / 1000;            //计算所需的计数值
```

```
        tmp = 65536 - tmp;                      //计算定时器重载值
        tmp = tmp + 13;                         //补偿中断响应延时造成的误差
        T0RH = (unsigned char)(tmp >> 8);       //定时器重载值拆分为高低字节
        T0RL = (unsigned char)tmp;
        TMOD &= 0xF0;                           //清 0 T0 的控制位
        TMOD |= 0x01;                           //配置 T0 为模式 1
        TH0 = T0RH;                             //加载 T0 重载值
        TL0 = T0RL;
        ET0 = 1;                                //使能 T0 中断
        TR0 = 1;                                //启动 T0
}
/* 交通灯显示刷新函数 */
void TrafficLight()
{
        static unsigned char color = 2;         //颜色索引:0-绿色/1-黄色/2-红色
        static unsigned char timer = 0;         //倒计时定时器

        if (timer == 0)                         //倒计时到 0 时,切换交通灯
        {
            switch (color)                      //LED8/9 代表绿灯,LED5/6 代表黄灯,LED2/3 代表红灯
            {
                case 0:                         //切换到黄色,亮 3 秒
                    color = 1;
                    timer = 2;
                    LedBuff[6] = 0xE7;
                    break;
                case 1:                         //切换到红色,亮 30 秒
                    color = 2;
                    timer = 29;
                    LedBuff[6] = 0xFC;
                    break;
                case 2:                         //切换到绿色,亮 40 秒
                    color = 0;
                    timer = 39;
                    LedBuff[6] = 0x3F;
                    break;
                default:
                    break;
            }
        }
        else                                    //倒计时未到 0 时,递减其计数值
        {
            timer--;
        }
        LedBuff[0] = LedChar[timer % 10];       //倒计时数值个位显示
        LedBuff[1] = LedChar[timer/10];         //倒计时数值十位显示
}
/* LED 动态扫描刷新函数,需在定时中断中调用 */
void LedScan()
```

```
{
    static unsigned char i = 0;        //动态扫描索引

    P0 = 0xFF;                         //关闭所有段选位,显示消隐
    P1 = (P1 & 0xF8) | i;              //位选索引值赋值到 P1 口低 3 位
    P0 = LedBuff[i];                   //缓冲区中索引位置的数据送到 P0 口
    if (i < 6)                         //索引递增循环,遍历整个缓冲区
        i++;
    else
        i = 0;
}
/* T0 中断服务函数,完成 LED 扫描和秒定时 */
void InterruptTimer0() interrupt 1
{
    static unsigned int tmr1s = 0;     //1 秒定时器

    TH0 = T0RH;                        //重新加载重载值
    TL0 = T0RL;
    LedScan();                         //LED 扫描显示
    tmr1s++;                           //1 秒定时的处理
    if (tmr1s >= 1000)
    {
        tmr1s = 0;
        flag1s = 1;                    //设置秒定时标志
    }
}
```

10.4　51 单片机 RAM 区域的划分

前边介绍单片机资源的时候提到过 STC89C52 共有 512 字节的 RAM,是用来保存数据的,比如定义的变量都是直接存在 RAM 里边。但是单片机中这 512 字节的 RAM 在地位上并不都是平等的,而是分块的,块与块之间在物理结构和用法上都是有区别的,因此在使用的时候也要注意一些问题。

51 单片机的 RAM 分为两个部分:一块是片内 RAM,另一块是片外 RAM。标准 51 的片内 RAM 地址从 0x00H～0x7F 共 128B,而现在用的 51 系列的单片机都是带扩展片内 RAM 的,即 RAM 是从 0x00～0xFF 共 256B。片外 RAM 最大可以扩展到 0x0000～0xFFFF 共 64KB。这里有一点大家要明白,片内 RAM 和片外 RAM 的地址不是连起来的,片内是从 0x00 开始,片外也是从 0x0000 开始的。还有一点,片内和片外这两个名词来自早期的 51 单片机,分别指在芯片内部和芯片外部,但现在几乎所有的 51 单片机芯片内部都是集成了片外 RAM 的,而真正的芯片外扩展则很少用到了,虽然它还叫片外 RAM,但实际上它现在也是在单片机芯片内部的,STC89C52 就是这样。以下是几个 Keil C51 语言中的关键字,代表了 RAM 不同区域的划分,大家先记一下。

- data：片内 RAM 从 0x00～0x7F。
- idata：片内 RAM 从 0x00～0xFF。
- pdata：片外 RAM 从 0x00～0xFF。
- xdata：片外 RAM 从 0x0000～0xFFFF。

大家可以看出来，data 是 idata 的一部分，pdata 是 xdata 的一部分。为什么还这样去区分呢？因为 RAM 分块的访问方式主要和汇编指令有关，所以这块内容大家了解一下即可，只需记住如何访问速度更快就行了。

可以这样定义一个变量 a：unsigned char data a＝0，而前边定义变量时都没有加 data 这个关键字，是因为在 Keil 默认设置下，data 是可以省略的，即什么都不加的时候变量就是定义到 data 区域中的。data 区域 RAM 的访问在汇编语言中用的是直接寻址，执行速度是最快的。如果定义成 idata，不仅仅可以访问 data 区域，还可以访问 0x80H～0xFF 的范围，但加了 idata 关键字后，访问的时候 51 单片机用的是通用寄存器间接寻址，速度较 data 会慢一些，而且平时大多数情况下不太希望访问到 0x80H～0xFF，因为这块通常用于中断与函数调用的堆栈，所以在绝大多数情况下，使用内部 RAM 的时候，只用 data 就可以了。

对于外部 RAM 来说，使用 pdata 定义的变量存到了外部 RAM 的 0x00～0xFF 的地址范围内，这块地址的访问与 idata 类似，都是用通用寄存器间接寻址，而如果定义成 xdata，可以访问的范围更广泛，从 0～64KB 的地址都可以访问到，但是它需要使用 2 字节寄存器 DPTRH 和 DPTRL 来进行间接寻址，速度是最慢的。

STC89C52 共有 512 字节的 RAM，分为 256 字节的片内 RAM 和 256 字节的片外 RAM。一般情况下使用 data 区域，data 不够用了，就用 xdata，如果希望程序执行效率尽量高一点，就使用 pdata 关键字来定义。其他型号有更大的 RAM 的 51 系列单片机，如果使用更大的 RAM，就必须用 xdata 来访问了。

10.5　长短按键的应用

在单片机系统中应用按键的时候，如果只需要按下一次按键加 1 或减 1，那用第 8 章学到的知识就可以完成了，如果想连续加很多数字，一次次按下这个按键确实有点不方便，这时会希望一直按住按键，数字就自动持续增加或减小，这就是所谓的长短按键应用。

当检测到一个按键产生按下动作后，马上执行一次相应的操作，同时在程序里记录按键按下的持续时间，该时间超过 1 秒后(主要是为了区别短按和长按这两个动作，因短按的时间通常都达到几百毫秒)，每隔 200ms(如果需要更快那就用更短的时间，反之亦然)就自动再执行一次该按键对应的操作，这就是一个典型的长按键效果。

对此做了一个模拟定时炸弹效果的实例提供给读者作为参考。打开开关后，数码管显示数字 0，按向上的按键数字加 1，按向下的按键数字减 1，长按向上按键 1 秒后，数字会持续增加，长按向下按键 1 秒后，数字会持续减小。设定好数字后，按下回车按键，时间就会进行倒计时,当倒计时到 0 的时候,用蜂鸣器和板子上的 8 个 LED 小灯做炸弹效果,蜂鸣器持续响,LED 小灯全亮,代码如下:

```c
#include <reg52.h>

sbit BUZZ   = P1^6;
sbit ADDR3  = P1^3;
sbit ENLED  = P1^4;
sbit KEY_IN_1  = P2^4;
sbit KEY_IN_2  = P2^5;
sbit KEY_IN_3  = P2^6;
sbit KEY_IN_4  = P2^7;
sbit KEY_OUT_1 = P2^3;
sbit KEY_OUT_2 = P2^2;
sbit KEY_OUT_3 = P2^1;
sbit KEY_OUT_4 = P2^0;

unsigned char code LedChar[] = {          //数码管显示字符转换表
    0xC0, 0xF9, 0xA4, 0xB0, 0x99, 0x92, 0x82, 0xF8,
    0x80, 0x90, 0x88, 0x83, 0xC6, 0xA1, 0x86, 0x8E
};
unsigned char LedBuff[7] = {              //数码管 + 独立 LED 显示缓冲区
    0xFF, 0xFF, 0xFF, 0xFF, 0xFF, 0xFF, 0xFF
};
unsigned char code KeyCodeMap[4][4] = { //矩阵按键编号到标准键盘键码的映射表
    { 0x31, 0x32, 0x33, 0x26 },           //数字键 1、数字键 2、数字键 3、向上键
    { 0x34, 0x35, 0x36, 0x25 },           //数字键 4、数字键 5、数字键 6、向左键
    { 0x37, 0x38, 0x39, 0x28 },           //数字键 7、数字键 8、数字键 9、向下键
    { 0x30, 0x1B, 0x0D, 0x27 }            //数字键 0、Esc 键、回车键、向右键
};
unsigned char KeySta[4][4] = {            //全部矩阵按键的当前状态
    {1, 1, 1, 1},  {1, 1, 1, 1},  {1, 1, 1, 1},  {1, 1, 1, 1}
};
unsigned long pdata KeyDownTime[4][4] = {    //每个按键按下的持续时间,单位 ms
    {0, 0, 0, 0},  {0, 0, 0, 0},  {0, 0, 0, 0},  {0, 0, 0, 0}
};
bit enBuzz = 0;                           //蜂鸣器使能标志
bit flag1s = 0;                           //1 秒定时标志
bit flagStart = 0;                        //倒计时启动标志
unsigned char T0RH = 0;                   //T0 重载值的高字节
unsigned char T0RL = 0;                   //T0 重载值的低字节
unsigned int  CountDown = 0;              //倒计时计数器

void ConfigTimer0(unsigned int ms);
void ShowNumber(unsigned long num);
void KeyDriver();

void main()
```

```
{
    EA = 1;                                    //使能总中断
    ENLED = 0;                                 //选择数码管和独立 LED
    ADDR3 = 1;
    ConfigTimer0(1);                           //配置 T0 定时 1ms
    ShowNumber(0);                             //上电显示 0

    while(1)
    {
        KeyDriver();                           //调用按键驱动函数
        if (flagStart && flag1s)               //倒计时启动且 1 秒定时到达时,处理倒计时
        {
            flag1s = 0;
            if (CountDown > 0)                 //倒计时未到 0 时,计数器递减
            {
                CountDown -- ;
                ShowNumber(CountDown);         //刷新倒计时数显示
                if (CountDown == 0)            //减到 0 时,执行声光报警
                {
                    enBuzz = 1;                //启动蜂鸣器发声
                    LedBuff[6] = 0x00;         //点亮独立 LED
                }
            }
        }
    }
}
/ *  配置并启动 T0,ms - T0 定时时间  * /
void ConfigTimer0(unsigned int ms)
{
    unsigned long tmp;                         //临时变量

    tmp = 11059200 / 12;                       //定时器计数频率
    tmp = (tmp * ms) / 1000;                   //计算所需的计数值
    tmp = 65536 - tmp;                         //计算定时器重载值
    tmp = tmp + 28;                            //补偿中断响应延时造成的误差
    T0RH = (unsigned char)(tmp >> 8);          //定时器重载值拆分为高低字节
    T0RL = (unsigned char)tmp;
    TMOD &= 0xF0;                              //清 0 T0 的控制位
    TMOD |= 0x01;                              //配置 T0 为模式 1
    TH0 = T0RH;                                //加载 T0 重载值
    TL0 = T0RL;
    ET0 = 1;                                   //使能 T0 中断
    TR0 = 1;                                   //启动 T0
}
/ *  将一个无符号长整型的数字显示到数码管上,num 为待显示数字  * /
void ShowNumber(unsigned long num)
{
    signed char i;
```

```
        unsigned char buf[6];

        for (i = 0; i < 6; i++)              //把长整型数转换为 6 位十进制的数组
        {
            buf[i] = num % 10;
            num = num / 10;
        }
        for (i = 5; i >= 1; i--)             //从最高位起,遇到 0 转换为空格,遇到非 0 则退出循环
        {
            if (buf[i] == 0)
                LedBuff[i] = 0xFF;
            else
                break;
        }
        for ( ; i >= 0; i--)                 //剩余低位都如实转换为数码管显示字符
        {
            LedBuff[i] = LedChar[buf[i]];
        }
    }
    /* 按键动作函数,根据键码执行相应的操作,keycode 为按键键码  */
    void KeyAction(unsigned char keycode)    //按键动作函数,根据键码执行相应动作
    {
        if (keycode == 0x26)                 //向上键,倒计时设定值递增
        {
            if (CountDown < 9999)            //最大计时 9999 秒
            {
                CountDown++;
                ShowNumber(CountDown);
            }
        }
        else if (keycode == 0x28)            //向下键,倒计时设定值递减
        {
            if (CountDown > 1)               //最小计时 1 秒
            {
                CountDown--;
                ShowNumber(CountDown);
            }
        }
        else if (keycode == 0x0D)            //回车键,启动倒计时
        {
            flagStart = 1;                   //启动倒计时
        }
        else if (keycode == 0x1B)            //Esc 键,取消倒计时
        {
            enBuzz = 0;                       //关闭蜂鸣器
            LedBuff[6] = 0xFF;                //关闭独立 LED
            flagStart = 0;                    //停止倒计时
            CountDown = 0;                    //倒计时数归 0
            ShowNumber(CountDown);
```

```
        }
    }
/* 按键驱动函数,检测按键动作,调度相应动作函数,需在主循环中调用 */
void KeyDriver()
{
    unsigned char i, j;
    static unsigned char pdata backup[4][4] = {      //按键值备份,保存前一次的值
        {1, 1, 1, 1},  {1, 1, 1, 1},  {1, 1, 1, 1},  {1, 1, 1, 1}
    };
    static unsigned long pdata TimeThr[4][4] = {     //快速输入执行的时间阈值
        {1000, 1000, 1000, 1000},  {1000, 1000, 1000, 1000},
        {1000, 1000, 1000, 1000},  {1000, 1000, 1000, 1000}
    };

    for (i = 0; i < 4; i++)                          //循环扫描 4 * 4 的矩阵按键
    {
        for (j = 0; j < 4; j++)
        {
            if (backup[i][j] != KeySta[i][j])        //检测按键动作
            {
                if (backup[i][j] != 0)               //按键按下时执行动作
                {
                    KeyAction(KeyCodeMap[i][j]);     //调用按键动作函数
                }
                backup[i][j] = KeySta[i][j];         //刷新前一次的备份值
            }
            if (KeyDownTime[i][j] > 0)               //检测执行快速输入
            {
                if (KeyDownTime[i][j] >= TimeThr[i][j])
                {                                    //达到阈值时执行一次动作
                    KeyAction(KeyCodeMap[i][j]);     //调用按键动作函数
                    TimeThr[i][j] += 200;            //时间阈值增加 200ms,以准备下次执行
                }
            }
            else                                     //按键弹起时复位阈值时间
            {
                TimeThr[i][j] = 1000;                //恢复 1s 的初始阈值时间
            }
        }
    }
}
/* 按键扫描函数,需在定时中断中调用 */
void KeyScan()
{
    unsigned char i;
    static unsigned char keyout = 0;                 //矩阵按键扫描输出索引
    static unsigned char keybuf[4][4] = {            //矩阵按键扫描缓冲区
        {0xFF, 0xFF, 0xFF, 0xFF},  {0xFF, 0xFF, 0xFF, 0xFF},
        {0xFF, 0xFF, 0xFF, 0xFF},  {0xFF, 0xFF, 0xFF, 0xFF}
```

```
    };

        //将一行的 4 个按键值移入缓冲区
        keybuf[keyout][0] = (keybuf[keyout][0] << 1) | KEY_IN_1;
        keybuf[keyout][1] = (keybuf[keyout][1] << 1) | KEY_IN_2;
        keybuf[keyout][2] = (keybuf[keyout][2] << 1) | KEY_IN_3;
        keybuf[keyout][3] = (keybuf[keyout][3] << 1) | KEY_IN_4;
        //消抖后更新按键状态
        for (i = 0; i < 4; i++)                   //每行 4 个按键,所以循环 4 次
        {
            if ((keybuf[keyout][i] & 0x0F) == 0x00)
            {   //连续 4 次扫描值为 0,即 4 * 4ms 内都是按下状态时,可认为按键已稳定的按下
                KeySta[keyout][i] = 0;
                KeyDownTime[keyout][i] += 4;     //按下的持续时间累加
            }
            else if ((keybuf[keyout][i] & 0x0F) == 0x0F)
            {   //连续 4 次扫描值为 1,即 4 * 4ms 内都是弹起状态时,可认为按键已稳定的弹起
                KeySta[keyout][i] = 1;
                KeyDownTime[keyout][i] = 0;      //按下的持续时间清 0
            }
        }
        //执行下一次的扫描输出
        keyout++;                                 //输出索引递增
        keyout &= 0x03;                           //索引值加到 4 即归 0
        switch (keyout)                           //根据索引,释放当前输出引脚,拉低下次的输出引脚
        {
            case 0: KEY_OUT_4 = 1; KEY_OUT_1 = 0; break;
            case 1: KEY_OUT_1 = 1; KEY_OUT_2 = 0; break;
            case 2: KEY_OUT_2 = 1; KEY_OUT_3 = 0; break;
            case 3: KEY_OUT_3 = 1; KEY_OUT_4 = 0; break;
            default: break;
        }
}
/* LED 动态扫描函数,需在定时中断中调用 */
void LedScan()
{
    static unsigned char i = 0;                   //动态扫描索引

    P0 = 0xFF;                                    //关闭所有段选位,显示消隐
    P1 = (P1 & 0xF8) | i;                         //位选索引值赋值到 P1 口低 3 位
    P0 = LedBuff[i];                              //缓冲区中索引位置的数据送到 P0 口
    if (i < 6)                                    //索引递增循环,遍历整个缓冲区
        i++;
    else
        i = 0;
}
/* T0 中断服务函数,完成数码管、按键扫描与秒定时 */
void InterruptTimer0() interrupt 1
{
```

```
        static unsigned int tmr1s = 0;                //1 秒定时器

        TH0 = T0RH;                                    //重新加载重载值
        TL0 = T0RL;
        if (enBuzz)                                    //蜂鸣器发声处理
            BUZZ = ～BUZZ;                             //驱动蜂鸣器发声
        else
            BUZZ = 1;                                  //关闭蜂鸣器
        LedScan();                                     //LED 扫描显示
        KeyScan();                                     //按键扫描
        if (flagStart)                                 //倒计时启动时处理 1 秒定时
        {
            tmr1s++;
            if (tmr1s >= 1000)
            {
                tmr1s = 0;
                flag1s = 1;
            }
        }
        else  //倒计时未启动时 1 秒定时器始终归 0
        {
            tmr1s = 0;
        }
    }
```

长按键功能实现的重点有两个：第一，在原来的矩阵按键扫描函数 KeyScan 内，当检测到按键按下后，持续地对一个时间变量进行累加，其目的是用这个时间变量来记录按键按下的时间；第二，在按键驱动函数 KeyDriver 里，除了原来的检测到按键按下这个动作时执行按键动作函数 KeyAction 外，还检测表示按键按下时间的变量，根据它的值来完成长按时的连续快速按键动作功能。

10.6　练习题

1. 掌握不同类型变量转换的规则与字节操作进行位修改的技巧。
2. 理解 PWM 的实质，尝试控制 LED 小灯产生更多闪烁效果。
3. 实现数码管计时和流水灯同时运行的效果。
4. 学会长短按键的用法，独立把本章程序全部写出来。

UART 串口通信

通信,按照传统的理解就是信息的传输与交换。对于单片机来说,通信则与传感器、存储芯片、外围控制芯片等技术紧密结合,成为整个单片机系统的"神经中枢"。没有通信,单片机所实现的功能仅仅局限于单片机本身,就无法通过其他设备获得有用信息,也无法将自己产生的信息告诉其他设备。

第 11 章视频

如果单片机通信没处理好,它和外围器件的合作程度就受到限制,最终整个系统也无法完成强大的功能,由此可见单片机通信技术的重要性。UART(Universal Asynchronous Receiver/Transmitter,即通用异步收发器)串行通信是单片机最常用的一种通信技术,通常用于单片机和计算机之间以及单片机和单片机之间的通信。

11.1　串行通信的初步认识

通信按照基本类型可以分为并行通信和串行通信。并行通信时数据的各个位同时传送,可以实现字节为单位通信,但是通信线多占用资源多,成本高。比如前边用到的 P0 = 0xFE;一次给 P0 的 8 个 I/O 口分别赋值,同时进行信号输出,类似于有 8 个车道同时可以过去 8 辆车一样,这种形式就是并行的,习惯上还称 P0、P1、P2 和 P3 为 51 单片机的 4 组并行总线。

而串行通信就如同一条车道,一次只能一辆车过去,如果一个 0xFE 这样一个字节的数据要传输过去,假如低位在前高位在后,那么发送方式就是 0-1-1-1-1-1-1-1,一位一位地发送出去,要发送 8 次才能发送完一个字节。

STC89C52 有两个引脚是专门用来做 UART 串行通信的,一个是 P3.0,另一个是 P3.1,它们还分别有另外的名字叫作 RXD 和 TXD,由它们组成的通信接口就叫作串行接口,简称串口。用两个单片机进行 UART 串口通信,基本的演示图如图 11-1 所示。

图中,GND 表示单片机系统电源的参考地,TXD 是串行发送引脚,RXD 是串行接收引脚。两个单片机之间要通信,首先电源基准得一样,所以要把两个单片机的 GND 相互连接起来,然后单片机 1 的 TXD 引脚接到单片机 2 的 RXD 引脚上,即此路为单片机 1 发送而单片机 2 接收的通道,单片机 1 的 RXD 引脚接到单片机 2 的 TXD 引脚上,即此路为单片机 2

图 11-1　单片机之间 UART 通信示意图

发送而单片机 1 接收的通道。这个示意图就体现了两个单片机相互收发信息的过程。

　　当单片机 1 想给单片机 2 发送数据时,比如发送一个 0xE4 这个数据,用二进制形式表示就是 0b11100100,在 UART 通信过程中,是低位先发、高位后发的原则,就让 TXD 首先拉低电平,持续一段时间,发送一位 0,然后继续拉低,再持续一段时间,又发送了一位 0,然后拉高电平,持续一段时间,发了一位 1……一直到把 8 位二进制数字 0b11100100 全部发送完毕。这里就涉及一个问题,就是持续的"一段时间"到底是多久,由此便引入了通信中的另一个重要概念——波特率,也叫作比特率。

　　波特率就是发送二进制数据位的速率,习惯上用 baud 表示,即发送一位二进制数据的持续时间=1/baud。在通信之前,单片机 1 和单片机 2 首先都要明确约定好它们之间的通信波特率,必须保持一致,收发双方才能正常实现通信,这一点大家一定要记清楚。

　　约定好速度后,还要考虑第二个问题,数据什么时候是起始,什么时候是结束呢? 不管是提前接收还是延迟接收,数据都会接收错误。在 UART 通信的时候,一个字节是 8 位,规定当没有通信信号发生时,通信线路保持高电平,当要发送数据之前,先发一位 0 表示起始位,然后发送 8 位数据位,数据位是先低后高的顺序,数据位发完后再发一位 1 表示停止位。这样本来要发送一个字节的 8 位数据,而实际上一共发送了 10 位,多出来的两位其中一位起始位,一位停止位。而接收方呢,原本一直保持的高电平,一旦检测到了一位低电平,那就知道了要开始准备接收数据了,接收到 8 位数据位后,然后检测到停止位,再准备下一个数据的接收,如图 11-2 所示。

图 11-2　串口数据发送示意图

　　图 11-2 是串口数据发送示意图,实际上是一个时域示意图,就是信号随着时间变化的对应关系。比如在单片机的发送引脚上,左边的是先发生的,右边的是后发生的,数据位的切换时间就是波特率分之一秒,如果能够理解时域的概念,后边很多通信的时序图就很容易理解了。

11.2 RS-232 通信接口

在台式计算机上,一般都会有一个9针的串行接口,这个串行接口叫作 RS-232 接口,它和 UART 通信有关联,但是由于现在笔记本计算机都不带这种9针串口了,所以和单片机通信越来越趋向于使用 USB 虚拟的串口,因此本节内容作为了解内容,大家知道有这么回事就行了。

首先来认识一下这个标准串口,在物理结构上分为9针的和9孔的,习惯上也称之为公头和母头,如图 11-3 所示。

图 11-3 RS-232 通信接口

RS-232 接口一共有9个引脚,分别定义是:(1)载波检测 DCD;(2)接收数据 RXD;(3)发送数据 TXD;(4)数据终端准备好 DTR;(5)信号地线 SG;(6)数据准备好 DSR;(7)请求发送 RTS;(8)清除发送 CTS;(9)振铃提示 RI。要让这个串口和单片机进行通信,只需关心其中的2引脚 RXD、3引脚 TXD 和5引脚 GND 即可。

虽然这三个引脚的名字和单片机上的串口名字一样,但却不能直接和单片机对连通信,这是为什么呢? 因为并不是所有的电路都是5V代表高电平而0V代表低电平的。对于 RS-232 标准来说,它是个反逻辑,也叫作负逻辑。为何叫负逻辑? 它的 TXD 和 RXD 的电压,−3V〜−15V 电压代表是1,+3〜+15V 电压代表是0。低电平代表的是1,而高电平代表的是0,所以称之为负逻辑。因此计算机的9针 RS-232 串口是不能和单片机直接连接的,需要用一个电平转换芯片 MAX232 来完成,如图 11-4 所示。

图 11-4 MAX232 转接图

这个芯片就可以实现把标准 RS-232 串口电平转换成单片机能够识别和承受的 UART 0V/5V 电平。从这里大家似乎慢慢有点明白了,其实 RS-232 串口和 UART 串口的协议类型是一样的,只是电平标准不同而已,而 MAX232 芯片起中间人的作用,它把 UART 电平转换成 RS-232 电平,也把 RS-232 电平转换成 UART 电平,从而实现标准 RS-232 接口和单片机 UART 之间的通信连接。

11.3　USB 转串口通信

随着技术的发展,工业上还有 RS-232 串口通信的大量使用,但是商业技术的应用上,已经慢慢地使用 USB 转 UART 技术取代了 RS-232 串口,绝大多数笔记本计算机已经没有串口这个东西了,那么要实现单片机和计算机之间的通信该怎么办呢?

只需在电路上添加一个 USB 转串口芯片,就可以成功实现 USB 通信协议和标准 UART 串行通信协议的转换,开发板 51 使用的是 CH340T 芯片,如图 11-5 所示。

图 11-5　USB 转串口电路

图 11-5 左下方 J1 和 J2 是两个跳线的组合,大家可以在开发板左下方的位置找到,需要用跳线帽把中间和下边的针短接在一起。右侧的 CH340T 这个电路很简单,把电源、晶振接好后,6 引脚和 7 引脚的 DP 和 DM 分别接 USB 口的两个数据引脚上去,3 引脚和 4 引脚通过跳线接到单片机的 TXD 和 RXD 上去。

CH340T 的电路里 3 脚位置加了个 4148 的二极管,这是一个小技巧。因为 STC89C52 单片机下载程序时需要冷启动,就是先点下载后上电,上电瞬间单片机会先检测需要不需要下载程序。虽然单片机的 VCC 是由开关来控制,但是由于 CH340T 的 3 脚是输出引脚,如果没有此二极管,开关后级单片机在断电的情况下,CH340T 的 3 脚和单片机的 P3.0(即RXD)引脚连在一起,有电流会通过这个引脚流入后级电路并且给后级的电容充电,造成后级有一定幅度的电压,这个电压值虽然只有 2~3V 左右,但是可能会影响到正常的冷启动。加了二极管后,一方面不影响通信,另外一个方面还可以消除这种不良影响。这个地方可以暂时作为了解,大家如果自己做这类电路,可以参考一下。

11.4　I/O 口模拟 UART 串口通信

为了让大家充分理解 UART 串口通信的原理,首先把 P3.0 和 P3.1 当作 I/O 口来进行模拟实际串口通信的过程,原理搞懂后,然后再使用寄存器配置实现串口通信过程。

对于 UART 串口波特率,常用的值是 300、600、1200、2400、4800、9600、14400、19200、28800、38400、57600、115200 等速率。I/O 口模拟 UART 串行通信程序是一个简单的演示程序,使用串口调试助手下发一个数据,数据加 1 后,再自动返回。

这里我们直接使用 STC-ISP 软件自带的串口调试助手,先把串口调试助手的使用给大家说一下,如图 11-6 所示。第一步要选择串口助手菜单,第二步选择十六进制显示,第三步选择十六进制发送,第四步选择 COM 口,这个 COM 口要和自己计算机设备管理器里的那个 COM 口一致。波特率按程序设定好的选择,程序中让一个数据位持续时间是 1/9600 秒,那这个地方选择波特率就是选 9600,校验位选 N,数据位 8,停止位 1。

图 11-6　串口调试助手示意图

串口调试助手的实质就是利用计算机上的 UART 通信接口,发送数据到单片机,也可以把单片机发送的数据接收到调试助手界面上。

因为初次接触通信方面的技术,所以把后面的 I/O 模拟串口通信程序进行一下解释,大家可以边看解释边看程序,把底层原理先彻底弄懂。

变量定义部分就不用说了,直接看 main 主函数。首先是对通信的波特率的设定,这里配置的波特率是 9600,那么串口调试助手也得是 9600。配置波特率的时候用的是定时器 T0 的模式 2。模式 2 中,不再是 TH0 代表高 8 位,TL0 代表低 8 位了,而只有 TL0 在进行计数,当 TL0 溢出后,不仅仅会让 TF0 变 1,而且还会将 TH0 中的内容重新自动装到 TL0 中。这样有一个好处,就是可以把想要的定时器初值提前存在 TH0 中,当 TL0 溢出后,TH0 自动把初值就重新送入 TL0 了,全自动的,不需要程序中再给 TL0 重新赋值了,配置方式很简单,大家可以自己看下程序并且计算一下初值。

波特率设置好以后,打开中断,然后等待接收串口调试助手下发的数据。接收数据的时候,首先要进行低电平检测 while (PIN_RXD),若没有低电平则说明没有数据,一旦检测到低电平,就进入启动接收函数 StartRXD()。接收函数最开始启动半个波特率周期,初学可能这里不是很明白。大家回头看一下图 11-2 里边的串口数据示意图,如果在数据位电平变化的时候去读取,因为时序上的误差以及信号稳定性的问题很容易读错数据,所以希望在信号最稳定的时候去读数据。除了信号变化的那个沿的位置外,其他位置都很稳定,那么现在就约定在信号中间位置去读取电平状态,这样能够保证读得一定是正确的。

一旦读到了起始信号,就把当前状态设定成接收状态,并且打开定时器中断,第一次是半个周期进入中断后,对起始位进行二次判断一下,确认一下起始位是低电平,而不是一个干扰信号。以后每经过 1/9600 秒进入一次中断,并且把这个引脚的状态读到 RxdBuf 里边。等待接收完后,再把这个 RxdBuf 加 1,再通过 TXD 引脚发送出去,同样需要先发一位起始位,然后发 8 个数据位,再发结束位,发送完后,程序运行到 while (PIN_RXD),等待第二轮信号接收的开始。

```c
# include < reg52. h>

sbit PIN_RXD = P3^0;              //接收引脚定义
sbit PIN_TXD = P3^1;              //发送引脚定义

bit RxdOrTxd = 0;                 //指示当前状态为接收还是发送
bit RxdEnd = 0;                   //接收结束标志
bit TxdEnd = 0;                   //发送结束标志
unsigned char RxdBuf = 0;         //接收缓冲器
unsigned char TxdBuf = 0;         //发送缓冲器

void ConfigUART(unsigned int baud);
void StartTXD(unsigned char dat);
void StartRXD();

void main()
{
```

```c
    EA = 1;                             //开总中断
    ConfigUART(9600);                   //配置波特率为9600

    while (1)
    {
        while (PIN_RXD);                //等待接收引脚出现低电平,即起始位
        StartRXD();                     //启动接收
        while (!RxdEnd);                //等待接收完成
        StartTXD(RxdBuf + 1);           //接收到的数据＋1后,发送回去
        while (!TxdEnd);                //等待发送完成
    }
}
/* 串口配置函数,baud - 通信波特率 */
void ConfigUART(unsigned int baud)
{
    TMOD &= 0xF0;                       //清 0 T0 的控制位
    TMOD |= 0x02;                       //配置 T0 为模式 2
    TH0 = 256 - (11059200/12)/baud;     //计算 T0 重载值
}
/* 启动串行接收 */
void StartRXD()
{
    TL0 = 256 - ((256 - TH0)>> 1);      //接收启动时的 T0 定时为半个波特率周期
    ET0 = 1;                            //使能 T0 中断
    TR0 = 1;                            //启动 T0
    RxdEnd = 0;                         //清 0 接收结束标志
    RxdOrTxd = 0;                       //设置当前状态为接收
}
/* 启动串行发送,dat - 待发送字节数据 */
void StartTXD(unsigned char dat)
{
    TxdBuf = dat;                       //待发送数据保存到发送缓冲器
    TL0 = TH0;                          //T0 计数初值为重载值
    ET0 = 1;                            //使能 T0 中断
    TR0 = 1;                            //启动 T0
    PIN_TXD = 0;                        //发送起始位
    TxdEnd = 0;                         //清 0 发送结束标志
    RxdOrTxd = 1;                       //设置当前状态为发送
}
/* T0 中断服务函数,处理串行发送和接收 */
void InterruptTimer0() interrupt 1
{
    static unsigned char cnt = 0;       //位接收或发送计数

    if (RxdOrTxd)                       //串行发送处理
    {
        cnt++;
        if (cnt <= 8)                   //低位在先依次发送 8bit 数据位
        {
```

```
            PIN_TXD = TxdBuf & 0x01;
            TxdBuf >>= 1;
        }
        else if (cnt == 9)          //发送停止位
        {
            PIN_TXD = 1;
        }
        else                        //发送结束
        {
            cnt = 0;                 //复位 bit 计数器
            TR0 = 0;                 //关闭 T0
            TxdEnd = 1;              //置发送结束标志
        }
    }
    else                            //串行接收处理
    {
        if (cnt == 0)               //处理起始位
        {
            if (!PIN_RXD)           //起始位为 0 时,清 0 接收缓冲器,准备接收数据位
            {
                RxdBuf = 0;
                cnt++;
            }
            else                    //起始位不为 0 时,中止接收
            {
                TR0 = 0;            //关闭 T0
            }
        }
        else if (cnt <= 8)          //处理 8 位数据位
        {
            RxdBuf >>= 1;           //低位在先,所以将之前接收的位向右移
            if (PIN_RXD)            //接收脚为 1 时,缓冲器最高位置 1,
            {                       //而为 0 时不处理即仍保持移位后的 0
                RxdBuf |= 0x80;
            }
            cnt++;
        }
        else                        //停止位处理
        {
            cnt = 0;                 //复位 bit 计数器
            TR0 = 0;                 //关闭 T0
            if (PIN_RXD)            //停止位为 1 时,方能认为数据有效
            {
                RxdEnd = 1;         //置接收结束标志
            }
        }
    }
}
```

11.5 UART 串口通信的基本应用

11.5.1 通信的三种基本类型

常用的通信从传输方向上可以分为单工通信、半双工通信和全双工通信三类。

（1）单工通信就是指只允许一方向另外一方传送信息，而另一方不能回传信息。比如电视遥控器、收音机广播等都是单工通信技术。

（2）半双工通信是指数据可以在双方之间相互传播，但是同一时刻只能其中一方发给另外一方，比如对讲机就是典型的半双工。

（3）全双工通信就发送数据的同时也能够接收数据，两者同步进行，就如同电话一样，说话的同时也可以听到对方的声音。

11.5.2 UART 模块介绍

I/O 口模拟串口通信，让大家了解了串口通信的本质，但是单片机程序却需要不停地检测扫描单片机 I/O 口收到的数据，大量占用了单片机的运行时间。这时就会有聪明人想了，其实我们并不是很关心通信的过程，只需要一个通信的结果，最终得到接收到的数据就行了。这样就可以在单片机内部做一个硬件模块，让它自动接收数据，接收完了，通知一下就可以了，51 单片机内部就存在这样一个 UART 模块，要正确使用它，当然还得先把对应的特殊功能寄存器配置好。

51 单片机的 UART 串口的结构由串行口控制寄存器 SCON、发送和接收电路三部分构成，先来了解一下串口控制寄存器 SCON，如表 11-1 和表 11-2 所示。

表 11-1　SCON——串行控制寄存器的位分配（地址 0x98、可位寻址）

位	7	6	5	4	3	2	1	0
符号	SM0	SM1	SM2	REN	TB8	RB8	TI	RI
复位值	0	0	0	0	0	0	0	0

表 11-2　SCON——串行控制寄存器的位描述

位	符号	描 述
7	SM0	这两位共同决定了串口通信的模式 0～模式 3 共 4 种模式。最常用的就是模式 1，也
6	SM1	就是 SM0=0，SM1=1，下边重点就讲模式 1，其他模式从略
5	SM2	多机通信控制位（极少用），模式 1 直接清零
4	REN	使能串行接收。由软件置位使能接收，软件清零则禁止接收
3	TB8	模式 2 和 3 中要发送的第 9 位数据（很少用）
2	RB8	模式 2 和 3 中接收到的第 9 位数据（很少用），模式 1 用来接收停止位
1	TI	发送中断标志位，当发送电路发送到停止位的中间位置时，TI 由硬件置 1，必须通过软件清零
0	RI	接收中断标志位，当接收电路接收到停止位的中间位置时，RI 由硬件置 1，必须通过软件清零

前边学了寄存器的配置,相信 SCON 对于大多数读者来说已经不是难点了,应该能看懂并且可以自己配置了。对于串口的四种模式,模式 1 是最常用的,就是前边提到的 1 位起始位,8 位数据位和 1 位停止位。下面就详细介绍模式 1 的工作细节和使用方法,至于其他 3 种模式与此也是大同小异,真正遇到需要使用的时候大家再去查阅相关资料就行了。

在使用 I/O 口模拟串口通信的时候,串口的波特率是使用定时器 T0 的中断体现出来的。在硬件串口模块中,有一个专门的波特率发生器用来控制发送和接收数据的速度。对于 STC89C52 单片机来讲,这个波特率发生器只能由定时器 T1 或定时器 T2 产生,而不能由定时器 T0 产生,这和模拟的通信是完全不同的概念。

如果用定时器 T2,需要配置额外的寄存器,默认是使用定时器 T1 的,本章内容主要就使用定时器 T1 作为波特率发生器来讲解,方式 1 下的波特率发生器必须使用定时器 T1 的模式 2,也就是自动重装载模式,定时器的重载值计算公式为:

$$TH1 = TL1 = 256 - 晶振值/12/2/16/波特率$$

和波特率有关的还有一个寄存器,是一个电源管理寄存器 PCON,它的最高位可以把波特率提高一倍,也就是如果写 PCON|=0x80 以后,计算公式就成了:

$$TH1 = TL1 = 256 - 晶振值/12/16/波特率$$

公式中数字的含义解释一下,256 是 8 位定时器的溢出值,也就是 TL1 的溢出值,晶振值在开发板上就是 11059200,12 是说 1 个机器周期等于 12 个时钟周期,值得关注的是 16,下面来重点说明。在 I/O 口模拟串口通信接收数据的时候采集的是这一位数据的中间位置,而实际上串口模块比模拟的要复杂和精确一些。它采取的方式是把一位信号采集 16 次,其中第 7、8、9 次取出来,如果这三次中其中有两次是高电平,就认定这一位数据是 1,如果两次是低电平,就认定这一位是 0,这样一旦受到意外干扰读错一次数据,也依然可以保证最终数据的正确性。

了解了串口采集模式,在这里要给大家留一个思考题。"晶振值/12/2/16/波特率"这个地方计算的时候,出现不能除尽,或者出现小数怎么办,允许出现多大的偏差,把这部分理解了,也就理解了晶振为何使用 11.0592MHz 了。

串口通信的发送和接收电路在物理上有两个名字相同的 SBUF 寄存器,它们的地址也都是 0x99,但是一个用来作为发送缓冲,一个用来作为接收缓冲。意思就是说,有两个房间,两个房间的门牌号是一样的,其中一个只出人不进人,另外一个只进人不出人,这样就可以实现 UART 的全双工通信,相互之间不会产生干扰。但是在逻辑上呢,每次只操作 SBUF,单片机会自动根据对它执行的是"读"还是"写"操作来选择是接收 SBUF 还是发送 SBUF,后边通过程序就会彻底了解这个问题。

11.5.3　UART 串口程序

一般情况下,编写串口通信程序的基本步骤如下:

(1) 配置串口为模式 1。

(2) 配置定时器 T1 为模式 2,即自动重装模式。

（3）根据波特率计算 TH1 和 TL1 的初值，如果有需要可以使用 PCON 进行波特率加倍。

（4）打开定时器控制寄存器 TR1，让定时器跑起来。

这里还要特别注意一下，就是在使用 T1 做波特率发生器的时候，千万不要再使能 T1 的中断了。

先来看一下由 I/O 口模拟串口通信直接改为使用硬件 UART 模块时的程序代码，看看程序是不是简单了很多，因为大部分的工作硬件模块都做了。程序功能和 I/O 口模拟的是完全一样的。

```c
#include < reg52.h >

void ConfigUART(unsigned int baud);

void main()
{
    ConfigUART(9600);                    //配置波特率为 9600

    while (1)
    {
        while (!RI);                     //等待接收完成
        RI = 0;                          //清 0 接收中断标志位
        SBUF = SBUF + 1;                 //接收到的数据 + 1 后,发送回去
        while (!TI);                     //等待发送完成
        TI = 0;                          //清 0 发送中断标志位
    }
}
/* 串口配置函数,baud - 通信波特率 */
void ConfigUART(unsigned int baud)
{
    SCON  = 0x50;                        //配置串口为模式 1
    TMOD &= 0x0F;                        //清 0 T1 的控制位
    TMOD |= 0x20;                        //配置 T1 为模式 2
    TH1 = 256 - (11059200/12/32)/baud;   //计算 T1 重载值
    TL1 = TH1;                           //初值等于重载值
    ET1 = 0;                             //禁止 T1 中断
    TR1 = 1;                             //启动 T1
}
```

当然了，这个程序还是用在主循环里等待接收中断标志位和发送中断标志位的方法来编写的，而实际工程开发中，当然就不能这么做了，我们也只是为了用直观的对比来告诉读者硬件模块可以大大简化程序代码，实际使用串口的时候就用到串口中断了，来看一下用中断实现的程序。请注意一点，因为接收和发送触发的是同一个串口中断，所以在串口中断函数中就必须先判断是哪种中断，然后再作出相应的处理。

```
# include < reg52. h>

void ConfigUART(unsigned int baud);

void main()
{
    EA = 1;                             //使能总中断
    ConfigUART(9600);                   //配置波特率为 9600
    while (1);
}
/ * 串口配置函数,baud - 通信波特率 * /
void ConfigUART(unsigned int baud)
{
    SCON  = 0x50;                       //配置串口为模式 1
    TMOD & = 0x0F;                      //清 0 T1 的控制位
    TMOD | = 0x20;                      //配置 T1 为模式 2
    TH1 = 256 - (11059200/12/32)/baud;  //计算 T1 重载值
    TL1 = TH1;                          //初值等于重载值
    ET1 = 0;                            //禁止 T1 中断
    ES  = 1;                            //使能串口中断
    TR1 = 1;                            //启动 T1
}
/ * UART 中断服务函数 * /
void InterruptUART( ) interrupt 4
{
    if (RI)                             //接收到字节
    {
        RI = 0;                         //手动清 0 接收中断标志位
        SBUF = SBUF + 1;                //接收的数据 + 1 后发回,左边是发送 SBUF,右边是接收 SBUF
    }
    if (TI)                             //字节发送完毕
    {
        TI = 0;                         //手动清 0 发送中断标志位
    }
}
```

大家可以试验一下,看看是不是和前边用 I/O 口模拟通信实现的效果一致,而主循环却完全空出来了,就可以随意添加其他功能代码进去。

11.6   通信实例与 ASCII 码

学习串口通信主要是要实现单片机和计算机之间的信息交互,用计算机控制单片机的一些信息,可以把单片机的一些信息状况发给计算机上的软件。下面就做一个简单的例程来实现单片机串口调试助手发送的数据,在开发板上的数码管上显示出来。

```
# include < reg52. h>

sbit ADDR3 = P1 ^ 3;
```

```
sbit ENLED = P1^4;

unsigned char code LedChar[] = {          //数码管显示字符转换表
    0xC0, 0xF9, 0xA4, 0xB0, 0x99, 0x92, 0x82, 0xF8,
    0x80, 0x90, 0x88, 0x83, 0xC6, 0xA1, 0x86, 0x8E
};
unsigned char LedBuff[7] = {              //数码管＋独立 LED 显示缓冲区
    0xFF, 0xFF, 0xFF, 0xFF, 0xFF, 0xFF, 0xFF
};
unsigned char T0RH = 0;                   //T0 重载值的高字节
unsigned char T0RL = 0;                   //T0 重载值的低字节
unsigned char RxdByte = 0;                //串口接收到的字节

void ConfigTimer0(unsigned int ms);
void ConfigUART(unsigned int baud);

void main()
{
    EA = 1;                              //使能总中断
    ENLED = 0;                          //选择数码管和独立 LED
    ADDR3 = 1;
    ConfigTimer0(1);                    //配置 T0 定时 1ms
    ConfigUART(9600);                   //配置波特率为 9600

    while (1)
    {                                   //将接收字节在数码管上以十六进制形式显示出来
        LedBuff[0] = LedChar[RxdByte & 0x0F];
        LedBuff[1] = LedChar[RxdByte >> 4];
    }
}
/* 配置并启动 T0,ms 为 T0 定时时间 */
void ConfigTimer0(unsigned int ms)
{
    unsigned long tmp;                  //临时变量

    tmp = 11059200 / 12;               //定时器计数频率
    tmp = (tmp * ms) / 1000;           //计算所需的计数值
    tmp = 65536 - tmp;                 //计算定时器重载值
    tmp = tmp + 13;                    //补偿中断响应延时造成的误差
    T0RH = (unsigned char)(tmp>>8);    //定时器重载值拆分为高低字节
    T0RL = (unsigned char)tmp;
    TMOD &= 0xF0;                      //清 0 T0 的控制位
    TMOD |= 0x01;                      //配置 T0 为模式 1
    TH0 = T0RH;                        //加载 T0 重载值
    TL0 = T0RL;
    ET0 = 1;                          //使能 T0 中断
    TR0 = 1;                          //启动 T0
}
/* 串口配置函数,baud 为通信波特率 */
void ConfigUART(unsigned int baud)
{
```

```
    SCON  = 0x50;                        //配置串口为模式 1
    TMOD &= 0x0F;                        //清 0 T1 的控制位
    TMOD |= 0x20;                        //配置 T1 为模式 2
    TH1 = 256 - (11059200/12/32)/baud;   //计算 T1 重载值
    TL1 = TH1;                           //初值等于重载值
    ET1 = 0;                             //禁止 T1 中断
    ES  = 1;                             //使能串口中断
    TR1 = 1;                             //启动 T1
}
/* LED 动态扫描函数,需在定时中断中调用 */
void LedScan()
{
    static unsigned char i = 0;          //动态扫描索引

    P0 = 0xFF;                           //关闭所有段选位,显示消隐
    P1 = (P1 & 0xF8) | i;                //位选索引值赋值到 P1 口低 3 位
    P0 = LedBuff[i];                     //缓冲区中索引位置的数据送到 P0 口
    if (i < 6)                           //索引递增循环,遍历整个缓冲区
        i++;
    else
        i = 0;
}
/* T0 中断服务函数,完成 LED 扫描 */
void InterruptTimer0() interrupt 1
{
    TH0 = T0RH;                          //重新加载重载值
    TL0 = T0RL;
    LedScan();                           //LED 扫描显示
}
/* UART 中断服务函数 */
void InterruptUART() interrupt 4
{
    if (RI)                              //接收到字节
    {
        RI = 0;                          //手动清 0 接收中断标志位
        RxdByte = SBUF;                  //接收到的数据保存到接收字节变量中
        SBUF = RxdByte;                  //接收到的数据又直接发回,叫作 - "echo",
                                         //用以提示用户输入的信息是否已正确接收
    }
    if (TI)                              //字节发送完毕
    {
        TI = 0;                          //手动清 0 发送中断标志位
    }
}
```

大家在做这个实验的时候,有个小问题要注意一下。因为 STC89C52 下载程序是使用了 UART 串口下载,下载完程序后,程序运行起来了,可是下载软件最后还会通过串口发送一些额外的数据,所以程序刚下载进去不是显示 00,而可能是其他数据。大家只要把电源开关关闭,重新打开一次就好了。

细心的同学可能会发现,在串口调试助手发送选项和接收选项处,还有个"字符格式发

送"和"字符格式显示",这是什么意思呢?

　　先抛开使用的汉字不谈,那么常用的字符就包含了 0~9 的数字、A~Z/a~z 的字母,还有各种标点符号等。在单片机系统里面怎么来表示它们呢? ASCII 码(American Standard Code for Information Interchange,即美国信息互换标准代码)可以完成这个使命:在单片机中一个字节的数据可以有 0~255 共 256 个值,取其中的 0~127 共 128 个值赋予了它另外一层含义,即让它们分别来代表一个常用字符,其具体的对应关系如表 11-3 所示。

表 11-3　ASCII 码字符表

ASCII 值	字符	ASCII 值	字符	ASCII 值	字符	ASCII 值	字符
000	NUL	032	(space)	064	@	096	`
001	SOH	033	!	065	A	097	a
002	STX	034	"	066	B	098	b
003	ETX	035	#	067	C	099	c
004	EOT	036	$	068	D	100	d
005	END	037	%	069	E	101	e
006	ACK	038	&	070	F	102	f
007	BEL	039	'	071	G	103	g
008	BS	040	(	072	H	104	h
009	HT	041	)	073	I	105	i
010	LF	042	*	074	J	106	j
011	VT	043	+	075	K	107	k
012	FF	044	,	076	L	108	l
013	CR	045	—	077	M	109	m
014	SO	046	.	078	N	110	n
015	SI	047	/	079	O	111	o
016	DLE	048	0	080	P	112	p
017	DC1	049	1	081	Q	113	q
018	DC2	050	2	082	R	114	r
019	DC3	051	3	083	S	115	s
020	DC4	052	4	084	T	116	t
021	NAK	053	5	085	U	117	u
022	SYN	054	6	086	V	118	v
023	ETB	055	7	087	W	119	w
024	CAN	056	8	088	X	120	x
025	EM	057	9	089	Y	121	y
026	SUB	058	:	090	Z	122	z
027	ESC	059	;	091	[	123	{
028	FS	060	<	092	\	124		
029	GS	061	=	093	]	125	}
030	RS	062	>	094	^	126	~
031	US	063	?	095	_	127	DEL

这样就在常用字符和字节数据之间建立了一一对应的关系,现在一个字节就既可以代表一个整数又可以代表一个字符了,但它本质上只是一个字节的数据,而赋予了它不同的含义,什么时候赋予它哪种含义就看编程者的意图了。ASCII码在单片机系统中应用非常广泛,在后续的课程也会经常使用到它,下面来对它做一个直观的认识,同学们一定要深刻理解其本质。

对照上述表格就可以实现字符和数字之间的转换了,比如还是这个程序,在发送的时候改成字符格式发送,接收还是用十六进制接收,这样接收和数码管好做一下对比。

用字符格式发送一个小写的a,返回一个十六进制的 0x61,数码管上显示的也是 61,ASCII 码表里字符 a 对应十进制是 97,等于十六进制的 0x61;再用字符格式发送一个数字 1,返回一个十六进制的 0x31,数码管上显示的也是 31,ASCII 表里字符 1 对应的十进制是 49,等于十六进制的 0x31。这下大家就该清楚了:所谓的十六进制发送和十六进制接收,都是按字节数据的真实值进行的;而字符格式发送和字符格式接收,是按 ASCII 码表中字符形式进行的,但它实际上最终传输的还是一个字节数据。这个表格,当然不需要大家去记住,理解它,用的时候过来查就行了。

通信的学习不像前边控制部分那么直观,通信部分的程序只能获得一个结果,而其过程却无法直接看到,所以慢慢可能大家就会知道有示波器和逻辑分析仪这类测量仪器。如果学校实验室或者公司里有示波器或者逻辑分析仪这类仪器,可以拿过来抓一下串口波形,直观地了解一下。如果暂时还没有这些仪器,先知道这么回事,有条件再说。因为工具类设备有的比较昂贵,有条件可以尽量使用学校或者公司的。在这里我用一款简易的逻辑分析仪把串口通信的波形抓出来给大家看一下,大家了解一下即可,如图 11-7 所示。

图 11-7　逻辑分析仪串口数据示意图

分析仪和示波器的作用,就是把通信过程的波形抓出来进行分析。先大概说一下波形的意思。波形左边是低位,右边是高位,上边这个波形是计算机发送给单片机的,下边这个波形是单片机回发给计算机的。以上边的波形为例,左边第一位是起始位 0,从低位到高位依次是 10001100,顺序倒一下,就是数据 0x31,也就是 ASCII 码表里的"1"。大家可以注意到分析仪在每个数据位都给标了一个白色的点,表示是数据,起始位和无数据的时候都没有这个白点。时间标尺 A1-A2 的差值在右边显示出来是 103.99μs,这就是波特率9600 的倒数(细微的偏差可以忽略)。通过图 11-7 可以清晰地了解串口通信的收发的详细过程。

　　这里再来了解一下,如果使用串口调试助手,用字符格式直接发送一个"12",在数码管上应该显示什么呢?串口调试助手应该返回什么呢?经过试验发现,数码管显示的是32,而串口调试助手返回十六进制显示的是31、32两个数据,如图11-8所示。

图 11-8　串口调试助手数据显示

再用逻辑分析仪把这个数据调出来看一下,如图11-9所示。

图 11-9　逻辑分析仪抓取数据

　　对于ASCII码表来说,数字本身是字符而非数据,所以如果发送"12",实际上是分别发送了"1"和"2"两个字符,单片机先收到第一个字符"1",在数码管上会显示出31这个对应数字,但是单片机马上又收到了"2"这个字符,数码管瞬间从31变成32,而视觉上很难发现这种快速的变化,所以会认为数码管直接显示32。

11.7　练习题

1. 能够理解 UART 串口通信的基本原理和通信过程。
2. 通过 I/O 口模拟 UART 串口通信把通信的底层操作原理弄明白。
3. 学会通过配置寄存器,实现串口通信的基本操作过程。
4. 了解字符和数据之间的转换依据和方法。
5. 完成通过串口控制流水灯流动和停止的程序。
6. 完成通过串口实现蜂鸣器鸣叫的程序。

指针基础与 1602 液晶的初步认识

我们在学 C 语言的时候学到指针,每一位教 C 语言的老师都会告诉我们一句:指针是 C 语言的灵魂。由此可见,指针是否学会是判断一个人能否真正学会 C 语言的重要指标之一,但是很多同学只知道其重要性,却没学会其灵活性。

第 12 章视频

简单的程序,100 多行代码,不需要指针也可以轻松搞定,但是当代码写到成千上万行甚至更多的时候,利用指针就可以直接而快速地处理内存中的各种数据结构中的数据,特别是数组、字符串和内存的动态分配等,它为函数之间各类数据传递提供了简洁便利的方法。说了这么多作用估计大家没用过指针也体会不到,但这里就是表达这样一个意思,指针很重要,必须学会、学好。

指针相对其他知识点来说比较难讲,主要在于例子不好举。简单的程序用指针去做会把简单的程序搞复杂,复杂的程序用指针去写牵扯的知识太多可能又不好理解。从一个角度讲,没学会指针就等于没学会 C 语言,所以再难也不是学不好的理由。本章就尽可能地把作者对指针的理解形象地介绍给大家,帮大家啃下这块硬骨头,同时学习本章内容也要打起十二分精神,集中注意力认真去学,争取学会指针的应用。

12.1 指针的概念与指针变量的声明

12.1.1 变量的地址

要研究指针,需先深入理解内存地址这个概念。打个比方:整个内存就相当于一个拥有很多房间的大楼,每个房间都有房间号,比如从 101、102、103 一直到 NNN,可以说这些房间号就是房间的地址。相对应的内存中的每个单元也都有自己的编号,比如从 0x00、0x01、0x02 一直到 0xNN,同样可以说这些编号就是内存单元的地址。房间里可以住人,对应的内存单元里就可以"住进"变量了:假如一位名字叫 A 的人住在 101 房间,可以说 A 的住址就是 101,或者 101 就是 A 的住址;对应的,假如一个名为 x 的变量住在编号为 0x00 的这个内存单元中,可以说变量 x 的内存地址就是 0x00,或者 0x00 就是变量 x 的地址。

基本的内存单元是字节,英文单词为 Byte,STC89C52 单片机共有 512 字节的 RAM,就是所谓的内存,但它分为内部 256 字节和外部 256 字节,仅以内部的 256 字节为例,很明显其地址的编号从 0 开始就是 0x00~0xFF。用 C 语言定义的各种变量就存在 0x00~0xFF 的地址范围内,而不同类型的变量会占用不同数量的内存单元,即字节,可以结合前面讲过的 C 语言变量类型深入理解。假如现在定义了 unsigned char a = 1;unsigned char b = 2;unsigned int c = 3;unsigned long d = 4;这样 4 个变量,把这 4 个变量分别放到内存中,就会是表 12-1 中所列的样子,先来大概了解一下它们的存储方式。

表 12-1 变量存储方式

内存地址	存储的数据	内存地址	存储的数据
...	...	0x03	c
0x07	d	0x02	c
0x06	d	0x01	b
0x05	d	0x00	a
0x04	d		

变量 a、b 和 c、d 之间的变量类型不同,因此在内存中所占的存储单元也不一样,a 和 b 都占一个字节,c 占了 2 个字节,而 d 占了 4 个字节。那么,a 的地址就是 0x00,b 的地址就是 0x01,c 的地址就是 0x02,d 的地址就是 0x04,它们的地址的表达方式可以写成:&a、&b、&c、&d。这样就代表了相应变量的地址,C 语言中变量前加一个 & 表示取这个变量的地址,& 在这里就叫作"取址符"。

讲到这里,有一点延伸内容,大家可以了解一下:比如变量 c 是 unsigned int 类型的,占了两个字节,存储在了 0x02 和 0x03 这两个内存地址上,那么 0x02 是它的低字节还是高字节呢?这个问题由所用的 C 编译器与单片机架构共同决定,单片机类型不同就有可能不同,大家知道这么回事即可。比如:在 Keil+51 单片机的环境下,0x02 存的是高字节,0x03 存的是低字节。这是编译底层实现上的细节问题,并不影响上层的应用,如下这两种情况在应用上丝毫不受这个细节的影响:强制类型转换——b = (unsigned char) c,那么 b 的值一定是 c 的低字节;取地址——&c,则得到的一定是 0x02,这都是 C 语言本身所决定的规则,不因单片机编译器的不同而有所改变。

实际生活中,要寻找一个人有两种方式,一种方式是通过它的名字来找人,还有第二种方式就是通过它的住宅地址来找人。我们在派出所的户籍管理系统的信息输入方框内,输入小明的家庭住址,系统会自动指向小明的相关信息,输入小刚的家庭住址,系统会自动指向小刚的相关信息。这个供我们输入地址的方框,在户籍管理系统叫作"地址输入框"。

那么,在 C 语言中,要访问一个变量,同样有两种方式:一种是通过变量名来访问,另一种自然就是通过变量的地址来访问了。在 C 语言中,地址就等同于指针,变量的地址就是变量的指针。我们要把地址送到上边那个所谓的"地址输入框"内,这个"地址输入框"既可以输入 x 的指针,又可以输入 y 的指针,所以相当于一个特殊的变量——保存指针的变量,因此称为指针变量,简称为指针,而通常我们说的指针就是指指针变量。

地址输入框输入谁的地址,指向的就是这个人的信息,而给指针变量输入哪个普通变量的地址,它自然就指向了这个变量的内容,通常的说法就是指针指向了该变量。

12.1.2　指针变量的声明

在 C 语言中,变量的地址往往都是编译系统自动分配的,对用户来说是不知道某个变量的具体地址的。所以定义一个指针变量 p,把普通变量 a 的地址直接送给指针变量 p 就是 p = &a;这样的写法。

对于指针变量 p 的定义和初始化,一般有两种方式,初学者很容易混淆,因此这个地方没别的方法,就是死记硬背,记住即可。

方法 1:定义时直接进行初始化赋值。

```
unsigned char a;
unsigned char * p = &a;
```

方法 2:定义后再进行赋值。

```
unsigned char a;
unsigned char * p;
p = &a;
```

大家仔细看会看出来这两种写法的区别,它们都是正确的。在定义的指针变量前边加了个 * ,这个 * p 就代表了这个 p 是个指针变量,不是个普通的变量,它是专门用来存放变量地址的。此外,定义 * p 的时候,用了 unsigned char 来定义,这里表示指针指向的变量类型是 unsigned char 型。

指针变量似乎比较好理解,大家也能很容易就听明白。但是为什么很多人弄不明白指针呢? 因为在 C 语言中,有一些运算和定义,它们是有区别的,很多读者就是没弄明白它们的区别,指针就始终学不好。这里要重点强调两个区别,只要把这两个区别弄明白了,起码指针变量这部分就不是问题了。这两个重点现在大家死记硬背,直接记住即可,靠理解有可能混淆概念。

第一个重要区别:指针变量 p 和普通变量 a 的区别。

定义一个变量 a,同时也可以给变量 a 赋值 a = 1,也可以赋值 a = 2。

定义一个指针变量 p,另外还定义了一个普通变量 a=1,普通变量 b=2,那么指针变量可以指向 a 的地址,也可以指向 b 的地址,可以写成 p = &a,也可以写成 p = &b,但就是不能写成 p = 1 或者 p = 2 或者 p = a,这三种表达方式都是错的。

因此这个地方,不要看到定义 * p 的时候前边有个 unsigned char 型,就错误的赋值 p=1,这个只是说明 p 指向的变量是这个 unsigned char 类型的,而 p 本身是指针变量,不可以给它赋值普通的值或者变量,后边会直接把指针变量称为指针,大家要注意一下这个小细节。

前边这个区别似乎比较好理解,还有第二个重要区别,一定要记清楚。

第二个重要区别:定义指针变量 * p 和取值运算 * p 的区别。

"*"这个符号,在 C 语言有三个用法,第一个用法很简单,乘法操作就是用这个符号,这里就不讲了。

第二个用法是定义指针变量的时候用,比如 unsigned char * p,这个地方使用"*"代表的意思是 p 是一个指针变量,而非普通的变量。

还有第三种用法,就是取值运算,和定义指针变量是完全两码事,比如:

```
unsigned char a = 1;
unsigned char b = 2;
unsigned char * p;
p = &a;
b = * p;
```

这样两步运算完了之后,b 的值就成了 1。在这段代码中,&a 表示取 a 这个变量的地址,把这个地址送给 p 之后,再用 * p 运算表示的是取指针变量 p 指向的地址的变量的值,又把这个值送给了 b,最终的结果相当于 b=a。同样是 * p,放在定义的位置就是定义指针变量,放在执行代码中就是取值运算。

这两个重要区别,大家可以反复阅读三四遍,把这两个重要区别弄明白,指针的大门就顺利地踏进去一只脚了。至于详细的用法,后边用得多了就会慢慢熟悉起来了。

12.1.3　指针的简单示例

前边提到了指针的意义往往在小程序里是体现不出来的,对于简单程序来说,有时用了指针,反而比没用指针还麻烦,但是为了让大家巩固一下指针的用法,还是写了个使用指针的流水灯程序,目的是让大家从简单程序开始了解指针,当程序复杂的时候不至于手足无措。

```
#include < reg52.h>

sbit ADDR0 = P1^0;
sbit ADDR1 = P1^1;
sbit ADDR2 = P1^2;
sbit ADDR3 = P1^3;
sbit ENLED = P1^4;

void ShiftLeft(unsigned char * p);

void main()
{
    unsigned int i;
    unsigned char buf = 0x01;

    ENLED = 0;                       //使能选择独立 LED
    ADDR3 = 1;
```

```
      ADDR2 = 1;
      ADDR1 = 1;
      ADDR0 = 0;

      while (1)
      {
          P0 = ~buf;                        //缓冲值取反送到 P0 口
          for (i = 0; i < 20000; i++);      //延时
          ShiftLeft(&buf);                  //缓冲值左移一位
          if (buf == 0)                     //如移位后为 0 则重赋初值
          {
              buf = 0x01;
          }
      }
  }
  /* 将指针变量 p 指向的字节左移一位 */
  void ShiftLeft(unsigned char * p)
  {
      *p = *p << 1;                         //利用指针变量可以向函数外输出运算结果
  }
```

这是一个使用指针实现流水灯的例子,纯粹是为了讲指针而写这样一段程序,程序中传递的是 buf 的地址,把这个地址直接传递给函数 ShiftLeft 的形参指针变量 p,也就是 p 指向了 buf。对比之前的函数调用,大家是否看明白,如果是普通变量传递,只能是单向的,也就是说,主函数传递给子函数的值,子函数只能使用却不能改变。而现在传递的是指针,不仅仅子函数可以使用 buf 里边的值,而且还可以对 buf 里边的值进行修改。

此外再强调一句,只要是 *p 前边带了变量类型如 unsigned char,就是表示定义了一个指针变量 p,而执行代码中的 *p,是指 p 所指向的内容。

通过理论的学习和这样一个例子,大家对指针应该有概念了,至于它的灵活应用,需要在后边的程序中慢慢去体会,理论上就不再赘述了。

12.2 指向数组元素的指针

12.2.1 指向数组元素的指针和运算法则

所谓指向数组元素的指针,其本质还是变量的指针。因为数组中的每个元素,其实都可以直接看成是一个变量,所以指向数组元素的指针,也就是变量的指针。

指向数组元素的指针不难,但很常用。我们用程序来解释会比较直观一些。

```
unsigned char number[10] = {0, 1, 2, 3, 4, 5, 6, 7, 8, 9};
unsigned char * p;
```

如果写 p = &number[0];那么指针 p 就指向了 number 的第 0 号元素,也就是把

number[0]的地址赋值给了 p,同理,如果写 p = &number[1],p 就指向了数组 number 的第 1 号元素。p = &number[x],其中 x 的取值范围是 0~9,就表示 p 指向了数组 number 的第 x 号元素。

指针本身,也可以进行几种简单的运算,这几种运算对于数组元素的指针来说应用最多。

(1) 比较运算。比较的前提是两个指针指向同种类型的对象,比如两个指针变量 p 和 q,它们指向了具有同种数据类型的数组,那它们可以进行<,>,>= ,<= ,== 等关系运算。如果 p==q 为真,表示这两个指针指向的是同一个元素。

(2) 指针和整数可以直接进行加减运算。比如还是上边那个指针 p 和数组 number,如果 p = &number[0],那么 p+1 就指向了 number[1],p+9 就指向了 number[9]。当然了,如果 p = &number[9],p-9 也就指向了 number[0]。

(3) 两个指针变量在一定条件下可以进行减法运算。如 p = &number[0],q = &number[9],那么 q-p 的结果就是 9。但是这个地方大家要特别注意,这个 9 代表的是元素的个数,而不是真正的地址差值。如果 number 的变量类型是 unsigned int 型,占两个字节,q-p 的结果依然是 9,因为它代表的是数组元素的个数。

在数组元素指针还有一种情况,就是数组名字其实就代表了数组元素的首地址,也就是说:

```
p = &number[0];
p = number;
```

这两种表达方式是等价的,因此以下几种表达形式和内容需要大家格外注意一下。

根据指针的运算规则,p+x 代表的是 number[x]的地址,那么 number+x 代表的也是 number[x]的地址。或者说,它们指向的都是 number 数组的第 x 号元素。

*(p+x)和 *(number+x)都表示 number[x]。

指向数组元素的指针也可以表示成数组的形式,也就是说,允许指针变量带下标,即 p[i]和 *(p+i)是等价的。但是为了避免混淆与规范起见,这里建议大家不要写成前者,而一律采用后者的写法。但如果看到别人那么写,也知道是怎么回事即可。

二维数组元素的指针和一维数组类似,需要介绍的内容不多。假如现在一个指针变量 p 和一个二维数组 number[3][4],它的地址的表达方式也就是 p=&number[0][0],有一个地方要注意,既然数组名代表了数组元素的首地址,那么也就是说 p 和 number 都是指数组的首地址。对二维数组来说,number[0],number[1],number[2]都可以看成是一维数组的数组名字,所以 number[0]等价于 &number[0][0],number[1]等价于 &number[1][0],number[2]等价于 &number[2][0]。加减运算和一维数组是类似的,不再详述。

12.2.2 指向数组元素指针的实例

在 C 语言里,sizeof()可以用来获取括号内的对象所占用的内存字节数,虽然它写作函数的形式,但它并不是一个函数,而是 C 语言的一个关键字,sizeof()整体在程序代码中就相当于一个常量,也就是说这个获取操作是在程序编译的时候进行的,而不是在程序运行的时候进行。这是一个实际编程中很有用的关键字,灵活运用它可以为程序带来更好的可读性、易维护性和可移植性,在后续的学习中将会慢慢有所体会。

sizeof()括号中可以是变量名,也可以是变量类型名,其结果是等效的。而其更大的用处是与数组名搭配使用,这样可以获取整个数组占用的字节数,就不用自己动手计算了,可以避免错误,而如果日后改变了数组的维数时,也不需要再到执行代码中逐个修改,便于程序的维护和移植。

下面提供了一个简单的串口演示例程,可以体验一下指针和 sizeof()的用法。例子首先接收上位机下发的命令,根据命令值分别把不同数组的数据回发给上位机,程序还用到了指针的自增运算,也就是+1 运算,大家可以认真考虑一下指针 ptrTxd 在串口发送的过程中的指向是如何变化的。在上位机串口调试助手中分别下发 1、2、3、4,就会得到不同的数组回发,注意这里都用十六进制发送和十六进制显示。

此外,这个程序还应用到一个小技巧,大家要学会使用。前边讲了串口发送中断标志位 TI 是硬件置位,软件清零。通常来讲,我们想一次发送多个数据,就需要把第一个字节写入 SBUF,然后再等待发送中断,在后续中断中再发送剩余的数据,这样数据发送过程就被拆分到了两个地方——主循环内和中断服务函数内,无疑就使得程序结构变得零散了。这个时候,为了使程序结构尽量紧凑,在启动发送的时候,不是向 SBUF 中写入第一个待发的字节,而是直接让 TI=1,注意,这时会马上进入串口中断,因为中断标志位置 1,但是串口线上并没有发送任何数据,于是,所有的数据发送都可以在中断中进行,而不用再分为两部分了。大家可以在程序中体会一下这个技巧的好处。

```c
# include < reg52.h >

bit cmdArrived = 0;                    //命令到达标志,即接收到上位机下发的命令
unsigned char cmdIndex = 0;            //命令索引,即与上位机约定好的数组编号
unsigned char cntTxd = 0;              //串口发送计数器
unsigned char * ptrTxd;                //串口发送指针

unsigned char array1[1] = {1};
unsigned char array2[2] = {1,2};
unsigned char array3[4] = {1,2,3,4};
unsigned char array4[8] = {1,2,3,4,5,6,7,8};

void ConfigUART(unsigned int baud);

void main()
{
    EA = 1;                            //开总中断
    ConfigUART(9600);                  //配置波特率为 9600
```

```
    while (1)
    {
        if (cmdArrived)
        {
            cmdArrived = 0;
            switch (cmdIndex)
            {
                case 1:
                    ptrTxd = array1;            //数组 1 的首地址赋值给发送指针
                    cntTxd = sizeof(array1);    //数组 1 的长度赋值给发送计数器
                    TI = 1;                     //手动方式启动发送中断,处理数据发送
                    break;
                case 2:
                    ptrTxd = array2;
                    cntTxd = sizeof(array2);
                    TI = 1;
                    break;
                case 3:
                    ptrTxd = array3;
                    cntTxd = sizeof(array3);
                    TI = 1;
                    break;
                case 4:
                    ptrTxd = array4;
                    cntTxd = sizeof(array4);
                    TI = 1;
                    break;
                default:
                    break;
            }
        }
    }
}
/* 串口配置函数,baud 为通信波特率 */
void ConfigUART(unsigned int baud)
{
    SCON = 0x50;                        //配置串口为模式 1
    TMOD &= 0x0F;                       //清 0 T1 的控制位
    TMOD |= 0x20;                       //配置 T1 为模式 2
    TH1 = 256 - (11059200/12/32)/baud;  //计算 T1 重载值
    TL1 = TH1;                          //初值等于重载值
    ET1 = 0;                            //禁止 T1 中断
    ES = 1;                             //使能串口中断
    TR1 = 1;                            //启动 T1
}
/* UART 中断服务函数 */
void InterruptUART() interrupt 4
{
    if (RI)                             //接收到字节
```

```
    {
        RI = 0;                          //清 0 接收中断标志位
        cmdIndex = SBUF;                 //接收到的数据保存到命令索引中
        cmdArrived = 1;                  //设置命令到达标志
    }
    if (TI)                              //字节发送完毕
    {
        TI = 0;                          //清 0 发送中断标志位
        if (cntTxd > 0)                  //有待发送数据时,继续发送后续字节
        {
            SBUF = * ptrTxd;             //发出指针指向的数据
            cntTxd -- ;                  //发送计数器递减
            ptrTxd++;                    //发送指针递增
        }
    }
}
```

12.3 字符数组和字符指针

12.3.1 常量和符号常量

在程序运行过程中,其值不能被改变的量称为常量。常量分为不同的类型,有整型常量如 1、2、3、100;浮点型常量 3.14、0.56、−4.8;字符型常量 'a'、'b'、'0';字符串常量 "a"、"abc"、"1234"、"1234abcd" 等。

细心的读者会发现,整型和浮点型常量可直接写数字,而字符型常量用单引号来表示一个字符,用双引号来表示一个字符串,尤其大家要注意 'a' 和 "a" 是不一样的,下面会详细介绍。

常量一般有两种表现形式。

(1) 直接常量:直接以值的形式表示的常量称之为直接常量。上述举例这些都是直接常量,直接写出即可。

(2) 符号常量:用标识符命名的常量称之为符号常量,就是为上面的直接常量再取一个名字。使用符号常量一是方便理解,提高程序可读性,更重要的是方便程序的后续维护,习惯上符号常量都用大写字母和下画线来命名。

比如,可以把 3.14 取名为 PI(即 π)。再如,串口程序用的波特率是 9600,如果用符号常量来进行提前声明,修改成其他速率,就不用在程序中找 9600 修改了,直接修改声明处就可以了,两种方法举例说明如下。

(1) 用 const 声明。比如在程序开始位置定义一个符号常量 BAUD。

定义形式是:

const 类型 符号常量名字 = 常量值;

如

```
const unsigned int BAUD = 9600; /*注意结尾有个分号*/
```

我们就可以在程序中直接把 9600 改成 BAUD,这样如果要改波特率,直接在程序开头位置改一下这个值就可以了。

(2) 用预处理命令♯define 来完成,先来认识预处理命令♯define。

定义形式是:

♯define 符号常量名 常量值

如

```
♯define BAUD 9600 /*注意结尾没有分号*/
```

这样定义以后,只要在程序中出现 BAUD,意思就是完全替代了后边的 9600 这个数字。

不知大家是否记得,之前定义数码管真值表的时候用了一个 code 关键字。

```
unsigned char code LedChar[] = {                 //数码管显示字符转换表
    0xC0, 0xF9, 0xA4, 0xB0, 0x99, 0x92, 0x82, 0xF8,
    0x80, 0x90, 0x88, 0x83, 0xC6, 0xA1, 0x86, 0x8E
};
```

当时说加了 code 之后,这个真值表的数据只能被使用,不能被改变,如果直接写 LedChar[0] = 1;这样就错了。实际上 code 这个关键字是 51 单片机特有的,如果是其他类型的单片机只需写成 const unsigned char LedChar[]={}就可以了,自动保存到 FLASH 里,而 51 单片机只用 const 而不加 code,这个数组会保存到 RAM 中,而不会保存到 FLAHS 中,鉴于此,在 51 这个体系下,const 反倒变得不那么重要,它的作用被 code 取代了,这里大家知道这么回事即可。

下面来对各种类型的常量做进一步说明。

整型常量和浮点型常量就没多少可说的了,之前应用的都很熟练了,整型直接写数字就是十进制如 128,前边 0x 开头的表示是十六进制 0x80,浮点型直接写带小数点的数据就可以了。

字符型常量是由一对单引号括起来的单个字符。它分为两种形式:一种是普通字符,另一种是转义字符。

普通字符就是那些可以直接书写直接看到的有形的字符,比如阿拉伯数字 0~9,英文字符 A~z,以及标点符号等。它们都是 ASCII 码表中的字符,而它们在单片机中都占用一个字节的空间,其值就是对应的 ASCII 码值。比如'a'的值是 97,'A'的值是 65,'0'的值是 48,如果定义一个变量 unsigned char a = 'a',那么变量 a 的值就是 97。

除了上述这些字符之外,还有一些特殊字符,它们一些是无形的,像回车符、换行符这些都是看不到的,还有一些像'\"这类字符它们已经有特殊用途了,想象一下如果写'''觉得编译器会怎么去解释呢？针对这些特殊符号，为了可以让它们正常进入程序代码中，C语言就规定了转义字符，它是以反斜杠(\)开头的特定字符序列，让它们来表示这些特殊字符，比如用\n来代表换行。下面用一个简单表格来说明一下常用的转义字符的意思，如表12-2所示。

表 12-2　常用转义字符及含义

字符形式	含　义	字符形式	含　义
\n	换行	\\	反斜杠字符'\'
\t	横向跳格(相当于 Tab)	\'	单引号字符
\v	竖向跳格	\"	双引号字符
\b	退格	\f	走纸换页
\r	光标移到行首	\0	空值

表格不需要记住，用时过来查就可以了。

字符串常量是用双引号括起来的字符序列，一般都称为字符串。如"a"、"1234"、"welcome to www. kingst. org"等都是字符串常量。字符串常量在内存中按顺序逐个存储字符串中的字符的 ASCII 码值，并且特别注意，最后还有一个字符'\0'，'\0'字符的 ASCII 码值是 0，它是字符串结束标志，在写字符串的时候，这个'\0'是隐藏的，我们看不到，但实际上是存在的。所以"a"就比'a'多了一个 '\0'，"a"占了两个字节，而'a'只占一个字节。

还有一个地方要注意，就是字符串中的空格，也是一个字符，比如"welcome to www. kingst. org"一共占了 26 个字节的空间。其中 21 个字母，2 个'. '，2 个' '(空格字符)以及 1 个'\0'。

12.3.2　字符和字符串数组实例

为了对比字符串、字符数组、常量数组的区别，写个简单的演示程序，定义了 4 个数组分别是：

```
unsigned char array1[] = "1 - Hello!\r\n";
unsigned char array2[] = {'2', '-', 'H', 'e', 'l', 'l', 'o', '!', '\r', '\n'};
unsigned char array3[] = {51, 45, 72, 101, 108, 108, 111, 33, 13, 10};
unsigned char array4[] = "4 - Hello!\r\n";
```

在串口调试助手下，发送十六进制的 1、2、3、4，使用字符形式显示，会分别往计算机上送这 4 个数组中对应的那个数组。我们只是在起始位置做了区分，其他均没有区别。大家可以比较一下效果。

此外还要说明一点数组 1 和数组 4，数组 1 是发完整的字符串，而数组 4 仅仅发送数组中的字符，没有发结束符号。串口调试助手用字符形式显示是没有区别的，但是大家如果改用十六进制显示，大家会发现数组 1 比数组 4 多了 1 字节 '\0'的 ASCII 值 00。

```c
#include <reg52.h>

bit cmdArrived = 0;                          //命令到达标志,即接收到上位机下发的命令
unsigned char cmdIndex = 0;                  //命令索引,即与上位机约定好的数组编号
unsigned char cntTxd = 0;                    //串口发送计数器
unsigned char * ptrTxd;                      //串口发送指针

unsigned char array1[] = "1 - Hello!\r\n";
unsigned char array2[] = {'2', '-', 'H', 'e', 'l', 'l', 'o', '!', '\r', '\n'};
unsigned char array3[] = {51, 45, 72, 101, 108, 108, 111, 33, 13, 10};
unsigned char array4[] = "4 - Hello!\r\n";

void ConfigUART(unsigned int baud);

void main()
{
    EA = 1;                                  //开总中断
    ConfigUART(9600);                        //配置波特率为 9600

    while (1)
    {
        if (cmdArrived)
        {
            cmdArrived = 0;
            switch (cmdIndex)
            {
                case 1:
                    ptrTxd = array1;         //数组 1 的首地址赋值给发送指针
                    cntTxd = sizeof(array1); //数组 1 的长度赋值给发送计数器
                    TI = 1;                  //手动方式启动发送中断,处理数据发送
                    break;
                case 2:
                    ptrTxd = array2;
                    cntTxd = sizeof(array2);
                    TI = 1;
                    break;
                case 3:
                    ptrTxd = array3;
                    cntTxd = sizeof(array3);
                    TI = 1;
                    break;
                case 4:
                    ptrTxd = array4;
                    cntTxd = sizeof(array4) - 1; //字符串实际长度为数组长度减 1
                    TI = 1;
                    break;
                default:
                    break;
            }
```

```
            }
        }
    }
/* 串口配置函数,baud-通信波特率 */
void ConfigUART(unsigned int baud)
{
    SCON = 0x50;                        //配置串口为模式 1
    TMOD &= 0x0F;                       //清 0 T1 的控制位
    TMOD |= 0x20;                       //配置 T1 为模式 2
    TH1 = 256 - (11059200/12/32)/baud;  //计算 T1 重载值
    TL1 = TH1;                          //初值等于重载值
    ET1 = 0;                            //禁止 T1 中断
    ES = 1;                             //使能串口中断
    TR1 = 1;                            //启动 T1
}
/* UART 中断服务函数 */
void InterruptUART() interrupt 4
{
    if (RI)                             //接收到字节
    {
        RI = 0;                         //清 0 零接收中断标志位
        cmdIndex = SBUF;                //接收到的数据保存到命令索引中
        cmdArrived = 1;                 //设置命令到达标志
    }
    if (TI)                             //字节发送完毕
    {
        TI = 0;                         //清 0 发送中断标志位
        if (cntTxd > 0)                 //有待发送数据时,继续发送后续字节
        {
            SBUF = *ptrTxd;             //发出指针指向的数据
            cntTxd--;                   //发送计数器递减
            ptrTxd++;                   //发送指针递增
        }
    }
}
```

12.4　1602 液晶的认识

12.4.1　1602 液晶的硬件接口介绍

前边讲的流水灯、数码管、LED点阵这三种都是LED设备,本节来学习一下LCD显示设备——1602液晶。那个大大的、平时第一行显示 16 个小黑块,第二行什么都不显示的就是 1602 液晶,是不是早就注意到它了呢?

在学习这些电子器件时,头脑中要逐渐形成一种意识,不管是单片机,还是 74HC138,甚至三极管等,都是有数据手册的。不管是设计电路还是编写程序,器件的数据手册是最好

的参考资料,下面来学习 1602,首先就要看它的数据手册。手册大家可以在网上找到,这里只挑手册的重点讲解。

首先来看一个主要技术参数表,如表 12-3 所示。

表 12-3　1602 液晶主要技术参数

显示容量	16×2 个字符
芯片工作电压	4.5～5.5V
工作电流	2.0mA(5.0V)
模块最佳工作电压	5.0V
字符尺寸	2.95mm×4.35mm（宽×高）

1602 液晶,从它的名字就可以看出它的显示容量,就是可以显示 2 行,每行 16 个字符的液晶。它的工作电压是 4.5～5.5V,对于这点在设计电路的时候,直接按照 5V 系统设计,但是保证 5V 系统最低不能低于 4.5V。在 5V 工作电压下测量它的工作电流是 2mA,大家注意,这个 2mA 仅仅是指液晶,而它的黄绿背光都是用 LED 做的,所以功耗不会太小的,10～20mA 还是有的。

1602 液晶一共 16 个引脚,每个引脚的功能都可以在它的数据手册上获得。而这些基本的信息在设计电路和编写代码之前必须先看明白,如表 12-4 所示。

表 12-4　1602 液晶引脚功能

编号	符号	引脚说明	编号	符号	引脚说明
1	VSS	电源地	9	D2	Data I/O
2	VDD	电源正极	10	D3	Data I/O
3	VL	液晶显示偏压信号	11	D4	Data I/O
4	RS	数据/命令选择端(H/L)	12	D5	Data I/O
5	R/W	读/写选择端(H/L)	13	D6	Data I/O
6	E	使能信号	14	D7	Data I/O
7	D0	Data I/O	15	BLA	背光源正极
8	D1	Data I/O	16	BLK	背光源负极

液晶的电源引脚 1、引脚 2 以及背光电源引脚 15、引脚 16,不用多说,正常接就可以了。

引脚 3 叫作液晶显示偏压信号,大家注意到小黑块没有,当要显示一个字符的时候,有的黑点显示,有的黑点不能显示,这样就可以实现我们想要的字符了。引脚 3 就是用来调整显示的黑点和不显示黑点之间的对比度,调整好了对比度,就可以让我们的显示更加清晰一些。在进行电路设计实验的时候,通常的办法是在这个引脚上接个电位器,也就是初中学过的滑动变阻器。通过调整电位器的分压值来调整引脚 3 的电压。而当产品批量生产的时候,可以把调整好的这个值直接用简单电路来实现,就如同在开发板上直接使用的是一个18Ω 的下拉电阻,市面上的 1602 的下拉电阻大概是 1～1.5kΩ,也是比较合适的值。

引脚 4 是数据命令选择端。对于液晶,有时要发送一些命令,让它实现想要的一些状态,有时要发给它一些数据,让它显示出来,液晶就通过这个引脚来判断接收到的是命令还是数据,这个引脚接到了 ADDR0 上,通过跳线帽和 P1.0 连接在一起。大家注意学会读手册,看到这个引脚描述里:数据/命令选择端,而后跟了括号(H/L),它的意思就是当这个引脚是 H(High)高电平的时候是数据,当这个引脚是 L(Low)低电平的时候是命令。

5 引脚和 4 引脚用法类似,功能是读写选择端。既可以写给液晶数据或者命令,也可以读取液晶内部的数据或状态,就是控制这个引脚。因为液晶本身内部有 RAM,实际上送给液晶的命令或者数据,液晶需要先保存在缓存里,然后再写到内部的寄存器或者 RAM 中,这个就需要一定的时间。所以进行读写操作之前,首先要读一下液晶当前状态,是不是在"忙",如果不忙,可以读写数据,如果在"忙",就需要等待液晶忙完了再进行操作。读状态是常用的,不过读液晶数据我接触的场合没怎么用过,大家了解这个功能即可。这个引脚接到了 ADDR1 上,通过跳线帽和 P1.1 连接在一起。

6 引脚是使能信号,很关键,液晶的读写命令和数据,都要靠它才能正常读写,后边详细讲这个引脚怎么用。这个引脚通过跳线帽接到了 ENLCD 上,这个位置的跳线是为了和另外一个 12864 液晶的切换使用而设计的。

7 引脚到 14 引脚就是 8 个数据引脚了,就是通过这 8个引脚读写数据和命令的,统一接到了 P0 口上。下面来看一下开发板上的 1602 接口的原理图,如图 12-1 所示。

图 12-1 1602 液晶接口原理图

12.4.2 1602 液晶的读写时序介绍

1602 液晶内部带了 80 个字节的显示 RAM,用来存储所发送的数据,它的结构如图 12-2 所示。

图 12-2 1602 内部 RAM 结构图

第一行的地址是 0x00H 到 0x27,第二行的地址从 0x40 到 0x67,其中第一行 0x00 到 0x0F 是与液晶上第一行 16 个字符显示位置相对应的,第二行 0x40 到 0x4F 是与第二行 16 个字符显示位置相对应的。而每行都多出来一部分,是为了显示移动字幕设置的。1602 字符液晶是显示字符的,因此它跟 ASCII 字符表是对应的。比如给 0x00 这个地址写一个'a',

也就是十进制的97,液晶的最左上方的那个小块就会显示一个字母 a。此外,本章学过指针,液晶内部有个数据指针,它指向哪里,我们写的那个数据就会送到相应的那个地址里。

液晶有一个状态字字节,通过读取这个状态字的内容,就可以知道 1602 液晶的一些内部情况,如表 12-5 所示。

表 12-5　1602 液晶状态字

bit0～bit6	当前数据的指针的值	
bit7	读写操作使能	1:禁止　0:允许

这个状态字字节有 8 个位,最高位表示了当前液晶是不是"忙",如果这个位是 1 表示液晶正"忙",禁止读者读写数据或者命令,如果是 0,则可以进行读写。而低 7 位就表示了当前数据地址指针的位置。

1602 的基本操作时序一共有 4 个,这些大家都不需要记住,但是都需要理解,因为现在不是为了应付考试,所以不需要把手册背熟,但是写程序的时候,打开手册要能看懂如何操作,还要再提醒一句,单片机读外部状态前,必须先保证自己是高电平。

这里要做 1602 液晶的程序,因此先把用到的总线接口做一个统一声明:

```
#define LCD1602_DB P0
sbit LCD1602_RS = P1^0;
sbit LCD1602_RW = P1^1;
sbit LCD1602_E = P1^5;
```

(1) 读状态:RS=L,R/W=H,E=H。这是个很简单的逻辑,就是说,直接写:

```
LCD1602_DB = 0xFF;
LCD1602_RS = 0;
LCD1602_RW = 1;
LCD1602_E = 1;
sta = LCD1602_DB;
```

这样就把当前液晶的状态字读到了 sta 这个变量中,可以通过判断 sta 最高位的值来了解当前液晶是否处于"忙"状态,也可以得知当前数据的指针位置。两个问题:问题一,如果当前读到的状态是"不忙",那么程序可以进行读写操作,如果当前状态是"忙",那么还得继续等待重新判断液晶的状态;问题二,可以看原理图,流水灯、数码管、点阵、1602 液晶都用到了P0 口总线,如果读完了液晶状态继续保持 LCD1602_E 是高电平,1602 液晶会继续输出它的状态值,输出的这个值会占据了 P0 总线,干扰到流水灯数码管等其他外设,所以读完了状态,通常要把这个引脚拉低来释放总线,这里用了一个 do…while 循环语句来实现。

```
LCD1602_DB = 0xFF;
LCD1602_RS = 0;
LCD1602_RW = 1;
do {
    LCD1602_E = 1;
```

```
    sta = LCD1602_DB;                //读取状态字
    LCD1602_E = 0;                   //读完撤销使能,防止液晶输出数据干扰 P0 总线
} while (sta & 0x80);
//bit7 等于 1 表示液晶正忙,重复检测直到其等于 0 为止
```

(2) 读数据:RS=H,R/W=H,E=H。这个逻辑也很简单,但是读数据不常用,大家了解一下就可以了,这里就不详细解释了。

(3) 写指令:RS=L,R/W=L,D0~D7=指令码,E=高脉冲。

这个程序在逻辑上没什么难的,只是 E=高脉冲这个问题要解释一下。这个指令一共有 4 条语句,其中前三条语句顺序无所谓,但是 E=高脉冲这一句很关键。实际上流程是这样的:因为现在是写数据,所以首先要保证的 E 引脚是低电平状态,而前三句不管怎么写,1602 液晶只要没有接收到 E 引脚的使能控制,它都不会来读总线上的信号的。当通过前三句准备好数据之后,E 使能引脚从低电平到高电平变化,然后 E 使能引脚再从高电平到低电平出现一个下降沿,1602 液晶内部一旦检测到这个下降沿后,并且检测到 RS=L,R/W=L,就马上来读取 D0~D7 的数据,完成单片机写 1602 指令过程。归纳总结写了个 E=高脉冲,意思就是:E 使能引脚先从低拉高,再从高拉低,形成一个高脉冲。

(4) 写数据:RS=H,R/W=L,D0~D7=数据,E=高脉冲。

写数据和写指令是类似的,就是把 RS 改成 H,把总线改成数据即可。

此外要顺便提一句,这里用的 1602 液晶所使用的接口时序是摩托罗拉公司所创立的 6800 时序,还有另外一种时序是 Intel 公司的 8080 时序,也有部分液晶模块采用,只是相对来说比较少见,大家知道这么回事即可。

这里还要说明一个问题,就是从这 4 个时序大家可以看出来,1602 液晶的使能引脚 E,高电平的时候有效,低电平的时候无效,前面也提到了高电平时会影响 P0 口,因此正常情况下,如果没有使用液晶,那么程序开始写一句 LCD1602_E=0,就可以避免 1602 干扰到其他外设。之前的程序没有加这句,是因为开发板在这个引脚上加了一个 15kΩ 的下拉电阻,这个下拉电阻就可以保证这个引脚上电后默认是低电平,如图 12-3 所示。

图 12-3 液晶使能引脚的下拉电阻

如果不加这个下拉电阻,刚开始讲点亮 LED 小灯的时候就得写一句:LCD1602_E=0,可能很多初学者弄不明白,所以才加了这样一个电路。但是在实际开发过程中就不必要这样了。如果这是个实际产品,能用软件去处理的,就不会用硬件去实现,所以大家在做实际产品的时候,这块电路可以直接去掉,只需在程序开头多加一条语句即可。

12.4.3 1602 液晶的指令介绍

与单片机寄存器的用法类似,1602 液晶在使用的时候,首先要进行初始的功能配置,1602 液晶有以下几个指令需要了解。

1. 显示模式设置

写指令 0x38,设置 16×2 显示,5×7 点阵,8 位数据接口。这条指令对我们这个液晶来说是固定的,必须写 0x38,大家仔细看会发现液晶实际上内部点阵是 5×8,还有一些 1602 液晶还兼容串行通信,用两个 I/O 口即可,但是速度慢,液晶就是固定的 0x38 模式。

2. 显示开/关以及光标设置指令

这里有两条指令。第一条指令,一个字节中 8 位,其中高 5 位是固定的 0b00001,低 3 位分别用 DCB 从高到低表示,D=1 表示开显示,D=0 表示关显示;C=1 表示显示光标,C=0 表示不显示光标;B=1 表示光标闪烁,B=0 表示光标不闪烁。

第二条指令,高 6 位是固定的 0b000001,低 2 位分别用 NS 从高到低表示,其中 N=1 表示读或者写一个字符后,指针自动加 1,光标自动加 1,N=0 表示读或者写一个字符后指针自动减 1,光标自动减 1;S=1 表示写一个字符后,整屏显示左移(N=1)或右移(N=0),以达到光标不移动而屏幕移动的效果,如同计算器输入一样的效果,而 S=0 表示写一个字符后,整屏显示不移动。

3. 清屏指令

写入 0x01 表示显示清屏(固定的),其中包含了数据指针清零,所有的显示清零。写入 0x02 则仅仅是数据指针清零,显示不清零。

4. RAM 地址设置指令

该指令码的最高位为 1,低 7 位为 RAM 的地址,RAM 地址与液晶上字符的关系如图 12-2 所示。通常,在读写数据之前都要先设置好地址,然后再进行数据的读写操作。

12.4.4　1602 液晶简单实例

1602 液晶手册提供了一个初始化过程,由于不检测"忙"位,所以程序比较复杂,而我们总结了一个更加简易方便的过程提供给大家,手册上描述的,大家仅仅作为了解就可以了,下面把程序写出来,我们的初始化只用了 4 条语句,没有像手册介绍的那么烦琐。

```c
#include <reg52.h>

#define LCD1602_DB P0
sbit LCD1602_RS = P1^0;
sbit LCD1602_RW = P1^1;
sbit LCD1602_E = P1^5;

void InitLcd1602();
void LcdShowStr(unsigned char x, unsigned char y, unsigned char *str);

void main()
{
    unsigned char str[] = "Kingst Studio";

    InitLcd1602();
```

```
    LcdShowStr(2, 0, str);
    LcdShowStr(0, 1, "Welcome to KST51");
    while (1);
}
/* 等待液晶准备好 */
void LcdWaitReady()
{
    unsigned char sta;

    LCD1602_DB = 0xFF;
    LCD1602_RS = 0;
    LCD1602_RW = 1;
    do {
        LCD1602_E = 1;
        sta = LCD1602_DB;            //读取状态字
        LCD1602_E = 0;
    } while (sta & 0x80);            //bit7 等于 1 表示液晶正忙,重复检测直到其等于 0 为止
}
/* 向 LCD1602 液晶写入一字节命令,cmd 为待写入命令值 */
void LcdWriteCmd(unsigned char cmd)
{
    LcdWaitReady();
    LCD1602_RS = 0;
    LCD1602_RW = 0;
    LCD1602_DB = cmd;
    LCD1602_E = 1;
    LCD1602_E = 0;
}
/* 向 LCD1602 液晶写入一字节数据,dat 为待写入数据值 */
void LcdWriteDat(unsigned char dat)
{
    LcdWaitReady();
    LCD1602_RS = 1;
    LCD1602_RW = 0;
    LCD1602_DB = dat;
    LCD1602_E = 1;
    LCD1602_E = 0;
}
/* 设置显示 RAM 起始地址,亦即光标位置,(x,y)为对应屏幕上的字符坐标 */
void LcdSetCursor(unsigned char x, unsigned char y)
{
    unsigned char addr;

    if (y == 0)                     //由输入的屏幕坐标计算显示 RAM 的地址
        addr = 0x00 + x;            //第一行字符地址从 0x00 起始
    else
        addr = 0x40 + x;            //第二行字符地址从 0x40 起始
    LcdWriteCmd(addr | 0x80);       //设置 RAM 地址
}
```

```
/* 在液晶上显示字符串,(x,y)为对应屏幕上的起始坐标,str 为字符串指针 */
void LcdShowStr(unsigned char x, unsigned char y, unsigned char * str)
{
    LcdSetCursor(x, y);              //设置起始地址
    while ( * str != '\0')           //连续写入字符串数据,直到检测到结束符
    {
        LcdWriteDat( * str++);       //先取 str 指向的数据,然后 str 自加 1
    }
}
/* 初始化 1602 液晶 */
void InitLcd1602()
{
    LcdWriteCmd(0x38);              //16×2 显示,5×7 点阵,8 位数据接口
    LcdWriteCmd(0x0C);              //显示器开,光标关闭
    LcdWriteCmd(0x06);              //文字不动,地址自动 +1
    LcdWriteCmd(0x01);              //清屏
}
```

程序中有详细的注释,结合本节前面的讲解,请大家自己分析,掌握 1602 液晶的基本操作函数。LcdWriteDat(* str++)这行语句中对指针 str 的操作大家一定要理解透彻,先把 str 指向的数据取出来用,然后 str 再加 1 以指向下一个数据,这是非常常用的一种简写方式。另外关于本程序还有几点值得提一下。

(1) 把程序所有的功能都使用函数模块化了,这样非常有利于程序的维护,不管写什么样的功能,只要调用相应的函数就可以了,大家注意学习这种编程方法。

(2) 使用液晶的习惯,也是用数学上的(x,y)坐标来进行屏幕定位,但与数学坐标系不同的是,液晶的左上角的坐标是 x=0,y=0,往右边是 x+偏移,下边是 y+偏移。

(3) 第一次接触多个参数传递的函数,而且还带了指针类型的参数,所以多留心熟悉一下。

(4) 读写数据和指令程序,每次都必须进行"忙"判断。

(5) 理解指针在这个地方的巧妙用法,可以尝试不用指针改写程序试试,感受一下指针的优势。

12.5 练习题

1. 把本章的指针相关内容反复学习 3～5 遍,彻底弄懂指针是怎么回事,不知道如何用没关系,即使是背,也得把这部分背下来,等到后边用的时候,就可以实现顿悟。学会指针,就是突破了 C 语言学习的一道壁垒。

2. 把 1602 所有的指令功能都应用一遍,能够灵活使用 1602 液晶显示任意字符串。

3. 尝试通过串口调试助手下发字符在 1602 液晶上显示出来。

第13章

1602 液晶与串口的应用实例

理论上的内容要想逐步消化掌握,必须通过大量的实践进行巩固,否则时间一长,极容易忘掉。尤其是一些编程相关的技巧,就是靠不停地写程序,不停地参考别人的程序慢慢积累成长起来的。本章学习 1602 的例程和实际开发中比较实用的串口通信程序。

第 13 章视频

13.1 通信时序解析

随着对通信技术的深入学习,大家要逐渐在头脑中建立起时序这种概念。所谓"时序"从字面意义上来理解,一是"时间问题",二是"顺序问题"。

先说"顺序问题",这个相对简单一些。在学 UART 串口通信的时候,先 1 位起始位,再 8 位数据位,最后 1 位停止位,这个先后顺序不能错。在学 1602 液晶的时候,比如写指令 RS=L,R/W=L,D0～D7=指令码,这三者的顺序是无所谓的,但是最终的 E=高脉冲,必须是在这三条程序之后,这个顺序一旦错误,写的数据也会出错。

"时间问题"内容相对复杂。比如 UART 通信,每一位的时间宽度是 1/baud。读者在初中就学过一个概念,世界上没有绝对的准确。那么每一位的时间宽度 1/baud 要求精确到什么范围内呢?

前边提到过,单片机读取 UART 的 RXD 引脚数据的时候,一位数据被单片机平均分成了 16 份,取其中的 7、8、9 三次读到的结果,这三次中有 2 次是高电平那这一位就是 1,有 2 次是低电平,那这一次就是 0。如果波特率稍微有些偏差,只要累计下来到最后一位停止位,这 7、8、9 还在范围内即可,如图 13-1 所示。

图 13-1　UART 信号采集时序图

用三个箭头来表示 7、8、9 这三次的采集位置,大家可以注意到,当采集到 D7 的时候,已经有一次采集偏出去了,但是采集到的数据还是不会错,因为有 2 次采集正确。至于这个偏差允许多大,读者可以详细算一下。实际上 UART 通信的波特率是允许一定范围内误差存在的,但是不能过大,否则就会采集错误。大家在计算波特率的时候,发现没有整除,有小数部分的时候,就要特别小心了,因为小数部分是一概被舍掉的,于是计算误差就产生了。用11.0592M晶振计算的过程中,11059200/12/32/9600得到的是一个整数,如果用12M晶振计算12000000/12/32/9600就会得到一个小数,读者可以算一下误差多少,是否在误差范围内。

1602液晶的时序问题,大家要学会通过LCD1602的数据手册提供的时序图和时序参数表来进行研究,而且看懂时序图是学习单片机所必须掌握的一项技能,如图13-2所示。

1. 读操作时序

2. 写操作时序

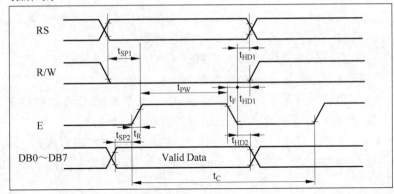

图 13-2 1602 时序图

大家看到这种图的时候,不要感觉害怕。说句不过分的话,单片机这些逻辑上的问题,只要小学毕业就可以理解,很多时候是因为大家把问题想象得太难才学不下去的。

先来看一下读操作时序的RS引脚和R/W引脚,这两个引脚先进行变化,因为是读操作,所以R/W引脚首先要置为高电平,而不管它原来是什么。读指令还是读数据,都是读操作,而且都有可能,所以RS引脚既有可能是置为高电平,也有可能是置为低电平,大家注意图上的画法。而RS和R/W变化了经过t_{SP1}这么长时间后,使能引脚E才能从低电平到高电平发生变化。

而使能引脚E拉高经过了t_D这么长时间后,LCD1602输出DB的数据就是有效数据了,就可以来读取DB的数据了。读完之后,要先把使能E拉低,经过一段时间后RS、

R/W 和 DB 才可以变化继续为下一次读写做准备了。

　　而写操作时序和读操作时序的差别,就是写操作时序中,DB 的改变是由单片机来完成的,因此要放到使能引脚 E 的变化之前进行操作,其他区别大家可以自行对比一下。

　　细心的读者会发现,这个时序图上还有很多时间标签。比如 E 的上升时间 t_R,下降时间时间 t_F,使能引脚 E 从一个上升沿到下一个上升沿之间的长度周期 t_C,使能引脚 E 下降沿后,R/W 和 RS 变化时间间隔 t_{HD1} 等很多时间要求,这些要求怎么看呢? 放心,只要是正规的数据手册,都会把这些时间要求给大家标记出来的,如表 13-1 所示。

表 13-1　1602 时序参数

时 序 参 数	符号	极 限 值			单位	测试条件
		最小值	典型值	最大值		
E 信号周期	t_C	400	—	—	ns	引脚 E
E 脉冲宽度	t_{PW}	150	—	—	ns	
E 上升沿/下降沿时间	t_R,t_F	—	—	25	ns	
地址建立时间	t_{SP1}	30	—	—	ns	引脚 E、RS、R/W
地址保持时间	t_{HD1}	10	—	—	ns	
数据建立时间(读)	t_D	—	—	100	ns	引脚 DB0～DB7
数据保持时间(读)	t_{HD2}	20	—	—	ns	
数据建立时间(写)	t_{SP2}	40	—	—	ns	
数据保持时间(写)	t_{HD2}	10	—	—	ns	

　　大家要善于把手册中的这个表和时序图结合起来看。表 13-1 中的数据都是时序参数,本章所有时序参数都一点点给大家讲出来,以后遇到同类时序图就不再讲了,只是提一下,但是大家务必要学会自己看时序图,这个很重要,此外,看以下解释需要结合图 13-2。

- t_C:指的是使能引脚 E 从本次上升沿到下次上升沿的最短时间是 400ns,而单片机因为速度较慢,一个机器周期就是 1μs 多,而一条 C 语言指令肯定是一个或者几个机器周期的,所以这个条件完全满足。
- t_{PW}:指的是使能引脚 E 高电平的持续时间最短是 150ns,同样由于单片机比较慢,这个条件也完全满足。
- t_R,t_F:指的是使能引脚 E 的上升沿时间和下降沿时间,不能超过 25ns,别看这个数很小,其实这个时间限值很宽裕,实际用示波器测了一下开发板的这个引脚上升沿和下降沿时间大概是 10～15ns 之间,完全满足。
- t_{SP1}:指的是 RS 和 R/W 引脚使能后至少保持 30ns,使能引脚 E 才可以变成高电平,这个条件同样也完全满足。
- t_{HD1}:指的是使能引脚 E 变成低电平后,至少保持 10ns 之后,RS 和 R/W 才能进行变化,这个条件也完全满足。
- t_D:指的是使能引脚 E 变成高电平后,最多 100ns 后,1602 就把数据送出来了,就可以正常去读取状态或者数据了。

- t_{HD2}：指的是读操作过程中，使能引脚 E 变成低电平后，至少保持 20ns，DB 数据总线才可以进行变化，这个条件也完全满足。
- t_{SP2}：指的是 DB 数据总线准备好后，至少保持 40ns，使能引脚 E 才可以从低到高进行使能变化，这个条件也完全满足。
- t_{HD2}：指的是写操作过程中，要引脚 E 变成低电平后，至少保持 10ns，DB 数据总线才可以变化，这个条件也完全满足。

表 13-1 中 LCD1602 的时序参数表已经解析完成了，看完之后，是不是感觉比想象的要简单。大家也得慢慢学会看这种时序图和表，在今后的学习中，这方面的能力尤为重要。如果以后换用了其他型号的单片机，那么就根据单片机的执行速度来评估你的程序是否满足时序要求，整体上来说器件都是有一个最快速度的限制，而没有最慢限制，所以当换用高速的单片机后通常都是靠在各步骤间插入软件延时来满足较慢的时序要求。

13.2　1602 整屏移动

第 7 章学点阵 LED 的时候可知，LED 可以实现上下移动、左右移动等。而对于 1602 液晶来说，也可以进行屏幕移动，实现想要的一些效果，下面用一个例程实现字符串在 1602 液晶上的左移。每个人都不要只瞪着眼看，一定要认真抄下来，甚至抄几遍，边抄边理解。

```
# include < reg52.h >

# define LCD1602_DB P0
sbit LCD1602_RS = P1^0;
sbit LCD1602_RW = P1^1;
sbit LCD1602_E = P1^5;

bit flag500ms = 0;                    //500ms 定时标志
unsigned char T0RH = 0;               //T0 重载值的高字节
unsigned char T0RL = 0;               //T0 重载值的低字节
/* 待显示的第一行字符串 */
unsigned char code str1[] = "Kingst Studio";
/* 待显示的第二行字符串,需保持与第一行字符串等长,较短的行可用空格补齐 */
unsigned char code str2[] = "Let's move…";

void ConfigTimer0(unsigned int ms);
void InitLcd1602();
void LcdShowStr(unsigned char x, unsigned char y,
                unsigned char * str, unsigned char len);

void main()
{
    unsigned char i;
    unsigned char index = 0;          //移动索引
```

```
    unsigned char pdata bufMove1[16 + sizeof(str1) + 16];        //移动显示缓冲区1
    unsigned char pdata bufMove2[16 + sizeof(str2) + 16];        //移动显示缓冲区2

    EA = 1;                                                       //开总中断
    ConfigTimer0(10);                                            //配置 T0 定时 10ms
    InitLcd1602();                                               //初始化液晶
    /*缓冲区开头一段填充为空格*/
    for (i = 0; i < 16; i++)
    {
        bufMove1[i] = '';
        bufMove2[i] = '';
    }
    /*待显示字符串复制到缓冲区中间位置*/
    for (i = 0; i < (sizeof(str1) - 1); i++)
    {
        bufMove1[16 + i] = str1[i];
        bufMove2[16 + i] = str2[i];
    }
    /*缓冲区结尾一段也填充为空格*/
    for (i = (16 + sizeof(str1) - 1); i < sizeof(bufMove1); i++)
    {
        bufMove1[i] = '';
        bufMove2[i] = '';
    }

    while (1)
    {
        if (flag500ms)                                          //每 500ms 移动一次屏幕
        {
            flag500ms = 0;
            //从缓冲区抽出需显示的一段字符显示到液晶上
            LcdShowStr(0, 0, bufMove1 + index, 16);
            LcdShowStr(0, 1, bufMove2 + index, 16);
            //移动索引递增,实现左移
            index++;
            if (index >= (16 + sizeof(str1) - 1))
            { //起始位置达到字符串尾部后即返回从头开始
                index = 0;
            }
        }
    }
}
/* 配置并启动 T0,ms 为 T0 定时时间 */
void ConfigTimer0(unsigned int ms)
{
    unsigned long tmp;                                          //临时变量

    tmp = 11059200 / 12;                                       //定时器计数频率
    tmp = (tmp * ms) / 1000;                                   //计算所需的计数值
```

```
    tmp = 65536 - tmp;                    //计算定时器重载值
    tmp = tmp + 12;                       //补偿中断响应延时造成的误差
    T0RH = (unsigned char)(tmp >> 8);     //定时器重载值拆分为高低字节
    T0RL = (unsigned char)tmp;
    TMOD &= 0xF0;                          //清 0 T0 的控制位
    TMOD |= 0x01;                          //配置 T0 为模式 1
    TH0 = T0RH;                            //加载 T0 重载值
    TL0 = T0RL;
    ET0 = 1;                               //使能 T0 中断
    TR0 = 1;                               //启动 T0
}
/* 等待液晶准备好 */
void LcdWaitReady()
{
    unsigned char sta;

    LCD1602_DB = 0xFF;
    LCD1602_RS = 0;
    LCD1602_RW = 1;
    do {
        LCD1602_E = 1;
        sta = LCD1602_DB;                 //读取状态字
        LCD1602_E = 0;
    } while (sta & 0x80);                  //bit7 等于 1 表示液晶正忙,重复检测直到其等于 0 为止
}
/* 向 LCD1602 液晶写入一字节命令,cmd 为待写入命令值 */
void LcdWriteCmd(unsigned char cmd)
{
    LcdWaitReady();
    LCD1602_RS = 0;
    LCD1602_RW = 0;
    LCD1602_DB = cmd;
    LCD1602_E = 1;
    LCD1602_E = 0;
}
/* 向 LCD1602 液晶写入一字节数据,dat 为待写入数据值 */
void LcdWriteDat(unsigned char dat)
{
    LcdWaitReady();
    LCD1602_RS = 1;
    LCD1602_RW = 0;
    LCD1602_DB = dat;
    LCD1602_E = 1;
    LCD1602_E = 0;
}
/* 设置显示 RAM 起始地址,亦即光标位置,(x,y)为对应屏幕上的字符坐标 */
void LcdSetCursor(unsigned char x, unsigned char y)
{
```

```
    unsigned char addr;

    if (y == 0)                       //由输入的屏幕坐标计算显示 RAM 的地址
        addr = 0x00 + x;              //第一行字符地址从 0x00 起始
    else
        addr = 0x40 + x;              //第二行字符地址从 0x40 起始
    LcdWriteCmd(addr | 0x80);         //设置 RAM 地址
}
/* 在液晶上显示字符串,(x,y)为对应屏幕上的起始坐标,
   str 为字符串指针,len 为需显示的字符长度 */
void LcdShowStr(unsigned char x, unsigned char y,
                unsigned char * str, unsigned char len)
{
    LcdSetCursor(x, y);               //设置起始地址
    while (len -- )                   //连续写入 len 个字符数据
    {
        LcdWriteDat( * str++);        //先取 str 指向的数据,然后 str 自加 1
    }
}
/* 初始化 1602 液晶 */
void InitLcd1602()
{
    LcdWriteCmd(0x38);                //16 * 2 显示,5 * 7 点阵,8 位数据接口
    LcdWriteCmd(0x0C);                //显示器开,光标关闭
    LcdWriteCmd(0x06);                //文字不动,地址自动 + 1
    LcdWriteCmd(0x01);                //清屏
}
/* T0 中断服务函数,定时 500ms */
void InterruptTimer0() interrupt 1
{
    static unsigned char tmr500ms = 0;

    TH0 = T0RH;                       //重新加载重载值
    TL0 = T0RL;
    tmr500ms++;
    if (tmr500ms >= 50)
    {
        tmr500ms = 0;
        flag500ms = 1;
    }
}
```

通过这个程序,大家首先要学会 for 语句在数组中的灵活应用,这个其实在数码管显示有效位的例程中已经有所体现了。其次,随着后边程序量的增大,大家得学会多个函数之间相互调用的灵活应用,体会其中的奥妙。

13.3 多.c文件的初步认识

13.2 节写液晶滚屏移动程序,大概有 160 行左右。随着硬件模块使用的增多,程序量的增大,往往要把程序写到多个文件里,方便代码的编写、维护和移植。

比如这个液晶滚屏程序,就可以把 1602 底层的功能函数专门写到一个.c 文件内,如 LcdWaitReady、LcdWriteCmd、LcdWriteDat、LcdShowStr、LcdSetCursor、InitLcd1602 这些函数,都是属于液晶底层驱动的程序代码,要使用液晶功能的时候,只有两个函数对实际功能实现部分有用,一个是 InitLcd1602,因为需要先初始化液晶,另外一个就是 LcdShowStr,只需把要显示的内容通过参数传递给这个函数,函数就可以实现我们想要的显示效果,所以把这几个底层的液晶驱动程序都放到另外一个 Lcd1602.c 文件中,而把想实现的一些比如滚动实现、中断等上层功能程序全部放到 main.c 中,但是 main.c 文件如何调用 Lcd1602.c 文件中的函数呢?

C 语言中,有一个 extern 关键字,它有两个基本作用。

(1) 当一个变量的声明不在文件的开头,在它声明之前的函数想要引用,则应该用 extern 进行"外部变量"声明,代码如下。

```
#include < reg52.h>
sbit LED = P0^0;
void main()
{
    extern unsigned int i;
    while(1)
    {
        LED = 0;                        //点亮小灯
        for(i = 0;i < 30000;i++);       //延时
        LED = 1;                        //熄灭小灯
        for(i = 0;i < 30000;i++);       //延时
    }
}
unsigned int i = 0;
...
```

变量的作用域,是从声明这个变量开始往后所有的程序,如果调用在前,声明在后,那么就是这么用。但是实际开发过程中一般都不会这样做,所以仅仅是表达一下 extern 的这个用法,但它并不实用。

(2) 在一个工程中,为了方便管理和维护代码,用了多个.c 源文件,如果其中一个 main.c 文件要调用 Lcd1602.c 文件里的变量或者函数的时候,就必须得在 main.c 里边进行外部声明,告诉编译器这个变量或者函数是在其他文件中定义的,可以直接在这个文件中进行调用。

多.c 文件的编程方式,大家不要想象得太复杂。首先新建一个工程,一个工程代表一个完整的单片机程序,只能生成一个 hex,但是一个工程可以有很多个.c 源文件组成共同参与编译。工程建立好之后,新建文件并且保存取名为 main.c 文件,再新建一个文件并且保存取名为 Lcd1602.c 文件,下面就可以在两个不同文件中分别编写代码了。当然,在编写程序的过程中,不是说要先把 main.c 的文件全部写完,再进行 1602.c 程序的编写,而往往是交互的。比如先写 Lcd1602.c 文件中部分 Lcd1602 液晶的底层函数 LcdWaitReady、LcdWriteCmd、LcdWriteDat、InitLcd1602,然后编写 main.c 文件中的功能程序,在编写 main.c 文件中程序时,又有对 Lcd1602.c 底层程序的综合调用,这个时候需要 Lcd1602.c 文件提供一个被调用的函数比如 LcdShowStr,就可以再到 Lcd1602.c 中把这个函数完成。当然了,这仅仅是一个说明例子而已,顺序完全没有一个标准,实际应用中如果对程序逻辑需求了解透彻,根据自己的理解去写程序即可。把 1602 整屏移动的程序改造成为多文件的程序,代码如下。

/ ************************* **Lcd1602.c 文件程序源代码** ************************* /

```c
#include < reg52.h>

#define LCD1602_DB P0
sbit LCD1602_RS = P1^0;
sbit LCD1602_RW = P1^1;
sbit LCD1602_E = P1^5;

/* 等待液晶准备好 */
void LcdWaitReady()
{
    unsigned char sta;

    LCD1602_DB = 0xFF;
    LCD1602_RS = 0;
    LCD1602_RW = 1;
    do {
        LCD1602_E = 1;
        sta = LCD1602_DB;        //读取状态字
        LCD1602_E = 0;
    } while (sta & 0x80);        //bit7 等于 1 表示液晶正忙,重复检测直到其等于 0 为止
}
/* 向 LCD1602 液晶写入一字节命令,cmd 为待写入命令值 */
void LcdWriteCmd(unsigned char cmd)
{
    LcdWaitReady();
    LCD1602_RS = 0;
    LCD1602_RW = 0;
    LCD1602_DB = cmd;
    LCD1602_E = 1;
    LCD1602_E = 0;
}
/* 向 LCD1602 液晶写入一字节数据,dat 为待写入数据值 */
```

```
void LcdWriteDat(unsigned char dat)
{
    LcdWaitReady();
    LCD1602_RS = 1;
    LCD1602_RW = 0;
    LCD1602_DB = dat;
    LCD1602_E = 1;
    LCD1602_E = 0;
}
/* 设置显示 RAM 起始地址,亦即光标位置,(x,y)为对应屏幕上的字符坐标 */
void LcdSetCursor(unsigned char x, unsigned char y)
{
    unsigned char addr;

    if (y == 0)                       //由输入的屏幕坐标计算显示 RAM 的地址
        addr = 0x00 + x;              //第一行字符地址从 0x00 起始
    else
        addr = 0x40 + x;              //第二行字符地址从 0x40 起始
    LcdWriteCmd(addr | 0x80);         //设置 RAM 地址
}
/* 在液晶上显示字符串,(x,y)为对应屏幕上的起始坐标,
   str 为字符串指针,len 为需显示的字符长度 */
void LcdShowStr(unsigned char x, unsigned char y,
                unsigned char * str, unsigned char len)
{
    LcdSetCursor(x, y);               //设置起始地址
    while (len -- )                   //连续写入 len 个字符数据
    {
        LcdWriteDat( * str++);
    }
}
/* 初始化 1602 液晶 */
void InitLcd1602()
{
    LcdWriteCmd(0x38);                //16 * 2 显示,5 * 7 点阵,8 位数据接口
    LcdWriteCmd(0x0C);                //显示器开,光标关闭
    LcdWriteCmd(0x06);                //文字不动,地址自动 + 1
    LcdWriteCmd(0x01);                //清屏
}
```

/ *************************** main. c 文件程序源代码 *************************** /

```
# include < reg52.h>

bit flag500ms = 0;                    //500ms 定时标志
unsigned char T0RH = 0;               //T0 重载值的高字节
unsigned char T0RL = 0;               //T0 重载值的低字节
//待显示的第一行字符串
unsigned char code str1[] = "Kingst Studio";
```

```
//待显示的第二行字符串,需保持与第一行字符串等长,较短的行可用空格补齐
unsigned char code str2[] = "Let's move…";

void ConfigTimer0(unsigned int ms);
extern void InitLcd1602();
extern void LcdShowStr(unsigned char x, unsigned char y,
                       unsigned char * str, unsigned char len);

void main()
{
    unsigned char i;
    unsigned char index = 0;                              //移动索引
    unsigned char pdata bufMove1[16 + sizeof(str1) + 16]; //移动显示缓冲区1
    unsigned char pdata bufMove2[16 + sizeof(str2) + 16]; //移动显示缓冲区2

    EA = 1;                                               //开总中断
    ConfigTimer0(10);                                     //配置T0定时10ms
    InitLcd1602();                                        //初始化液晶
    //缓冲区开头一段填充为空格
    for (i = 0; i < 16; i++)
    {
        bufMove1[i] = ' ';
        bufMove2[i] = ' ';
    }
    //待显示字符串复制到缓冲区中间位置
    for (i = 0; i < (sizeof(str1) - 1); i++)
    {
        bufMove1[16 + i] = str1[i];
        bufMove2[16 + i] = str2[i];
    }
    //缓冲区结尾一段也填充为空格
    for (i = (16 + sizeof(str1) - 1); i < sizeof(bufMove1); i++)
    {
        bufMove1[i] = ' ';
        bufMove2[i] = ' ';
    }

    while (1)
    {
        if (flag500ms)                                    //每500ms移动一次屏幕
        {
            flag500ms = 0;
            //从缓冲区抽出需显示的一段字符显示到液晶上
            LcdShowStr(0, 0, bufMove1 + index, 16);
            LcdShowStr(0, 1, bufMove2 + index, 16);
            //移动索引递增,实现左移
            index++;
            if (index >= (16 + sizeof(str1) - 1))
            { //起始位置达到字符串尾部后即返回从头开始
```

```
                    index = 0;
                }
            }
        }
    }
}
/* 配置并启动 T0,ms 为 T0 定时时间 */
void ConfigTimer0(unsigned int ms)
{
    unsigned long tmp;                      //临时变量

    tmp = 11059200 / 12;                    //定时器计数频率
    tmp = (tmp * ms) / 1000;                //计算所需的计数值
    tmp = 65536 - tmp;                      //计算定时器重载值
    tmp = tmp + 12;                         //补偿中断响应延时造成的误差
    T0RH = (unsigned char)(tmp >> 8);       //定时器重载值拆分为高低字节
    T0RL = (unsigned char)tmp;
    TMOD &= 0xF0;                           //清零 T0 的控制位
    TMOD |= 0x01;                           //配置 T0 为模式 1
    TH0 = T0RH;                             //加载 T0 重载值
    TL0 = T0RL;
    ET0 = 1;                                //使能 T0 中断
    TR0 = 1;                                //启动 T0
}
/* T0 中断服务函数,定时 500ms */
void InterruptTimer0() interrupt 1
{
    static unsigned char tmr500ms = 0;

    TH0 = T0RH;                             //重新加载重载值
    TL0 = T0RL;
    tmr500ms++;
    if (tmr500ms >= 50)
    {
        tmr500ms = 0;
        flag500ms = 1;
    }
}
```

在 main.c 中要调用 Lcd1602.c 文件中的 InitLcd1602()和 LcdShowStr 这两个函数,只需要在 main.c 中进行 extern 声明即可。大家用 Keil 软件编程试试,真正地感觉一下多.c 源文件的好处。如果这个程序给你的感觉还不深刻,下面来做一个稍微大点的程序来体会一下。

13.4 计算器实例

按键和液晶可以组成最简易的计算器。下面来写一个简易整数计算器提供给大家学习。为了使程序不过于复杂,这个计算器不考虑连加、连减等连续计算,不考虑小数情况。

加减乘除分别用上下左右来替代,回车表示等于,ESC 表示归 0。程序共分为三部分,一部分是 1602 液晶显示,一部分是按键动作和扫描,一部分是主函数功能,代码如下:

/ ************************ **Lcd1602.c 文件程序源代码** ************************ /

```c
#include < reg52.h>

#define LCD1602_DB P0
sbit LCD1602_RS = P1^0;
sbit LCD1602_RW = P1^1;
sbit LCD1602_E = P1^5;

/* 等待液晶准备好 */
void LcdWaitReady()
{
    unsigned char sta;

    LCD1602_DB = 0xFF;
    LCD1602_RS = 0;
    LCD1602_RW = 1;
    do {
        LCD1602_E = 1;
        sta = LCD1602_DB;            //读取状态字
        LCD1602_E = 0;
    } while (sta & 0x80);            //bit7 等于 1 表示液晶正忙,重复检测直到其等于 0 为止
}
/* 向 LCD1602 液晶写入一字节命令,cmd 为待写入命令值 */
void LcdWriteCmd(unsigned char cmd)
{
    LcdWaitReady();
    LCD1602_RS = 0;
    LCD1602_RW = 0;
    LCD1602_DB = cmd;
    LCD1602_E = 1;
    LCD1602_E = 0;
}
/* 向 LCD1602 液晶写入一字节数据,dat 为待写入数据值 */
void LcdWriteDat(unsigned char dat)
{
    LcdWaitReady();
    LCD1602_RS = 1;
    LCD1602_RW = 0;
    LCD1602_DB = dat;
    LCD1602_E = 1;
    LCD1602_E = 0;
}
/* 设置显示 RAM 起始地址,亦即光标位置,(x,y)为对应屏幕上的字符坐标 */
void LcdSetCursor(unsigned char x, unsigned char y)
{
```

```
        unsigned char addr;

        if (y == 0)                    //由输入的屏幕坐标计算显示 RAM 的地址
            addr = 0x00 + x;           //第一行字符地址从 0x00 起始
        else
            addr = 0x40 + x;           //第二行字符地址从 0x40 起始
        LcdWriteCmd(addr | 0x80);      //设置 RAM 地址
}
/* 在液晶上显示字符串,(x,y)为对应屏幕上的起始坐标,str 为字符串指针 */
void LcdShowStr(unsigned char x, unsigned char y, unsigned char * str)
{
    LcdSetCursor(x, y);                //设置起始地址
    while ( * str != '\0')             //连续写入字符串数据,直到检测到结束符
    {
        LcdWriteDat( * str++);
    }
}
/* 区域清除,清除从(x,y)坐标起始的 len 个字符位 */
void LcdAreaClear(unsigned char x, unsigned char y, unsigned char len)
{
    LcdSetCursor(x, y);                //设置起始地址
    while (len-- )                     //连续写入空格
    {
        LcdWriteDat('');
    }
}
/* 整屏清除 */
void LcdFullClear()
{
    LcdWriteCmd(0x01);
}
/* 初始化 1602 液晶 */
void InitLcd1602()
{
    LcdWriteCmd(0x38);                 //16 * 2 显示,5 * 7 点阵,8 位数据接口
    LcdWriteCmd(0x0C);                 //显示器开,光标关闭
    LcdWriteCmd(0x06);                 //文字不动,地址自动 + 1
    LcdWriteCmd(0x01);                 //清屏
}
```

Lcd1602. c 文件中根据上层应用的需要增加了两个清屏函数:区域清屏——LcdAreaClear,整屏清屏——LcdFullClear。

/*************************** **keyboard. c 文件程序源代码** ***************************/

```
# include < reg52. h>

sbit KEY_IN_1 = P2^4;
```

```
sbit KEY_IN_2 = P2^5;
sbit KEY_IN_3 = P2^6;
sbit KEY_IN_4 = P2^7;
sbit KEY_OUT_1 = P2^3;
sbit KEY_OUT_2 = P2^2;
sbit KEY_OUT_3 = P2^1;
sbit KEY_OUT_4 = P2^0;

unsigned char code KeyCodeMap[4][4] = {        //矩阵按键编号到标准键盘键码的映射表
    { '1', '2', '3', 0x26 },                   //数字键1、数字键2、数字键3、向上键
    { '4', '5', '6', 0x25 },                   //数字键4、数字键5、数字键6、向左键
    { '7', '8', '9', 0x28 },                   //数字键7、数字键8、数字键9、向下键
    { '0', 0x1B, 0x0D, 0x27 }                  //数字键0、Esc键、回车键、向右键
};
unsigned char pdata KeySta[4][4] = {           //全部矩阵按键的当前状态
    {1, 1, 1, 1}, {1, 1, 1, 1}, {1, 1, 1, 1}, {1, 1, 1, 1}
};

extern void KeyAction(unsigned char keycode);

/* 按键驱动函数,检测按键动作,调度相应动作函数,需在主循环中调用 */
void KeyDriver()
{
    unsigned char i, j;
    static unsigned char pdata backup[4][4] = {    //按键值备份,保存前一次的值
        {1, 1, 1, 1}, {1, 1, 1, 1}, {1, 1, 1, 1}, {1, 1, 1, 1}
    };

    for (i = 0; i < 4; i++)                        //循环检测 4 * 4 的矩阵按键
    {
        for (j = 0; j < 4; j++)
        {
            if (backup[i][j] != KeySta[i][j])       //检测按键动作
            {
                if (backup[i][j] != 0)              //按键按下时执行动作
                {
                    KeyAction(KeyCodeMap[i][j]);    //调用按键动作函数
                }
                backup[i][j] = KeySta[i][j];        //刷新前一次的备份值
            }
        }
    }
}
/* 按键扫描函数,需在定时中断中调用,推荐调用间隔1ms */
void KeyScan()
{
    unsigned char i;
    static unsigned char keyout = 0;              //矩阵按键扫描输出索引
    static unsigned char keybuf[4][4] = {         //矩阵按键扫描缓冲区
```

```
                {0xFF, 0xFF, 0xFF, 0xFF}, {0xFF, 0xFF, 0xFF, 0xFF},
                {0xFF, 0xFF, 0xFF, 0xFF}, {0xFF, 0xFF, 0xFF, 0xFF}
            };

    //将一行的4个按键值移入缓冲区
    keybuf[keyout][0] = (keybuf[keyout][0] << 1) | KEY_IN_1;
    keybuf[keyout][1] = (keybuf[keyout][1] << 1) | KEY_IN_2;
    keybuf[keyout][2] = (keybuf[keyout][2] << 1) | KEY_IN_3;
    keybuf[keyout][3] = (keybuf[keyout][3] << 1) | KEY_IN_4;
    //消抖后更新按键状态
    for (i=0; i<4; i++)          //每行4个按键,所以循环4次
    {
        if ((keybuf[keyout][i] & 0x0F) == 0x00)
        {   //连续4次扫描值为0,即4*4ms内都是按下状态时,可认为按键已稳定按下
            KeySta[keyout][i] = 0;
        }
        else if ((keybuf[keyout][i] & 0x0F) == 0x0F)
        {   //连续4次扫描值为1,即4*4ms内都是弹起状态时,可认为按键已稳定弹起
            KeySta[keyout][i] = 1;
        }
    }
    //执行下一次的扫描输出
    keyout++;                    //输出索引递增
    keyout &= 0x03;              //索引值加到4即归0
    switch (keyout)              //根据索引,释放当前输出引脚,拉低下次的输出引脚
    {
        case 0: KEY_OUT_4 = 1; KEY_OUT_1 = 0; break;
        case 1: KEY_OUT_1 = 1; KEY_OUT_2 = 0; break;
        case 2: KEY_OUT_2 = 1; KEY_OUT_3 = 0; break;
        case 3: KEY_OUT_3 = 1; KEY_OUT_4 = 0; break;
        default: break;
    }
}
```

keyboard.c是对之前已经用过多次的矩阵按键驱动的封装,具体到某个按键要执行的动作函数都放到上层的main.c中实现,在这个按键驱动文件中只负责调用上层实现的按键动作函数即可,代码如下:

/************************** **main.c文件程序源代码** ************************** /

```
#include <reg52.h>

unsigned char step = 0;              //操作步骤
unsigned char oprt = 0;              //运算类型
signed long num1 = 0;                //操作数1
signed long num2 = 0;                //操作数2
signed long result = 0;              //运算结果
unsigned char T0RH = 0;              //T0重载值的高字节
```

```
unsigned char T0RL = 0;                    //T0 重载值的低字节

void ConfigTimer0(unsigned int ms);
extern void KeyScan();
extern void KeyDriver();
extern void InitLcd1602();
extern void LcdShowStr(unsigned char x, unsigned char y, unsigned char * str);
extern void LcdAreaClear(unsigned char x, unsigned char y, unsigned char len);
extern void LcdFullClear();

void main()
{
    EA = 1;                                //开总中断
    ConfigTimer0(1);                       //配置 T0 定时 1ms
    InitLcd1602();                         //初始化液晶
    LcdShowStr(15, 1, "0");                //初始显示一个数字 0

    while (1)
    {
        KeyDriver();                       //调用按键驱动
    }
}
/* 长整型数转换为字符串,str 为字符串指针,dat 为待转换数,返回值为字符串长度 */
unsigned char LongToString(unsigned char * str, signed long dat)
{
    signed char i = 0;
    unsigned char len = 0;
    unsigned char buf[12];

    if (dat < 0)                           //如果为负数,首先取绝对值,并在指针上添加负号
    {
        dat = - dat;
        * str++ = '-';
        len++;
    }
    do {                                   //先转换为低位在前的十进制数组
        buf[i++] = dat % 10;
        dat /= 10;
    } while (dat > 0);
    len += i;                              //i 最后的值就是有效字符的个数
    while (i-- > 0)                        //将数组值转换为 ASCII 码反向复制到接收指针上
    {
        * str++ = buf[i] + '0';
    }
    * str = '\0';                          //添加字符串结束符

    return len;                            //返回字符串长度
}
/* 显示运算符,显示位置 y,运算符类型 type */
```

```
void ShowOprt(unsigned char y, unsigned char type)
{
    switch (type)
    {
        case 0: LcdShowStr(0, y, "+"); break;    //0 代表 +
        case 1: LcdShowStr(0, y, "-"); break;    //1 代表 -
        case 2: LcdShowStr(0, y, "*"); break;    //2 代表 *
        case 3: LcdShowStr(0, y, "/"); break;    //3 代表 /
        default: break;
    }
}
/* 计算器复位,清零变量值,清除屏幕显示 */
void Reset()
{
    num1 = 0;
    num2 = 0;
    step = 0;
    LcdFullClear();
}
/* 数字键动作函数,n 为按键输入的数值 */
void NumKeyAction(unsigned char n)
{
    unsigned char len;
    unsigned char str[12];

    if (step > 1)                            //如果计算已完成,则重新开始新的计算
    {
        Reset();
    }
    if (step == 0)                           //输入第一操作数
    {
        num1 = num1 * 10 + n;                //输入数值累加到原操作数上
        len = LongToString(str, num1);       //新数值转换为字符串
        LcdShowStr(16 - len, 1, str);        //显示到液晶第二行上
    }
    else                                     //输入第二操作数
    {
        num2 = num2 * 10 + n;                //输入数值累加到原操作数上
        len = LongToString(str, num2);       //新数值转换为字符串
        LcdShowStr(16 - len, 1, str);        //显示到液晶第二行上
    }
}
/* 运算符按键动作函数,运算符类型 type */
void OprtKeyAction(unsigned char type)
{
    unsigned char len;
    unsigned char str[12];
```

```
    if (step == 0)                              //第二操作数尚未输入时响应,即不支持连续操作
    {
        len = LongToString(str, num1);          //第一操作数转换为字符串
        LcdAreaClear(0, 0, 16 - len);           //清除第一行左边的字符位
        LcdShowStr(16 - len, 0, str);           //字符串靠右显示在第一行
        ShowOprt(1, type);                      //在第二行显示操作符
        LcdAreaClear(1, 1, 14);                 //清除第二行中间的字符位
        LcdShowStr(15, 1, "0");                 //在第二行最右端显示0
        oprt = type;                            //记录操作类型
        step = 1;
    }
}
/* 计算结果函数 */
void GetResult()
{
    unsigned char len;
    unsigned char str[12];

    if (step == 1)                              //第二操作数已输入时才执行计算
    {
        step = 2;
        switch (oprt)                           //根据运算符类型计算结果,未考虑溢出问题
        {
            case 0: result = num1 + num2; break;
            case 1: result = num1 - num2; break;
            case 2: result = num1 * num2; break;
            case 3: result = num1 / num2; break;
            default: break;
        }
        len = LongToString(str, num2);          //原第二操作数和运算符显示到第一行
        ShowOprt(0, oprt);
        LcdAreaClear(1, 0, 16 - 1 - len);
        LcdShowStr(16 - len, 0, str);
        len = LongToString(str, result);        //计算结果和等号显示在第二行
        LcdShowStr(0, 1, " = ");
        LcdAreaClear(1, 1, 16 - 1 - len);
        LcdShowStr(16 - len, 1, str);
    }
}
/* 按键动作函数,根据键码执行相应的操作,keycode 为按键键码 */
void KeyAction(unsigned char keycode)
{
    if ((keycode >= '0') && (keycode <= '9'))   //输入字符
    {
        NumKeyAction(keycode - '0');
    }
    else if (keycode == 0x26)                   //向上键, +
    {
        OprtKeyAction(0);
```

```
    }
    else if (keycode == 0x28)              //向下键,-
    {
        OprtKeyAction(1);
    }
    else if (keycode == 0x25)              //向左键,*
    {
        OprtKeyAction(2);
    }
    else if (keycode == 0x27)              //向右键,÷
    {
        OprtKeyAction(3);
    }
    else if (keycode == 0x0D)              //回车键,计算结果
    {
        GetResult();
    }
    else if (keycode == 0x1B)              //Esc 键,清除
    {
        Reset();
        LcdShowStr(15, 1, "0");
    }
}
/* 配置并启动 T0,ms 为 T0 定时时间 */
void ConfigTimer0(unsigned int ms)
{
    unsigned long tmp;                     //临时变量

    tmp = 11059200 / 12;                   //定时器计数频率
    tmp = (tmp * ms) / 1000;               //计算所需的计数值
    tmp = 65536 - tmp;                     //计算定时器重载值
    tmp = tmp + 28;                        //补偿中断响应延时造成的误差
    T0RH = (unsigned char)(tmp >> 8);      //定时器重载值拆分为高低字节
    T0RL = (unsigned char)tmp;
    TMOD &= 0xF0;                          //清 0 T0 的控制位
    TMOD |= 0x01;                          //配置 T0 为模式 1
    TH0 = T0RH;                            //加载 T0 重载值
    TL0 = T0RL;
    ET0 = 1;                               //使能 T0 中断
    TR0 = 1;                               //启动 T0
}
/* T0 中断服务函数,执行按键扫描 */
void InterruptTimer0() interrupt 1
{
    TH0 = T0RH;                            //重新加载重载值
    TL0 = T0RL;
    KeyScan();                             //按键扫描
}
```

main.c文件实现所有应用层的操作函数,即计算器功能所需要信息显示、按键动作响应等,另外还包括主循环和定时中断的调度。

通过这样一个程序,大家一方面学习如何进行多个.c文件的编程,另外一个方面学会多个函数之间的灵活调用。可以把这个程序看成是一个简单的小项目,学习一下项目编程都是如何进行和布局的。不要把项目想象得太难,再复杂的项目也是这种简单程序的组合和扩展而已。

13.5　串口通信机制和实用的串口例程

前边学串口通信的时候,比较注重的是串口底层时序上的操作过程,所以例程都是简单地收发字符或者字符串。在实际应用中,往往串口还要和计算机上的上位机软件进行交互,实现计算机软件发送不同的指令,单片机对应执行不同操作的功能,这就要求组织一个比较合理的通信机制和逻辑关系,用来实现想要的结果。

本节所提供程序的功能是,通过计算机串口调试助手下发三个不同的命令,第一条指令:buzz on可以让蜂鸣器响;第二条指令:buzz off可以让蜂鸣器不响;第三条指令:showstr,这个命令空格后边,可以添加任何字符串,让后边的字符串在1602液晶上显示出来,同时不管发送什么命令,单片机收到后把命令原封不动地再通过串口发送给计算机,以表示"我收到了……你可以检查一下对不对"。这样的感觉是不是更像是一个小项目了呢?

对于串口通信部分来说,单片机给计算机发字符串好说,有多大的数组就发送多少个字节即可,但是单片机接收数据,接收多少个才应该是一帧完整的数据呢?数据接收起始头在哪里,结束在哪里?这些在接收到数据前都是无从得知的,那怎么办呢?

编程思路是基于这样一种通常的事实:当需要发送一帧(多个字节)数据时,这些数据都是连续不断地发送的,即发送完一个字节后会紧接着发送下一个字节,期间没有间隔或间隔很短,而当这一帧数据都发送完毕后,就会间隔很长一段时间(相对于连续发送时的间隔来讲)不再发送数据,也就是通信总线上会空闲一段较长的时间。于是建立这样一种程序机制:设置一个软件的总线空闲定时器,这个定时器在有数据传输时(从单片机接收角度来说就是接收到数据时)清零,而在总线空闲时(也就是没有接收到数据时)时累加,当它累加到一定时间(例程中是30ms)后,就可以认定一帧完整的数据已经传输完毕了,于是告诉其他程序可以来处理数据了,本次的数据处理完后就恢复到初始状态,再准备下一次的接收。那么这个用于判定一帧结束的空闲时间取多少合适呢?它取决于多个条件,并没有一个固定值,这里介绍几个需要考虑的原则:第一,这个时间必须大于一个字节传输时间很明显单片机接收中断产生是在一个字节接收完毕,也就是一个时刻点,而其接收过程程序是无从知晓的,因此在至少一个字节传输时间内你绝不能认为空闲已经时间达到了。第二,要考虑发送方的系统延时,因为不是所有的发送方都能让数据严格无间隔地发送,因为软件响应、关中断、系统临界区等操作都会引起延时,所以还得再附加几毫秒到十几毫秒的时间。选取30ms是一个折中的经验值,它能适应大部分的波特率(大于1200)和大部分的系统延时(PC或其他单片机系统)情况。

先把这个程序最重要的 Uart.c 文件中的程序贴出来,代码如下。一点点给大家解析,这个是实际项目开发常用的用法,大家一定要认真弄明白。

/ *************************** **Uart.c 文件程序源代码** *************************** /

```c
# include < reg52.h >

bit flagFrame = 0;                          //帧接收完成标志,即接收到一帧新数据
bit flagTxd = 0;                            //单字节发送完成标志,用来替代 TXD 中断标志位
unsigned char cntRxd = 0;                   //接收字节计数器
unsigned char pdata bufRxd[64];             //接收字节缓冲区

extern void UartAction(unsigned char * buf, unsigned char len);

/* 串口配置函数,baud 为通信波特率 */
void ConfigUART(unsigned int baud)
{
    SCON = 0x50;                            //配置串口为模式 1
    TMOD &= 0x0F;                           //清零 T1 的控制位
    TMOD |= 0x20;                           //配置 T1 为模式 2
    TH1 = 256 - (11059200/12/32)/baud;     //计算 T1 重载值
    TL1 = TH1;                              //初值等于重载值
    ET1 = 0;                               //禁止 T1 中断
    ES = 1;                                //使能串口中断
    TR1 = 1;                               //启动 T1
}
/* 串口数据写入,即串口发送函数,buf 为待发送数据的指针,len 为指定的发送长度 */
void UartWrite(unsigned char * buf, unsigned char len)
{
    while (len--)                          //循环发送所有字节
    {
        flagTxd = 0;                       //清 0 发送标志
        SBUF = * buf++;                    //发送一个字节数据
        while (!flagTxd);                  //等待该字节发送完成
    }
}
/* 串口数据读取函数,buf 为接收指针,len 为指定的读取长度,返回值为实际读到的长度 */
unsigned char UartRead(unsigned char * buf, unsigned char len)
{
    unsigned char i;

    if (len > cntRxd)                      //指定读取长度大于实际接收到的数据长度时,
    {                                      //读取长度设置为实际接收到的数据长度
        len = cntRxd;
    }
    for (i = 0; i < len; i++)              //复制接收到的数据到接收指针上
    {
        * buf++ = bufRxd[i];
```

```
    }
    cntRxd = 0;                              //接收计数器清0

    return len;                              //返回实际读取长度
}
/* 串口接收监控,由空闲时间判定帧结束,需在定时中断中调用,ms为定时间隔 */
void UartRxMonitor(unsigned char ms)
{
    static unsigned char cntbkp = 0;
    static unsigned char idletmr = 0;

    if (cntRxd > 0)                          //接收计数器大于0时,监控总线空闲时间
    {
        if (cntbkp != cntRxd)                //接收计数器改变,即刚接收到数据时,清0空闲计时器
        {
            cntbkp = cntRxd;
            idletmr = 0;
        }
        else                                 //接收计数器未改变,即总线空闲时,累积空闲时间
        {
            if (idletmr < 30)                //空闲计时小于30ms时,持续累加
            {
                idletmr += ms;
                if (idletmr >= 30)           //空闲时间达到30ms时,即判定为一帧接收完毕
                {
                    flagFrame = 1;           //设置帧接收完成标志
                }
            }
        }
    }
    else
    {
        cntbkp = 0;
    }
}
/* 串口驱动函数,监测数据帧的接收,调度功能函数,需在主循环中调用 */
void UartDriver()
{
    unsigned char len;
    unsigned char pdata buf[40];

    if (flagFrame)                           //有命令到达时,读取处理该命令
    {
        flagFrame = 0;
        len = UartRead(buf, sizeof(buf));    //将接收到的命令读取到缓冲区中
        UartAction(buf, len);                //传递数据帧,调用动作执行函数
    }
}
/* 串口中断服务函数 */
```

```
void InterruptUART() interrupt 4
{
    if (RI)                           //接收到新字节
    {
        RI = 0;                       //清 0 接收中断标志位
        if (cntRxd < sizeof(bufRxd))  //接收缓冲区尚未用完时,
        {                             //保存接收字节,并递增计数器
            bufRxd[cntRxd++] = SBUF;
        }
    }
    if (TI)                           //字节发送完毕
    {
        TI = 0;                       //清 0 发送中断标志位
        flagTxd = 1;                  //设置字节发送完成标志
    }
}
```

大家可以对照注释和前面的讲解分析一下这个 Uart.c 文件,在这里指出其中的两个要点希望大家多注意。

(1) 接收数据的处理。在串口中断中,将接收到的字节都存入缓冲区 bufRxd 中,同时利用另外的定时器中断通过间隔调用 UartRxMonitor 来监控一帧数据是否接收完毕,判定的原则就是前面介绍的空闲时间。当判定一帧数据结收完毕时,设置 flagFrame 标志,主循环中可以通过调用 UartDriver 来检测该标志,并处理接收到的数据。当要处理接收到的数据时,先通过串口读取函数 UartRead 把接收缓冲区 bufRxd 中的数据读取出来,然后再对读到的数据进行判断处理。也许你会说,既然数据都已经接收到 bufRxd 中了,那直接在这里面用不就行了嘛,何必还得再复制到另一个地方去呢?我们设计这种双缓冲的机制,主要是为了提高串口接收到响应效率:首先,如果你在 bufRxd 中处理数据,那么这时就不能再接收任何数据,因为新接收的数据会破坏原来的数据,造成其不完整和混乱;其次,这个处理过程可能会耗费较长的时间,比如说上位机现在就给你发来一个延时显示的命令,那么在这个延时的过程中都无法去接收新的命令,在上位机看来就是暂时失去响应了。而使用这种双缓冲机制就可以大大改善这个问题,因为数据复制所需的时间是相当短的,只要复制出去后,bufRxd 就可以马上准备去接收新数据了。

(2) 串口数据写入函数 UartWrite,它把数据指针 buf 指向的数据块连续地由串口发送出去。虽然串口程序启用了中断,但这里的发送功能却没有在中断中完成,而是仍然靠查询发送中断标志 flagTxd(因中断函数内必须清零 TI,否则中断会重复进入执行,所以另置了一个 flagTxd 来代替 TI)来完成,当然也可以采用先把发送数据复制到一个缓冲区中,然后再在中断中把缓冲区数据发送出去的方式,但这样一是要耗费额外的内存,二是使程序更复杂。这里也还是想告诉大家,简单方式可以解决的问题就不要搞得更复杂。

/ **************************** **main. c 文件程序源代码** **************************** /

```c
#include <reg52.h>

sbit BUZZ = P1^6;                                //蜂鸣器控制引脚

bit flagBuzzOn = 0;                              //蜂鸣器启动标志
unsigned char T0RH = 0;                          //T0 重载值的高字节
unsigned char T0RL = 0;                          //T0 重载值的低字节

void ConfigTimer0(unsigned int ms);
extern void UartDriver();
extern void ConfigUART(unsigned int baud);
extern void UartRxMonitor(unsigned char ms);
extern void UartWrite(unsigned char * buf, unsigned char len);
extern void InitLcd1602();
extern void LcdShowStr(unsigned char x, unsigned char y, unsigned char * str);
extern void LcdAreaClear(unsigned char x, unsigned char y, unsigned char len);

void main()
{
    EA = 1;                                      //开总中断
    ConfigTimer0(1);                             //配置 T0 定时 1ms
    ConfigUART(9600);                            //配置波特率为 9600
    InitLcd1602();                               //初始化液晶

    while (1)
    {
        UartDriver();                            //调用串口驱动
    }
}
/* 内存比较函数,比较两个指针所指向的内存数据是否相同,
   ptr1 为待比较指针 1,ptr2 为待比较指针 2,len 为待比较长度
   返回值 - 两段内存数据完全相同时返回 1,不同返回 0 */
bit CmpMemory(unsigned char * ptr1, unsigned char * ptr2, unsigned char len)
{
    while (len -- )
    {
        if ( * ptr1++ != * ptr2++)               //遇到不相等数据时即刻返回 0
        {
            return 0;
        }
    }
    return 1;                                    //比较完全部长度数据都相等则返回 1
}
/* 串口动作函数,根据接收到的命令帧执行响应的动作
   buf 为接收到的命令帧指针,len 为命令帧长度 */
void UartAction(unsigned char * buf, unsigned char len)
{
```

```c
    unsigned char i;
    unsigned char code cmd0[] = "buzz on";    //开蜂鸣器命令
    unsigned char code cmd1[] = "buzz off";   //关蜂鸣器命令
    unsigned char code cmd2[] = "showstr ";   //字符串显示命令
    unsigned char code cmdLen[] = {           //命令长度汇总表
        sizeof(cmd0) - 1, sizeof(cmd1) - 1, sizeof(cmd2) - 1,
    };
    unsigned char code * cmdPtr[] = {         //命令指针汇总表
        &cmd0[0], &cmd1[0], &cmd2[0],
    };

    for (i = 0; i < sizeof(cmdLen); i++)      //遍历命令列表,查找相同命令
    {
        if (len >= cmdLen[i])                 //首先接收到的数据长度要不小于命令长度
        {
            if (CmpMemory(buf, cmdPtr[i], cmdLen[i]))  //比较相同时退出循环
            {
                break;
            }
        }
    }
    switch (i)                                //循环退出时 i 的值即是当前命令的索引值
    {
        case 0:
            flagBuzzOn = 1;                   //开启蜂鸣器
            break;
        case 1:
            flagBuzzOn = 0;                   //关闭蜂鸣器
            break;
        case 2:
            buf[len] = '\0';                  //为接收到的字符串添加结束符
            LcdShowStr(0, 0, buf + cmdLen[2]); //显示命令后的字符串
            i = len - cmdLen[2];              //计算有效字符个数
            if (i < 16)                       //有效字符少于 16 时,清除液晶上的后续字符位
            {
                LcdAreaClear(i, 0, 16 - i);
            }
            break;
        default:                              //未找到相符命令时,给上机发送"错误命令"的提示
            UartWrite("bad command.\r\n", sizeof("bad command.\r\n") - 1);
            return;
    }
    buf[len++] = '\r';                        //有效命令被执行后,在原命令帧之后添加
    buf[len++] = '\n';                        //回车换行符后返回给上位机,表示已执行
    UartWrite(buf, len);
}
/* 配置并启动 T0,ms 为 T0 定时时间 */
void ConfigTimer0(unsigned int ms)
{
```

```
        unsigned long tmp;                    //临时变量

        tmp = 11059200 / 12;                  //定时器计数频率
        tmp = (tmp * ms) / 1000;              //计算所需的计数值
        tmp = 65536 - tmp;                    //计算定时器重载值
        tmp = tmp + 33;                       //补偿中断响应延时造成的误差
        T0RH = (unsigned char)(tmp>> 8);      //定时器重载值拆分为高低字节
        T0RL = (unsigned char)tmp;
        TMOD &= 0xF0;                         //清 0 T0 的控制位
        TMOD |= 0x01;                         //配置 T0 为模式 1
        TH0 = T0RH;                           //加载 T0 重载值
        TL0 = T0RL;
        ET0 = 1;                              //使能 T0 中断
        TR0 = 1;                              //启动 T0
}
/* T0 中断服务函数,执行串口接收监控和蜂鸣器驱动 */
void InterruptTimer0() interrupt 1
{
        TH0 = T0RH;                           //重新加载重载值
        TL0 = T0RL;
        if (flagBuzzOn)                       //执行蜂鸣器鸣叫或关闭
            BUZZ = ~BUZZ;
        else
            BUZZ = 1;
        UartRxMonitor(1);                     //串口接收监控
}
```

　　main 函数和主循环的结构已经做过很多了,这里重点把串口接收数据的具体解析方法给大家分析一下,这种用法具有很强的普遍性,掌握并灵活运用它可以使将来的开发工作事半功倍。

　　首先来看 CmpMemory 函数,这个函数很简单,就是比较两段内存数据,通常都是数组中的数据,函数接收两段数据的指针,然后逐个字节比较——if (* ptr1++ != * ptr2++),这行代码既完成了两个指针指向的数据的比较,又在比较完后把两个指针都各自+1,从这里是不是也能领略到一点 C 语言的简洁高效的魅力呢。这个函数的用处自然就是用来比较接收到的数据和事先放在程序里的命令字符串是否相同,从而找出相符的命令。

　　接下来是 UartAction 函数对接收数据的解析和处理方法,先把接收的数据与所支持的命令字符串逐条比较,这个比较中首先要确保接收的长度大于命令字符串的长度,然后再用上述的 CmpMemory 函数逐字节比较,如果比较相同就立即退出循环,不同则继续对比下一条命令。当找到相符的命令字符串时,最终 i 的值就是该命令在其列表中的索引位置,当遍历完命令列表都没有找到相符的命令时,最终 i 的值将等于命令总数,那么接下来就用 switch 语句根据 i 的值来执行具体的动作,这个就不需要再详细说明了。

/ ＊＊＊＊＊＊＊＊＊＊＊＊＊＊＊＊＊＊＊＊＊＊＊ **Lcd1602.c 文件程序源代码** ＊＊＊＊＊＊＊＊＊＊＊＊＊＊＊＊＊＊＊＊＊＊＊ /

```c
#include <reg52.h>

#define LCD1602_DB P0
sbit LCD1602_RS = P1^0;
sbit LCD1602_RW = P1^1;
sbit LCD1602_E = P1^5;

/* 等待液晶准备好 */
void LcdWaitReady()
{
    unsigned char sta;

    LCD1602_DB = 0xFF;
    LCD1602_RS = 0;
    LCD1602_RW = 1;
    do {
        LCD1602_E = 1;
        sta = LCD1602_DB;          //读取状态字
        LCD1602_E = 0;
    } while (sta & 0x80);          //bit7 等于 1 表示液晶正忙,重复检测直到其等于 0
}
/* 向 LCD1602 液晶写入一字节命令,cmd 为待写入命令值 */
void LcdWriteCmd(unsigned char cmd)
{
    LcdWaitReady();
    LCD1602_RS = 0;
    LCD1602_RW = 0;
    LCD1602_DB = cmd;
    LCD1602_E = 1;
    LCD1602_E = 0;
}
/* 向 LCD1602 液晶写入一字节数据,dat 为待写入数据值 */
void LcdWriteDat(unsigned char dat)
{
    LcdWaitReady();
    LCD1602_RS = 1;
    LCD1602_RW = 0;
    LCD1602_DB = dat;
    LCD1602_E = 1;
    LCD1602_E = 0;
}
/* 设置显示 RAM 起始地址,亦即光标位置,(x,y)为对应屏幕上的字符坐标 */
void LcdSetCursor(unsigned char x, unsigned char y)
{
    unsigned char addr;

    if (y == 0)                    //由输入的屏幕坐标计算显示 RAM 的地址
        addr = 0x00 + x;           //第一行字符地址从 0x00 起始
```

```
        else
            addr = 0x40 + x;                //第二行字符地址从 0x40 起始
        LcdWriteCmd(addr | 0x80);           //设置 RAM 地址
}
/* 在液晶上显示字符串,(x,y)为对应屏幕上的起始坐标,str 为字符串指针 */
void LcdShowStr(unsigned char x, unsigned char y, unsigned char * str)
{
    LcdSetCursor(x, y);                     //设置起始地址
    while ( * str != '\0')                  //连续写入字符串数据,直到检测到结束符
    {
        LcdWriteDat( * str++);
    }
}
/* 区域清除,清除从(x,y)坐标起始的 len 个字符位 */
void LcdAreaClear(unsigned char x, unsigned char y, unsigned char len)
{
    LcdSetCursor(x, y);                     //设置起始地址
    while (len -- )                         //连续写入空格
    {
        LcdWriteDat(' ');
    }
}
/* 初始化 1602 液晶 */
void InitLcd1602()
{
    LcdWriteCmd(0x38);                      //16 * 2 显示,5 * 7 点阵,8 位数据接口
    LcdWriteCmd(0x0C);                      //显示器开,光标关闭
    LcdWriteCmd(0x06);                      //文字不动,地址自动 + 1
    LcdWriteCmd(0x01);                      //清屏
}
```

　　液晶文件与上一个例子的液晶文件基本是一样的,唯一的区别是删掉了一个本例中用不到的全屏清屏函数,其实留着这个函数也没关系,只是 Keil 会提示一个警告,告诉你有未被调用的函数,可以不理会它。

　　经过这几个多文件工程的练习,大家是否发现,在采用多文件模块化编程后,不光是某些函数,甚至整个 c 文件,如有需要都可以直接复制到其他的新工程中使用,非常方便功能程序的移植,这样随着实践积累的增加,工作效率就会越来越高。

13.6　练习题

1. 将通信时序的逻辑理解透彻,并且能够自己独立看懂其他器件的时序图。

2. 根据 1602 整屏移动程序,改写成整屏右移的程序。

3. 掌握多 .c 源文件编写代码的方法以及调用其他文件中变量和函数的方法。

4. 彻底理解实用的串口通信机制程序,能够完全解析明白实用串口通信例程,为今后自己独立编写类似程序打下基础。

第 14 章

I2C 总线与 E²PROM

第 14 章视频

前几章学习了一种通信协议叫作 UART 异步串行通信,本章要学习第二种常用的通信协议 I2C。I2C 总线是由 PHILIPS 公司开发的两线式串行总线,多用于连接微处理器及其外围芯片。I2C 总线的主要特点是接口方式简单,两条线可以挂多个参与通信的器件,即多机模式,而且任何一个器件都可以作为主机,当然同一时刻只能有一个主机。

从原理上来讲,UART 属于异步通信,比如计算机发送给单片机,计算机只负责把数据通过 TXD 发送出来即可,接收数据是单片机自己的事情。而 I2C 属于同步通信,SCL 时钟线负责收发双方的时钟节拍,SDA 数据线负责传输数据。I2C 的发送方和接收方都以 SCL 这个时钟节拍为基准进行数据的发送和接收。

从应用上来讲,UART 通信多用于板间通信,比如单片机和计算机,这个设备和另外一个设备之间的通信。而 I2C 多用于板内通信,比如单片机和本章要学的 E²PROM 之间的通信。

14.1 I2C 时序初步认识

在硬件上,I2C 总线是由时钟总线 SCL 和数据总线 SDA 两条线构成,连接到总线上的所有器件的 SCL 都连到一起,所有 SDA 都连到一起。I2C 总线是开漏引脚并联的结构,因此外部要添加上拉电阻。对于开漏电路外部加上拉电阻,就组成了线"与"的关系。总线上线"与"的关系就是说,所有接入的器件保持高电平,这条线才是高电平,而任何一个器件输出一个低电平,那这条线就会保持低电平,因此可以做到任何一个器件都可以拉低电平,也就是任何一个器件都可以作为主机,如图 14-1 所示添加了 R63 和 R64 两个上拉电阻。

图 14-1 I2C 总线的上拉电阻

虽然说任何一个设备都可以作为主机,但绝大多数情况下都是用单片机来做主机,而总线上挂的多个器件,每一个都像电话机一样有自己唯一的地址,在信息传输的过程中,通过唯一的地址就可以正常识别到属于自己的信息,在 KST-51 开发板上,就挂接了 2 个 I2C 设备,一个是 24C02,一个是 PCF8591。

在学习 UART 串行通信的时候,知道了通信流程分为起始位、数据位、停止位这三部分,同理在 I2C 中也有起始信号、数据传输和停止信号,如图 14-2 所示。

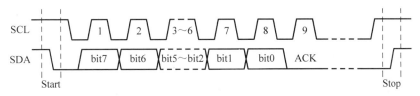

图 14-2　I2C 时序流程图

从图上可以看出来,I2C 和 UART 时序流程有相似性,也有一定的区别。UART 每个字节中都有 1 个起始位、8 个数据位、1 个停止位。而 I2C 分为起始信号、数据传输部分和停止信号。其中数据传输部分可以一次通信过程传输很多个字节,字节数是不受限制的,而每个字节的数据最后也跟了一位,这一位叫作应答位,通常用 ACK 表示,有点类似于 UART 的停止位。

下面逐步地把 I2C 通信时序进行剖析。之前已经学过了 UART,所以学习 I2C 的过程尽量拿 UART 来作为对比,这样有助于更好地理解。但是有一点要理解清楚,就是 UART 通信虽然用了 TXD 和 RXD 两根线,但是实际一次通信中,1 条线就可以完成,2 条线是把发送和接收分开而已,而 I2C 每次通信,不管是发送还是接收,必须 2 条线都参与工作才能完成,为了更方便地看出每一位的传输流程,把图 14-2 改进成图 14-3。

图 14-3　I2C 通信流程解析

(1) 起始信号:UART 通信是从一直持续的高电平出现一个低电平标志起始位;而 I2C 通信的起始信号的定义是 SCL 为高电平期间,SDA 由高电平向低电平变化产生一个下降沿,表示起始信号,如图 14-3 中的 Start 部分所示。

(2) 数据传输:首先,UART 是低位在前、高位在后;而 I2C 通信是高位在前、低位在后。其次,UART 通信数据位是固定长度,波特率分之一,一位一位固定时间发送完毕就可以了。而 I2C 没有固定波特率,但是有时序的要求,要求当 SCL 在低电平的时候,SDA 允许变化,也就是说,发送方必须先保持 SCL 是低电平,才可以改变数据线 SDA,输出要发送的当前数据的一位;而当 SCL 在高电平的时候,SDA 绝对不可以变化,因为这时,接收方要来读取当前 SDA 的电平信号是 0 还是 1,因此要保证 SDA 的稳定,如图 14-3 中的每一位数据的变化,都是在 SCL 的低电平位置。8 位数据位后边跟着的是一位应答位,关于应答位在后面还要具体介绍。

(3) 停止信号：UART 通信的停止位是一位固定的高电平信号；而 I2C 通信停止信号的定义是 SCL 为高电平期间，SDA 由低电平向高电平变化产生一个上升沿，表示结束信号，如图 14-3 中的 Stop 部分所示。

14.2　I2C 寻址模式

14.1 节介绍的是 I2C 每一位信号的时序流程，而 I2C 通信在字节级的传输中也有固定的时序要求。I2C 通信的起始信号(Start)后，首先要发送一个从机的地址，这个地址一共有 7 位，紧跟着的第 8 位是数据方向位(R/W)，"0"表示接下来要发送数据(写)，"1"表示接下来是请求数据(读)。

人们知道，打电话的时候，当拨通电话，接听方捡起电话肯定要回一个"喂"，这就是告诉拨电话的人，这边有人了。同理，这个第 9 位 ACK 实际上起到的就是这样一个作用。当发送完了这 7 位地址和 1 位方向后，如果发送的这个地址确实存在，那么这个地址的器件应该回应一个 ACK(拉低 SDA 即输出"0")，如果不存在，就没"人"回应 ACK(SDA 将保持高电平即"1")。

写一个简单的程序，访问一下开发板上的 E²PROM 的地址，另外再写一个不存在的地址，看看它们是否能回一个 ACK，来了解和确认一下这个问题。

开发板上的 E²PROM 器件型号是 24C02，在 24C02 的数据手册 3.6 节中可查到，24C02 的 7 位地址中，其中高 4 位是固定的 0b1010，而低 3 位的地址取决于具体电路的设计，由芯片上的 A2、A1、A0 这 3 个引脚的实际电平决定，来看一下 24C02 的电路图，它和 24C01 的原理图完全一样，如图 14-4 所示。

图 14-4　24C02 原理图

从图 14-4 可以看出，A2、A1、A0 都接 GND，也就是说都是 0，因此 24C02 的 7 位地址实际上是二进制的 0b1010000，也就是 0x50。用 I2C 的协议来寻址 0x50，另外再寻址一个不存在的地址 0x62，寻址完毕，把返回的 ACK 显示到我们的 1602 液晶上，大家对比一下。

/ ************************ **Lcd1602. c 文件程序源代码** ************************ /

```
# include < reg52.h>

# define LCD1602_DB P0
sbit LCD1602_RS = P1^0;
sbit LCD1602_RW = P1^1;
sbit LCD1602_E = P1^5;

/ * 等待液晶准备好 * /
```

```
void LcdWaitReady()
{
    unsigned char sta;

    LCD1602_DB = 0xFF;
    LCD1602_RS = 0;
    LCD1602_RW = 1;
    do {
        LCD1602_E = 1;
        sta = LCD1602_DB;                //读取状态字
        LCD1602_E = 0;
    } while (sta & 0x80);                //bit7 等于 1 表示液晶正忙,重复检测直到其等于 0 为止
}
/* 向 LCD1602 液晶写入一字节命令,cmd 为待写入命令值 */
void LcdWriteCmd(unsigned char cmd)
{
    LcdWaitReady();
    LCD1602_RS = 0;
    LCD1602_RW = 0;
    LCD1602_DB = cmd;
    LCD1602_E = 1;
    LCD1602_E = 0;
}
/* 向 LCD1602 液晶写入一字节数据,dat 为待写入数据值 */
void LcdWriteDat(unsigned char dat)
{
    LcdWaitReady();
    LCD1602_RS = 1;
    LCD1602_RW = 0;
    LCD1602_DB = dat;
    LCD1602_E = 1;
    LCD1602_E = 0;
}
/* 设置显示 RAM 起始地址,亦即光标位置,(x,y)为对应屏幕上的字符坐标 */
void LcdSetCursor(unsigned char x, unsigned char y)
{
    unsigned char addr;

    if (y == 0)                          //由输入的屏幕坐标计算显示 RAM 的地址
        addr = 0x00 + x;                 //第一行字符地址从 0x00 起始
    else
        addr = 0x40 + x;                 //第二行字符地址从 0x40 起始
    LcdWriteCmd(addr | 0x80);            //设置 RAM 地址
}
/* 在液晶上显示字符串,(x,y)为对应屏幕上的起始坐标,str 为字符串指针 */
void LcdShowStr(unsigned char x, unsigned char y, unsigned char * str)
{
    LcdSetCursor(x, y);                  //设置起始地址
    while ( * str != '\0')               //连续写入字符串数据,直到检测到结束符
```

```
    {
        LcdWriteDat( * str++);
    }
}
/ * 初始化1602液晶 */
void InitLcd1602()
{
    LcdWriteCmd(0x38);          //16 * 2显示,5 * 7点阵,8位数据接口
    LcdWriteCmd(0x0C);          //显示器开,光标关闭
    LcdWriteCmd(0x06);          //文字不动,地址自动 + 1
    LcdWriteCmd(0x01);          //清屏
}
```

/ ***************************** **main. c 文件程序源代码** ***************************** /

```
# include < reg52. h >
# include < intrins. h >

# define I2CDelay() {_nop_();_nop_();_nop_();_nop_();}
sbit I2C_SCL = P3^7;
sbit I2C_SDA = P3^6;

bit I2CAddressing(unsigned char addr);
extern void InitLcd1602();
extern void LcdShowStr(unsigned char x, unsigned char y, unsigned char * str);

void main()
{
    bit ack;
    unsigned char str[10];

    InitLcd1602();                          //初始化液晶

    ack = I2CAddressing(0x50);              //查询地址为 0x50 的器件
    str[0] = '5';                           //将地址和应答值转换为字符串
    str[1] = '0';
    str[2] = ':';
    str[3] = (unsigned char)ack + '0';
    str[4] = '\0';
    LcdShowStr(0, 0, str);                  //显示到液晶上

    ack = I2CAddressing(0x62);              //查询地址为 0x62 的器件
    str[0] = '6';                           //将地址和应答值转换为字符串
    str[1] = '2';
    str[2] = ':';
    str[3] = (unsigned char)ack + '0';
    str[4] = '\0';
    LcdShowStr(8, 0, str);                  //显示到液晶上
```

```
        while (1);
    }
    /* 产生总线起始信号 */
    void I2CStart()
    {
        I2C_SDA = 1;                        //首先确保 SDA、SCL 都是高电平
        I2C_SCL = 1;
        I2CDelay();
        I2C_SDA = 0;                        //先拉低 SDA
        I2CDelay();
        I2C_SCL = 0;                        //再拉低 SCL
    }
    /* 产生总线停止信号 */
    void I2CStop()
    {
        I2C_SCL = 0;                        //首先确保 SDA、SCL 都是低电平
        I2C_SDA = 0;
        I2CDelay();
        I2C_SCL = 1;                        //先拉高 SCL
        I2CDelay();
        I2C_SDA = 1;                        //再拉高 SDA
        I2CDelay();
    }
    /* I2C 总线写操作,dat 为待写入字节,返回值为从机应答位的值 */
    bit I2CWrite(unsigned char dat)
    {
        bit ack;                           //用于暂存应答位的值
        unsigned char mask;                //用于探测字节内某一位值的掩码变量

        for (mask = 0x80; mask!= 0; mask >> = 1)  //从高位到低位依次进行
        {
            if ((mask&dat) == 0)           //该位的值输出到 SDA 上
                I2C_SDA = 0;
            else
                I2C_SDA = 1;
            I2CDelay();
            I2C_SCL = 1;                    //拉高 SCL
            I2CDelay();
            I2C_SCL = 0;                    //再拉低 SCL,完成一个位周期
        }
        I2C_SDA = 1;                        //8 位数据发送完后,主机释放 SDA,以检测从机应答
        I2CDelay();
        I2C_SCL = 1;                        //拉高 SCL
        ack = I2C_SDA;                      //读取此时的 SDA 值,即为从机的应答值
        I2CDelay();
        I2C_SCL = 0;                        //再拉低 SCL 完成应答位,并保持住总线

        return ack;                        //返回从机应答值
    }
```

```
/* I2C寻址函数,即检查地址为 addr 的器件是否存在,返回值为从器件应答值 */
bit I2CAddressing(unsigned char addr)
{
    bit ack;

    I2CStart();                          //产生起始位,即启动一次总线操作
    ack = I2CWrite(addr << 1);           //器件地址需左移一位,因寻址命令的最低位
                                         //为读写位,用于表示之后的操作是读或写
    I2CStop();                           //不需进行后续读写,而直接停止本次总线操作

    return ack;
}
```

把这个程序在 KST-51 开发板上运行完毕,会在液晶上边显示出来预想的结果,主机发送一个存在的从机地址,从机会回复一个应答位,即应答位为 0;主机如果发送一个不存在的从机地址,就没有从机应答,即应答位为 1。

前面的章节中已经提到利用库函数 _nop_() 可以进行精确延时,一个 _nop_() 的时间就是一个机器周期,这个库函数包含在 intrins.h 这个文件中,如果要使用这个库函数,只需要在程序最开始,和包含 reg52.h 一样,include < intrins.h >之后,程序中就可以使用这个库函数了。

还有一点要提一下,I2C 通信分为低速模式 100kb/s、快速模式 400kb/s 和高速模式 3.4Mb/s。因为所有的 I2C 器件都支持低速,但未必支持另外两种速度,所以作为通用的 I2C 程序我们选择 100k 这个速率来实现,也就是说实际程序产生的时序必须小于或等于 100k 的时序参数,很明显,也就是要求 SCL 的高低电平持续时间都不短于 5μs,因此在时序函数中通过插入 I2CDelay()这个总线延时函数(它实际上就是 4 个 NOP 指令,用 define 在文件开头做了定义),加上改变 SCL 值语句本身占用的至少一个周期,来达到这个速度限制。如果以后需要提高速度,那么只需减小这里的总线延时时间即可。

此外要学习一个发送数据的技巧,就是 I2C 通信时如何将一个字节的数据发送出去。大家注意函数 I2CWrite()中,用的那个 for 循环的技巧。for(mask=0x80;mask!=0;mask >=1),由于 I2C 通信是从高位开始发送数据,所以先从最高位开始,0x80 和 dat 进行按位与运算,从而得知 dat 第 7 位是 0 还是 1,然后右移一位,也就是变成了用 0x40 和 dat 按位与运算,得到第 6 位是 0 还是 1,一直到第 0 位结束,最终通过 if 语句,把 dat 的 8 位数据依次发送出去。其他的逻辑对照前边讲到的理论知识,认真研究明白就可以了。

14.3 E²PROM 的学习

在实际的应用中,保存在单片机 RAM 中的数据掉电后就丢失了,保存在单片机的 FLASH 中的数据又不能随意改变,也就是不能用它来记录变化的数值。但是在某些场合又确实需要记录下某些数据,而它们还时常需要改变或更新,掉电之后数据还不能丢失,比

如家用电表度数,电视机里边的频道记忆,一般都是使用 E²PROM 来保存数据,特点就是掉电后不丢失。开发板上使用的这个器件是 24C02,一个容量大小是 2Kbits,也就是 256 个字节的 E²PROM。一般情况下,E²PROM 拥有 30~100 万次的寿命,也就是它可以反复写入 30 万~100 万次,而读取次数是无限的。

24C02 是一个基于 I2C 通信协议的器件,因此从现在开始,I2C 和 E²PROM 就要合体了。但是要分清楚,I2C 是一个通信协议,它拥有严密的通信时序逻辑要求,而 E²PROM 是一个器件,只是这个器件采用了 I2C 协议的接口与单片机相连而已,二者并没有必然的联系,E²PROM 可以用其他接口,I2C 也可以用在其他很多器件上。

14.3.1 E²PROM 单字节读写操作时序

1. E²PROM 写数据流程

(1) 首先是 I2C 的起始信号,接着跟上首字节,也就是 I2C 的器件地址,并且在读写方向上选择"写"操作。

(2) 发送数据的存储地址。24C02 一共 256 个字节的存储空间,地址从 0x00~0xFF,想把数据存储在哪个位置,此刻写的就是哪个地址。

(3) 发送要存储的数据第一个字节、第二个字节……注意在写数据的过程中,E²PROM 每个字节都会回应一个"应答位 0",来告诉我们写 E²PROM 数据成功,如果没有回应答位,说明写入不成功。

在写数据的过程中,每成功写入一个字节,E²PROM 存储空间的地址就会自动加 1,当加到 0xFF 后,再写一个字节,地址会溢出又变成了 0x00。

2. E²PROM 读数据流程

(1) 首先是 I2C 的起始信号,接着跟上首字节,也就是 I2C 的器件地址,并且在读写方向上选择"写"操作。这个地方可能有同学会诧异,明明是读数据为何方向也要选"写"呢?刚才说过了,24C02 一共有 256 个地址,选择写操作是为了把所要读的数据的存储地址先写进去,告诉 E²PROM 要读取哪个地址的数据。这就如同打电话,先拨总机号码(E²PROM 器件地址),而后还要继续拨分机号码(数据地址),而拨分机号码这个动作,主机仍然是发送方,方向依然是"写"。

(2) 发送要读取的数据的地址,注意是地址而非存在 E²PROM 中的数据,通知 E²PROM 要哪个分机的信息。

(3) 重新发送 I2C 起始信号和器件地址,并且在方向位选择"读"操作。

在这三步当中,每一个字节实际上都是在"写",所以每一个字节 E²PROM 都会回应一个"应答位 0"。

(4) 读取从器件发回的数据,读一个字节,如果还想继续读下一个字节,就发送一个"应答位 ACK(0)",如果不想读了,告诉 E²PROM 不想要数据了,别再发数据了,那就发送一个"非应答位 NAK(1)"。

和写操作规则一样,每读一个字节,地址会自动加 1,如果想继续往下读,给 E²PROM

一个 ACK(0)低电平,那再继续给 SCL 完整的时序,E^2PROM 会继续往外送数据。如果不想读了,要告诉 E^2PROM 不要数据了,直接给一个 NAK(1)高电平即可。这个地方大家要从逻辑上理解透彻,不能简单地靠死记硬背了,一定要理解明白。梳理一下几个要点:①在本例中单片机是主机,24C02 是从机;②无论是读是写,SCL 始终都是由主机控制的;③写的时候应答信号由从机给出,表示从机是否正确接收了数据;④读的时候应答信号则由主机给出,表示是否继续读下去。

下面写一个程序,读取 E^2PROM 的 0x02 这个地址上的一个数据,不管这个数据之前是多少都将读出来的数据加 1,再写到 E^2PROM 的 0x02 这个地址上。此外将 I2C 的程序建立一个文件,写一个 I2C.c 程序文件,形成又一个程序模块。大家也可以看出来,连续的这几个程序,Lcd1602.c 文件里的程序都是一样的,今后大家写 1602 显示程序也可以直接拿过去用,这大大提高了程序的移植。

/ *************************** **I2C.c 文件程序源代码** *************************** /

```
# include < reg52. h >
# include < intrins. h >

# define I2CDelay() {_nop_();_nop_();_nop_();_nop_();}
sbit I2C_SCL = P3^7;
sbit I2C_SDA = P3^6;

/* 产生总线起始信号 */
void I2CStart()
{
    I2C_SDA = 1;                    //首先确保 SDA、SCL 都是高电平
    I2C_SCL = 1;
    I2CDelay();
    I2C_SDA = 0;                    //先拉低 SDA
    I2CDelay();
    I2C_SCL = 0;                    //再拉低 SCL
}
/* 产生总线停止信号 */
void I2CStop()
{
    I2C_SCL = 0;                    //首先确保 SDA、SCL 都是低电平
    I2C_SDA = 0;
    I2CDelay();
    I2C_SCL = 1;                    //先拉高 SCL
    I2CDelay();
    I2C_SDA = 1;                    //再拉高 SDA
    I2CDelay();
}
/* I2C 总线写操作,dat 为待写入字节,返回值为从机应答位的值 */
bit I2CWrite(unsigned char dat)
{
```

```
    bit ack;                                //用于暂存应答位的值
    unsigned char mask;                     //用于探测字节内某一位值的掩码变量

    for (mask = 0x80; mask!= 0; mask >> = 1) //从高位到低位依次进行
    {
        if ((mask&dat) == 0)                //该位的值输出到 SDA 上
            I2C_SDA = 0;
        else
            I2C_SDA = 1;
        I2CDelay();
        I2C_SCL = 1;                        //拉高 SCL
        I2CDelay();
        I2C_SCL = 0;                        //再拉低 SCL,完成一个位周期
    }
    I2C_SDA = 1;                            //8 位数据发送完后,主机释放 SDA,以检测从机应答
    I2CDelay();
    I2C_SCL = 1;                            //拉高 SCL
    ack = I2C_SDA;                          //读取此时的 SDA 值,即为从机的应答值
    I2CDelay();
    I2C_SCL = 0;                            //再拉低 SCL 完成应答位,并保持住总线

    return (~ack);                          //应答值取反以符合通常的逻辑: 0 = 不存在
                                            //或忙或写入失败,1 = 存在且空闲或写入成功
}
/* I2C 总线读操作,并发送非应答信号,返回值为读到的字节 */
unsigned char I2CReadNAK()
{
    unsigned char mask;
    unsigned char dat;

    I2C_SDA = 1;                            //首先确保主机释放 SDA
    for (mask = 0x80; mask!= 0; mask >> = 1) //从高位到低位依次进行
    {
        I2CDelay();
        I2C_SCL = 1;                        //拉高 SCL
        if(I2C_SDA == 0)                    //读取 SDA 的值
            dat &= ~mask;                   //为 0 时,dat 中对应位清 0
        else
            dat |= mask;                    //为 1 时,dat 中对应位置 1
        I2CDelay();
        I2C_SCL = 0;                        //再拉低 SCL,以使从机发送出下一位
    }
    I2C_SDA = 1;                            //8 位数据发送完后,拉高 SDA,发送非应答信号
    I2CDelay();
    I2C_SCL = 1;                            //拉高 SCL
    I2CDelay();
    I2C_SCL = 0;                            //再拉低 SCL 完成非应答位,并保持住总线

    return dat;
```

```
}
/* I2C 总线读操作,并发送应答信号,返回值为读到的字节 */
unsigned char I2CReadACK()
{
    unsigned char mask;
    unsigned char dat;

    I2C_SDA = 1;                            //首先确保主机释放 SDA
    for (mask = 0x80; mask!= 0; mask >> = 1) //从高位到低位依次进行
    {
        I2CDelay();
        I2C_SCL = 1;                        //拉高 SCL
        if(I2C_SDA == 0)                    //读取 SDA 的值
            dat &= ~mask;                   //为 0 时,dat 中对应位清 0
        else
            dat |= mask;                    //为 1 时,dat 中对应位置 1
        I2CDelay();
        I2C_SCL = 0;                        //再拉低 SCL,以使从机发送出下一位
    }
    I2C_SDA = 0;                            //8 位数据发送完后,拉低 SDA,发送应答信号
    I2CDelay();
    I2C_SCL = 1;                            //拉高 SCL
    I2CDelay();
    I2C_SCL = 0;                            //再拉低 SCL 完成应答位,并保持住总线

    return dat;
}
```

  I2C.c 文件提供了 I2C 总线所有的底层操作函数,包括起始、停止、字节写、字节读＋应答、字节读＋非应答。

/****************************** **Lcd1602.c 文件程序源代码** ****************************** /

```
#include <reg52.h>

#define LCD1602_DB P0
sbit LCD1602_RS = P1^0;
sbit LCD1602_RW = P1^1;
sbit LCD1602_E = P1^5;

/* 等待液晶准备好 */
void LcdWaitReady()
{
    unsigned char sta;

    LCD1602_DB = 0xFF;
    LCD1602_RS = 0;
    LCD1602_RW = 1;
```

```
        do {
            LCD1602_E = 1;
            sta = LCD1602_DB;              //读取状态字
            LCD1602_E = 0;
        } while (sta & 0x80);              //bit7 等于 1 表示液晶正忙,重复检测直到其等于 0 为止
}
/* 向 LCD1602 液晶写入一字节命令,cmd 为待写入命令值 */
void LcdWriteCmd(unsigned char cmd)
{
    LcdWaitReady();
    LCD1602_RS = 0;
    LCD1602_RW = 0;
    LCD1602_DB = cmd;
    LCD1602_E = 1;
    LCD1602_E = 0;
}
/* 向 LCD1602 液晶写入一字节数据,dat 为待写入数据值 */
void LcdWriteDat(unsigned char dat)
{
    LcdWaitReady();
    LCD1602_RS = 1;
    LCD1602_RW = 0;
    LCD1602_DB = dat;
    LCD1602_E = 1;
    LCD1602_E = 0;
}
/* 设置显示 RAM 起始地址,亦即光标位置,(x,y)为对应屏幕上的字符坐标 */
void LcdSetCursor(unsigned char x, unsigned char y)
{
    unsigned char addr;

    if (y == 0)                    //由输入的屏幕坐标计算显示 RAM 的地址
        addr = 0x00 + x;           //第一行字符地址从 0x00 起始
    else
        addr = 0x40 + x;           //第二行字符地址从 0x40 起始
    LcdWriteCmd(addr | 0x80);      //设置 RAM 地址
}
/* 在液晶上显示字符串,(x,y)为对应屏幕上的起始坐标,str 为字符串指针 */
void LcdShowStr(unsigned char x, unsigned char y, unsigned char * str)
{
    LcdSetCursor(x, y);            //设置起始地址
    while ( * str != '\0')         //连续写入字符串数据,直到检测到结束符
    {
        LcdWriteDat( * str++);
    }
}
/* 初始化 1602 液晶 */
void InitLcd1602()
{
```

```
    LcdWriteCmd(0x38);              //16 * 2 显示,5 * 7 点阵,8 位数据接口
    LcdWriteCmd(0x0C);             //显示器开,光标关闭
    LcdWriteCmd(0x06);             //文字不动,地址自动 + 1
    LcdWriteCmd(0x01);             //清屏
}
```

/ ***************************** **main. c 文件程序源代码** ***************************** /

```c
#include < reg52. h>

extern void InitLcd1602();
extern void LcdShowStr(unsigned char x, unsigned char y, unsigned char * str);
extern void I2CStart();
extern void I2CStop();
extern unsigned char I2CReadNAK();
extern bit I2CWrite(unsigned char dat);
unsigned char E2ReadByte(unsigned char addr);
void E2WriteByte(unsigned char addr, unsigned char dat);

void main()
{
    unsigned char dat;
    unsigned char str[10];

    InitLcd1602();                      //初始化液晶
    dat = E2ReadByte(0x02);            //读取指定地址上的一个字节
    str[0] = (dat/100) + '0';          //转换为十进制字符串格式
    str[1] = (dat/10 % 10) + '0';
    str[2] = (dat % 10) + '0';
    str[3] = '\0';
    LcdShowStr(0, 0, str);             //显示在液晶上
    dat++;                              //将其数值 + 1
    E2WriteByte(0x02, dat);            //再写回到对应的地址上

    while (1);
}

/ * 读取 EEPROM 中的一个字节,addr 为字节地址 * /
unsigned char E2ReadByte(unsigned char addr)
{
    unsigned char dat;

    I2CStart();
    I2CWrite(0x50 << 1);               //寻址器件,后续为写操作
    I2CWrite(addr);                    //写入存储地址
    I2CStart();                        //发送重复启动信号
    I2CWrite((0x50 << 1)|0x01);        //寻址器件,后续为读操作
    dat = I2CReadNAK();                //读取一个字节数据
```

```
    I2CStop();

    return dat;
}
/* 向 EEPROM 中写入一个字节,addr 为字节地址 */
void E2WriteByte(unsigned char addr, unsigned char dat)
{
    I2CStart();
    I2CWrite(0x50 << 1);          //寻址器件,后续为写操作
    I2CWrite(addr);               //写入存储地址
    I2CWrite(dat);                //写入一个字节数据
    I2CStop();
}
```

以同学们现在的基础,独立分析这个程序应该不困难了,遇到哪个语句不懂可以及时问问别人或者搜索一下,把该解决的问题理解明白。大家把这个程序复制过去后,编译一下会发现,Keil 软件提示了一个警告: *** WARNING L16:UNCALLED SEGMENT, IGNORED FOR OVERLAY PROCESS,这个警告的意思是在代码中存在没有被调用过的变量或者函数,即 I2C. c 文件中的 I2CReadACK()这个函数在本例中没有用到。

仔细观察一下这个程序,读取 E²PROM 的时候,只读了一个字节就要告诉 E²PROM 不需要再读数据了,读完后直接发送一个 NAK,因此只调用了 I2CReadNAK()这个函数,而并没有调用 I2CReadACK()这个函数。今后很可能在读数据的时候要连续读几个字节,因此这个函数写在了 I2C. c 文件中,作为 I2C 功能模块的一部分是必要的,方便这个文件以后移植到其他程序中使用,因此这个警告在这里就不必管它了。

14.3.2　E²PROM 多字节读写操作时序

读取 E²PROM 的时候很简单,E²PROM 根据所送的时序,直接就把数据送出来了,但是写 E²PROM 却没有这么简单了。给 E²PROM 发送数据后,先保存在 E²PROM 的缓存中,E²PROM 必须要把缓存中的数据搬移到"非易失"的区域,才能达到掉电不丢失的效果。而往非易失区域写需要一定的时间,每种器件不完全一样,Atmel 公司的 24C02 的这个写入时间最高不超过 5ms。在往非易失区域写的过程,E²PROM 是不会再响应我们的访问的,不仅接收不到数据,即使用 I2C 标准的寻址模式去寻址,E²PROM 都不会应答,就如同这个总线上没有这个器件一样。数据写入非易失区域完后,E²PROM 再次恢复正常,可以正常读写了。

细心的同学在看 14.2 节程序的时候会发现,写数据的那段代码实际上有去读应答位 ACK,但是读到了应答位也没有做任何处理。这是因为一次只写一个字节的数据进去,等到下次重新上电再写的时候,时间肯定远远超过了 5ms,但如果是连续写入几个字节,就必须考虑应答位的问题了。写入一个字节后,再写入下一个字节之前,必须等待 E²PROM 再次响应才可以,大家注意程序的写法,可以学习一下。

之前知道编写多. c 文件移植的方便性了,本节程序和上一节的 Lcd1602. c 文件与 I2C. c 文件完全是一样的,因此这次只把 main. c 文件给大家发出来,帮大家分析明白。而读者却不能这样,读者是初学,很多知识和技巧需要多练才能巩固下来,因此每个程序还是建议大家在 Keil 软件上一个代码一个代码地敲出来。

/ ************************** **I2C. c 文件程序源代码** *************************** /

(此处省略,可参考之前章节的代码)

/ ************************ **Lcd1602. c 文件程序源代码** ************************ /

(此处省略,可参考之前章节的代码)

/ ************************** **main. c 文件程序源代码** ************************** /

```c
#include <reg52.h>

extern void InitLcd1602();
extern void LcdShowStr(unsigned char x, unsigned char y, unsigned char * str);
extern void I2CStart();
extern void I2CStop();
extern unsigned char I2CReadACK();
extern unsigned char I2CReadNAK();
extern bit I2CWrite(unsigned char dat);
void E2Read(unsigned char * buf, unsigned char addr, unsigned char len);
void E2Write(unsigned char * buf, unsigned char addr, unsigned char len);
void MemToStr(unsigned char * str, unsigned char * src, unsigned char len);

void main()
{
    unsigned char i;
    unsigned char buf[5];
    unsigned char str[20];

    InitLcd1602();                           //初始化液晶
    E2Read(buf, 0x90, sizeof(buf));          //从 E2 中读取一段数据
    MemToStr(str, buf, sizeof(buf));         //转换为十六进制字符串
    LcdShowStr(0, 0, str);                   //显示到液晶上
    for (i = 0; i < sizeof(buf); i++)        //数据依次 + 1, + 2, + 3…
    {
        buf[i] = buf[i] + 1 + i;
    }
    E2Write(buf, 0x90, sizeof(buf));         //再写回到 E2 中

    while(1);
}
/* 将一段内存数据转换为十六进制格式的字符串,
   str 为字符串指针,src 为源数据地址,len 为数据长度 */
void MemToStr(unsigned char * str, unsigned char * src, unsigned char len)
{
    unsigned char tmp;
```

```
    while (len -- )
    {
        tmp = * src >> 4;                   //先取高 4 位
        if (tmp <= 9)                       //转换为 0~9 或 A~F
            * str++ = tmp + '0';
        else
            * str++ = tmp - 10 + 'A';
        tmp = * src & 0x0F;                 //再取低 4 位
        if (tmp <= 9)                       //转换为 0~9 或 A~F
            * str++ = tmp + '0';
        else
            * str++ = tmp - 10 + 'A';
        * str++ = ' ';                      //转换完一个字节添加一个空格
        src++;
    }
    * str = '\0';                           //添加字符串结束符
}
/* E2 读取函数,buf 为数据接收指针,addr 为 E2 中的起始地址,len 为读取长度 */
void E2Read(unsigned char * buf, unsigned char addr, unsigned char len)
{
    do {                                    //用寻址操作查询当前是否可进行读写操作
        I2CStart();
        if (I2CWrite(0x50 << 1))            //应答则跳出循环,非应答则进行下一次查询
        {
            break;
        }
        I2CStop();
    } while(1);
    I2CWrite(addr);                         //写入起始地址
    I2CStart();                             //发送重复启动信号
    I2CWrite((0x50 << 1)|0x01);             //寻址器件,后续为读操作
    while (len > 1)                         //连续读取 len-1 字节
    {
        * buf++ = I2CReadACK();             //最后字节之前为读取操作 + 应答
        len -- ;
    }
    * buf = I2CReadNAK();                   //最后一个字节为读取操作 + 非应答
    I2CStop();
}
/* E2 写入函数,buf 为源数据指针,addr 为 E2 中的起始地址,len 为写入长度 */
void E2Write(unsigned char * buf, unsigned char addr, unsigned char len)
{
    while (len -- )
    {
        do {                                //用寻址操作查询当前是否可进行读写操作
            I2CStart();
            if (I2CWrite(0x50 << 1))        //应答则跳出循环,非应答则进行下一次查询
            {
                break;
            }
```

```
                  I2CStop();
              } while(1);
              I2CWrite(addr++);          //写入起始地址
              I2CWrite( * buf++);        //写入一个字节数据
              I2CStop();                 //结束写操作,以等待写入完成
          }
      }
```

（1）函数 MemToStr：可以把一段内存数据转换成十六进制字符串的形式。由于从 E^2PROM 读出来的是正常的数据,而 1602 液晶接收的是 ASCII 码字符,因此要通过液晶把数据显示出来必须先通过一步转换。算法倒是很简单,就是把每一个字节的数据高 4 位和低 4 位分开,和 9 进行比较,如果小于或等于 9,则直接加'0'转为 0～9 的 ASCII 码;如果大于 9,则先减掉 10 再加'A'即可转为 A～F 的 ASCII 码。

（2）函数 E2Read：在读之前,要查询一下当前是否可以进行读写操作,E^2PROM 正常响应才可以进行。进行后,读最后一个字节之前的,全部给出 ACK,而读完了最后一个字节,要给出一个 NAK。

（3）函数 E2Write：每次写操作之前都要进行查询判断当前 E^2PROM 是否响应,正常响应后才可以写数据。

14.3.3　E^2PROM 的页写入

在向 E^2PROM 连续写入多个字节的数据时,如果每写一个字节都要等待几 ms 的话,整体上的写入效率就太低了。因此 E^2PROM 的厂商就想了一个办法,把 E^2PROM 分页管理。24C01、24C02 这两个型号是 8 个字节一个页,而 24C04、24C08、24C16 是 16 个字节一页。我们开发板上用的型号是 24C02,一共是 256 个字节,8 个字节一页,那么就一共有 32 页。

分配好页之后,如果在同一个页内连续写入几个字节后,最后再发送停止位的时序。E^2PROM 检测到这个停止位后,就会一次性把这一页的数据写到非易失区域,就不需要像上节那样写一个字节检测一次了,并且页写入的时间也不会超过 5ms。如果写入的数据跨页了,那么写完了一页之后,要发送一个停止位,然后等待并且检测 E^2PROM 的空闲模式,一直等到把上一页数据完全写到非易失区域后,再进行下一页的写入,这样就可以在很大程度上提高数据的写入效率。

/ ＊＊＊＊＊＊＊＊＊＊＊＊＊＊＊＊＊＊＊＊＊ **I2C. c 文件程序源代码** ＊＊＊＊＊＊＊＊＊＊＊＊＊＊＊＊＊＊＊＊＊ /
(此处省略,可参考之前章节的代码)
/ ＊＊＊＊＊＊＊＊＊＊＊＊＊＊＊＊＊＊＊＊ **Lcd1602. c 文件程序源代码** ＊＊＊＊＊＊＊＊＊＊＊＊＊＊＊＊＊＊＊＊ /
(此处省略,可参考之前章节的代码)
/ ＊＊＊＊＊＊＊＊＊＊＊＊＊＊＊＊＊＊＊ **eeprom. c 文件程序源代码** ＊＊＊＊＊＊＊＊＊＊＊＊＊＊＊＊＊＊＊＊ /

```
# include < reg52.h>

extern void I2CStart();
```

```
extern void I2CStop();
extern unsigned char I2CReadACK();
extern unsigned char I2CReadNAK();
extern bit I2CWrite(unsigned char dat);

/* E2 读取函数,buf 为数据接收指针,addr 为 E2 中的起始地址,len 为读取长度 */
void E2Read(unsigned char * buf, unsigned char addr, unsigned char len)
{
    do {                            //用寻址操作查询当前是否可进行读写操作
        I2CStart();
        if (I2CWrite(0x50 << 1))     //应答则跳出循环,非应答则进行下一次查询
        {
            break;
        }
        I2CStop();
    } while(1);
    I2CWrite(addr);                 //写入起始地址
    I2CStart();                     //发送重复启动信号
    I2CWrite((0x50 << 1)|0x01);     //寻址器件,后续为读操作
    while (len > 1)                 //连续读取 len-1 字节
    {
        * buf++ = I2CReadACK();      //最后字节之前为读取操作+应答
        len-- ;
    }
    * buf = I2CReadNAK();            //最后一个字节为读取操作+非应答
    I2CStop();
}
/* E2 写入函数,buf 为源数据指针,addr 为 E2 中的起始地址,len 为写入长度 */
void E2Write(unsigned char * buf, unsigned char addr, unsigned char len)
{
    while (len > 0)
    {
        //等待上次写入操作完成
        do {                        //用寻址操作查询当前是否可进行读写操作
            I2CStart();
            if (I2CWrite(0x50 << 1)) //应答则跳出循环,非应答则进行下一次查询
            {
                break;
            }
            I2CStop();
        } while(1);
        //按页写模式连续写入字节
        I2CWrite(addr);             //写入起始地址
        while (len > 0)
        {
            I2CWrite( * buf++);      //写入一个字节数据
```

```
        len-- ;                       //待写入长度计数递减
        addr++;                       //E2 地址递增
        if ((addr&0x07) == 0)         //检查地址是否到达页边界,24C02 每页 8 字节,
        {                             //所以检测低 3 位是否为 0 即可
            break;                    //到达页边界时,跳出循环,结束本次写操作
        }
    }
    I2CStop();
    }
}
```

遵循模块化的原则,把 E^2PROM 的读写函数也单独写成一个 E^2PROM.c 文件。其中 E2Read 函数和上一节是一样的,因为读操作与分页无关。重点是 E2Write 函数,在写入数据的时候,要计算下一个要写的数据的地址是否是一个页的起始地址,如果是,则必须跳出循环,等待 E^2PROM 把当前这一页写入非易失区域后,再进行后续页的写入。

/ ******************************* **main.c 文件程序源代码** ******************************* /

```
#include < reg52.h>

extern void InitLcd1602();
extern void LcdShowStr(unsigned char x, unsigned char y, unsigned char * str);
extern void E2Read(unsigned char * buf, unsigned char addr, unsigned char len);
extern void E2Write(unsigned char * buf, unsigned char addr, unsigned char len);
void MemToStr(unsigned char * str, unsigned char * src, unsigned char len);

void main()
{
    unsigned char i;
    unsigned char buf[5];
    unsigned char str[20];

    InitLcd1602();                          //初始化液晶
    E2Read(buf, 0x8E, sizeof(buf));         //从 E2 中读取一段数据
    MemToStr(str, buf, sizeof(buf));        //转换为十六进制字符串
    LcdShowStr(0, 0, str);                  //显示到液晶上
    for (i = 0; i < sizeof(buf); i++)       //数据依次 +1, +2, +3…
    {
        buf[i] = buf[i] + 1 + i;
    }
    E2Write(buf, 0x8E, sizeof(buf));        //再写回到 E2 中

    while(1);
}
/* 将一段内存数据转换为十六进制格式的字符串,
    str 为字符串指针,src 为源数据地址,len 为数据长度 */
```

```
void MemToStr(unsigned char * str, unsigned char * src, unsigned char len)
{
    unsigned char tmp;
    while (len -- )
    {
        tmp = * src >> 4;                //先取高 4 位
        if (tmp <= 9)                    //转换为 0~9 或 A~F
            * str++ = tmp + '0';
        else
            * str++ = tmp - 10 + 'A';
        tmp = * src & 0x0F;              //再取低 4 位
        if (tmp <= 9)                    //转换为 0~9 或 A~F
            * str++ = tmp + '0';
        else
            * str++ = tmp - 10 + 'A';
        * str++ = ' ';                   //转换完一个字节添加一个空格
        src++;
    }
    * str = '\0';                        //添加字符串结束符
}
```

　　多字节写入和页写入程序都编写出来了,而且页写入的程序还特地跨页写数据,它们的写入时间到底差别多大呢? 用一些工具可以测量一下,比如示波器、逻辑分析仪等工具。现在把两次写入时间用逻辑分析仪给抓了出来,并且用时间标签 A1 和 A2 标注了开始位置和结束位置,如图 14-5 和图 14-6 所示,右侧显示的|A1－A2|就是最终写入 5 个字节所耗费的时间。多字节一个一个写入,每次写入后都需要再次通信检测 E²PROM 是否在"忙",因此耗费了大量的时间,同样的写入 5 个字节的数据,一个一个写入用了 8.4ms 左右的时间,而使用页写入,只用了 3.5ms 左右的时间。

图 14-5　多字节写入时间

图 14-6　跨页写入时间

14.4 I2C 和 E²PROM 的综合实验学习

电视频道记忆功能、交通灯倒计时时间的设定、户外 LED 广告的记忆功能都有可能用到 E²PROM 这类存储器件。这类器件的优势是存储的数据不仅可以改变,而且掉电后数据保存不丢失,因此大量应用在各种电子产品上。

本节课的例子有点类似广告屏。上电后,1602 的第一行显示 E²PROM 从 0x20 地址开始的 16 个字符,第二行显示 E²RPOM 从 0x40 开始的 16 个字符。可以通过 UART 串口通信来改变 E²PROM 内部的这个数据,并且同时也改变了 1602 显示的内容,下次上电的时候,直接会显示更新过的内容。

这个程序所有的相关内容前面都已经讲过了。但是这个程序体现在了一个综合应用能力上。这个程序用到了 1602 液晶、UART 串口通信、E²PROM 读写操作等多个功能的综合应用。写个点亮小灯好简单,但是想真正学好单片机,必须学会这种综合程序的应用,实现多个模块同时参与工作。因此要认认真真地把工程建立起来,一行一行地把程序编写起来,最终巩固下来。

```
/*************************** I2C. c 文件程序源代码 ****************************/
                    (此处省略,可参考之前章节的代码)
/*************************** Lcd1602. c 文件程序源代码 ****************************/
                    (此处省略,可参考之前章节的代码)
/*************************** eeprom. c 文件程序源代码 ****************************/
                    (此处省略,可参考之前章节的代码)
/*************************** Uart. c 文件程序源代码 ****************************/
                    (此处省略,可参考之前章节的代码)
/*************************** main. c 文件程序源代码 ****************************/

#include <reg52.h>

unsigned char T0RH = 0;              //T0 重载值的高字节
unsigned char T0RL = 0;              //T0 重载值的低字节

void InitShowStr();
void ConfigTimer0(unsigned int ms);
extern void InitLcd1602();
extern void LcdShowStr(unsigned char x, unsigned char y, unsigned char * str);
extern void E2Read(unsigned char * buf, unsigned char addr, unsigned char len);
extern void E2Write(unsigned char * buf, unsigned char addr, unsigned char len);
extern void UartDriver();
extern void ConfigUART(unsigned int baud);
extern void UartRxMonitor(unsigned char ms);
extern void UartWrite(unsigned char * buf, unsigned char len);

void main()
```

```
{
    EA = 1;                          //开总中断
    ConfigTimer0(1);                 //配置 T0 定时 1ms
    ConfigUART(9600);                //配置波特率为 9600
    InitLcd1602();                   //初始化液晶
    InitShowStr();                   //初始显示内容

    while (1)
    {
        UartDriver();                //调用串口驱动
    }
}
/* 处理液晶屏初始显示内容 */
void InitShowStr()
{
    unsigned char str[17];

    str[16] = '\0';                  //在最后添加字符串结束符,确保字符串可以结束
    E2Read(str, 0x20, 16);           //读取第一行字符串,其 E2 起始地址为 0x20
    LcdShowStr(0, 0, str);           //显示到液晶屏
    E2Read(str, 0x40, 16);           //读取第二行字符串,其 E2 起始地址为 0x40
    LcdShowStr(0, 1, str);           //显示到液晶屏
}
/* 内存比较函数,比较两个指针所指向的内存数据是否相同,
   ptr1 为待比较指针 1,ptr2 为待比较指针 2,len 为待比较长度
   返回值 - 两段内存数据完全相同时返回 1,不同返回 0 */
bit CmpMemory(unsigned char * ptr1, unsigned char * ptr2, unsigned char len)
{
    while (len -- )
    {
        if ( * ptr1++!= * ptr2++)    //遇到不相等数据时即刻返回 0
        {
            return 0;
        }
    }
    return 1;                        //比较完全部长度数据都相等则返回 1
}
/* 将一字符串整理成 16 字节的固定长度字符串,不足部分补空格
   out 为整理后的字符串输出指针,in 为待整理字符串指针 */
void TrimString16(unsigned char * out, unsigned char * in)
{
    unsigned char i = 0;

    while ( * in != '\0')            //复制字符串直到输入字符串结束
    {
        * out++ = * in++;
        i++;
        if (i >= 16)                 //当复制长度已达到 16 字节时,强制跳出循环
        {
```

```
                break;
            }
        }
        for ( ; i < 16; i++)                        //如不足 16 字节则用空格补齐
        {
            * out++ = ' ';
        }
        * out = '\0';                               //最后添加结束符
}
/ * 串口动作函数,根据接收到的命令帧执行响应的动作
    buf 为接收到的命令帧指针,len 为命令帧长度 * /
void UartAction(unsigned char * buf, unsigned char len)
{
    unsigned char i;
    unsigned char str[17];
    unsigned char code cmd0[] = "showstr1 ";       //第一行字符显示命令
    unsigned char code cmd1[] = "showstr2 ";       //第二行字符显示命令
    unsigned char code cmdLen[] = {                //命令长度汇总表
        sizeof(cmd0) - 1, sizeof(cmd1) - 1,
    };
    unsigned char code * cmdPtr[] = {              //命令指针汇总表
        &cmd0[0], &cmd1[0],
    };

    for (i = 0; i < sizeof(cmdLen); i++)           //遍历命令列表,查找相同命令
    {
        if (len >= cmdLen[i])                       //首先接收到的数据长度要不小于命令长度
        {
            if (CmpMemory(buf, cmdPtr[i], cmdLen[i]))  //比较相同时退出循环
            {
                break;
            }
        }
    }
    switch (i)                                     //根据比较结果执行相应命令
    {
        case 0:
            buf[len] = '\0';                       //为接收到的字符串添加结束符
            TrimString16(str, buf + cmdLen[0]);    //整理成 16 字节固定长度字符串
            LcdShowStr(0, 0, str);                 //显示字符串 1
            E2Write(str, 0x20, sizeof(str));       //保存字符串 1,起始地址为 0x20
            break;
        case 1:
            buf[len] = '\0';                       //为接收到的字符串添加结束符
            TrimString16(str, buf + cmdLen[1]);    //整理成 16 字节固定长度字符串
            LcdShowStr(0, 1, str);                 //显示字符串 1
            E2Write(str, 0x40, sizeof(str));       //保存字符串 2,起始地址为 0x40
            break;
```

```
        default:                       //未找到相符命令时,给上机发送"错误命令"的提示
            UartWrite("bad command.\r\n", sizeof("bad command.\r\n") - 1);
            return;
    }
    buf[len++] = '\r';                 //有效命令被执行后,在原命令帧之后添加
    buf[len++] = '\n';                 //回车换行符后返回给上位机,表示已执行
    UartWrite(buf, len);
}
/* 配置并启动 T0,ms 为 T0 定时时间 */
void ConfigTimer0(unsigned int ms)
{
    unsigned long tmp;                 //临时变量

    tmp = 11059200 / 12;               //定时器计数频率
    tmp = (tmp * ms) / 1000;           //计算所需的计数值
    tmp = 65536 - tmp;                 //计算定时器重载值
    tmp = tmp + 33;                    //补偿中断响应延时造成的误差
    T0RH = (unsigned char)(tmp >> 8);  //定时器重载值拆分为高低字节
    T0RL = (unsigned char)tmp;
    TMOD &= 0xF0;                      //清 0 T0 的控制位
    TMOD |= 0x01;                      //配置 T0 为模式 1
    TH0 = T0RH;                        //加载 T0 重载值
    TL0 = T0RL;
    ET0 = 1;                           //使能 T0 中断
    TR0 = 1;                           //启动 T0
}
/* T0 中断服务函数,执行串口接收监控和蜂鸣器驱动 */
void InterruptTimer0() interrupt 1
{
    TH0 = T0RH;                        //重新加载重载值
    TL0 = T0RL;
    UartRxMonitor(1);                  //串口接收监控
}
```

在学习 UART 通信的时候,刚开始也是用的 I/O 口去模拟 UART 通信过程,最终实现和计算机的通信,而后因为 STC89C52 内部具备 UART 硬件通信模块,所以直接可以通过配置寄存器就可以很轻松地实现单片机的 UART 通信。同样的道理,这个 I2C 通信,如果单片机内部有硬件模块,单片机可以直接自动实现 I2C 通信了,就不需要再进行 I/O 口模拟起始、模拟发送、模拟结束,配置好寄存器,单片机就会把这些工作全部做了。

不过 STC89C52 单片机内部不具备 I2C 的硬件模块,所以使用 STC89C52 进行 I2C 通信必须用 I/O 口来模拟。使用 I/O 口模拟 I2C,实际上更有利于读者彻底理解透彻 I2C 通信的实质。当然,通过学习 I/O 口模拟通信,今后如果遇到内部带 I2C 模块的单片机,也应该很轻松地搞定,使用内部的硬件模块,可以提高程序的执行效率。

14.5 练习题

1. 彻底理解 I2C 的通信时序,不仅仅是记住。

2. 能够独立完成 E^2PROM 任意地址的单字节读写、多字节的跨页连续写入读出。

3. 将前边学的交通灯进行改进,使用 E^2PROM 保存红灯和绿灯倒计时的时间,并且可以通过 UART 改变红灯和绿灯倒计时时间。

4. 使用按键、1602 液晶、E^2PROM 做一个简单的密码锁程序。

第 15 章

实时时钟 DS1302

在前面已经了解到了不少关于时钟的概念,比如,单片机的主时钟是 11.0592M,I2C 总线有一条时钟信号线 SCL 等,这些时钟本质上都是一个某一频率的方波信号。那么除了这些在前面新学到的时钟概念外,还有一个早已熟悉的不能再熟悉的时钟概念——"年-月-日、时:分:秒",就是钟表和日历给出的时间,它的重要程度就不需要多说了,在单片机系统里把它称作实时时钟,以区别于前面提到的几种方波时钟信号。实时时钟,有时也被称作墙上时钟,很形象的一个名词,大家知道它们讲的是一回事就行了。本章将学习实时时钟的应用,有了它,单片机系统就能在漫漫历史长河中找到自己的时间定位,可以在指定时间干某件事,或者记录下某事发生的具体时间等。除此之外,本章还会学习到 C 语言的结构体,它也是 C 语言的精华部分,通过本章先来了解它的基础,后面再逐渐达到熟练,灵活运用它,你的编程水平会提高一个档次。

第 15 章视频

15.1 BCD 码的概念

在日常生产生活中用的最多的数字是十进制数字,而单片机系统的所有数据本质上都是二进制的,所以聪明的前辈们就给我们创造了 BCD 码。

BCD 码(Binary-Coded Decimal)亦称二进码十进制数或二-十进制代码。用 4 位二进制数来表示 1 位十进制数中的 0～9 这 10 个数字,是一种二进制的数字编码形式,用二进制编码的十进制代码。BCD 码这种编码形式利用了四个位元来储存一个十进制的数码,使二进制和十进制之间的转换得以快捷地进行。我们前边讲过十六进制和二进制本质上是一回事,十六进制仅仅是二进制的一种缩写形式而已。而十进制的一位数字,从 0 到 9,最大的数字就是 9,再加 1 就要进位,所以用 4 位二进制表示十进制,就是从 0b0000 到 0b1001,不存在 0b1010、0b1011、0b1100、0b1101、0b1110、0b1111 这 6 个数字。BCD 码如果到了 0b1001,再加 1,数字就变成 0b00010000,相当于用了 8 位的二进制数字表示了 2 位的十进制数字。

BCD 码的应用还是非常广泛的,比如实时时钟,日期时间在时钟芯片中的存储格式就是 BCD 码,当需要把它记录的时间转换成可以直观显示的 ASCII 码时(比如在液晶上显示),就可以省去一步由二进制的整型数到 ASCII 的转换过程,而直接取出表示十进制 1 位数字的 4 个二进制位然后再加上 0x30 就可组成一个 ASCII 码字节了,这样就会方便得多,在后面的实际例子中将看到这个简单的转换。

15.2 SPI 时序初步认识

UART、I2C 和 SPI 是单片机系统中最常用的三种通信协议。前边已经学了 UART 和 I2C 通信协议,下面来学习 SPI 通信协议。

SPI 是英语 Serial Peripheral Interface 的缩写,顾名思义就是串行外围设备接口。SPI 是一种高速的、全双工、同步通信总线,标准的 SPI 也仅仅使用 4 个引脚,常用于单片机和 E^2PROM、FLASH、实时时钟、数字信号处理器等器件的通信。SPI 通信原理比 I2C 要简单,它主要是主从方式通信,这种模式通常只有一个主机和一个或者多个从机,标准的 SPI 是 4 根线,分别是 SSEL(片选,也写作 SCS)、SCLK(时钟,也写作 SCK)、MOSI(主机输出从机输入,Master Output/Slave Input)和 MISO(主机输入从机输出,Master Input/Slave Output)。

SSEL:从设备片选使能信号。如果从设备是低电平使能,当拉低这个引脚后,从设备就会被选中,主机和这个被选中的从机进行通信。

SCLK:时钟信号,由主机产生,和 I2C 通信的 SCL 有点类似。

MOSI:主机给从机发送指令或者数据的通道。

MISO:主机读取从机的状态或者数据的通道。

在某些情况下,也可以用 3 根线的 SPI 或者 2 根线的 SPI 进行通信。比如主机只给从机发送命令,从机不需要回复数据的时候,那么 MISO 就可以不要;而在主机只读取从机的数据,不需要给从机发送指令的时候,那 MOSI 就可以不要;当一个主机一个从机的时候,从机的片选有时可以固定为有效电平而一直处于使能状态,那么 SSEL 就可以不要;此时如果再加上主机只给从机发送数据,那么 SSEL 和 MISO 都可以不要;如果主机只读取从机送来的数据,SSEL 和 MOSI 都可以不要。

3 线和 2 线的 SPI 大家要知道怎么回事,实际使用也是有应用的,但是当提及 SPI 的时候,一般都是指标准 SPI,都是指 4 根线的这种形式。

SPI 通信的主机也是单片机,在读写数据时序的过程中,有四种模式,要了解这四种模式,首先得学习两个名词。

CPOL:Clock Polarity,就是时钟的极性。时钟的极性是什么概念呢? 通信的整个过程分为空闲时刻和通信时刻,如果 SCLK 在数据发送之前和之后的空闲状态是高电平,那么就是 CPOL=1,如果空闲状态 SCLK 是低电平,那么就是 CPOL=0。

CPHA:Clock Phase,就是时钟的相位。

主机和从机要交换数据,就牵涉一个问题,即主机在什么时刻输出数据到 MOSI 上而从机在什么时刻采样这个数据,或者从机在什么时刻输出数据到 MISO 上而主机什么时刻采样这个数据。同步通信的一个特点就是所有数据的变化和采样都是伴随着时钟沿进行的,也就是说数据总是在时钟的边沿附近变化或被采样。而一个时钟周期必定包含了一个上升沿和一个下降沿,这是周期的定义所决定的,只是这两个沿的先后并无规定。又因为数据从产生的时刻到它的稳定是需要一定时间的,那么,如果主机在上升沿输出数据到 MOSI 上,从机就只能在下降沿去采样这个数据了。反之如果一方在下降沿输出数据,那么另一方就必须在上升沿采样这个数据。

CPHA=1 就表示数据的输出是在一个时钟周期的第一个沿上,至于这个沿是上升沿还是下降沿,这要视 CPOL 的值而定,CPOL=1 那就是下降沿,反之就是上升沿。那么数据的采样自然就是在第二个沿上了。

CPHA=0 就表示数据的采样是在一个时钟周期的第一个沿上,同样它是什么沿由 CPOL 决定。那么数据的输出自然就在第二个沿上了。仔细想一下,这里会有一个问题:就是当一帧数据开始传输第一个 bit 时,在第一个时钟沿上就采样该数据了,那么它是在什么时候输出来的呢?有两种情况:一是 SSEL 使能的边沿,二是上一帧数据的最后一个时钟沿,有时两种情况还会同时生效。

以 CPOL=1/CPHA=1 为例,把时序图画出来给大家看一下,如图 15-1 所示。

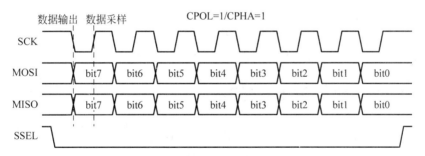

图 15-1　SPI 通信时序图(一)

大家看图 15-1 所示,当数据未发送时以及发送完毕,SCK 都是高电平,因此 CPOL=1。可以看出,在 SCK 第一个沿的时候,MOSI 和 MISO 会发生变化,同时 SCK 第二个沿的时候,数据是稳定的,此刻采样数据是合适的,也就是上升沿即一个时钟周期的后沿锁存读取数据,即 CPHA=1。注意最后最隐蔽的 SSEL 片选,这个引脚通常用来决定是哪个从机和主机进行通信。剩余的三种模式把图画出来,简化起见把 MOSI 和 MISO 合在一起了,大家仔细对照研究一下,把所有的理论过程都弄清楚,有利于对 SPI 通信的深刻理解,如图 15-2 所示。

在时序上,SPI 比 I2C 要简单得多,没有了起始、停止和应答,UART 和 SPI 在通信的时候,只负责通信,不管是否通信成功,而 I2C 却要通过应答信息来获取通信成功失败的信息,所以相对来说,UART 和 SPI 的时序都要比 I2C 简单一些。

图 15-2 SPI 通信时序图(二)

15.3 实时时钟芯片 DS1302

DS1302 是个实时时钟芯片,可以用单片机写入时间或者读取当前的时间数据,下面带着大家通过阅读这个芯片的数据手册来学习和掌握这个器件。

由于 IT 技术国际化比较强,因此数据手册绝大多数都是英文的,导致很多英语基础不好的同学看到英文手册会不适应。这里要告诉大家的是,只要精神不退缩,方法总比困难多,很多英语水平不高,看数据手册照样完全没问题,因为用到的专业词汇也就那么几个,多看几次就认识了。我们现在不是考试,因此可以充分利用一些英文翻译软件,翻译过来的中文意思有时候可能不是那么准确,那就把翻译的内容和英文手册里的一些图表比较参考学习。此外数据手册除了介绍性的说明外,一般还会配相关的图形或者表格,结合起来看也有利于理解手册所表达的意思。本节会把 DS1302 的英文资料尽可能地用比较便于理解的方式给大家表达出来,同学们可以和英文手册多做一下对比,尽可能快地开始学会了解英文手册。

15.3.1 DS1302 的特点

DS1302 是 DALLAS(达拉斯)公司推出的一款涓流充电时钟芯片,2001 年 DALLAS

被 MAXIM(美信)收购,因此看到的 DS1302 的数据手册既有 DALLAS 的标志,又有 MAXIM 的标志,大家了解即可。

DS1302 实时时钟芯片广泛应用于电话、传真、便携式仪器等产品领域,它的主要性能指标如下。

(1) DS1302 是一个实时时钟芯片,可以提供秒、分、小时、日期、月、年等信息,并且还有软件自动调整的能力,可以通过配置 AM/PM 来决定采用 24 小时格式还是 12 小时格式。

(2) 拥有 31 字节数据存储 RAM。

(3) 串行 I/O 通信方式,相对并行来说比较节省 I/O 口的使用。

(4) DS1302 的工作电压比较宽,在 2.0~5.5V 的范围内都可以正常工作。

(5) DS1302 这种时钟芯片功耗一般都很低,它在工作电压 2.0V 的时候,工作电流小于 300nA。

(6) DS1302 共有 8 个引脚,有两种封装形式:一种是 DIP-8 封装,芯片宽度(不含引脚)是 300mil;另一种是 SOP-8 封装。有两种宽度:一种是 150mil,另一种是 208mil。下面看一下 DS1302 的引脚封装图,如图 15-3 所示。

图 15-3　DS1302 封装图

所谓 DIP(Dual In-line Package)封装,就是双列直插式封装技术,例如,开发板上的 STC89C52 单片机就是典型的 DIP 封装,当然这个 STC89C52 还有其他的封装样式,为了方便学习使用,我们采用的是 DIP 封装。而 74HC245、74HC138、24C02、DS1302 使用的都是 SOP(Small Out-Line Package)封装,是一种芯片两侧引出 L 形引脚的封装技术,大家可以看看开发板上的芯片,了解一下这些常识。

(7) 当供电电压是 5V 时,兼容标准的 TTL 电平标准,这里的意思是,可以完美地和单片机进行通信。

(8) 由于 DS1302 是 DS1202 的升级版本,所以所有的功能都兼容 DS1202。此外 DS1302 有两个电源输入:一个是主电源,另一个是备用电源,例如可以用电池或者大电容,这样做是为了在系统掉电的情况下,时钟会继续走。如果使用的是充电电池,还可以在正常工作时设置充电功能,给备用电池进行充电。

DS1302 的特点第二条"拥有 31 字节数据存储 RAM",这是 DS1302 额外存在的资源。这 31 字节的 RAM 相当于一个存储器,编写单片机程序时,可以把想存储的数据存储在 DS1302 中,需要的时候读出来,这个功能和 E^2PROM 类似,相当于一个掉电丢失数据的 E^2PROM,如果时钟电路加上备用电池,那么这 31 字节的 RAM 就可以替代 E^2PROM 的功能了。这 31 字节的 RAM 功能使用很少,所以在这里就不讲了,大家了解即可。

15.3.2　DS1302 的硬件信息

平时所用的不管是单片机,还是其他一些电子器件,根据使用条件的约束,可以分为商业级和工业级,主要是工作温度范围的不同,DS1302 的购买信息如图 15-4 所示。

PART	TEMP RANGE	PIN-PACKAGE	TOP MARK[*]
DS1302＋	0℃～70℃	8PDIP(300 mil)	DS1302
DS1302N＋	−40℃～85℃	8PDIP(300 mil)	DS1302
DS1302S＋	0℃～70℃	8SO(208 mil)	DS1302S
DS1302SN＋	−40℃～85℃	8SO(208 mil)	DS1302S
DS1302Z＋	0℃～70℃	8SO(150 mil)	DS1302Z
DS1302ZN＋	−40℃～85℃	8SO(150 mil)	DS1302ZN

图 15-4　DS1302 订购信息

在订购 DS1302 的时候,可以根据图 15-4 所标识的来跟销售厂家沟通,商业级的工作温度范围略窄,是 0～70℃,而工业级可以工作在零下 40～85℃。TOP MARK 就是指在芯片上印的字。

DS1302 一共有 8 个引脚,下边要根据引脚分布图和典型电路图来介绍一下每个引脚的功能,如图 15-5 和图 15-6 所示。

图 15-5　DS1302 引脚图

图 15-6　DS1302 典型电路

1 引脚 V_{CC2} 是主电源正极的引脚,2 引脚 X1 和 3 引脚 X2 是晶振输入和输出引脚,4 引脚 GND 是负极,5 引脚 CE 是使能引脚,接单片机的 I/O 口,6 引脚 I/O 是数据传输引脚,接单片机的 I/O 口,7 引脚 SCLK 是通信时钟引脚,接单片机的 I/O 口,8 引脚 V_{CC1} 是备用电源引脚。考虑到 KST-51 开发板是一套以学习为目的的板子,加上备用电池对航空运输和携带不方便,所以 8 脚没有接备用电池,而是接了一个 10 μF 的电容,这个电容就相当于一个电量很小的电池,经过试验测量得出其可以在系统掉电后仍维持 DS1302 运行 1 分钟左右,如果大家想运行时间再长,可以加大电容的容量或者换成备用电池,如果掉电后不需要它再维持运行,也可以干脆悬空,如图 15-7 和图 15-8 所示。

涓流充电功能基本也用不到,因为实际应用中很少会选择可充电电池作为备用电源,成

图 15-7 DS1302 电容作备用电源

图 15-8 DS1302 无备用电源

本太高,大家作为选学即可。使用的时候直接用 5V 电源接一个二极管,在主电源上电的情况下给电容充电,在主电源掉电的情况下,二极管可以防止电容向主电路放电,而仅用来维持 DS1302 的供电,这种电路的最大用处是在电池供电系统中更换主电池的时候保持实时时钟的运行不中断,1 分钟的时间对于更换电池足够了。此外,通过使用经验,在 DS1302 的主电源引脚串联一个 1kΩ 电阻可以有效地防止电源对 DS1302 的冲击,R6 就是这个电阻,而 R9、R26、R32 都是上拉电阻。

8 个引脚功能如表 15-1 所示。

表 15-1 DS1302 引脚功能图

引脚编号	引脚名称	引 脚 功 能
1	V_{CC2}	主电源引脚,当 V_{CC2} 比 V_{CC1} 高 0.2V 以上时,DS1302 由 V_{CC2} 供电,当 V_{CC2} 低于 V_{CC1} 时,由 V_{CC1} 供电
2	X1	这两个引脚需要接一个 32.768kHz 的晶振,给 DS1302 提供一个基准。特别注意,要求这个晶振的引脚负载电容必须是 6pF,而不是要加 6pF 的电容。如果使用有源晶振的话,接到 X1 上即可,X2 悬空
3	X2	
4	GND	接地

引脚编号	引脚名称	引脚功能
5	CE	DS1302 的使能输入引脚。当读写 DS1302 的时候,这个引脚必须是高电平,DS1302 这个引脚内部有一个 40kΩ 的下拉电阻
6	I/O	这个引脚是一个双向通信引脚,读写数据都是通过这个引脚完成。DS1302 这个引脚的内部含有一个 40kΩ 的下拉电阻
7	SCLK	输入引脚。SCLK 是用来作为通信的时钟信号。DS1302 这个引脚的内部含有一个 40kΩ 的下拉电阻
8	V$_{CC1}$	备用电源引脚

DS1302 电路的一个重点就是晶振电路,它所使用的晶振是 32.768kHz,晶振外部也不需要额外添加其他的电容或者电阻了。时钟的精度首先取决于晶振的精度以及晶振的引脚负载电容。如果晶振不准或者负载电容过大或过小,都会导致时钟误差过大。在这一切都搞定后,最终一个考虑因素是晶振的温漂。随着温度的变化,晶振的精度也会发生变化,因此,在实际的系统中,其中一种方法就是经常校对。比如计算机的时钟,通常会设置一个选项"将计算机设置与 internet 时间同步"。选中这个选项后,一般过一段时间,计算机就会和 internet 时间校准同步一次。

15.3.3 DS1302 寄存器介绍

DS1302 的一条指令一个字节共 8 位,其中第 7 位(即最高位)固定为 1,这一位如果是 0,那写进去也是无效的。第 6 位是选择 RAM 还是 CLOCK 的,前边讲过,这里主要讲 CLOCK 时钟的使用,它的 RAM 功能不用,所以如果选择 CLOCK 功能,第 6 位是 0,如果要用 RAM,那第 6 位就是 1。从第 5 到第 1 位,决定了寄存器的 5 位地址,而第 0 位是读写位,如果要写,这一位就是 0,如果要读,这一位就是 1。指令字节直观位分配如图 15-9 所示。

7	6	5	4	3	2	1	0
1	RAM/CK	A4	A3	A2	A1	A0	RD/WR

图 15-9 DS1302 命令字节

DS1302 时钟的寄存器,其中 8 个是和时钟有关的,5 位地址分别是 0b00000～0b00111,还有一个寄存器的地址是 01000,是涓流充电所用的寄存器,这里不讲。在 DS1302 的数据手册里的地址,直接把第 7 位、第 6 位和第 0 位值给出来了,所以指令就成了 0x80、0x81 那些了,最低位是 1 则表示读,最低位是 0 则表示写,如图 15-10 所示。

寄存器 0:最高位 CH 是一个时钟停止标志位。如果时钟电路有备用电源,上电后,要先检测一下这一位,如果这一位是 0,那说明时钟芯片在系统掉电后,由于备用电源的供给,时钟是持续正常运行的;如果这一位是 1,那么说明时钟芯片在系统掉电后,时钟部分不工

READ	WRITE	bit7	bit6	bit5	bit4	bit3	bit2	bit1	bit0	RANGE
81h	80h	CH	10 Seconds			Seconds				00~59
83h	82h	10 Minutes				Minutes				00~59
85h	84h	$12/\overline{24}$	0	$\dfrac{10}{\overline{AM/PM}}$	Hour	Hour				1~12/0~23
87h	86h	0	0	10 Date		Date				1~31
89h	88h	0	0	0	10 Month	Month				1~12
8Bh	8Ah	0	0	0	0	0	Day			1~7
8Dh	8Ch	10Year				Year				00~99
8Fh	8Eh	WP	0	0	0	0	0	0	0	—
91h	90h	TCS	TCS	TCS	TCS	DS	DS	RS	RS	—

图 15-10　DS1302 的时钟寄存器

作了。如果 V_{CC1} 悬空或者是电池没电了，当下次重新上电时，读取这一位，那这一位就是1，可以通过这一位判断时钟在单片机系统掉电后是否还正常运行。剩下的 7 位高 3 位是秒的十位，低 4 位是秒的个位，这里再提醒注意一次，DS1302 内部是 BCD 码，而秒的十位最大是 5，所以 3 个二进制位就够了。

寄存器 1：最高位未使用，剩下的 7 位中高 3 位是分钟的十位，低 4 位是分钟的个位。

寄存器 2：bit7 是 1 的话代表是 12 小时制，0 代表是 24 小时制；bit6 固定是 0，bit5 在12 小时制下 0 代表的是上午，1 代表的是下午，在 24 小时制下和 bit4 一起代表了小时的十位，低 4 位代表的是小时的个位。

寄存器 3：高 2 位固定是 0，bit5 和 bit4 是日期的十位，低 4 位是日期的个位。

寄存器 4：高 3 位固定是 0，bit4 是月的十位，低 4 位是月的个位。

寄存器 5：高 5 位固定是 0，低 3 位代表了星期。

寄存器 6：高 4 位代表了年的十位，低 4 位代表了年的个位。特别注意，这里的 00~99指的是 2000 年—2099 年。

寄存器 7：最高位一个写保护位，如果这一位是 1，那么是禁止给任何其他寄存器或者那 31 个字节的 RAM 写数据的。因此在写数据之前，这一位必须先写成 0。

15.3.4　DS1302 通信时序介绍

DS1302 前边也有提起过，是三根线，分别是 CE、I/O 和 SCLK，其中 CE 是使能线，SCLK 是时钟线，I/O 是数据线。前边介绍过了 SPI 通信，同学们发现没有，这个 DS1302 的通信线定义和 SPI 怎么这么像呢？

事实上，DS1302 的通信是 SPI 的变异种类，它用了 SPI 的通信时序，但是通信的时候没有完全按照 SPI 的规则来，下面一点点解剖 DS1302 的变异 SPI 通信方式。

先看一下单字节写入操作，如图 15-11 所示。

然后再对比一下 CPOL=0/CPHA=0 情况下的 SPI 的操作时序，如图 15-12 所示。

图 15-11　DS1302 单字节写操作

图 15-12　CPOL＝0/CPHA＝0 通信时序

图 15-11 和图 15-12 的通信时序,其中 CE 和 SSEL 的使能控制是反的,对于通信写数据,都是在 SCK 的上升沿,从机进行采样,下降沿的时候,主机发送数据。DS1302 的时序里,单片机要预先写一个字节指令,指明要写入的寄存器的地址以及后续的操作是写操作,然后再写入一个字节的数据。

对于单字节读操作,这里不做对比,把 DS1302 的时序图贴出来,大家自己看一下即可,如图 15-13 所示。

图 15-13　DS1302 单字节读操作

读操作有两处需要特别注意的地方:第一,DS1302 的时序图上的箭头都是针对 DS1302 来说的,因此读操作的时候,先写第一个字节指令,上升沿的时候 DS1302 来锁存数据,下降沿用单片机发送数据。到了第二个字节数据,由于这个时序过程相当于 CPOL＝0/CPHA＝0,前沿发送数据,后沿读取数据,第二个字节是 DS1302 下降沿输出数据,单片机上升沿来读取,因此箭头从 DS1302 角度来说,出现在了下降沿。第二,单片机没有标准的 SPI 接口,和 I2C 一样需要用 I/O 口来模拟通信过程。在读 DS1302 的时候,理论上 SPI 是上升沿读取,但是程序是用 I/O 口模拟的,所以数据的读取和时钟沿的变化不可能同时了,必然就有一个先后顺序。通过实验发现,如果先读取 I/O 线上的数据,再拉高 SCLK 产生上升沿,那么读到的数据一定是正确的,而颠倒顺序后数据就有可能出错。这个问题产生

的原因还是在于 DS1302 的通信协议与标准 SPI 协议存在的差异造成的,如果是标准 SPI
的数据线,数据会一直保持到下一个周期的下降沿才会变化,所以读取数据和上升沿的先后
顺序就无所谓了;但 DS1302 的 I/O 线会在时钟上升沿后被 DS1302 释放,也就是撤销强推
挽输出变为弱下拉状态,而此时在 51 单片机引脚内部上拉的作用下,I/O 线上的实际电平
会慢慢上升,从而导致在上升沿产生后再读取 I/O 数据的话就可能会出错。因此这里的程
序按照先读取 I/O 数据,再拉高 SCLK 产生上升沿的顺序。

　　下面就写一个程序,先将 2013 年 10 月 8 号星期二 12 点 30 分 00 秒这个时间写到
DS1302 内部,让 DS1302 正常运行,然后再不停地读取 DS1302 的当前时间,并显示在液晶
屏上。

/ *************************** **Lcd1602. c 文件程序源代码** *************************** /
(此处省略,可参考之前章节的代码)
/ *************************** **main. c 文件程序源代码** *************************** /

```c
#include <reg52.h>

sbit DS1302_CE = P1^7;
sbit DS1302_CK = P3^5;
sbit DS1302_IO = P3^4;

bit flag200ms = 0;                       //200ms 定时标志
unsigned char T0RH = 0;                  //T0 重载值的高字节
unsigned char T0RL = 0;                  //T0 重载值的低字节

void ConfigTimer0(unsigned int ms);
void InitDS1302();
unsigned char DS1302SingleRead(unsigned char reg);
extern void InitLcd1602();
extern void LcdShowStr(unsigned char x, unsigned char y, unsigned char * str);

void main()
{
    unsigned char i;
    unsigned char psec = 0xAA;           //秒备份,初值 AA 确保首次读取时间后会刷
                                         //新显示
    unsigned char time[8];               //当前时间数组
    unsigned char str[12];               //字符串转换缓冲区

    EA = 1;                              //开总中断
    ConfigTimer0(1);                     //T0 定时 1ms
    InitDS1302();                        //初始化实时时钟
    InitLcd1602();                       //初始化液晶

    while (1)
```

```c
    {
        if (flag200ms)                              //每 200ms 读取一次时间
        {
            flag200ms = 0;
            for (i = 0; i < 7; i++)                 //读取 DS1302 当前时间
            {
                time[i] = DS1302SingleRead(i);
            }
            if (psec != time[0])                    //检测到时间有变化时刷新显示
            {
                str[0] = '2';                       //添加年份的高 2 位: 20
                str[1] = '0';
                str[2] = (time[6] >> 4) + '0';      //"年"高位数字转换为 ASCII 码
                str[3] = (time[6]&0x0F) + '0';      //"年"低位数字转换为 ASCII 码
                str[4] = '-';                       //添加日期分隔符
                str[5] = (time[4] >> 4) + '0';      //"月"
                str[6] = (time[4]&0x0F) + '0';
                str[7] = '-';
                str[8] = (time[3] >> 4) + '0';      //"日"
                str[9] = (time[3]&0x0F) + '0';
                str[10] = '\0';
                LcdShowStr(0, 0, str);              //显示到液晶的第一行

                str[0] = (time[5]&0x0F) + '0';      //"星期"
                str[1] = '\0';
                LcdShowStr(11, 0, "week");
                LcdShowStr(15, 0, str);             //显示到液晶的第一行

                str[0] = (time[2] >> 4) + '0';      //"时"
                str[1] = (time[2]&0x0F) + '0';
                str[2] = ':';                       //添加时间分隔符
                str[3] = (time[1] >> 4) + '0';      //"分"
                str[4] = (time[1]&0x0F) + '0';
                str[5] = ':';
                str[6] = (time[0] >> 4) + '0';      //"秒"
                str[7] = (time[0]&0x0F) + '0';
                str[8] = '\0';
                LcdShowStr(4, 1, str);              //显示到液晶的第二行

                psec = time[0];                     //用当前值更新上次秒数
            }
        }
    }
}
/* 发送一个字节到 DS1302 通信总线上 */
void DS1302ByteWrite(unsigned char dat)
{
    unsigned char mask;
```

```
    for (mask = 0x01; mask!= 0; mask << = 1)        //低位在前,逐位移出
    {
        if ((mask&dat) != 0)                        //首先输出该位数据
            DS1302_IO = 1;
        else
            DS1302_IO = 0;
        DS1302_CK = 1;                              //然后拉高时钟
        DS1302_CK = 0;                              //再拉低时钟,完成一个位的操作
    }
    DS1302_IO = 1;                                  //最后确保释放 I/O 引脚
}
/* 由 DS1302 通信总线上读取一个字节 */
unsigned char DS1302ByteRead()
{
    unsigned char mask;
    unsigned char dat = 0;

    for (mask = 0x01; mask!= 0; mask << = 1)        //低位在前,逐位读取
    {
        if (DS1302_IO != 0)                         //首先读取此时的 I/O 引脚,并设置 dat 中的对应位
        {
            dat |= mask;
        }
        DS1302_CK = 1;                              //然后拉高时钟
        DS1302_CK = 0;                              //再拉低时钟,完成一个位的操作
    }
    return dat;                                     //最后返回读到的字节数据
}
/* 用单次写操作向某一寄存器写入一个字节,reg 为寄存器地址,dat 为待写入字节 */
void DS1302SingleWrite(unsigned char reg, unsigned char dat)
{
    DS1302_CE = 1;                                  //使能片选信号
    DS1302ByteWrite((reg << 1)|0x80);               //发送写寄存器指令
    DS1302ByteWrite(dat);                           //写入字节数据
    DS1302_CE = 0;                                  //除能片选信号
}
/* 用单次读操作从某一寄存器读取一个字节,reg 为寄存器地址,返回值为读到的字节 */
unsigned char DS1302SingleRead(unsigned char reg)
{
    unsigned char dat;

    DS1302_CE = 1;                                  //使能片选信号
    DS1302ByteWrite((reg << 1)|0x81);               //发送读寄存器指令
    dat = DS1302ByteRead();                         //读取字节数据
    DS1302_CE = 0;                                  //除能片选信号

    return dat;
}
/* DS1302 初始化,如发生掉电则重新设置初始时间 */
```

```
void InitDS1302()
{
    unsigned char i;
    unsigned char code InitTime[] = {        //2013 年 10 月 8 日 星期二 12:30:00
        0x00,0x30,0x12, 0x08, 0x10, 0x02, 0x13
    };

    DS1302_CE = 0;                           //初始化 DS1302 通信引脚
    DS1302_CK = 0;
    i = DS1302SingleRead(0);                 //读取秒寄存器
    if ((i & 0x80) != 0)                     //由秒寄存器最高位 CH 的值判断 DS1302 是否已停止
    {
        DS1302SingleWrite(7, 0x00);          //撤销写保护以允许写入数据
        for (i = 0; i < 7; i++)              //设置 DS1302 为默认的初始时间
        {
            DS1302SingleWrite(i, InitTime[i]);
        }
    }
}
/* 配置并启动 T0,ms - T0 定时时间 */
void ConfigTimer0(unsigned int ms)
{
    unsigned long tmp;                       //临时变量

    tmp = 11059200 / 12;                     //定时器计数频率
    tmp = (tmp * ms) / 1000;                 //计算所需的计数值
    tmp = 65536 - tmp;                       //计算定时器重载值
    tmp = tmp + 12;                          //补偿中断响应延时造成的误差
    T0RH = (unsigned char)(tmp >> 8);        //定时器重载值拆分为高低字节
    T0RL = (unsigned char)tmp;
    TMOD &= 0xF0;                            //清 0 T0 的控制位
    TMOD |= 0x01;                            //配置 T0 为模式 1
    TH0 = T0RH;                              //加载 T0 重载值
    TL0 = T0RL;
    ET0 = 1;                                 //使能 T0 中断
    TR0 = 1;                                 //启动 T0
}
/* T0 中断服务函数,执行 200ms 定时 */
void InterruptTimer0() interrupt 1
{
    static unsigned char tmr200ms = 0;

    TH0 = T0RH;                              //重新加载重载值
    TL0 = T0RL;
    tmr200ms++;
    if (tmr200ms >= 200)                     //定时 200ms
    {
        tmr200ms = 0;
        flag200ms = 1;
    }
}
```

前边学习了 I2C 和 E²PROM 的底层读写时序,那么 DS1302 的底层读写时序程序的实现方法与之类似,这里就不过多解释了,大家自己认真揣摩一下。

15.3.5 DS1302 的 BURST 模式

进行产品开发的时候,逻辑的严谨性非常重要,如果一个产品或者程序逻辑上不严谨,就有可能出现功能上的错误。比如 15.3.4 节的这个程序,再回顾一下,当单片机定时器到了 200ms 后,连续把 DS1302 的时间参数的 7 字节读出来。但是不管怎么读,都会有一个时间差,在极端的情况下就会出现这样一种情况:假如当前的时间是 00:00:59,先读秒,读到的秒是 59,然后再去读分钟,而就在读完秒到还未开始读分钟的这段时间内,刚好时间进位了,变成了 00:01:00 这个时间,读到的分钟就是 01,显示在液晶上就会出现一个 00:01:59,这个时间很明显是错误的。出现这个问题的概率极小,但却是实实在在可能存在的。

为了解决这个问题,芯片厂家肯定要提供一种解决方案,这就是 DS1302 的突发模式。突发模式也分为 RAM 突发模式和时钟突发模式,RAM 部分我们不讲,只看和时钟相关的 clock burst mode。

当写指令到 DS1302 的时候,只要将要写的 5 位地址全部写 1,即读操作用 0xBF,写操作用 0xBE,这样的指令送给 DS1302 之后,它就会自动识别出是 burst 模式,马上把所有的 8 字节同时锁存到另外的 8 字节的寄存器缓冲区内,这样时钟继续走,而我们读数据是从另外一个缓冲区内读取的。同样的道理,如果用 burst 模式写数据,那么也是先写到这个缓冲区内,最终 DS1302 会把这个缓冲区内的数据一次性送到它的时钟寄存器内。

要注意的是,不管是读还是写,只要使用时钟的 burst 模式,则必须一次性读写 8 个寄存器,要把时钟的寄存器完全读出来或者完全写进去。

下边就提供一个 burst 模式的例程给大家学习,程序的功能还是与上一节一样。

/ ************************* **Lcd1602.c 文件程序源代码** ************************* /
(此处省略,可参考之前章节的代码)
/ ************************* **main.c 文件程序源代码** ************************* /

```c
#include <reg52.h>

sbit DS1302_CE = P1^7;
sbit DS1302_CK = P3^5;
sbit DS1302_IO = P3^4;

bit flag200ms = 0;                    //200ms 定时标志
unsigned char T0RH = 0;               //T0 重载值的高字节
unsigned char T0RL = 0;               //T0 重载值的低字节

void ConfigTimer0(unsigned int ms);
void InitDS1302();
```

```c
void DS1302BurstRead(unsigned char * dat);
extern void InitLcd1602();
extern void LcdShowStr(unsigned char x, unsigned char y, unsigned char * str);

void main()
{
    unsigned char psec = 0xAA;              //秒备份,初值 AA 确保首次读取时间后会刷新显示
    unsigned char time[8];                          //当前时间数组
    unsigned char str[12];                          //字符串转换缓冲区

    EA = 1;                                          //开总中断
    ConfigTimer0(1);                                //T0 定时 1ms
    InitDS1302();                                    //初始化实时时钟
    InitLcd1602();                                   //初始化液晶

    while (1)
    {
        if (flag200ms)                               //每 200ms 读取依次时间
        {
            flag200ms = 0;
            DS1302BurstRead(time);                  //读取 DS1302 当前时间
            if (psec != time[0])                    //检测到时间有变化时刷新显示
            {
                str[0] = '2';                       //添加年份的高 2 位: 20
                str[1] = '0';
                str[2] = (time[6] >> 4) + '0';      //"年"高位数字转换为 ASCII 码
                str[3] = (time[6]&0x0F) + '0';      //"年"低位数字转换为 ASCII 码
                str[4] = '-';                       //添加日期分隔符
                str[5] = (time[4] >> 4) + '0';      //"月"
                str[6] = (time[4]&0x0F) + '0';
                str[7] = '-';
                str[8] = (time[3] >> 4) + '0';      //"日"
                str[9] = (time[3]&0x0F) + '0';
                str[10] = '\0';
                LcdShowStr(0, 0, str);              //显示到液晶的第一行

                str[0] = (time[5]&0x0F) + '0';      //"星期"
                str[1] = '\0';
                LcdShowStr(11, 0, "week");
                LcdShowStr(15, 0, str);            //显示到液晶的第一行

                str[0] = (time[2] >> 4) + '0';      //"时"
                str[1] = (time[2]&0x0F) + '0';
                str[2] = ':';                       //添加时间分隔符
                str[3] = (time[1] >> 4) + '0';      //"分"
                str[4] = (time[1]&0x0F) + '0';
                str[5] = ':';
                str[6] = (time[0] >> 4) + '0';      //"秒"
                str[7] = (time[0]&0x0F) + '0';
```

```
                    str[8] = '\0';
                    LcdShowStr(4, 1, str);         //显示到液晶的第二行

                    psec = time[0];               //用当前值更新上次秒数
                }
            }
        }
    }

/* 发送一个字节到 DS1302 通信总线上 */
void DS1302ByteWrite(unsigned char dat)
{
    unsigned char mask;

    for (mask = 0x01; mask != 0; mask <<= 1)    //低位在前,逐位移出
    {
        if ((mask&dat) != 0)                      //首先输出该位数据
            DS1302_IO = 1;
        else
            DS1302_IO = 0;
        DS1302_CK = 1;                            //然后拉高时钟
        DS1302_CK = 0;                            //再拉低时钟,完成一个位的操作
    }
    DS1302_IO = 1;                                //最后确保释放 I/O 引脚
}
/* 由 DS1302 通信总线上读取一个字节 */
unsigned char DS1302ByteRead()
{
    unsigned char mask;
    unsigned char dat = 0;

    for (mask = 0x01; mask != 0; mask <<= 1)    //低位在前,逐位读取
    {
        if (DS1302_IO != 0)                       //首先读取此时的 I/O 引脚,并设置 dat 中的对应位
        {
            dat |= mask;
        }
        DS1302_CK = 1;                            //然后拉高时钟
        DS1302_CK = 0;                            //再拉低时钟,完成一个位的操作
    }
    return dat;                                   //最后返回读到的字节数据
}
/* 用单次写操作向某一寄存器写入一个字节,reg 为寄存器地址,dat 为待写入字节 */
void DS1302SingleWrite(unsigned char reg, unsigned char dat)
{
    DS1302_CE = 1;                               //使能片选信号
    DS1302ByteWrite((reg << 1)|0x80);           //发送写寄存器指令
    DS1302ByteWrite(dat);                        //写入字节数据
    DS1302_CE = 0;                               //除能片选信号
```

```c
}
/* 用单次读操作从某一寄存器读取一个字节,reg 为寄存器地址,返回值为读到的字节 */
unsigned char DS1302SingleRead(unsigned char reg)
{
    unsigned char dat;

    DS1302_CE = 1;                          //使能片选信号
    DS1302ByteWrite((reg << 1)|0x81);       //发送读寄存器指令
    dat = DS1302ByteRead();                 //读取字节数据
    DS1302_CE = 0;                          //除能片选信号

    return dat;
}
/* 用突发模式连续写入 8 个寄存器数据,dat 为待写入数据指针 */
void DS1302BurstWrite(unsigned char * dat)
{
    unsigned char i;

    DS1302_CE = 1;
    DS1302ByteWrite(0xBE);                  //发送突发写寄存器指令
    for (i = 0; i < 8; i++)                 //连续写入 8 字节数据
    {
        DS1302ByteWrite(dat[i]);
    }
    DS1302_CE = 0;
}
/* 用突发模式连续读取 8 个寄存器的数据,dat 为读取数据的接收指针 */
void DS1302BurstRead(unsigned char * dat)
{
    unsigned char i;

    DS1302_CE = 1;
    DS1302ByteWrite(0xBF);                  //发送突发读寄存器指令
    for (i = 0; i < 8; i++)                 //连续读取 8 字节
    {
        dat[i] = DS1302ByteRead();
    }
    DS1302_CE = 0;
}
/* DS1302 初始化,如发生掉电则重新设置初始时间 */
void InitDS1302()
{
    unsigned char dat;
    unsigned char code InitTime[] = {       //2013 年 10 月 8 日 星期二 12:30:00
        0x00,0x30,0x12, 0x08, 0x10, 0x02, 0x13, 0x00
    };

    DS1302_CE = 0;                          //初始化 DS1302 通信引脚
    DS1302_CK = 0;
    dat = DS1302SingleRead(0);              //读取秒寄存器
```

```
        if ((dat & 0x80) != 0)                    //由秒寄存器最高位 CH 的值判断 DS1302 是否已停止
        {
            DS1302SingleWrite(7, 0x00);            //撤销写保护以允许写入数据
            DS1302BurstWrite(InitTime);            //设置 DS1302 为默认的初始时间
        }
}
/* 配置并启动 T0,ms 为 T0 定时时间 */
void ConfigTimer0(unsigned int ms)
{
    unsigned long tmp;                             //临时变量

    tmp = 11059200 / 12;                           //定时器计数频率
    tmp = (tmp * ms) / 1000;                       //计算所需的计数值
    tmp = 65536 - tmp;                             //计算定时器重载值
    tmp = tmp + 12;                                //补偿中断响应延时造成的误差
    T0RH = (unsigned char)(tmp >> 8);              //定时器重载值拆分为高低字节
    T0RL = (unsigned char)tmp;
    TMOD &= 0xF0;                                  //清 0 T0 的控制位
    TMOD |= 0x01;                                  //配置 T0 为模式 1
    TH0 = T0RH;                                     //加载 T0 重载值
    TL0 = T0RL;
    ET0 = 1;                                       //使能 T0 中断
    TR0 = 1;                                       //启动 T0
}
/* T0 中断服务函数,执行 200ms 定时 */
void InterruptTimer0() interrupt 1
{
    static unsigned char tmr200ms = 0;

    TH0 = T0RH;                                     //重新加载重载值
    TL0 = T0RL;
    tmr200ms++;
    if (tmr200ms >= 200)                           //定时 200ms
    {
        tmr200ms = 0;
        flag200ms = 1;
    }
}
```

15.4　复合数据类型

在前边学数据类型的时候,主要是字符型、整型、浮点型等基本类型,而学数组的时候,数组的定义要求数组元素必须是相同的数据类型。在实际应用中,有时还需要把不同类型的数据组成一个有机的整体来处理,这些组合在一个整体中的数据之间还有一定的联系,比如一个学生的姓名、性别、年龄、考试成绩等,这就引入了复合数据类型。复合数据类型主要

包含结构体数据类型、共用体数据类型和枚举体数据类型。

15.4.1 结构体数据类型

首先回顾一下上面的例子,把 DS1302 的 7 字节的时间放到一个缓冲数组中,然后把数组中的值稍作转换显示到液晶上,这里就存在一个小问题,DS1302 时间寄存器的定义并不是常用的"年月日时分秒"的顺序,而是在中间加了一个字节的"星期几",而且每当要用这个时间的时候都要清楚地记得数组的第几个元素表示的是什么,这样一来,一是很容易出错,二是程序的可读性不强。当然可以把每一个元素都定一个明确的变量名字,这样就不容易出错也易读了,但结构上却显得很零散了。于是,就可以用结构体来将这一组彼此相关的数据做一个封装,它们既组成了一个整体,易读不易错,而且可以单独定义其中每一个成员的数据类型,比如说把年份用 unsigned int 类型,即 4 个十进制位来表示显然比 2 位更符合日常习惯,而其他的类型还是可以用 2 位来表示。结构体本身不是一个基本的数据类型,而是构造的,它每个成员可以是一个基本的数据类型或者是一个构造类型。结构体既然是一种构造而成的数据类型,那么在使用之前必须先定义它。

声明结构体变量的一般格式如下:

```
struct 结构体名
{
    类型 1 变量名 1;
    类型 2 变量名 2;
    …
    类型 n 变量名 n;
} 结构体变量名 1, 结构体变量名 2, …, 结构体变量名 n;
```

这种声明方式是在声明结构体类型的同时又用它定义了结构体变量,此时的结构体名是可以省略的,但如果省略后,就不能在别处再次定义这样的结构体变量了。这种方式把类型定义和变量定义混在了一起,降低了程序的灵活性和可读性,因此并不建议采用这种方式,而是推荐用以下这种方式:

```
struct 结构体名
{
    类型 1 变量名 1;
    类型 2 变量名 2;
    …
    类型 n 变量名 n;
};
struct 结构体名 结构体变量名 1, 结构体变量名 2, …, 结构体变量名 n;
```

为了方便读者理解,下面构造一个实际的表示日期时间的结构体。

```
struct sTime {              //日期时间结构体定义
    unsigned int year;      //年
    unsigned char mon;      //月
    unsigned char day;      //日
```

```
    unsigned char hour;        //时
    unsigned char min;         //分
    unsigned char sec;         //秒
    unsigned char week;        //星期
};
struct sTime bufTime;
```

struct 是结构体类型的关键字，sTime 是这个结构体的名字，bufTime 就是定义了一个具体的结构体变量。如果要给结构体变量的成员赋值，写法是

```
bufTime.year = 0x2013;
bufTime.mon = 0x10;
```

数组的元素也可以是结构体类型，因此可以构成结构体数组，结构体数组的每一个元素都是具有相同结构类型的结构体变量。例如前边构造的这个结构类型，直接定义成 struct sTime bufTime[3];就表示定义了一个结构体数组，这个数组的 3 个元素，每一个都是一个结构体变量。同样的道理，结构体数组中的元素的成员如果需要赋值，就可以写成

```
bufTime[0].year = 0x2013;
bufTime[0].mon = 0x10;
```

一个指针变量如果指向了一个结构体变量，就称为结构指针变量。结构指针是指向的结构体变量的首地址，通过结构体指针也可以访问这个结构变量。

结构指针变量声明的一般形式如下：

```
struct sTime * pbufTime;
```

这里要特别注意的是，使用结构体指针对结构体成员的访问和使用结构体变量名对结构体成员的访问，其表达式有所不同相比。结构体指针对结构体成员的访问表达式为

```
pbufTime->year = 0x2013;
```

或者是

```
(*pbufTime).year = 0x2013;
```

很明显前者更简洁，所以推荐大家使用前者。

15.4.2 共用体数据类型

共用体也称为联合体，共用体定义和结构体十分类似，同样推荐以下形式：

```
union 共用体名
{
    数据类型 1 成员名 1;
    数据类型 2 成员名 2;
    …
    数据类型 n 成员名 n;
};
```

```
union 共用体名 共用体变量;
```

共用体表示的是几个变量共用一个内存位置,也就是成员 1,成员 2,…,成员 n 都用一个内存位置。共用体成员的访问方式和结构体是一样的,成员访问的方式是"共用体名.成员名",使用指针来访问的方式是"共用体名→成员名"。

共用体可以出现在结构体内,结构体也可以出现在共用体内,在编程的日常应用中,应用最多的是结构体出现在共用体内,例如:

```
union
{
    unsigned int value;
    struct
    {
        unsigned char first;
        unsigned char second;
    } half;
} number;
```

这样将一个结构体定义到一个共用体内部,当采用无符号整型赋值时,直接调用 value 这个变量,同时,也可以通过访问或赋值给 first 和 second 这两个变量来访问或修改 value 的高字节和低字节。

这样看起来似乎是可以高效率地在 int 型变量和它的高低字节之间切换访问,但请回想一下,在介绍数据指针的时候就曾提到过,多字节变量的字节序取决于单片机架构和编译器,并非是固定不变的,所以这种方式写好的程序代码在换到另一种单片机和编译环境后,就有可能是错的,从安全和可移植的角度来讲,这样的代码是存在隐患的,所以现在在诸多以安全为首要诉求的 C 语言编程规范中干脆直接禁止使用共用体。我们虽然不禁止,但也不推荐使用,除非你清楚地了解你所使用的开发环境的实现细节。

共用体和结构体的主要区别如下:

(1) 结构体和共用体都是由多个不同的数据类型成员组成,但在任何一个时刻,共用体只能存放一个被选中的成员,而结构体所有的成员都存在。

(2) 对于共同体的不同成员的赋值,将会改变其他成员的值,而对于结构体不同成员的赋值是相互之间不影响的。

15.4.3　枚举数据类型

在实际问题中,有些变量的取值被限定在一个有限的范围内。例如,一个星期从周一到周日有 7 天,一年从 1 月到 12 月有 12 个月,蜂鸣器有响和不响两种状态等。把这些变量定义成整型或者字符型不是很合适,因为这些变量都有自己的范围。C 语言提供了一种称为"枚举"的类型,在枚举类型的定义中列举出所有可能的值,并可以为每一个值取一个形象化的名字,它的这一特性可以提高程序代码的可读性。

枚举的说明形式如下:

```
enum 枚举名
{
        标识符 1[ = 整型常数],
        标识符 2[ = 整型常数],
        …
        标识符 n[ = 整型常数]
};
enum 枚举名 枚举变量;
```

枚举的说明形式中,如果没有被初始化,那么"＝整型常数"是可以被省略的,如果是默认值,从第一个标识符顺序赋值 0,1,2…,但是当枚举中任何一个成员被赋值后,它后边的成员按照依次加 1 的规则确定数值。

枚举的使用,有几点要注意:

(1) 枚举中每个成员结束符是逗号,而不是分号,最后一个成员可以省略逗号。

(2) 枚举成员的初始化值可以是负数,但是后边的成员依然依次加 1。

(3) 枚举变量只能取枚举结构中的某个标识符常量,不可以在范围之外。

15.5 电子钟实例

共用体除非必要,否则不推荐使用,枚举的用法比较简单,在本书 19 章的项目实践中有很好的示例,本小节先来练习一下结构体的使用。下边这个程序的功能是一个带日期的电子钟,相当于一个简易万年历了,并且加入了按键调时功能。学有余力的同学看到这里,不妨先不看提供的代码,自己写写试试。如果能够独立写一个按键可调的万年历程序,单片机可以说基本入门了。如果自己还不能够独立完成这个程序,那么还是老规矩,先抄并且理解,而后自己独立默写出来,并且要边默写边理解。

本例直接忽略了星期这项内容,通过上、下、左、右、回车、Esc 这 6 个按键可以调整时间。这也是一个具有综合练习性质的实例,虽然在功能实现上没有多少难度,但要进行的操作却比较多而且烦琐,读者可以从中体会到把繁杂的功能实现分解为一步步函数操作的必要性以及方便灵活性。简单说一下这个程序的几个要点,方便大家阅读理解程序。

(1) 把 DS1302 的底层操作封装为一个 DS1302.c 文件,对上层应用提供基本的实时时间的操作接口,这个文件也是又一个功能模块了,读者的积累也就越来越多了。

(2) 定义一个结构体类型 sTime 用来封装日期时间的各个元素,又用该结构体定义了一个时间缓冲区变量 bufTime 来暂存从 DS1302 读出的时间和设置时间时的设定值。需要注意的是在其他文件中要使用这个结构体变量时,必须首先再声明一次 sTime 类型。

(3) 定义一个变量 setIndex 来控制当前是否处于设置时间的状态,以及设置时间的哪一位,该值为 0 就表示正常运行,1～12 分别代表可以修改日期时间的 12 个位。

(4) 由于本节的程序功能要进行时间调整,用到了 1602 液晶的光标功能,添加了设置光标的函数,如果要改变哪一位的数字,就在 1602 对应位置上进行光标闪烁,所以

Lcd1602.c 在之前文件的基础上添加了两个控制光标的函数。

(5) 时间的显示、增减、设置移位等上层功能函数都放在 main.c 中来实现,当按键需要这些函数时则在按键文件中做外部声明,这样做是为了避免一组功能函数分散在不同的文件内而使程序显得凌乱。

/ ***************************** **DS1302.c 文件程序源代码** ***************************** /

```c
#include <reg52.h>

sbit DS1302_CE = P1^7;
sbit DS1302_CK = P3^5;
sbit DS1302_IO = P3^4;

struct sTime {                          //日期时间结构体定义
    unsigned int year;                  //年
    unsigned char mon;                  //月
    unsigned char day;                  //日
    unsigned char hour;                 //时
    unsigned char min;                  //分
    unsigned char sec;                  //秒
    unsigned char week;                 //星期
};

/* 发送一个字节到 DS1302 通信总线上 */
void DS1302ByteWrite(unsigned char dat)
{
    unsigned char mask;

    for (mask = 0x01; mask!= 0; mask <<= 1)    //低位在前,逐位移出
    {
        if ((mask&dat) != 0)                   //首先输出该位数据
            DS1302_IO = 1;
        else
            DS1302_IO = 0;
        DS1302_CK = 1;                         //然后拉高时钟
        DS1302_CK = 0;                         //再拉低时钟,完成一个位的操作
    }
    DS1302_IO = 1;                             //最后确保释放 I/O 引脚
}
/* 由 DS1302 通信总线上读取一个字节 */
unsigned char DS1302ByteRead()
{
    unsigned char mask;
    unsigned char dat = 0;

    for (mask = 0x01; mask!= 0; mask <<= 1)    //低位在前,逐位读取
    {
        if (DS1302_IO != 0)                    //首先读取此时的 I/O 引脚,并设置 dat 中的对应位
```

```
        {
            dat |= mask;
        }
        DS1302_CK = 1;                          //然后拉高时钟
        DS1302_CK = 0;                          //再拉低时钟,完成一个位的操作
    }
    return dat;                                 //最后返回读到的字节数据
}
/* 用单次写操作向某一寄存器写入一个字节,reg 为寄存器地址,dat 为待写入字节 */
void DS1302SingleWrite(unsigned char reg, unsigned char dat)
{
    DS1302_CE = 1;                              //使能片选信号
    DS1302ByteWrite((reg << 1)|0x80);           //发送写寄存器指令
    DS1302ByteWrite(dat);                       //写入字节数据
    DS1302_CE = 0;                              //除能片选信号
}
/* 用单次读操作从某一寄存器读取一个字节,reg 为寄存器地址,返回值为读到的字节 */
unsigned char DS1302SingleRead(unsigned char reg)
{
    unsigned char dat;

    DS1302_CE = 1;                              //使能片选信号
    DS1302ByteWrite((reg << 1)|0x81);           //发送读寄存器指令
    dat = DS1302ByteRead();                     //读取字节数据
    DS1302_CE = 0;                              //除能片选信号

    return dat;
}
/* 用突发模式连续写入 8 个寄存器数据,dat 为待写入数据指针 */
void DS1302BurstWrite(unsigned char * dat)
{
    unsigned char i;

    DS1302_CE = 1;
    DS1302ByteWrite(0xBE);                      //发送突发写寄存器指令
    for (i = 0; i < 8; i++)                     //连续写入 8 字节数据
    {
        DS1302ByteWrite(dat[i]);
    }
    DS1302_CE = 0;
}
/* 用突发模式连续读取 8 个寄存器的数据,dat 为读取数据的接收指针 */
void DS1302BurstRead(unsigned char * dat)
{
    unsigned char i;

    DS1302_CE = 1;
    DS1302ByteWrite(0xBF);                      //发送突发读寄存器指令
    for (i = 0; i < 8; i++)                     //连续读取 8 字节
```

```
    {
        dat[i] = DS1302ByteRead();
    }
    DS1302_CE = 0;
}
/* 获取实时时间,即读取 DS1302 当前时间并转换为时间结构体格式 */
void GetRealTime(struct sTime * time)
{
    unsigned char buf[8];

    DS1302BurstRead(buf);
    time->year = buf[6] + 0x2000;
    time->mon = buf[4];
    time->day = buf[3];
    time->hour = buf[2];
    time->min = buf[1];
    time->sec = buf[0];
    time->week = buf[5];
}
/* 设定实时时间,时间结构体格式的设定时间转换为数组并写入 DS1302 */
void SetRealTime(struct sTime * time)
{
    unsigned char buf[8];

    buf[7] = 0;
    buf[6] = time->year;
    buf[5] = time->week;
    buf[4] = time->mon;
    buf[3] = time->day;
    buf[2] = time->hour;
    buf[1] = time->min;
    buf[0] = time->sec;
    DS1302BurstWrite(buf);
}
/* DS1302 初始化,如发生掉电则重新设置初始时间 */
void InitDS1302()
{
    unsigned char dat;
    struct sTime code InitTime[] = {      //2013 年 10 月 8 日 12:30:00 星期二
        0x2013,0x10,0x08, 0x12,0x30,0x00, 0x02
    };

    DS1302_CE = 0;                        //初始化 DS1302 通信引脚
    DS1302_CK = 0;
    dat = DS1302SingleRead(0);            //读取秒寄存器
    if ((dat & 0x80) != 0)                //由秒寄存器最高位 CH 的值判断 DS1302 是否已停止
    {
        DS1302SingleWrite(7, 0x00);       //撤销写保护以允许写入数据
        SetRealTime(&InitTime);           //设置 DS1302 为默认的初始时间
    }
}
```

DS1302.c 最终向外提供出与具体时钟芯片寄存器位置无关的、由时间结构类型 sTime 作为接口的实时时间的读取和设置函数,如此处理体现了前面提到过的层次化编程的思想。应用层可以不关心底层实现细节,底层实现的改变也不会对应用层造成影响,比如说日后可能需要换一款时钟芯片,而它与 DS1302 的操作和时间寄存器顺序是不同的,那么需要做的也仅是针对这款新的时钟芯片设计出底层操作函数,最终提供出同样以 sTime 为接口的操作函数即可,应用层无须做任何的改动。

/ ＊＊＊＊＊＊＊＊＊＊＊＊＊＊＊＊＊＊＊＊＊＊＊＊＊＊＊ **Lcd1602.c 文件程序源代码** ＊＊＊＊＊＊＊＊＊＊＊＊＊＊＊＊＊＊＊＊＊＊＊＊＊＊＊＊＊ /

```c
#include <reg52.h>

#define LCD1602_DB P0
sbit LCD1602_RS = P1^0;
sbit LCD1602_RW = P1^1;
sbit LCD1602_E = P1^5;

/* 等待液晶准备好 */
void LcdWaitReady()
{
    unsigned char sta;

    LCD1602_DB = 0xFF;
    LCD1602_RS = 0;
    LCD1602_RW = 1;
    do {
        LCD1602_E = 1;
        sta = LCD1602_DB;            //读取状态字
        LCD1602_E = 0;
    } while (sta & 0x80);            //bit7 等于 1 表示液晶正忙,重复检测直到其等于 0 为止
}
/* 向 LCD1602 液晶写入一字节命令,cmd 为待写入命令值 */
void LcdWriteCmd(unsigned char cmd)
{
    LcdWaitReady();
    LCD1602_RS = 0;
    LCD1602_RW = 0;
    LCD1602_DB = cmd;
    LCD1602_E = 1;
    LCD1602_E = 0;
}
/* 向 LCD1602 液晶写入一字节数据,dat 为待写入数据值 */
void LcdWriteDat(unsigned char dat)
{
    LcdWaitReady();
    LCD1602_RS = 1;
    LCD1602_RW = 0;
    LCD1602_DB = dat;
    LCD1602_E = 1;
```

```
        LCD1602_E = 0;
}
/* 设置显示 RAM 起始地址,亦即光标位置,(x,y)为对应屏幕上的字符坐标 */
void LcdSetCursor(unsigned char x, unsigned char y)
{
    unsigned char addr;

    if (y == 0)                     //由输入的屏幕坐标计算显示 RAM 的地址
        addr = 0x00 + x;            //第一行字符地址从 0x00 起始
    else
        addr = 0x40 + x;            //第二行字符地址从 0x40 起始
    LcdWriteCmd(addr | 0x80);       //设置 RAM 地址
}
/* 在液晶上显示字符串,(x,y)为对应屏幕上的起始坐标,str 为字符串指针 */
void LcdShowStr(unsigned char x, unsigned char y, unsigned char * str)
{
    LcdSetCursor(x, y);             //设置起始地址
    while ( * str != '\0')          //连续写入字符串数据,直到检测到结束符
    {
        LcdWriteDat( * str++);
    }
}
/* 打开光标的闪烁效果 */
void LcdOpenCursor()
{
    LcdWriteCmd(0x0F);
}
/* 关闭光标显示 */
void LcdCloseCursor()
{
    LcdWriteCmd(0x0C);
}
/* 初始化 1602 液晶 */
void InitLcd1602()
{
    LcdWriteCmd(0x38);              //16 * 2 显示,5 * 7 点阵,8 位数据接口
    LcdWriteCmd(0x0C);              //显示器开,光标关闭
    LcdWriteCmd(0x06);              //文字不动,地址自动 + 1
    LcdWriteCmd(0x01);              //清屏
}
```

为了本例的具体需求,在之前文件的基础上添加两个控制光标效果打开和关闭的函数,虽然函数都很简单,但为了保持程序整体上良好的模块化和层次化,还是应该在液晶驱动文件内以函数的形式提供,而不是由应用层代码直接来调用具体的液晶写命令操作。

/ ***************************** **keyboard. c 文件程序源代码** ***************************** /

（此处省略，可参考之前章节的代码）

/ ***************************** **main. c 文件程序源代码** ***************************** /

```c
# include < reg52. h>

struct sTime {                          //日期时间结构体定义
    unsigned int year;
    unsigned char mon;
    unsigned char day;
    unsigned char hour;
    unsigned char min;
    unsigned char sec;
    unsigned char week;
};

bit flag200ms = 1;                      //200ms 定时标志
struct sTime bufTime;                   //日期时间缓冲区
unsigned char setIndex = 0;             //时间设置索引
unsigned char T0RH = 0;                 //T0 重载值的高字节
unsigned char T0RL = 0;                 //T0 重载值的低字节

void ConfigTimer0(unsigned int ms);
void RefreshTimeShow();
extern void InitDS1302();
extern void GetRealTime(struct sTime * time);
extern void SetRealTime(struct sTime * time);
extern void KeyScan();
extern void KeyDriver();
extern void InitLcd1602();
extern void LcdShowStr(unsigned char x, unsigned char y, unsigned char * str);
extern void LcdSetCursor(unsigned char x, unsigned char y);
extern void LcdOpenCursor();
extern void LcdCloseCursor();

void main()
{
    unsigned char psec = 0xAA;          //秒备份,初值 AA 确保首次读取时间后会刷新显示

    EA = 1;                             //开总中断
    ConfigTimer0(1);                    //T0 定时 1ms
    InitDS1302();                       //初始化实时时钟
    InitLcd1602();                      //初始化液晶

    //初始化屏幕上固定不变的内容
    LcdShowStr(3, 0, "20 - - ");
    LcdShowStr(4, 1, " : : ");

    while (1)
```

```
        {
            KeyDriver();                        //调用按键驱动
            if (flag200ms && (setIndex == 0))
            {                                   //每隔200ms且未处于设置状态时,
                flag200ms = 0;
                GetRealTime(&bufTime);          //获取当前时间
                if (psec != bufTime.sec)        //检测到时间有变化时刷新显示
                {
                    RefreshTimeShow();
                    psec = bufTime.sec;         //用当前值更新上次秒数
                }
            }
        }
}
/* 将一个BCD码字节显示到屏幕上,(x,y)为屏幕起始坐标,bcd为待显示BCD码 */
void ShowBcdByte(unsigned char x, unsigned char y, unsigned char bcd)
{
    unsigned char str[4];

    str[0] = (bcd >> 4) + '0';
    str[1] = (bcd&0x0F) + '0';
    str[2] = '\0';
    LcdShowStr(x, y, str);
}
/* 刷新日期时间的显示 */
void RefreshTimeShow()
{
    ShowBcdByte(5, 0, bufTime.year);
    ShowBcdByte(8, 0, bufTime.mon);
    ShowBcdByte(11, 0, bufTime.day);
    ShowBcdByte(4, 1, bufTime.hour);
    ShowBcdByte(7, 1, bufTime.min);
    ShowBcdByte(10, 1, bufTime.sec);
}
/* 刷新当前设置位的光标指示 */
void RefreshSetShow()
{
    switch (setIndex)
    {
        case 1: LcdSetCursor(5, 0); break;
        case 2: LcdSetCursor(6, 0); break;
        case 3: LcdSetCursor(8, 0); break;
        case 4: LcdSetCursor(9, 0); break;
        case 5: LcdSetCursor(11, 0); break;
        case 6: LcdSetCursor(12, 0); break;
        case 7: LcdSetCursor(4, 1); break;
        case 8: LcdSetCursor(5, 1); break;
        case 9: LcdSetCursor(7, 1); break;
        case 10: LcdSetCursor(8, 1); break;
```

```
            case 11: LcdSetCursor(10, 1); break;
            case 12: LcdSetCursor(11, 1); break;
            default: break;
    }
}
/* 递增一个 BCD 码的高位 */
unsigned char IncBcdHigh(unsigned char bcd)
{
    if ((bcd&0xF0) < 0x90)
        bcd += 0x10;
    else
        bcd &= 0x0F;

    return bcd;
}
/* 递增一个 BCD 码的低位 */
unsigned char IncBcdLow(unsigned char bcd)
{
    if ((bcd&0x0F) < 0x09)
        bcd += 0x01;
    else
        bcd &= 0xF0;

    return bcd;
}
/* 递减一个 BCD 码的高位 */
unsigned char DecBcdHigh(unsigned char bcd)
{
    if ((bcd&0xF0) > 0x00)
        bcd -= 0x10;
    else
        bcd |= 0x90;

    return bcd;
}
/* 递减一个 BCD 码的低位 */
unsigned char DecBcdLow(unsigned char bcd)
{
    if ((bcd&0x0F) > 0x00)
        bcd -= 0x01;
    else
        bcd |= 0x09;

    return bcd;
}
/* 递增时间为当前设置位的值 */
void IncSetTime()
{
    switch (setIndex)
```

```
    {
        case 1: bufTime.year = IncBcdHigh(bufTime.year); break;
        case 2: bufTime.year = IncBcdLow(bufTime.year); break;
        case 3: bufTime.mon = IncBcdHigh(bufTime.mon); break;
        case 4: bufTime.mon = IncBcdLow(bufTime.mon); break;
        case 5: bufTime.day = IncBcdHigh(bufTime.day); break;
        case 6: bufTime.day = IncBcdLow(bufTime.day); break;
        case 7: bufTime.hour = IncBcdHigh(bufTime.hour); break;
        case 8: bufTime.hour = IncBcdLow(bufTime.hour); break;
        case 9: bufTime.min = IncBcdHigh(bufTime.min); break;
        case 10: bufTime.min = IncBcdLow(bufTime.min); break;
        case 11: bufTime.sec = IncBcdHigh(bufTime.sec); break;
        case 12: bufTime.sec = IncBcdLow(bufTime.sec); break;
        default: break;
    }
    RefreshTimeShow();
    RefreshSetShow();
}
/* 递减时间为当前设置位的值 */
void DecSetTime()
{
    switch (setIndex)
    {
        case 1: bufTime.year = DecBcdHigh(bufTime.year); break;
        case 2: bufTime.year = DecBcdLow(bufTime.year); break;
        case 3: bufTime.mon = DecBcdHigh(bufTime.mon); break;
        case 4: bufTime.mon = DecBcdLow(bufTime.mon); break;
        case 5: bufTime.day = DecBcdHigh(bufTime.day); break;
        case 6: bufTime.day = DecBcdLow(bufTime.day); break;
        case 7: bufTime.hour = DecBcdHigh(bufTime.hour); break;
        case 8: bufTime.hour = DecBcdLow(bufTime.hour); break;
        case 9: bufTime.min = DecBcdHigh(bufTime.min); break;
        case 10: bufTime.min = DecBcdLow(bufTime.min); break;
        case 11: bufTime.sec = DecBcdHigh(bufTime.sec); break;
        case 12: bufTime.sec = DecBcdLow(bufTime.sec); break;
        default: break;
    }
    RefreshTimeShow();
    RefreshSetShow();
}
/* 右移时间设置位 */
void RightShiftTimeSet()
{
    if (setIndex != 0)
    {
        if (setIndex < 12)
            setIndex++;
        else
            setIndex = 1;
```

```
            RefreshSetShow();
    }
}
/* 左移时间设置位 */
void LeftShiftTimeSet()
{
    if (setIndex != 0)
    {
        if (setIndex > 1)
            setIndex --;
        else
            setIndex = 12;
        RefreshSetShow();
    }
}
/* 进入时间设置状态 */
void EnterTimeSet()
{
    setIndex = 2;                    //把设置索引设置为2,即可进入设置状态
    LeftShiftTimeSet();             //再利用现成的左移操作移到位置1并完成显示刷新
    LcdOpenCursor();               //打开光标闪烁效果
}
/* 退出时间设置状态,save - 是否保存当前设置的时间值 */
void ExitTimeSet(bit save)
{
    setIndex = 0;                   //把设置索引设置为0,即可退出设置状态
    if (save)                       //需保存时即把当前设置时间写入 DS1302
    {
        SetRealTime(&bufTime);
    }
    LcdCloseCursor();              //关闭光标显示
}
/* 按键动作函数,根据键码执行相应的操作,keycode - 按键键码 */
void KeyAction(unsigned char keycode)
{
    if ((keycode >= '0') && (keycode <= '9'))  //本例中不响应字符键
    {
    }
    else if (keycode == 0x26)       //向上键,递增当前设置位的值
    {
        IncSetTime();
    }
    else if (keycode == 0x28)       //向下键,递减当前设置位的值
    {
        DecSetTime();
    }
    else if (keycode == 0x25)       //向左键,向左切换设置位
    {
        LeftShiftTimeSet();
```

```
    }
    else if (keycode == 0x27)              //向右键,向右切换设置位
    {
        RightShiftTimeSet();
    }
    else if (keycode == 0x0D)              //回车键,进入设置模式/启用当前设置值
    {
        if (setIndex == 0)                 //不处于设置状态时,进入设置状态
        {
            EnterTimeSet();
        }
        else                               //已处于设置状态时,保存时间并退出设置状态
        {
            ExitTimeSet(1);
        }
    }
    else if (keycode == 0x1B)              //Esc 键,取消当前设置
    {
        ExitTimeSet(0);
    }
}
/* 配置并启动 T0,ms 为 T0 定时时间 */
void ConfigTimer0(unsigned int ms)
{
    unsigned long tmp;                     //临时变量

    tmp = 11059200 / 12;                   //定时器计数频率
    tmp = (tmp * ms) / 1000;               //计算所需的计数值
    tmp = 65536 - tmp;                     //计算定时器重载值
    tmp = tmp + 28;                        //补偿中断响应延时造成的误差
    T0RH = (unsigned char)(tmp >> 8);      //定时器重载值拆分为高低字节
    T0RL = (unsigned char)tmp;
    TMOD &= 0xF0;                          //清 0 T0 的控制位
    TMOD |= 0x01;                          //配置 T0 为模式 1
    TH0 = T0RH;                            //加载 T0 重载值
    TL0 = T0RL;
    ET0 = 1;                               //使能 T0 中断
    TR0 = 1;                               //启动 T0
}
/* T0 中断服务函数,执行按键扫描和 200ms 定时 */
void InterruptTimer0() interrupt 1
{
    static unsigned char tmr200ms = 0;

    TH0 = T0RH;                            //重新加载重载值
    TL0 = T0RL;
    KeyScan();                             //按键扫描
    tmr200ms++;
    if (tmr200ms >= 200)                   //定时 200ms
```

```
    {
        tmr200ms = 0;
        flag200ms = 1;
    }
}
```

　　main.c主文件,负责所有应用层的功能实现,文件比较长,还是那句话,"不难但比较烦琐",希望对具体问题分析细化能力还不太强的读者把这个文件多练习几遍,学习一下其中把具体问题逐步细化并一步步实现出来的编程思想,多进行此类练习,锻炼程序思维能力,将来遇到具体项目设计需求的时候,就能很快找到方法并实现它们了。

15.6　练习题

　　1. 理解 BCD 码的原理。
　　2. 理解 SPI 的通信原理,以及 SPI 通信过程的四种模式配置。
　　3. 能够结合教程阅读 DS1302 的英文数据手册,学会 DS1302 的读写操作。
　　4. 理解复合数据类型的结构和用法。

第 16 章

红外通信与 DS18B20
温度传感器

第 16 章视频

本章将学习另外两种通信协议和使用它们的两种具体器件,分别是使用 NEC 红外通信协议的遥控器和使用 1-Wire 总线协议的温度传感器——DS18B20。红外可以使单片机系统具备远距离的遥控能力,温度传感器则给我们提供了感知周围温度的手段,这都是非常实用且常用的扩展功能。

16.1 红外线的基本原理

红外线是波长介于微波和可见光之间的电磁波,波长在 760nm 到 1mm 之间,是波长比红光长的非可见光。自然界中的一切物体,只要它的温度高于绝对零度($-273℃$)就存在分子和原子的无规则运动,其表面就会不停地辐射红外线。当然了,虽然都辐射红外线,但是不同的物体辐射的强度是不一样的,而我们正是利用了这一点把红外技术应用到实际开发中。

红外发射管很常用,在遥控器上都可以看到,它类似发光二极管,但是它发射出来的是红外线,是肉眼所看不到的。第 2 章学过发光二极管的亮度会随着电流的增大而增加,同样的道理,红外发射管发射红外线的强度也会随着电流的增大而增强。常见的红外发射管如图 16-1 所示。

红外接收管内部是一个具有红外线敏感特征的 PN 节,属于光敏二极管,但是它只对红外线有反应。无红外线时,光敏管不导通,有红外线时,光敏管导通形成光电流,并且在一定范围内电流随着红外线的强度的增强而增大。典型的红外接收管如图 16-2 所示。

图 16-1 红外发射管

图 16-2 红外接收管

这种红外发射和接收对管在小车、机器人避障以及红外循迹小车中有所应用,这部分内容在 KST-51 开发板上并没有实现,但是属于红外部分的内容,提供一个原理图给大家作为学习之用,如图 16-3 所示。

在图 16-3 中,发射控制和接收检测都是接到单片机的 I/O 口上的。

发射部分:当发射控制输出高电平时,三极管 Q1 不导通,红外发射管 L1 不会发射红外信号;当发射控制输出低电平的时候,通过三极管 Q1 导通让 L1 发出红外线。

图 16-3 红外避障、循迹原理图

接收部分:R4 是一个电位器,通过调整电位器给 LM393 的引脚 2 提供一个阈值电压,这个电压值的大小可以根据实际情况来调试确定。而红外线敏二极管 L2 收到红外线的时候,会产生电流,并且随着红外线的从弱变强,电流会从小变大。当没有红外线或者说红外线很弱的时候,引脚 3 的电压就会接近 VCC,如果引脚 3 比引脚 2 的电压高,通过 LM393 比较器后,接收检测引脚输出一个高电平。当随着光强变大,电流变大,引脚 3 的电压值等于 $VCC-I*R3$,电压就会越来越小,当小到一定程度,比引脚 2 的电压还小的时候,接收检测引脚就会变为低电平。

这个电路用于避障的时候,发射管先发送红外信号,红外信号会随着传送距离的加大逐渐衰减,如果遇到障碍物,就会形成红外反射。当反射回来的信号比较弱时,光敏二极管 L2 接收的红外线较弱,比较器 LM393 的引脚 3 电压高于引脚 2 电压,接收检测引脚输出高电平,说明障碍物比较远;当反射回来的信号比较强,接收检测引脚输出低电平,说明障碍物比较近了。

用于小车循迹的时候,必须有黑色和白色的轨道。当红外信号发送到黑色轨道时,黑色因为吸光能力比较强,红外信号发送出去就会被吸收掉,反射部分很微弱。白色轨道则会把大部分红外信号反射回来。通常情况下的循迹小车,需要应用多个红外模块同时检测,从多个角度判断轨道,根据判断的结果来调整小车使其按照正常循迹前行。

16.2 红外遥控通信原理

在实际的通信领域,发出来的信号一般有较宽的频谱,而且都是在比较低的频率段分布大量的能量,所以称之为基带信号,这种信号是不适合直接在信道中传输的。为便于传输、提高抗干扰能力和有效地利用带宽,通常需要将信号调制到适合信道和噪声特性的频率范围内进行传输,这就叫作信号调制。在通信系统的接收端要对接收到的信号进行解调,恢复原来的基带信号。这部分通信原理的内容,大家了解一下即可。

平时用到的红外遥控器里的红外通信,通常是使用 38kHz 左右的载波进行调制的,下面把原理大概给大家介绍一下。先看发送部分原理。

调制:就是用待传送信号去控制某个高频信号的幅度、相位、频率等参量变化的过程,即用一个信号去装载另一个信号。比如红外遥控信号要发送的时候,先经过 38kHz 调制,如图 16-4 所示。

图 16-4 红外信号调制

原始信号就是要发送的一个数据"0"位或者一位数据"1"位,而所谓 38kHz 载波就是频率为 38kHz 的方波信号,调制后信号就是最终要发射出去的波形。使用原始信号来控制 38kHz 载波,当信号是数据"0"的时候,38kHz 载波毫无保留地全部发送出去,当信号是数据"1"的时候,不发送任何载波信号。

红外发射原理如图 16-5 所示。

38kHz 载波可以用 455kHz 晶振经过 12 分频得到 37.91kHz,也可以由时基电路 NE555 来产生,或者使用单片机的 PWM 来产生。当信号输出引脚输出高电平时,Q2 截止,不管 38kHz 载波信号如何控制 Q1,右侧的竖向支路都不会导通,红外管 L1 不会发送任何信息。当信号输出是低电平的时候,38kHz 载波就会通过 Q1 释放出来,在 L1 上产生 38kHz 的载波信号。这里要说明的是,大多数家电遥控器的 38kHz 的占空比是 1/3,也有 1/2 的,但是相对少一些。

正常的通信,接收端要首先对信号通过监测、放大、滤波、解调等一系列电路处理,然后输出基带信号。但是红外通信的一体化接收头 HS0038B,已经把这些电路全部集成到一起了,只需把这个电路接上去,就可以直接输出所要的基带信号,如图 16-6 所示。

由于红外接收头内部放大器的增益很大,很容易引起干扰,因此在接收头供电引脚上必须加上滤波电容,官方手册给的值是 4.7μF,这里直接用的 10μF。手册里还要求在供电引脚

图 16-5　红外发射原理图

图 16-6　红外接收原理图

和电源之间串联 100Ω 的电阻,进一步降低干扰。

图 16-6 所示的电路,用来接收图 16-5 电路发送出来的波形。当 HS0038B 监测到有 38kHz 的红外信号时,就会在 OUT 引脚输出低电平;当没有 38kHz 信号的时候,OUT 引脚就会输出高电平。把 OUT 引脚接到单片机的 I/O 口上,通过编程,就可以获取红外通信发过来的数据了。

大家想想,OUT 引脚输出的数据是不是又恢复成基带信号数据了呢?那么单片机在接收这个基带信号数据的时候,如何判断接收到的是什么数据,应该遵循什么协议呢?像前边学到的 UART、I2C、SPI 等通信协议都是基带通信的通信协议,而红外的 38kHz 仅仅是对基带信号进行调制解调,让信号更适合在信道中传输。

由于红外调制信号是半双工的,而且同一时刻空间只能允许一个信号源,所以红外的基带信号不适用 I2C 或者 SPI 通信协议,前边提到过 UART 虽然是 2 条线,但是通信的时候,实际上一条线即可,所以红外可以在 UART 中进行通信。当然,这个通信也不是没有限制的,比如在 HS0038B 的数据手册中标明,要想让 HS0038B 识别到 38kHz 的红外信号,这个 38kHz 的载波必须大于 10 个周期,这就限定了红外通信的基带信号的比特率必须不能高于 3800b/s。如果把串口输出的信号直接用 38kHz 调制,波特率也就不能高于 3800baud。当然还有很多其他基带协议可以利用红外来调制,下面介绍一种遥控器常用的红外通信协议——NEC 协议。

16.3　NEC 协议红外遥控器

家电遥控器通信距离往往要求不高,而红外的成本比其他无线设备要低得多,所以家电遥控器应用中红外始终占据着一席之地。遥控器的基带通信协议很多,大概有几十种,常用的就有 ITT 协议、NEC 协议、Sharp 协议、Philips RC-5 协议、Sony SIRC 协议等。用得最多的就是 NEC 协议了,因此 KST-51 开发板配套的遥控器直接采用 NEC 协议,本节也以 NEC 协议标准来讲解。

NEC 协议的数据格式包括引导码、用户码、用户码反码、键数据码和键数据反码,最后一个停止位。停止位主要起隔离作用,一般不进行判断,编程时也不予理会。其中数据编码总共是 4 字节即 32 位,如图 16-7 所示。第一个字节是用户码,第二个字节可能也是用户码,或者是用户码的反码,具体由生产商决定,第三个字节就是当前按键的键数据码,而第四个字节是键数据码的反码,可用于对数据的纠错。

图 16-7   NEC 协议数据格式

这个 NEC 协议,表示数据的方式不像之前学过的比如 UART 那样直观,而是每一位数据本身也需要进行编码,编码后再进行载波调制。

引导码:9ms 的载波+4.5ms 的空闲。

比特值"0":560 μs 的载波+560 μs 的空闲。

比特值"1":560 μs 的载波+1.68ms 的空闲。

结合图 16-7 就能看明白,最前面黑色的一段,是引导码的 9ms 载波,紧接着是引导码的 4.5ms 的空闲,而后边的数据码,是众多载波和空闲交叉,它们的长短就由其要传递的具体数据来决定。HS0038B 这个红外一体化接收头,当收到有载波的信号的时候,会输出一个低电平,空闲的时候会输出高电平。用逻辑分析仪抓出来一个红外按键通过 HS0038B 解码后的图形来了解一下,如图 16-8 所示。

图 16-8   红外遥控器按键编码

从图上可以看出,先是 9ms 载波加 4.5ms 空闲的起始码;数据码是低位在前,高位在后,数据码第一个字节是 8 组 560 μs 的载波加 560 μs 的空闲,也就是 0x00,第二个字节是 8 组 560 μs 的载波加 1.68ms 的空闲,可以看出来是 0xFF,这两个字节就是用户码和用户码的反码;按键的键码二进制是 0x0C,反码是 0xF3;最后跟了一个 560 μs 载波停止位。对于遥控器来说,不同的按键就是键码和键码反码的区分,用户码也是一样。这样就可以通过单片机的程序把当前的按键的键码给解析出来。

前边学习中断的时候,学到 51 单片机有外部中断 0 和外部中断 1 这两个外部中断。红外接收引脚接到了 P3.3 引脚上,这个引脚的第二功能就是外部中断 1。在寄存器 TCON 中的 bit3 和 bit2 这两位,是和外部中断 1 相关的两位。其中 IE1 是外部中断标志位,当外部中断发生后,这一位被自动置 1,和定时器中断标志位 TF 相似,进入中断后会自动清 0,也可以软件清 0。bit2 是设置外部中断类型的,如果 bit2 为 0,那么只要 P3.3 为低电平就可以触发中断;如果 bit2 为 1,那么 P3.3 从高电平到低电平的下降沿发生才可以触发中断。此外,外部中断 1 使能位是 EX1。下面把程序写出来,使用数码管把遥控器的用户码和键码显示出来。

　　Infrared.c 文件主要是用来检测红外通信的。当发生外部中断后,进入外部中断,通过定时器 1 定时,首先对引导码判断,而后对数据码的每个位逐位获取高低电平的时间,从而得知每一位是 0 还是 1,最终把数据码解出来。虽然最终实现的功能很简单,但因为编码本身的复杂性,使得红外接收的中断程序在逻辑上显得比较复杂,大家可以对照中断程序流程图来理解程序代码,如图 16-9 所示。

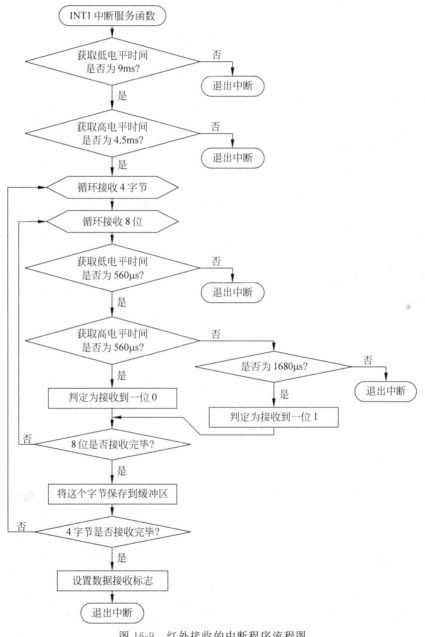

图 16-9　红外接收的中断程序流程图

/ *************************** **Infrared. c 文件程序源代码** *************************** /

```c
#include <reg52.h>

sbit IR_INPUT = P3^3;          //红外接收引脚

bit irflag = 0;                //红外接收标志,收到一帧正确数据后置1
unsigned char ircode[4];       //红外代码接收缓冲区

/* 初始化红外接收功能 */
void InitInfrared()
{
    IR_INPUT = 1;              //确保红外接收引脚被释放
    TMOD &= 0x0F;             //清0 T1 的控制位
    TMOD |= 0x10;             //配置 T1 为模式 1
    TR1 = 0;                  //停止 T1 计数
    ET1 = 0;                  //禁止 T1 中断
    IT1 = 1;                  //设置 INT1 为负边沿触发
    EX1 = 1;                  //使能 INT1 中断
}
/* 获取当前高电平的持续时间 */
unsigned int GetHighTime()
{
    TH1 = 0;                  //清0 T1 计数初值
    TL1 = 0;
    TR1 = 1;                  //启动 T1 计数
    while (IR_INPUT)          //红外输入引脚为 1 时循环检测等待,变为 0 时则结束本循环
    {
        if (TH1 >= 0x40)
        {                     //当 T1 计数值大于 0x4000,即高电平持续时间超过约 18ms 时,
            break;            //强制退出循环,是为了避免信号异常时,程序假死在这里
        }
    }
    TR1 = 0;                  //停止 T1 计数

    return (TH1 * 256 + TL1); //T1 计数值合成为 16bit 整型数,并返回该数
}
/* 获取当前低电平的持续时间 */
unsigned int GetLowTime()
{
    TH1 = 0;                  //清0 T1 计数初值
    TL1 = 0;
    TR1 = 1;                  //启动 T1 计数
    while (!IR_INPUT)         //红外输入引脚为 0 时循环检测等待,变为 1 时则结束本循环
    {
        if (TH1 >= 0x40)
        {                     //当 T1 计数值大于 0x4000,即低电平持续时间超过约 18ms 时,
            break;            //强制退出循环,是为了避免信号异常时,程序假死在这里
        }
```

```
    }
    TR1 = 0;                                  //停止 T1 计数

    return (TH1 * 256 + TL1);                  //T1 计数值合成为 16bit 整型数,并返回该数
}
/* INT1 中断服务函数,执行红外接收及解码 */
void EXINT1_ISR() interrupt 2
{
    unsigned char i, j;
    unsigned char byt;
    unsigned int time;

    //接收并判定引导码的 9ms 低电平
    time = GetLowTime();
    if ((time < 7833) || (time > 8755))        //时间判定范围为 8.5~9.5ms,
    {                                          //超过此范围则说明为误码,直接退出
        IE1 = 0;                               //退出前清 0 INT1 中断标志
        return;
    }
    //接收并判定引导码的 4.5ms 高电平
    time = GetHighTime();
    if ((time < 3686) || (time > 4608))        //时间判定范围为 4.0~5.0ms,
    {                                          //超过此范围则说明为误码,直接退出
        IE1 = 0;
        return;
    }
    //接收并判定后续的 4 字节数据
    for (i = 0; i < 4; i++)                     //循环接收 4 字节
    {
        for (j = 0; j < 8; j++)                 //循环接收判定每字节的 8 位
        {
            //接收判定每 bit 的 560μs 低电平
            time = GetLowTime();
            if ((time < 313) || (time > 718))  //时间判定范围为 340~780μs,
            {                                  //超过此范围则说明为误码,直接退出
                IE1 = 0;
                return;
            }
            //接收每 bit 高电平时间,判定该 bit 的值
            time = GetHighTime();
            if ((time > 313) && (time < 718))  //时间判定范围为 340~780μs,
            {                                  //在此范围内说明该 bit 值为 0
                byt >>= 1;                     //因低位在先,所以数据右移,高位为 0
            }
            else if ((time > 1345) && (time < 1751))  //时间判定范围为 1460~1900μs,
            {                                  //在此范围内说明该 bit 值为 1
                byt >>= 1;                     //因低位在先,所以数据右移,
                byt |= 0x80;                   //高位置 1
            }
            else                               //不在上述范围内则说明为误码,直接退出
```

```
            {
                IE1 = 0;
                return;
            }
        }
        ircode[i] = byt;              //接收完一个字节后保存到缓冲区
    }
    irflag = 1;                       //接收完后设置标志
    IE1 = 0;                          //退出前清 0 INT1 中断标志
}
```

读者在阅读这个程序时,会发现在获取高低电平时间的时候做了超时判断 if(TH1 >= 0x40),这个超时判断主要是为了应对输入信号异常(比如意外的干扰等)情况的,如果不做超时判断,当输入信号异常时,程序就有可能会一直等待一个无法到来的跳变沿,而造成程序假死。

另外补充一点,遥控器的单按按键和持续按住按键发出来的信号是不同的。下面先来对比一下两种按键方式的实测信号波形,如图 16-10 和图 16-11 所示。

图 16-10 红外单次按键时序图

图 16-11 红外持续按键时序图

单次按键的结果图 16-10 和图 16-8 是一样的,这个不需要再解释。而持续按键,首先会发出一个和单次按键一样的波形出来,经过大概 40ms 后,会产生一个 9ms 载波加 2.25ms 空闲,再跟一个停止位的波形,这个叫作重复码,而后只要还在按住按键,那么每隔约 108ms 就会产生一个重复码。对于这个重复码程序并没有对它单独解析,而是直接忽略掉了,这并不影响对正常按键数据的接收。如果日后做程序需要用到这个重复码,那么只需再把对重复码的解析添加进来就可以了。

/ ******************************** **main. c 文件程序源代码** ******************************** /

```
# include < reg52.h >

sbit ADDR3 = P1^3;
```

```
sbit ENLED = P1^4;

unsigned char code LedChar[] = {                    //数码管显示字符转换表
    0xC0, 0xF9, 0xA4, 0xB0, 0x99, 0x92, 0x82, 0xF8,
    0x80, 0x90, 0x88, 0x83, 0xC6, 0xA1, 0x86, 0x8E
};
unsigned char LedBuff[6] = {                         //数码管显示缓冲区
    0xFF, 0xFF, 0xFF, 0xFF, 0xFF, 0xFF
};
unsigned char T0RH = 0;                              //T0 重载值的高字节
unsigned char T0RL = 0;                              //T0 重载值的低字节

extern bit irflag;
extern unsigned char ircode[4];
extern void InitInfrared();
void ConfigTimer0(unsigned int ms);

void main()
{
    EA = 1;                                         //开总中断
    ENLED = 0;                                      //使能选择数码管
    ADDR3 = 1;
    InitInfrared();                                 //初始化红外功能
    ConfigTimer0(1);                                //配置 T0 定时 1ms
    //PT0 = 1;                                      //配置 T0 中断为高优先级,启用本行可消除接收时的闪烁

    while (1)
    {
        if (irflag)                                 //接收到红外数据时刷新显示
        {
            irflag = 0;
            LedBuff[5] = LedChar[ircode[0] >> 4];   //用户码显示
            LedBuff[4] = LedChar[ircode[0]&0x0F];
            LedBuff[1] = LedChar[ircode[2] >> 4];   //键码显示
            LedBuff[0] = LedChar[ircode[2]&0x0F];
        }
    }
}
/* 配置并启动 T0,ms 为 T0 定时时间 */
void ConfigTimer0(unsigned int ms)
{
    unsigned long tmp;                              //临时变量

    tmp = 11059200 / 12;                            //定时器计数频率
    tmp = (tmp * ms) / 1000;                        //计算所需的计数值
    tmp = 65536 - tmp;                              //计算定时器重载值
    tmp = tmp + 13;                                 //补偿中断响应延时造成的误差
    T0RH = (unsigned char)(tmp >> 8);               //定时器重载值拆分为高低字节
    T0RL = (unsigned char)tmp;
```

```
        TMOD & = 0xF0;                      //清 0 T0 的控制位
        TMOD | = 0x01;                      //配置 T0 为模式 1
        TH0 = T0RH;                         //加载 T0 重载值
        TL0 = T0RL;
        ET0 = 1;                            //使能 T0 中断
        TR0 = 1;                            //启动 T0
    }
    /* 数码管动态扫描刷新函数,需在定时中断中调用 */
    void LedScan()
    {
        static unsigned char i = 0;         //动态扫描索引

        P0 = 0xFF;                          //关闭所有段选位,显示消隐
        P1 = (P1 & 0xF8) | i;               //位选索引值赋值到 P1 口低 3 位
        P0 = LedBuff[i];                    //缓冲区中索引位置的数据送到 P0 口
        if (i < sizeof(LedBuff) - 1)        //索引递增循环,遍历整个缓冲区
            i++;
        else
            i = 0;
    }
    /* T0 中断服务函数,执行数码管扫描显示 */
    void InterruptTimer0() interrupt 1
    {
        TH0 = T0RH;                         //重新加载重载值
        TL0 = T0RL;
        LedScan();                          //数码管扫描显示
    }
```

  main. c 文件的主要功能就是把获取到的红外遥控器的用户码和键码信息,传送到数码管上显示出来,并且通过定时器 T0 的 1ms 中断进行数码管的动态刷新。不知道大家经过试验发现没有,当按下遥控器按键的时候,数码管显示的数字会闪烁,这是什么原因呢? 单片机的程序都是顺序执行的,一旦按下遥控器按键,单片机就会进入遥控器解码的中断程序内,而这个程序执行的时间又比较长,要几十毫秒,而如果数码管动态刷新间隔超过 10ms 后就会感觉到闪烁,因此这个闪烁是由于程序执行红外解码时延误了数码管动态刷新造成的。

  该如何解决呢? 前边讲过中断优先级问题,如果设置了中断的抢占优先级,就会产生中断嵌套。中断嵌套的原理在前边讲中断的时候已经讲过一次了,大家可以回头再复习一下。那么这个程序中,有两个中断程序,一个是外部中断程序负责接收红外数据,另一个是定时器中断程序负责数码管扫描,要使红外接收不耽误数码管扫描的执行,那么就必须让定时器中断对外部中断实现嵌套,即把定时器中断设置为高抢占优先级。定时器中断程序,执行时间只有几十毫秒,即使打断了红外接收中断的执行,也最多是给每个位的时间测量附加了几十毫秒的误差,而这个误差在最短 560μs 的时间判断中完全是容许的,所以中断嵌套并不会影响红外数据的正常接收。在 main 函数中,大家把这行程序"//PT0 = 1;"的注释取消,也

就是使这行代码生效,这样就设置了 T0 中断的高抢占优先级,再编译一下,下载到单片机里,然后按键试试,是不是没有任何闪烁了呢? 而中断嵌套的意义也有所体会了吧。

16.4 温度传感器 DS18B20

DS18B20 是美信公司的一款温度传感器,单片机可以通过 1-Wire 协议与 DS18B20 进行通信,最终将温度读出。1-Wire 总线的硬件接口很简单,只需把 DS18B20 的数据引脚和单片机的一个 I/O 口接上就可以了。硬件的简单,随之而来的,就是软件时序的复杂。1-Wire 总线的时序比较复杂,很多读者在这里独立看时序图都看不明白,所以这里还要带着大家来研究 DS18B20 的时序图。先来看一下 DS18B20 的硬件原理图,如图 16-12 所示。

DS18B20 通过编程可以实现最高 12 位的温度存储值,在寄存器中,以补码的格式存储,如图 16-13 所示。

2^3	2^2	2^1	2^0	2^{-1}	2^{-2}	2^{-3}	2^{-4}	LSB
MSb			(unit=℃)			LSb		
S	S	S	S	S	2^6	2^5	2^4	MSB

图 16-12 DS18B20 电路原理图   图 16-13 DS18B20 温度数据格式

一共两个字节,LSB 是低字节,MSB 是高字节,其中 MSb 是字节的高位,LSb 是字节的低位。大家可以看出来,二进制数字,每一位代表的温度的含义,都表示出来了。其中 S 表示的是符号位,低 11 位都是 2 的幂,用来表示最终的温度。DS18B20 的温度测量范围是从 $-55\sim+125$℃,而温度数据的表现形式,有正负温度,寄存器中每个数字如同卡尺的刻度一样分布,如图 16-14 所示。

TEMPERATURE	DIGITAL OUTPUT(Binary)	DIGITAL OUTPUT(Hex)
+125℃	0000 0111 1101 0000	07D0H
+25.0625℃	0000 0001 1001 0001	0191H
+10.125℃	0000 0000 1010 0010	00A2H
+0.5℃	0000 0000 0000 1000	0008H
0℃	0000 0000 0000 0000	0000H
−0.5℃	1111 1111 1111 1000	FFF8H
−10.125℃	1111 1111 0101 1110	FF5EH
−25.0625℃	1111 1110 0110 1111	FF6FH
−55℃	1111 1100 1001 0000	FC90H

图 16-14 DS18B20 温度值

二进制数字最低位变化 1,代表温度变化 0.0625℃的映射关系。当 0℃的时候,那就是 0x0000,当温度 125℃的时候,对应十六进制是 0x07D0,当温度是零下 55℃的时候,对应的数字是 0xFC90。反过来说,当数字是 0x0001 的时候,那温度就是 0.0625℃了。

首先根据手册上 DS18B20 工作协议过程大概讲解一下。

(1) 初始化。和 I2C 的寻址类似,1-Wire 总线开始也需要检测这条总线上是否存在 DS18B20 这个器件。如果这条总线上存在 DS18B20,总线会根据时序要求返回一个低电平脉冲,如果不存在,也就不会返回脉冲,即总线保持为高电平,所以习惯上称之为检测存在脉冲。此外,获取存在脉冲不仅仅是检测是否存在 DS18B20,还要通过这个脉冲过程通知 DS18B20 准备好,单片机要对它进行操作了,如图 16-15 所示。

图 16-15 检测存在脉冲

大家注意看图,实粗线是单片机 I/O 口拉低这个引脚,虚粗线是 DS18B20 拉低这个引脚,细线是单片机和 DS18B20 释放总线后,依靠上拉电阻的作用把 I/O 口引脚拉上去。这个在前边提到过了,51 单片机释放总线就是给高电平。

存在脉冲检测过程,首先单片机要拉低这个引脚,持续大概 480~960 μs 之间的时间即可,程序中持续了 500 μs。然后,单片机释放总线,就是给高电平,DS18B20 等待大概 15~60 μs 后,会主动拉低这个引脚大概是 60~240 μs,而后 DS18B20 会主动释放总线,这样 I/O 口会被上拉电阻自动拉高。

有的读者还是不能够彻底理解,程序列出来逐句解释。首先,由于 DS18B20 时序要求非常严格,所以在操作时序的时候,为了防止中断干扰总线时序,先关闭总中断。然后第一步,拉低 DS18B20 这个引脚,持续 500 μs;第二步,延时 60 μs;第三步,读取存在脉冲,并且等待存在脉冲结束。

```
bit Get18B20Ack()
{
    bit ack;
```

```
    EA = 0;                 //禁止总中断
    IO_18B20 = 0;           //产生 500μs 复位脉冲
    DelayX10us(50);
    IO_18B20 = 1;
    DelayX10us(6);          //延时 60μs
    ack = IO_18B20;         //读取存在脉冲
    while(!IO_18B20);       //等待存在脉冲结束
    EA = 1;                 //重新使能总中断

    return ack;
}
```

很多读者对第二步不理解,时序图上明明是 DS18B20 等待 15～60μs,为什么要延时 60μs 呢? 举个例子,妈妈在做饭,告诉你大概 5 分钟到 10 分钟饭就可以吃了,那么我们什么时候去吃,能够绝对保证吃上饭呢? 很明显,10 分钟以后去吃肯定可以吃上饭。同样的道理,DS18B20 等待大概是 15～60μs,要保证读到这个存在脉冲,那么 60μs 以后去读肯定可以读到。当然,不能延时太久,超过 75μs,就可能读不到了,为什么是 75μs,大家自己思考一下。

(2) ROM 操作指令。从学 I2C 总线的时候就了解到,总线上可以挂多个器件,通过不同的器件地址来访问不同的器件。同样,1-Wire 总线也可以挂多个器件,但是它只有一条线,如何区分不同的器件呢?

在每个 DS18B20 内部都有一个唯一的 64 位长的序列号,这个序列号值就存在 DS18B20 内部的 ROM 中。开始的 8 位是产品类型编码(DS18B20 是 0x10),接着的 48 位是每个器件唯一的序号,最后的 8 位是 CRC 校验码。DS18B20 可以引出去很长的线,最长可以到几十米,测不同位置的温度。单片机可以通过和 DS18B20 之间的通信,获取每个传感器所采集到的温度信息,也可以同时给所有的 DS18B20 发送一些指令。这些指令相对来说比较复杂,而且应用很少,如果有兴趣就自己去查手册完成,这里只讲一条总线上只接一个器件的指令和程序。

Skip ROM(跳过 ROM): 0xCC。当总线上只有一个器件的时候,可以跳过 ROM,不进行 ROM 检测。

(3) RAM 存储器操作指令。RAM 读取指令,只讲两条,其他的大家有需要可以随时去查资料。

Read Scratchpad(读暂存寄存器): 0xBE。

这里要注意的是,DS18B20 的温度数据是两个字节,读取数据的时候,先读取到的是低字节的低位,读完了第一个字节后,再读高字节的低位,直到两个字节全部读取完毕。

Convert Temperature(启动温度转换): 0x44。

当发送一个启动温度转换的指令后,DS18B20 开始进行转换。从转换开始到获取温度,DS18B20 是需要时间的,而这个时间长短取决于 DS18B20 的精度。前边说 DS18B20 最高可以用 12 位来存储温度,但也可以用 11 位、10 位和 9 位一共四种格式。位数越高,精度越高,9 位模式最低位变化 1 个数字,温度就变化 0.5℃,同时转换速度也要快一些,如图 16-16 所示。

R1	R0	Thermometer Resolution	Max Conversion Time
0	0	9-bit	93.75ms
0	1	10-bit	187.5ms
1	0	11-bit	375ms
1	1	12-bit	750ms

图 16-16 DS18B20 温度转换时间

其中寄存器 R1 和 R0 决定了转换的位数,出厂默认值就 11,也就是 12 位表示温度,最大的转换时间是 750ms。当启动转换后,至少要再等 750ms 之后才能读取温度,否则读到的温度有可能是错误的值。这就是为什么很多读者读 DS18B20 的时候,第一次读出来的是 85℃,这个值要么是没有启动转换,要么是启动转换了,但还没有等待一次转换彻底完成,读到的是一个错误的数据。

(4) DS18B20 的位读写时序。DS18B20 的时序图不是很好理解,大家对照时序图,结合解释,一定要把它学明白。写时序图如图 16-17 所示。

图 16-17 DS18B20 位写入时序

当要给 DS18B20 写入 0 的时候,单片机直接将引脚拉低,持续时间大于 60μs 小于 120μs 就可以了。图上显示的意思是,单片机先拉低 15μs 之后,DS18B20 会在从 15μs 到 60μs 之间的时间来读取这一位,DS18B20 最早会在 15μs 的时刻读取,典型值是在 30μs 的时刻读取,最多不会超过 60μs,DS18B20 必然读取完毕,所以持续时间超过 60μs 即可。

当要给 DS18B20 写入 1 的时候,单片机先将这个引脚拉低,拉低时间大于 1μs,然后马上释放总线,即拉高引脚,并且持续时间也要大于 60μs。和写 0 类似的是,DS18B20 会在 15μs 到 60μs 之间来读取这个 1。

可以看出来,DS18B20 的时序比较严格,写的过程中最好不要有中断打断,但是在两个"位"之间的间隔,是大于 1 小于无穷的,在这个时间段,是可以开中断来处理其他程序的。发送即写入一个字节的数据程序如下。

```
void Write18B20(unsigned char dat)
{
    unsigned char mask;

    EA = 0;                                   //禁止总中断
    for (mask = 0x01; mask!= 0; mask << = 1)   //低位在先,依次移出 8 位
    {
        IO_18B20 = 0;                          //产生 2μs 低电平脉冲
        _nop_();
        _nop_();
        if ((mask&dat) == 0)                   //输出该 bit 值
            IO_18B20 = 0;
        else
            IO_18B20 = 1;
        DelayX10us(6);                         //延时 60μs
        IO_18B20 = 1;                          //拉高通信引脚
    }
    EA = 1;                                    //重新使能总中断
}
```

读时序图如图 16-18 所示。

图 16-18　DS18B20 位读取时序

　　当读取 DS18B20 的数据时,单片机首先要拉低这个引脚,并且至少保持 1μs,然后释放引脚,释放完后要尽快读取。从拉低这个引脚到读取引脚状态,不能超过 15μs。大家从图 16-18 可以看出来,主机采样时间也就是 MASTER SAMPLES,是在 15μs 之内必须完成的,读取 1 字节数据的程序如下。

```
unsigned char Read18B20()
{
    unsigned char dat;
    unsigned char mask;

    EA = 0;                                   //禁止总中断
    for (mask = 0x01; mask!= 0; mask << = 1)   //低位在先,依次采集 8 位
```

```
    {
        IO_18B20 = 0;                          //产生 2μs 低电平脉冲
        _nop_();
        _nop_();
        IO_18B20 = 1;                          //结束低电平脉冲,等待 18B20 输出数据
        _nop_();                               //延时 2μs
        _nop_();
        if (!IO_18B20)                         //读取通信引脚上的值
            dat &= ~mask;
        else
            dat |= mask;
        DelayX10us(6);                         //再延时 60μs
    }
    EA = 1;                                    //重新使能总中断

    return dat;
}
```

DS18B20 所表示的温度值中,有小数和整数两部分。常用的带小数的数据处理方法有
两种:一种是定义成浮点型直接处理,另一种是定义成整型,然后把小数和整数部分分离出
来,在合适的位置点上小数点即可。在程序中使用的是第二种方法,下面就写一个程序,将
读到的温度值显示在 1602 液晶上,并且保留一位小数位。

/ ***************************** **DS18B20.c 文件程序源代码** ***************************** /

```
# include < reg52.h >
# include < intrins.h >

sbit IO_18B20 = P3^2;                          //DS18B20 通信引脚

/* 软件延时函数,延时时间(t * 10)μs */
void DelayX10us(unsigned char t)
{
    do {
        _nop_();
        _nop_();
        _nop_();
        _nop_();
        _nop_();
        _nop_();
        _nop_();
        _nop_();
    } while ( -- t);
}
/* 复位总线,获取存在脉冲,以启动一次读写操作 */
bit Get18B20Ack()
{
    bit ack;
```

```
    EA = 0;                              //禁止总中断
    IO_18B20 = 0;                        //产生 500 μs 复位脉冲
    DelayX10us(50);
    IO_18B20 = 1;
    DelayX10us(6);                       //延时 60 μs
    ack = IO_18B20;                      //读取存在脉冲
    while(!IO_18B20);                    //等待存在脉冲结束
    EA = 1;                              //重新使能总中断

    return ack;
}
/* 向 DS18B20 写入一个字节,dat 为待写入字节 */
void Write18B20(unsigned char dat)
{
    unsigned char mask;

    EA = 0;                              //禁止总中断
    for (mask = 0x01; mask!= 0; mask << = 1)  //低位在先,依次移出 8 位
    {
        IO_18B20 = 0;                    //产生 2 μs 低电平脉冲
        _nop_();
        _nop_();
        if ((mask&dat) == 0)             //输出该 bit 值
            IO_18B20 = 0;
        else
            IO_18B20 = 1;
        DelayX10us(6);                   //延时 60 μs
        IO_18B20 = 1;                    //拉高通信引脚
    }
    EA = 1;                              //重新使能总中断
}
/* 从 DS18B20 读取一个字节,返回值为读到的字节 */
unsigned char Read18B20()
{
    unsigned char dat;
    unsigned char mask;

    EA = 0;                              //禁止总中断
    for (mask = 0x01; mask!= 0; mask << = 1)  //低位在先,依次采集 8 位
    {
        IO_18B20 = 0;                    //产生 2 μs 低电平脉冲
        _nop_();
        _nop_();
        IO_18B20 = 1;                    //结束低电平脉冲,等待 18B20 输出数据
        _nop_();                         //延时 2 μs
        _nop_();
        if (!IO_18B20)                   //读取通信引脚上的值
            dat & = ~mask;
        else
```

```
                    dat |= mask;
                DelayX10us(6);                    //再延时 60 μs
            }
        EA = 1;                                   //重新使能总中断

        return dat;
    }
    /* 启动一次 18B20 温度转换,返回值为表示是否启动成功 */
    bit Start18B20()
    {
        bit ack;

        ack = Get18B20Ack();                      //执行总线复位,并获取 18B20 应答
        if (ack == 0)                             //如 18B20 正确应答,则启动一次转换
        {
            Write18B20(0xCC);                     //跳过 ROM 操作
            Write18B20(0x44);                     //启动一次温度转换
        }
        return ~ack;                              //ack==0 表示操作成功,所以返回值对其取反
    }
    /* 读取 DS18B20 转换的温度值,返回值为表示是否读取成功 */
    bit Get18B20Temp(int *temp)
    {
        bit ack;
        unsigned char LSB, MSB;                   //16bit 温度值的低字节和高字节

        ack = Get18B20Ack();                      //执行总线复位,并获取 18B20 应答
        if (ack == 0)                             //如 18B20 正确应答,则读取温度值
        {
            Write18B20(0xCC);                     //跳过 ROM 操作
            Write18B20(0xBE);                     //发送读命令
            LSB = Read18B20();                    //读温度值的低字节
            MSB = Read18B20();                    //读温度值的高字节
            *temp = ((int)MSB << 8) + LSB;        //合成为 16bit 整型数
        }
        return ~ack;                              //ack==0 表示操作应答,所以返回值为其取反值
    }
```

/******************* **Lcd1602.c 文件程序源代码** *********************/
(此处省略,可参考之前章节的代码)
/******************* **main.c 文件程序源代码** *********************/

```
#include <reg52.h>

bit flag1s = 0;                        //1s 定时标志
unsigned char T0RH = 0;                //T0 重载值的高字节
unsigned char T0RL = 0;                //T0 重载值的低字节
```

```c
void ConfigTimer0(unsigned int ms);
unsigned char IntToString(unsigned char * str, int dat);
extern bit Start18B20();
extern bit Get18B20Temp(int * temp);
extern void InitLcd1602();
extern void LcdShowStr(unsigned char x, unsigned char y, unsigned char * str);

void main()
{
    bit res;
    int temp;                            //读取到的当前温度值
    int intT, decT;                      //温度值的整数和小数部分
    unsigned char len;
    unsigned char str[12];

    EA = 1;                              //开总中断
    ConfigTimer0(10);                    //T0 定时 10ms
    Start18B20();                        //启动 DS18B20
    InitLcd1602();                       //初始化液晶

    while (1)
    {
        if (flag1s)                      //每秒更新一次温度
        {
            flag1s = 0;
            res = Get18B20Temp(&temp);   //读取当前温度
            if (res)                     //读取成功时,刷新当前温度显示
            {
                intT = temp >> 4;        //分离出温度值整数部分
                decT = temp & 0xF;       //分离出温度值小数部分
                len = IntToString(str, intT);  //整数部分转换为字符串
                str[len++] = '.';        //添加小数点
                decT = (decT * 10) / 16; //二进制的小数部分转换为1位十进制位
                str[len++] = decT + '0'; //十进制小数位再转换为 ASCII 字符
                while (len < 6)          //用空格补齐到6个字符长度
                {
                    str[len++] = ' ';
                }
                str[len] = '\0';         //添加字符串结束符
                LcdShowStr(0, 0, str);   //显示到液晶屏上
            }
            else                         //读取失败时,提示错误信息
            {
                LcdShowStr(0, 0, "error!");
            }
            Start18B20();                //重新启动下一次转换
        }
    }
}
```

```c
/* 整型数转换为字符串,str 为字符串指针,dat 为待转换数,返回值为字符串长度 */
unsigned char IntToString(unsigned char * str, int dat)
{
    signed char i = 0;
    unsigned char len = 0;
    unsigned char buf[6];

    if (dat < 0)                        //如果为负数,首先取绝对值,并在指针上添加负号
    {
        dat = - dat;
        * str++ = '-';
        len++;
    }
    do {                                //先转换为低位在前的十进制数组
        buf[i++] = dat % 10;
        dat /= 10;
    } while (dat > 0);
    len += i;                           //i 最后的值就是有效字符的个数
    while (i-- > 0)                     //将数组值转换为 ASCII 码反向复制到接收指针上
    {
        * str++ = buf[i] + '0';
    }
    * str = '\0';                       //添加字符串结束符

    return len;                         //返回字符串长度
}
/* 配置并启动 T0,ms 为 T0 定时时间 */
void ConfigTimer0(unsigned int ms)
{
    unsigned long tmp;                  //临时变量

    tmp = 11059200 / 12;                //定时器计数频率
    tmp = (tmp * ms) / 1000;            //计算所需的计数值
    tmp = 65536 - tmp;                  //计算定时器重载值
    tmp = tmp + 12;                     //补偿中断响应延时造成的误差
    T0RH = (unsigned char)(tmp>>8);     //定时器重载值拆分为高低字节
    T0RL = (unsigned char)tmp;
    TMOD &= 0xF0;                       //清 0 T0 的控制位
    TMOD |= 0x01;                       //配置 T0 为模式 1
    TH0 = T0RH;                         //加载 T0 重载值
    TL0 = T0RL;
    ET0 = 1;                            //使能 T0 中断
    TR0 = 1;                            //启动 T0
}
/* T0 中断服务函数,完成 1 秒定时 */
void InterruptTimer0() interrupt 1
{
    static unsigned char tmr1s = 0;
```

```
    TH0 = T0RH;                              //重新加载重载值
    TL0 = T0RL;
    tmr1s++;
    if (tmr1s >= 100)                        //定时 1s
    {
        tmr1s = 0;
        flag1s = 1;
    }
}
```

16.5　练习题

1. 理解红外通信调制解调的原理,掌握 NEC 红外通信编码的原理。
2. 将显示跳线帽调到左侧控制步进电机,使用红外遥控器控制电机的正反转。
3. 掌握 DS18B20 的时序过程,能够理解每一位读写的时序。
4. 结合 DS1302 的电子钟实例,将温度显示加入进去,做一个带温度显示的万年历。

第 17 章　模数转换 A/D 与数模转换 D/A

第 17 章视频

从已经学到的知识就可以了解到,单片机是一个典型的数字系统。数字系统只能对输入的数字信号进行处理,其输出信号也是数字的。但是在工业检测系统和日常生活中,许多物理量都是模拟量,比如温度、长度、压力、速度等,这些模拟量可以通过传感器变成与之对应的电压、电流等电模拟量。为了实现数字系统对这些电模拟量的检测、运算和控制,就需要一个模拟量和数字量之间相互转换的过程。本章就要学习这个相互转换的过程和进行这类转换的器件。

17.1　A/D 和 D/A 的基本概念

A/D 是模拟量到数字量的转换,依靠的是模数转换器(Analog to Digital Converter,ADC)。D/A 是数字量到模拟量的转换,依靠的是数模转换器(Digital to Analog Converter,DAC)。它们的道理是完全一样的,只是转换方向不同,因此主要以 A/D 为例来讲解。

很多同学认为 A/D 部分的内容难点是概念搞不清楚,掌握不好。个人认为主要原因不在于技术问题,而是不太会感悟生活。生活中有很多很多 A/D 的例子,只是没有在单片机领域里应用而已,下面带着大家一起感悟一下 A/D 的概念。

模拟量就是指在一定范围内连续变化的量,也就是变量在一定范围内可以取任意值。比如米尺,在 0~1m 之间,可以是任意值。什么是任意值? 也就是既可以是 1cm,也可以是 1.001cm。总之,任何两个数字之间都有无限个中间值,所以称为连续变化的量,也就是模拟量。

而米尺上被人为地做上了刻度符号,每两个刻度之间的间隔是 1mm,这个刻度实际上就是我们对模拟量的数字化,由于这些刻度值有一定的间隔,不是连续的,所以在专业领域里称为离散数字。ADC 的作用就是把连续的信号用离散的数字表达出来。那么就可以使用米尺这个 ADC 来测量连续的长度或者高度这些模拟量。如图 17-1 所示是一个简单的米尺刻度示意图。

往杯子里倒水,水位会随着倒入水量的多少而变化。现在

图 17-1　米尺刻度示意图

就用这个米尺来测量杯子里的水位的高度。水位变化是连续的,而我们只能通过尺子上的刻度来读取水位的高度,获取想得到的水位的数字量信息。这个过程就可以简单理解为电路中的 ADC 采样。

17.2　A/D 的主要指标

在选取和使用 A/D 的时候,依靠什么指标来判断很重要。由于 AD 的种类很多,分为积分型、逐次逼近型、并行/串行比较型、Σ-Δ 型等多种类型。同时指标也比较多,并且有的指标还有轻微差别,在这里以读者便于理解的方法去讲解,如果和某一确定类型 A/D 概念和原理有差别,也不会影响到实际应用。

1. ADC 的位数

一个 n 位的 ADC 表示这个 ADC 共有 2 的 n 次方个刻度。8 位的 ADC 输出的是从 $0 \sim 255$ 一共 256 个数字量,也就是 2^8 个数据刻度。

2. 基准源

基准源也叫基准电压,是 ADC 的一个重要指标,要想把输入 ADC 的信号测量准确,那么基准源首先要准,基准源的偏差会直接导致转换结果的偏差。比如一根米尺,总长度本应该是 1 米,假定这根米尺被火烤了一下,实际变成了 1.2m,再用这根米尺测物体长度,自然就有了较大的偏差。假如基准源应该是 5.10V,但是实际上提供的却是 4.5V,这样误把 4.5V 当成了 5.10V 来处理,偏差也会比较大。

3. 分辨率

分辨率是数字量变化一个最小刻度时,模拟信号的变化量,定义为满刻度量程与 $2^n - 1$ 的比值。假定 5.10V 的电压系统,使用 8 位的 ADC 进行测量,那么相当于 $0 \sim 255$ 一共 256 个刻度把 5.10V 平均分成了 255 份,那么分辨率就是 $5.10/255 = 0.02\text{V}$。

4. INL(积分非线性度)和 DNL(差分非线性度)

初学者最容易混淆的两个概念就是"分辨率"和"精度",认为分辨率越高,则精度越高,而实际上,两者之间没有必然联系。分辨率是用来描述刻度划分的,而精度是用来描述准确程度的。同样一根米尺,刻度数相同,分辨率就相当,但是精度却可以相差很大,如图 17-2 所示。

图 17-2　米尺精度对比

图 17-2 表示的精度一目了然,不需多说。和 ADC 精度关系重大的两个指标是 INL(Integral NonLinear)和 DNL(Differencial NonLinear)。

INL 指的是 ADC 器件在所有的数值上对应的模拟值,和真实值之间误差最大的那一个点的误差值,是 ADC 最重要的一个精度指标,单位是 LSB。LSB(Least Significant Bit)是最低有效位的意思,那么它实际上对应的就是 ADC 的分辨率。一个基准为 5.10V 的 8 位 ADC,它的分辨率就是 0.02V,用它去测量一个电压信号,得到的结果是 100,就表示它测到的电压值是 100×0.02V=2V,假定它的 INL 是 1LSB,就表示这个电压信号真实的准确值是在 1.98~2.02V 之间的,按理想情况对应得到的数字应该是 99~101,测量误差是一个最低有效位,即 1LSB。

DNL 表示的是 ADC 相邻两个刻度之间最大的差异,单位也是 LSB。一把分辨率是 1 毫米的尺子,相邻的刻度之间并不都刚好是 1 毫米,而总是会存在或大或小的误差。同理,一个 ADC 的两个刻度线之间也不总是准确的等于分辨率,也是存在误差,这个误差就是 DNL。一个基准为 5.10V 的 8 位 ADC,假定它的 DNL 是 0.5LSB,那么当它的转换结果从 100 增加到 101 时,理想情况下实际电压应该增加 0.02V,但 DNL 为 0.5LSB 的情况下实际电压的增加值是在 0.01~0.03V 之间。值得一提的是 DNL 并非一定小于 1LSB,很多时候它会等于或大于 1LSB,这就相当于是一定程度上的刻度紊乱,当实际电压保持不变时,ADC 得出的结果可能会在几个数值之间跳动,很大程度上就是由于这个原因(但并不完全是,因为还有无时无处不在的干扰的影响)。

5. 转换速率

转换速率是指 ADC 每秒能进行采样转换的最大次数,单位是 sps(或 s/s、sa/s,即 samples per second),它与 ADC 完成一次从模拟到数字的转换所需要的时间互为倒数关系。ADC 的种类比较多,其中积分型的 ADC 转换时间是毫秒级的,属于低速 ADC;逐次逼近型 ADC 转换时间是微妙级的,属于中速 ADC;并行/串行的 ADC 的转换时间可达到纳秒级,属于高速 ADC。

ADC 的这几个主要指标大家先熟悉一下,对于其他的,作为一个入门级别的选手来说,先不着急深入理解。以后使用过程中遇到了,再查找相关资料深入学习,当前重点是在头脑中建立一个 ADC 的基本概念。

17.3 PCF8591 的硬件接口

PCF8591 是一个单电源低功耗的 8 位 CMOS 数据采集器件,具有 4 路模拟输入,1 路模拟输出和一个串行 I2C 总线接口用来与单片机通信。与前面讲过的 24C02 类似,3 个地址引脚 A0、A1、A2 用于编程硬件地址,允许最多 8 个器件连接到 I2C 总线而不需要额外的片选电路。器件的地址、控制以及数据都是通过 I2C 总线来传输,先看一下 PCF8591 的原理图,如图 17-3 所示。

其中引脚 1、2、3、4 是 4 路模拟输入,引脚 5、6、7 是 I2C 总线的硬件地址,引脚 8 是数字地 GND,引脚 9 和 10 是 I2C 总线的 SDA 和 SCL。引脚 12 是时钟选择引脚,如果接高电平表示用外部时钟输入,接低电平则用内部时钟,这套电路用的是内部时钟,因此引脚 12 直接

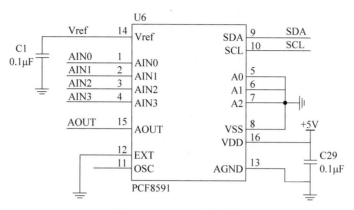

图 17-3　PCF8591 原理图

接 GND,同时引脚 11 悬空。引脚 13 是模拟地 AGND,在实际开发中,如果有比较复杂的模拟电路,那么 AGND 部分在布局布线上要特别处理,而且和 GND 的连接也有多种方式,这里大家先了解即可。在开发板上没有复杂的模拟部分电路,所以把 AGND 和 GND 接到一起。引脚 14 是基准源,引脚 15 是 DAC 的模拟输出,引脚 16 是供电电源 VCC。

PCF8591 的 ADC 是逐次逼近型的,转换速率算是中速,但是它的速度瓶颈在 I2C 通信上。由于 I2C 通信速度较慢,所以最终的 PCF8591 的转换速度,直接取决于 I2C 的通信速率。由于 I2C 速度的限制,所以 PCF8591 算是个低速的 AD 和 DA 的集成,主要应用在一些转换速度要求不高,希望成本较低的场合,比如电池供电设备,测量电池的供电电压,电压低于某一个值,报警提示更换电池等类似场合。

Vref 基准电压的提供有两种方法。方法一是采用简易的原则,直接接到 VCC 上去,但是由于 VCC 会受到整个线路的用电功耗情况影响,一来不是准确的 5V,实测大多在 4.8V 左右,二来随着整个系统负载情况的变化会产生波动,所以只能用在简易的、对精度要求不高的场合。方法二是使用专门的基准电压器件,比如 TL431,它可以提供一个精度很高的 2.5V 的电压基准,这是通常采用的方法,如图 17-4 所示。

图 17-4　PCF8591 基准与对外接口原理图

图中 J17 是双排插针,大家可以根据自己的需求选择跳线帽短接还是使用杜邦线连接其他外部电路,二者都是可以的。在这个地方,直接把 J17 的 3 引脚和 4 引脚用跳线帽短路起来,那么现在 Vref 的基准源就是 2.5V。分别把引脚 5 和 6、引脚 7 和 8、引脚 9 和 10、引脚 11 和 12 用跳线帽短接起来,那么 AIN0 实测的就是电位器的分压值,AIN1 和 AIN2 测的是 GND 的值,AIN3 测的是 +5V 的值。这里需要注意的是,AIN3 虽然测的是 +5V 的值,但是对于 AD 来说,只要输入信号超过 Vref 基准源,它得到的始终都是最大值,即 255,也就是说它实际上无法测量超过其 Vref 的电压信号。需要注意的是,所有输入信号的电压值都不能超过 VCC,即 +5V,否则可能会损坏 ADC 芯片。

17.4　PCF8591 的软件编程

PCF8591 的通信接口是 I2C,那么编程肯定是要符合这个协议的。单片机对 PCF8591 进行初始化,一共发送 3 字节即可。第一个字节,和 E^2PROM 类似,是器件地址字节,其中 7 位代表地址,1 位代表读写方向。地址高 4 位固定是 0b1001,低三位是 A2,A1,A0,这三位电路上都接了 GND,因此也就是 0b000,如图 17-5 所示。

发送到 PCF8591 的第二个字节将被存储在控制寄存器,用于控制 PCF8591 的功能。其中第 3 位和第 7 位是固定的 0,另外 6 位各自有各自的作用,如图 17-6 所示。

图 17-5　PCF8591 地址字节　　　　　图 17-6　PCF8591 控制字节

控制字节的第 6 位是 DA 使能位,这一位置 1 表示 DA 输出引脚使能,会产生模拟电压输出功能。第 4 位和第 5 位可以实现把 PCF8591 的 4 路模拟输入配置成单端模式和差分模式,单端模式和差分模式的区别,在 17.5 节有介绍,这里只需要知道这两位是配置 AD 输入方式的控制位即可,如图 17-7 所示。

控制字节的第 2 位是自动增量控制位,自动增量的意思就是,比如一共有 4 个通道,当全部使用的时候,读完了通道 0,下一次再读,会自动进入通道 1 进行读取,不需要指定下一个通道,由于 A/D 每次读到的数据,都是上一次的转换结果,所以在使用自动增量功能的时候,要特别注意,当前读到的是上一个通道的值。为了保持程序的通用性,我们的代码没有使用这个功能,直接做了一个通用的程序。

控制字节的第 0 位和第 1 位就是通道选择位了,00、01、10、11 代表了从 0～3 的一共 4 个通道选择。

发送给 PCF8591 的第三个字节 D/A 数据寄存器,表示 D/A 模拟输出的电压值。D/A 模拟后续介绍,大家知道这个字节的作用即可。如果仅仅使用 A/D 功能,就可以不发送第三个字节。

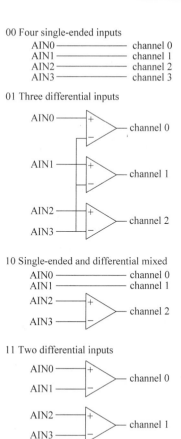

图 17-7 PCF8591 模拟输入配置方式

下面用一个程序,把 AIN0、AIN1、AIN3 测到的电压值显示在液晶上,同时大家可以转动电位器,会发现 AIN0 的值发生变化。

/ ************************** **Lcd1602. c** 文件程序源代码 ************************** /
（此处省略,可参考之前章节的代码）
/ ************************** **I2C. c** 文件程序源代码 ************************** /
（此处省略,可参考之前章节的代码）
/ ************************** **main. c** 文件程序源代码 ************************** /

```
#include < reg52. h >

bit flag300ms = 1;                        //300ms 定时标志
unsigned char T0RH = 0;                   //T0 重载值的高字节
unsigned char T0RL = 0;                   //T0 重载值的低字节


void ConfigTimer0(unsigned int ms);
```

```
unsigned char GetADCValue(unsigned char chn);
void ValueToString(unsigned char * str, unsigned char val);
extern void I2CStart();
extern void I2CStop();
extern unsigned char I2CReadACK();
extern unsigned char I2CReadNAK();
extern bit I2CWrite(unsigned char dat);
extern void InitLcd1602();
extern void LcdShowStr(unsigned char x, unsigned char y, unsigned char * str);

void main()
{
    unsigned char val;
    unsigned char str[10];

    EA = 1;                               //开总中断
    ConfigTimer0(10);                     //配置 T0 定时 10ms
    InitLcd1602();                        //初始化液晶
    LcdShowStr(0, 0, "AIN0 AIN1 AIN3");   //显示通道指示

    while (1)
    {
        if (flag300ms)
        {
            flag300ms = 0;
            //显示通道 0 的电压
            val = GetADCValue(0);         //获取 ADC 通道 0 的转换值
            ValueToString(str, val);      //转为字符串格式的电压值
            LcdShowStr(0, 1, str);        //显示到液晶上
            //显示通道 1 的电压
            val = GetADCValue(1);
            ValueToString(str, val);
            LcdShowStr(6, 1, str);
            //显示通道 3 的电压
            val = GetADCValue(3);
            ValueToString(str, val);
            LcdShowStr(12, 1, str);
        }
    }
}
/* 读取当前的 ADC 转换值,chn 为 ADC 通道号 0~3 */
unsigned char GetADCValue(unsigned char chn)
{
    unsigned char val;

    I2CStart();
    if (!I2CWrite(0x48 << 1))             //寻址 PCF8591,如未应答,则停止操作并返回 0
    {
        I2CStop();
```

```
        return 0;
    }
    I2CWrite(0x40|chn);                      //写入控制字节,选择转换通道
    I2CStart();
    I2CWrite((0x48 << 1)|0x01);              //寻址 PCF8591,指定后续为读操作
    I2CReadACK();                            //先空读一个字节,提供采样转换时间
    val = I2CReadNAK();                      //读取刚刚转换完的值
    I2CStop();

    return val;
}
/* ADC 转换值转为实际电压值的字符串形式,str 为字符串指针,val 为 AD 转换值 */
void ValueToString(unsigned char * str, unsigned char val)
{
    //电压值 = 转换结果 * 2.5V/255,式中的 25 隐含了一位十进制小数
    val = (val * 25) / 255;
    str[0] = (val/10) + '0';                 //整数位字符
    str[1] = '.';                            //小数点
    str[2] = (val % 10) + '0';               //小数位字符
    str[3] = 'V';                            //电压单位
    str[4] = '\0';                           //结束符
}
/* 配置并启动 T0,ms 为 T0 定时时间 */
void ConfigTimer0(unsigned int ms)
{
    unsigned long tmp;                       //临时变量

    tmp = 11059200 / 12;                     //定时器计数频率
    tmp = (tmp * ms) / 1000;                 //计算所需的计数值
    tmp = 65536 - tmp;                       //计算定时器重载值
    tmp = tmp + 12;                          //补偿中断响应延时造成的误差
    T0RH = (unsigned char)(tmp >> 8);        //定时器重载值拆分为高低字节
    T0RL = (unsigned char)tmp;
    TMOD &= 0xF0;                            //清 0 T0 的控制位
    TMOD |= 0x01;                            //配置 T0 为模式 1
    TH0 = T0RH;                              //加载 T0 重载值
    TL0 = T0RL;
    ET0 = 1;                                 //使能 T0 中断
    TR0 = 1;                                 //启动 T0
}
/* T0 中断服务函数,执行 300ms 定时 */
void InterruptTimer0() interrupt 1
{
    static unsigned char tmr300ms = 0;

    TH0 = T0RH;                              //重新加载重载值
    TL0 = T0RL;
    tmr300ms++;
    if (tmr300ms >= 30)                      //定时 300ms
```

```
    {
        tmr300ms = 0;
        flag300ms = 1;
    }
}
```

细心阅读程序的读者发现,程序在进行 A/D 读取数据的时候,共使用了两条程序去读了 2 字节:I2CReadACK();val = I2CReadNAK();,PCF8591 的转换时钟是 I2C 的 SCL,8 个 SCL 周期完成一次转换,所以当前的转换结果总是在下一个字节的 8 个 SCL 上才能读出,因此这里第一条语句的作用是产生一个整体的 SCL 时钟提供给 PCF8591 进行 A/D 转换,第二次是读取当前的转换结果。如果只使用第二条语句,每次读到的都是上一次的转换结果。

17.5 A/D 差分输入信号

在上一节已经提到过,控制字的第 4 位和第 5 位是用于控制 PCF8591 的模拟输入引脚是单端输入还是差分输入。差分输入是模拟电路常用的一个技巧,这里把相关知识做一些简单介绍。

从严格意义上来讲,其实所有的信号都是差分信号,因为所有的电压只能是相对于另外一个电压而言。但是大多数系统,我们都是把系统的 GND 作为基准点。而对于 A/D 来说的差分输入,通常情况下是除了 GND 以外,另外两路幅度相同,极性相反的输入信号,其实理解起来很简单,就如同跷跷板一样,如图 17-8 所示。

差分输入就不是单个输入,而是由两个输入端构成的一组输入。PCF8591 一共是 4 个模拟输入端,可以配置成 4 种模式,最典型的是 4 个输入端构造成的两路差分模式,如图 17-9 所示。

图 17-8 差分输入原理

图 17-9 PCF8591 差分输入模式

当控制字的第 4 位和第 5 位都是 1 的时候,那么 4 路模拟被配置成 2 路差分模式输入 channel 0 和 channel 1。以 channel 0 为例,其中 AIN0 是正向输入端,AIN1 是反向输入端,它们之间的信号输入是幅度相同,极性相反的信号,通过减法器后,得到的是两个输入通道的差值,如图 17-10 所示。

通常情况下,差分输入的中线是基准电压的一半,基准电压是 2.5V,假如 1.25V 作为

图 17-10　差分输入信号

中线,V+是 AIN0 的输入波形,V-是 AIN1 的输入波形,Signal Value 就是经过减法器后的波形。很多 A/D 都采用差分的方式输入,因为差分输入方式比单端输入来说,有更强的抗干扰能力。

单端输入信号时,如果一线上发生干扰变化,比如幅度增大 5mV,GND 不变,测到的数据会有偏差;而差分信号输入时,当外界存在干扰信号时,只要布线合理,大都同时被耦合到两条线上,幅度增大 5mV 会同时增大 5mV,而接收端关心的只是两个信号的差值,所以外界的这种共模噪声可以被完全抵消掉。由于两根信号的极性相反,它们对外辐射的电磁场可以相互抵消,有效地抑制释放到外界的电磁能量。

在 KST-51 开发板上,我们没有做差分信号输入的实验环境,由于这个内容在 A/D 部分比较重要,所以还是介绍给大家,以供参考。

17.6　D/A 输出

D/A 是和 A/D 刚好反方向的,一个 8 位的 D/A,从 0~255,代表了 0~2.55V 的话,那么用单片机给第三个字节发送 100,D/A 引脚就会输出一个 1V 的电压,发送 200 就输出一个 2V 的电压,很简单,用一个简单的程序实现出来,并且通过上、下按键可以增大或减小输出幅度值,每次增加或减小 0.1V。如果有万用表的话,可以直接测试一下板子上 AOUT 点的输出电压,观察它的变化。由于 PCF8591 的 DA 输出偏置误差最大是 50mV(由数据手册提供),所以我们用万用表测到的电压值和理论值之间的误差就应该在 50mV 以内。

/ ****************************** **I2C. c 文件程序源代码** ****************************** /
(此处省略,可参考之前章节的代码)
/ ****************************** **keyboard. c 文件程序源代码** ****************************** /
(此处省略,可参考之前章节的代码)
/ ****************************** **main. c 文件程序源代码** ****************************** /

```
# include < reg52. h >

unsigned char T0RH = 0;                    //T0 重载值的高字节
```

```c
unsigned char T0RL = 0;                          //T0 重载值的低字节

void ConfigTimer0(unsigned int ms);
extern void KeyScan();
extern void KeyDriver();
extern void I2CStart();
extern void I2CStop();
extern bit I2CWrite(unsigned char dat);

void main()
{
    EA = 1;                                      //开总中断
    ConfigTimer0(1);                             //配置 T0 定时 1ms

    while (1)
    {
        KeyDriver();                             //调用按键驱动
    }
}
/* 设置 DAC 输出值,val 为设定值 */
void SetDACOut(unsigned char val)
{
    I2CStart();
    if (!I2CWrite(0x48 << 1))                     //寻址 PCF8591,如未应答,则停止操作并返回
    {
        I2CStop();
        return;
    }
    I2CWrite(0x40);                              //写入控制字节
    I2CWrite(val);                               //写入 DA 值
    I2CStop();
}
/* 按键动作函数,根据键码执行相应的操作,keycode 为按键键码 */
void KeyAction(unsigned char keycode)
{
    static unsigned char volt = 0;               //输出电压值,隐含了一位十进制小数位

    if (keycode == 0x26)                         //向上键,增加 0.1V 电压值
    {
        if (volt < 25)
        {
            volt++;
            SetDACOut(volt * 255/25);            //转换为 AD 输出值
        }
    }
    else if (keycode == 0x28)                    //向下键,减小 0.1V 电压值
    {
        if (volt > 0)
        {
```

```
                volt -- ;
                SetDACOut(volt * 255/25);           //转换为 AD 输出值
        }
    }
}
/ * 配置并启动 T0,ms - T0 定时时间 * /
void ConfigTimer0(unsigned int ms)
{
    unsigned long tmp;                              //临时变量

    tmp = 11059200 / 12;                            //定时器计数频率
    tmp = (tmp * ms) / 1000;                        //计算所需的计数值
    tmp = 65536 - tmp;                              //计算定时器重载值
    tmp = tmp + 28;                                 //补偿中断响应延时造成的误差
    T0RH = (unsigned char)(tmp >> 8);               //定时器重载值拆分为高低字节
    T0RL = (unsigned char)tmp;
    TMOD &= 0xF0;                                   //清 0 T0 的控制位
    TMOD |= 0x01;                                   //配置 T0 为模式 1
    TH0 = T0RH;                                      //加载 T0 重载值
    TL0 = T0RL;
    ET0 = 1;                                        //使能 T0 中断
    TR0 = 1;                                        //启动 T0
}
/ * T0 中断服务函数,执行按键扫描 * /
void InterruptTimer0() interrupt 1
{
    TH0 = T0RH;                                      //重新加载重载值
    TL0 = T0RL;
    KeyScan();                                      //按键扫描
}
```

17.7 简易信号发生器实例

有了 D/A 这个武器,就不仅可以输出方波信号,还可以输出任意波形,比如正弦波、三角波、锯齿波等。以正弦波为例,首先要建立一个正弦波的波表。这些不需要大家去逐一计算,可以通过搜索找到正弦波数据表,然后可以根据时间参数自己选取其中一定量数据作为程序的正弦波表,程序代码选取了 32 个点。

```
/ ************************ I2C. c 文件程序源代码 ************************ /
                    (此处省略,可参考之前章节的代码)
/ ************************ keyboard. c 文件程序源代码 ************************ /
                    (此处省略,可参考之前章节的代码)
/ ************************ main. c 文件程序源代码 ************************ /

# include < reg52. h>

unsigned char code SinWave[] = {              //正弦波波表
```

```
        127, 152, 176, 198, 217, 233, 245, 252,
        255, 252, 245, 233, 217, 198, 176, 152,
        127, 102, 78, 56, 37, 21, 9, 2,
          0, 2, 9, 21, 37, 56, 78, 102,
};
unsigned char code TriWave[] = {              //三角波波表
          0, 16, 32, 48, 64, 80, 96, 112,
        128, 144, 160, 176, 192, 208, 224, 240,
        255, 240, 224, 208, 192, 176, 160, 144,
        128, 112, 96, 80, 64, 48, 32, 16,
};
unsigned char code SawWave[] = {              //锯齿波表
          0, 8, 16, 24, 32, 40, 48, 56,
         64, 72, 80, 88, 96, 104, 112, 120,
        128, 136, 144, 152, 160, 168, 176, 184,
        192, 200, 208, 216, 224, 232, 240, 248,
};
unsigned char code * pWave;                   //波表指针
unsigned char T0RH = 0;                       //T0 重载值的高字节
unsigned char T0RL = 0;                       //T0 重载值的低字节
unsigned char T1RH = 1;                       //T1 重载值的高字节
unsigned char T1RL = 1;                       //T1 重载值的低字节

void ConfigTimer0(unsigned int ms);
void SetWaveFreq(unsigned char freq);
extern void KeyScan();
extern void KeyDriver();
extern void I2CStart();
extern void I2CStop();
extern bit I2CWrite(unsigned char dat);

void main()
{
    EA = 1;                                   //开总中断
    ConfigTimer0(1);                          //配置 T0 定时 1ms
    pWave = SinWave;                          //默认正弦波
    SetWaveFreq(10);                          //默认频率 10Hz

    while (1)
    {
        KeyDriver();                          //调用按键驱动
    }
}
/* 按键动作函数,根据键码执行相应的操作,keycode 为按键键码 */
void KeyAction(unsigned char keycode)
{
    static unsigned char i = 0;

    if (keycode == 0x26)                      //向上键,切换波形
```

```
{
        //在3种波形间循环切换
        if (i == 0)
        {
            i = 1;
            pWave = TriWave;
        }
        else if (i == 1)
        {
            i = 2;
            pWave = SawWave;
        }
        else
        {
            i = 0;
            pWave = SinWave;
        }
    }
}

/* 设置DAC输出值,val为设定值 */
void SetDACOut(unsigned char val)
{
    I2CStart();
    if (!I2CWrite(0x48 << 1))            //寻址PCF8591,如未应答,则停止操作并返回
    {
        I2CStop();
        return;
    }
    I2CWrite(0x40);                      //写入控制字节
    I2CWrite(val);                       //写入DA值
    I2CStop();
}
/* 设置输出波形的频率,freq为设定频率 */
void SetWaveFreq(unsigned char freq)
{
    unsigned long tmp;

    tmp = (11059200/12) / (freq * 32);  //定时器计数频率,是波形频率的32倍
    tmp = 65536 - tmp;                  //计算定时器重载值
    tmp = tmp + 33;                     //修正中断响应延时造成的误差
    T1RH = (unsigned char)(tmp >> 8);   //定时器重载值拆分为高低字节
    T1RL = (unsigned char)tmp;
    TMOD &= 0x0F;                       //清0 T1的控制位
    TMOD |= 0x10;                       //配置T1为模式1
    TH1 = T1RH;                         //加载T1重载值
    TL1 = T1RL;
    ET1 = 1;                            //使能T1中断
    PT1 = 1;                            //设置为高优先级
```

```
    TR1 = 1;                              //启动 T1
}
/* 配置并启动 T0,ms 为 T0 定时时间 */
void ConfigTimer0(unsigned int ms)
{
    unsigned long tmp;                    //临时变量

    tmp = 11059200 / 12;                  //定时器计数频率
    tmp = (tmp * ms) / 1000;              //计算所需的计数值
    tmp = 65536 - tmp;                    //计算定时器重载值
    tmp = tmp + 28;                       //补偿中断响应延时造成的误差
    T0RH = (unsigned char)(tmp >> 8);     //定时器重载值拆分为高低字节
    T0RL = (unsigned char)tmp;
    TMOD &= 0xF0;                         //清 0 T0 的控制位
    TMOD |= 0x01;                         //配置 T0 为模式 1
    TH0 = T0RH;                           //加载 T0 重载值
    TL0 = T0RL;
    ET0 = 1;                              //使能 T0 中断
    TR0 = 1;                              //启动 T0
}
/* T0 中断服务函数,执行按键扫描 */
void InterruptTimer0() interrupt 1
{
    TH0 = T0RH;                           //重新加载重载值
    TL0 = T0RL;
    KeyScan();                            //按键扫描
}
/* T1 中断服务函数,执行波形输出 */
void InterruptTimer1() interrupt 3
{
    static unsigned char i = 0;

    TH1 = T1RH;                           //重新加载重载值
    TL1 = T1RL;
    //循环输出波表中的数据
    SetDACOut(pWave[i]);
    i++;
    if (i >= 32)
    {
        i = 0;
    }
}
```

这个程序可以通过"向上"按键来实现波形输出切换,波形输出的定时刷新由定时器 T1 定时来完成,改变 T1 的定时周期即可改变波形的输出频率。D/A 输出没有办法接到显示界面,所以用示波器抓出来波形给大家看一下,如图 17-11～图 17-13 所示。

图 17-11　D/A 输出正弦波形

图 17-12　D/A 输出三角波形

图 17-13　D/A 输出锯齿波形

这几张图可以直观地看到程序输出的波形。细心的读者会发现波形上有很多小锯齿，没有平滑地连起来。这是因为 DA 最多只能输出 0～Vref 之间的 256 个离散的电压值，而不是连续的任意值，所以每个离散值都会持续一定的时间，然后跳变到下一个离散值，于是就呈现出了波形上的这种锯齿。在实际开发中，只需在 DA 后级加一级低通滤波电路，就可以让带锯齿的波形变得平滑起来。

17.8 练习题

1. 掌握 A/D 和 D/A 的基本概念和性能指标。
2. 将 AD 采集到的数值显示到数码管上。
3. 将信号发生器的程序改装，可以通过按键实现频率的调整。

第18章
RS-485 通信与 Modbus 协议

在工业控制、电力通信、智能仪表等领域,通常情况下是采用串口通信的方式进行数据交换。最初采用的方式是 RS-232 接口,由于工业现场比较复杂,各种电气设备会在环境中产生比较多的电磁干扰,因此会导致信号传输错误。此外,RS-232 接口只能实现点对点通信,不具备联网功能,最大传输距离也只能达到十几米,不能满足远距离通信要求。而 RS-485 则解决了这些问题,数据信号采用差分传输方式,可以有效地解决共模干扰问题,最大距离可达 1200m,并且允许多个收发设备连接到同一条总线上。随着工业应用通信越来越多,1979 年,施耐德电气制定了一个用于工业现场的总线协议 Modbus 协议,现在工业中使用 RS-485 通信场合很多都采用 Modbus 协议,本章就来讲解一下 RS-485 通信和 Modbus 协议。

单使用一块 KST-51 开发板是不能够进行 RS-485 实验的,应很多读者的要求,把本章作为扩展内容讲一下,如果要做本章的相关实验,需要自行购买 USB 转 RS-485 通信模块,或连接其他的 RS-485 主控设备。

18.1 RS-485 通信

RS-232 标准诞生于 RS-485 之前,但是 RS-232 有以下几处不足。

(1) 接口的信号电平值较高,达到十几伏,使用不当容易损坏接口芯片,电平标准也与 TTL 电平不兼容。

(2) 传输速率有局限,一般不超过 $2×10^5 b/s$。

(3) 接口使用信号线和 GND 与其他设备形成共地模式的通信,这种共地模式传输容易产生干扰,并且抗干扰性能也比较弱。

(4) 传输距离有限,最多只能通信几十米。

(5) 通信的时候只能两点之间进行通信,不能实现多机联网通信。

针对 RS-232 接口的不足,不断出现了一些新的接口标准,RS-485 就是其中之一,它具备以下的特点:

(1) 采用差分信号。在讲 A/D 的时候讲过差分信号输入的概念,同时也介绍了差分输入的好处,最大的优势是可以抑制共模干扰。尤其当工业现场环境比较复杂,干扰比较多时,采用差分方式可以有效地提高通信可靠性。RS-485 采用两根通信线,通常用 A 和 B 或者 D+ 和 D- 来表示。逻辑"1"以两线之间的电压差为+(0.2~6)V 表示,逻辑"0"以两线间的电压差为-(0.2~6)V 来表示,是一种典型的差分通信。

(2) RS-485 通信速率快,最大传输速度可以达到 10Mb/s 以上。

(3) RS-485 内部的物理结构,采用的是平衡驱动器和差分接收器的组合,抗干扰能力也大大增加。

(4) 传输距离最远可以达到 1200m 左右,但是它的传输速率和传输距离是成反比的,只有在 100Kb/s 以下的传输速度,才能达到最大的通信距离,如果需要传输更远距离可以使用中继。

(5) 可以在总线上进行联网实现多机通信,总线上允许挂多个收发器,从现有的 RS-485 芯片来看,又可以挂 32、64、128、256 等不同设备的驱动器。

(6) RS-485 的接口非常简单,与 RS-232 所使用的 MAX232 是类似的,只需要一个 RS-485 转换器,就可以直接与单片机的 UART 串口连接起来,并且使用完全相同的异步串行通信协议。但是由于 RS-485 是差分通信,因此接收数据和发送数据是不能同时进行的,也就是说它是一种半双工通信。如何判断什么时候发送,什么时候接收呢?

RS-485 转换芯片很多,本章以典型的 MAX485 为例讲解 RS-485 通信,如图 18-1 所示。

图 18-1　MAX485 硬件接口

MAX485 是美信(Maxim)推出的一款常用 RS-485 转换器。其中引脚 5 和引脚 8 是电源引脚;引脚 6 和 7 就是 RS-485 通信中的 A 和 B 两个引脚;引脚 1 和 4 分别接到单片机的 RXD 和 TXD 引脚上,直接使用单片机 UART 进行数据接收和发送;引脚 2 和 3 是方向引脚,其中引脚 2 是低电平使能接收器,引脚 3 是高电平使能输出驱动器,我们把这两个引脚连到一起,平时不发送数据的时候,保持这两个引脚是低电平,让 MAX485 处于接收状态,当需要发送数据的时候,把这个引脚拉高,发送数据,发送完后再拉低这个引脚就可以了。为了提高 RS-485 的抗干扰能力,需要在靠近 MAX485 的引脚 A 和 B 之间并接一个电阻,这个电阻阻值从 100Ω 到 1kΩ 都可以。

在这里还要介绍一下如何使用 KST-51 单片机开发板进行外围扩展实验。开发板只能把基本的功能给读者做出来提供实验练习,但是读者学习的脚步不应该停留在这个实验板上。如果想进行更多的实验,可以通过单片机开发板的扩展接口进行扩展实验。大家可以看到蓝绿色的单片机座周围有 32 个插针,这 32 个插针就是把单片机的 32 个 I/O 引脚全部都引出来了。在原理图上体现出来的就是 J4、J5、J6、J7 这 4 个器件,如图 18-2 所示。

图 18-2　单片机扩展接口

这 32 个 I/O 口中并不是所有的都可以用来对外扩展,其中既作为数据输出,又可以作为数据输入的引脚是不可以用的,比如 P3.2、P3.4、P3.6,这三个引脚是不可用的。比如引脚 P3.2,如果用来扩展,发送的信号如果和 DS18B20 的时序吻合,会导致 DS18B20 拉低引脚,影响通信。除这 3 个 I/O 口以外的其他 29 个,都可以使用杜邦线接上插针,扩展出来使用。当然了,如果把当前的 I/O 口应用于扩展功能了,板子上的相应功能就实现不了了,也就是说需要扩展功能和板载功能之间二选一。

在进行 RS-485 实验中,通信用的引脚必须是 P3.0 和 P3.1,此外还有一个方向控制引脚,使用杜邦线将其连接到 P1.7 上去。RS-485 的另外一端,大家可以使用一个 USB 转RS-485 模块,用双绞线把开发板和模块上的 A 和 B 分别对应连起来,USB 那头插入计算机,然后就可以进行通信了。

学习了第 13 章实用的串口通信方法和程序后,做这种串口通信的方法就很简单了,基本是一致的。我们使用实用串口通信例程的思路,做了一个简单的程序,通过串口调试助手下发任意一个字符,单片机接收到后在末尾添加"回车＋换行"符后再送回,在调试助手上重新显示出来,先把程序贴出来。

程序中需要注意的一点是:因为平常都是将 MAX485 设置为接收状态,只有在发送数据的时候才将 MAX485 改为发送状态,所以在 UartWrite()函数开头将 MAX485 方向引脚拉高,函数退出前再拉低。但是这里有一个细节,就是单片机的发送和接收中断产生的时刻都是在停止位的一半上,也就是说每当停止位传送了一半的时候,RI 或 TI 就已经置位并且马上进入中断(如果中断使能的话)函数了,接收的时候自然不会存在问题,但发送的时候就不一样了:当紧接着向 SBUF 写入一个字节数据时,UART 硬件会在完成上一个停止位的发送后,再开始新字节的发送,但如果此时不是继续发送下一个字节,而是已经发送完了,要停止发送并将 MAX485 方向引脚拉低以使 MAX485 重新处于接收状态时就有问题了,因为最后的这个停止位实际只发送了一半,还没有完全完成,所以就有了 UartWrite()函数内DelayX10us(5)这个操作,这是人为地增加了 50μs 的延时,这 50μs 的时间正好让剩下的一半停止位完成,那么这个时间自然就是由通信波特率决定的了,为波特率周期的一半。

/ ***************************** **RS485.c 文件程序源代码** ***************************** /

```
# include < reg52.h >
# include < intrins.h >

sbit RS485_DIR = P1^7;                      //RS-485 方向选择引脚

bit flagFrame = 0;                          //帧接收完成标志,即接收到一帧新数据
bit flagTxd = 0;                            //单字节发送完成标志,用来替代 TXD 中断标志位
unsigned char cntRxd = 0;                   //接收字节计数器
unsigned char pdata bufRxd[64];             //接收字节缓冲区

extern void UartAction(unsigned char * buf, unsigned char len);

/* 串口配置函数,baud 为通信波特率 */
void ConfigUART(unsigned int baud)
{
    RS485_DIR = 0;                          //RS-485 设置为接收方向
    SCON = 0x50;                            //配置串口为模式 1
    TMOD & = 0x0F;                          //清 0 T1 的控制位
    TMOD | = 0x20;                          //配置 T1 为模式 2
    TH1 = 256 - (11059200/12/32)/baud;      //计算 T1 重载值
    TL1 = TH1;                              //初值等于重载值
    ET1 = 0;                               //禁止 T1 中断
    ES = 1;                                //使能串口中断
    TR1 = 1;                               //启动 T1
}
/* 软件延时函数,延时时间(t * 10)μs */
void DelayX10us(unsigned char t)
{
```

```c
    do {
        _nop_();
        _nop_();
        _nop_();
        _nop_();
        _nop_();
        _nop_();
        _nop_();
        _nop_();
    } while ( -- t);
}
/* 串口数据写入,即串口发送函数,buf 为待发送数据的指针,len 为指定的发送长度 */
void UartWrite(unsigned char * buf, unsigned char len)
{
    RS485_DIR = 1;                      //RS-485 设置为发送
    while (len -- )                     //循环发送所有字节
    {
        flagTxd = 0;                    //清 0 发送标志
        SBUF = * buf++;                 //发送一个字节数据
        while (!flagTxd);               //等待该字节发送完成
    }
    DelayX10us(5);                      //等待最后的停止位完成,延时时间由波特率决定
    RS485_DIR = 0;                      //RS485 设置为接收
}
/* 串口数据读取函数,buf 为接收指针,len 为指定的读取长度,返回值为实际读到的长度 */
unsigned char UartRead(unsigned char * buf, unsigned char len)
{
    unsigned char i;

    if (len > cntRxd)                   //指定读取长度大于实际接收到的数据长度时,
    {                                   //读取长度设置为实际接收到的数据长度
        len = cntRxd;
    }
    for (i = 0; i < len; i++)           //复制接收到的数据到接收指针上
    {
        * buf++ = bufRxd[i];
    }
    cntRxd = 0;                         //接收计数器清 0

    return len;                         //返回实际读取长度
}
/* 串口接收监控,由空闲时间判定帧结束,需在定时中断中调用,ms 为定时间隔 */
void UartRxMonitor(unsigned char ms)
{
    static unsigned char cntbkp = 0;
    static unsigned char idletmr = 0;

    if (cntRxd > 0)                     //接收计数器大于 0 时,监控总线空闲时间
    {
```

```c
        if (cntbkp != cntRxd)                   //接收计数器改变,即刚接收到数据时,清0空闲计时
        {
            cntbkp = cntRxd;
            idletmr = 0;
        }
        else                                    //接收计数器未改变,即总线空闲时,累积空闲时间
        {
            if (idletmr < 30)                   //空闲计时小于30ms时,持续累加
            {
                idletmr += ms;
                if (idletmr >= 30)              //空闲时间达到30ms时,即判定为一帧接收完毕
                {
                    flagFrame = 1;              //设置帧接收完成标志
                }
            }
        }
    }
    else
    {
        cntbkp = 0;
    }
}
/* 串口驱动函数,监测数据帧的接收,调度功能函数,需在主循环中调用 */
void UartDriver()
{
    unsigned char len;
    unsigned char pdata buf[40];

    if (flagFrame)                              //有命令到达时,读取处理该命令
    {
        flagFrame = 0;
        len = UartRead(buf, sizeof(buf) - 2);   //将接收到的命令读取到缓冲区中
        UartAction(buf, len);                   //传递数据帧,调用动作执行函数
    }
}
/* 串口中断服务函数 */
void InterruptUART() interrupt 4
{
    if (RI)                                     //接收到新字节
    {
        RI = 0;                                 //清0接收中断标志位
        if (cntRxd < sizeof(bufRxd))            //接收缓冲区尚未用完时,
        {                                       //保存接收字节,并递增计数器
            bufRxd[cntRxd++] = SBUF;
        }
    }
```

```
    if (TI)                        //字节发送完毕
    {
        TI = 0;                    //清 0 发送中断标志位
        flagTxd = 1;               //设置字节发送完成标志
    }
}
```

/ ***************************** **main. c 文件程序源代码** ***************************** /

```c
# include < reg52. h >

unsigned char T0RH = 0;                              //T0 重载值的高字节
unsigned char T0RL = 0;                              //T0 重载值的低字节

void ConfigTimer0(unsigned int ms);
extern void UartDriver();
extern void ConfigUART(unsigned int baud);
extern void UartRxMonitor(unsigned char ms);
extern void UartWrite(unsigned char * buf, unsigned char len);

void main()
{
    EA = 1;                                          //开总中断
    ConfigTimer0(1);                                 //配置 T0 定时 1ms
    ConfigUART(9600);                                //配置波特率为 9600

    while (1)
    {
        UartDriver();                                //调用串口驱动
    }
}
/ * 串口动作函数,根据接收到的命令帧执行响应的动作
   buf 为接收到的命令帧指针,len 为命令帧长度 * /
void UartAction(unsigned char * buf, unsigned char len)
{
    //在接收到的数据帧后添加换车换行符后发回
    buf[len++] = '\r';
    buf[len++] = '\n';
    UartWrite(buf, len);
}
/ * 配置并启动 T0,ms 为 T0 定时时间 * /
void ConfigTimer0(unsigned int ms)
{
    unsigned long tmp;                               //临时变量

    tmp = 11059200 / 12;                             //定时器计数频率
    tmp = (tmp * ms) / 1000;                         //计算所需的计数值
    tmp = 65536 - tmp;                               //计算定时器重载值
    tmp = tmp + 33;                                  //补偿中断响应延时造成的误差
```

```
        T0RH = (unsigned char)(tmp >> 8);          //定时器重载值拆分为高低字节
        T0RL = (unsigned char)tmp;
        TMOD &= 0xF0;                                //清 0 T0 的控制位
        TMOD |= 0x01;                                //配置 T0 为模式 1
        TH0 = T0RH;                                  //加载 T0 重载值
        TL0 = T0RL;
        ET0 = 1;                                     //使能 T0 中断
        TR0 = 1;                                     //启动 T0
    }
    /* T0 中断服务函数,执行串口接收监控 */
    void InterruptTimer0() interrupt 1
    {
        TH0 = T0RH;                                  //重新加载重载值
        TL0 = T0RL;
        UartRxMonitor(1);                            //串口接收监控
    }
```

现在看这种串口程序,是不是感觉很简单?串口通信程序反反复复地使用,加上随着学习的模块越来越多,实践越来越多,原先感觉很复杂的东西,现在就会感到简单了。从设备管理器里可以查看所有的 COM 口号,下载程序用的是 COM4,而 USB 转 RS-485 虚拟的是 COM5,通信的时候用的是 COM5 口,如图 18-3 所示。

图 18-3   RS-485 通信试验设置和结果

18.2　Modbus 通信协议介绍

前边学习的 UART、I2C、SPI 这些通信协议，都是最底层的协议，是"位"级别的协议。而在学习第 13 章做实用串口通信程序的时候，通过串口发给单片机三条指令，让单片机做了三件不同的事情，分别是 buzz on、buzz off 和 showstr。随着系统复杂性的增加，人们希望可以实现更多的指令。而指令越来越多，带来的后果就是杂乱无章，尤其是这个人喜欢写成 buzz on、buzz off，而另外一个人喜欢写成 on buzz、off buzz。导致不同开发人员写出来的程序代码不兼容，不同厂家的产品不能挂到一条总线上通信。

随着这种矛盾的日益严重，就会有聪明人提出更合理的解决方案，提出一些标准来，今后的编程必须按照这个标准来，这种标准也是一种通信协议，但是和 UART、I2C、SPI 通信协议不同的是，这种通信协议是字节级别的，叫作应用层通信协议。在 1979 年由 Modicon（现为施耐德电气公司的一个品牌）提出了全球第一个真正用于工业现场总线的协议，就是 Modbus 协议。

18.2.1　Modbus 协议特点

Modbus 协议是应用于电子控制器上的一种通用语言。通过此协议，控制器相互之间、控制器经由网络（例如以太网）和其他设备之间可以通信，已经成为一种工业标准。有了它，不同厂商生产的控制设备可以连成工业网络，进行集中监控。这种协议定义了一种控制器能够认识使用的数据结构，而不管它们是经过何种网络进行通信的。它描述了控制器请求访问其他设备的过程，如何回应来自其他设备的请求，以及怎样侦测错误记录，它制定了通信数据的格局和内容的公共格式。

在进行多机通信的时候，Modbus 协议规定每个控制器必须要知道它们的设备地址，识别按照地址发送过来的数据，决定是否要产生动作，产生何种动作，如果要回应，控制器将生成的反馈信息用 Modbus 协议发出。

Modbus 协议允许在各种网络体系结构内进行简单通信，每种设备（PLC、人机界面、控制面板、驱动程序、输入输出设备等）都能使用 Modbus 协议来启动远程操作，一些网关允许在几种使用 Modbus 协议的总线或网络之间的通信，如图 18-4 所示。

Modbus 协议的整体架构和格式比较复杂和庞大，在课程里将重点介绍数据帧结构和数据通信控制方式，作为一个入门级别的了解。如果大家要详细了解，或者使用 Modbus 开发相关设备，可以查阅相关的国标文件再进行深入学习。

18.2.2　RTU 协议帧数据

Modbus 有两种通信传输方式：一种是 ASCII 模式，另一种是 RTU 模式。由于 ASCII 模式的数据字节是 7bit 数据位，51 单片机无法实现，而且实际应用也比较少，所以这里只用 RTU 模式。两种模式相似，会用一种另外一种也就会了。一条典型的 RTU 数据帧如图 18-5 所示。

图 18-4　Modbus 网络体系结构实例

起始位	设备地址	功能代码	数据	CRC 校验	结束符
T1-T2-T3-T4	8bit	8bit	n 个 8bit	16bit	T1-T2-T3-T4

图 18-5　RTU 数据帧

与之前讲解实用串口通信程序时用的原理相同,一次发送的数据帧必须是作为一个连续的数据流进行传输。在实用串口通信程序中采用的方法是定义 30ms,如果数据接收时超过了 30ms 还没有接收到下一个字节,就认为这次的数据结束。而 Modbus 的 RTU 模式规定不同数据帧之间的间隔是 3.5 字节通信时间以上。如果在一帧数据完成之前有超过 3.5 字节时间的停顿,接收设备将刷新当前的消息并假定下一个字节是一个新的数据帧的开始。同样地,如果一个新消息在小于 3.5 字节时间内接着前边一个数据开始,接收设备将会认为它是前一帧数据的延续。这将会导致一个错误,因此大家看 RTU 数据帧最后还有 16bit 的 CRC 校验。

起始位和结束符在图 18-5 中代表的是一个数据帧,前后都至少有 3.5 字节的时间间隔,起始位和结束符实际上没有任何数据,T1-T2-T3-T4 代表的是时间间隔 3.5 字节以上的时间,而真正有意义的第一个字节是设备地址。

设备地址:很多同学不理解,在多机通信的时候,数据那么多,依靠什么判断这个数据帧是哪个设备的呢?没错,就是依靠这个设备地址字节。每个设备都有一个自己的地址,当设备接收到一帧数据后,程序首先对设备地址字节进行判断比较,如果与自己的地址不同,则对这帧数据直接不予理会,如果与自己的地址相同,就要对这帧数据进行解析,按照之后的功能码执行相应的功能。如果地址是 0x00,则认为是一个广播命令,就是所有的从机设备都要执行的指令。

功能代码：在第二个字节功能代码字节中，Modbus 规定了部分功能代码，此外也保留了一部分功能代码作为备用或者用户自定义，这些功能码大家不需要去记忆，甚至都不用去看，直到用到的那天再过来查这个表即可，如表 18-1 所示。

表 18-1　Modbus 功能码

功能码	名　　称	作　　用
01	读取线圈状态	取得一组逻辑线圈的当前状态(ON/OFF)
02	读取输入状态	取得一组开关输入的当前状态(ON/OFF)
03	读取保持寄存器	在一个或多个保持寄存器中取得当前的二进制值
04	读取输入寄存器	在一个或多个输入寄存器中取得当前的二进制值
05	强置单线圈	强置一个逻辑线圈的通断状态
06	预置单寄存器	把具体二进值装入一个保持寄存器
07	读取异常状态	取得 8 个内部线圈的通断状态，这 8 个线圈的地址由控制器决定，用户逻辑可以将这些线圈定义，以说明从机状态，短报文适宜于迅速读取状态
08	回送诊断校验	把诊断校验报文送从机，以对通信处理进行评鉴
09	编程(只用于484)	使主机模拟编程器作用，修改 PC 从机逻辑
10	控询(只用于484)	可使主机与一台正在执行长程序任务从机通信，探询该从机是否已完成其操作任务，仅在含有功能码 9 的报文发送后，本功能码才发送
11	读取事件计数	可使主机发出单询问，并随即判定操作是否成功，尤其是该命令或其他应答产生通信错误时
12	读取通信事件记录	可使主机检索每台从机的 Modbus 事务处理通信事件记录。如果某项事务处理完成，记录会给出有关错误
13	编程(184/384 484 584)	可使主机模拟编程器功能修改 PC 从机逻辑
14	探询(184/384 484 584)	可使主机与正在执行任务的从机通信，定期控询该从机是否已完成其程序操作，仅在含有功能 13 的报文发送后，本功能码才得发送
15	强置多线圈	强置一串连续逻辑线圈的通断
16	预置多寄存器	把具体的二进制值装入一串连续的保持寄存器
17	报告从机标识	可使主机判断编址从机的类型及该从机运行指示灯的状态
18	884 和 MICRO 84	可使主机模拟编程功能，修改 PC 状态逻辑
19	重置通信链路	发生非可修改错误后，是从机复位于已知状态，可重置顺序字节
20	读取通用参数(584L)	显示扩展存储器文件中的数据信息
21	写入通用参数(584L)	把通用参数写入扩展存储文件，或修改
22~64	保留作扩展功能备用	
65~72	保留以备用户功能所用	留作用户功能的扩展编码
73~119	非法功能	
120~127	保留	留作内部作用
128~255	保留	用于异常应答

程序对功能码的处理,就是来检测这个字节的数值,然后根据其数值来做相应的功能处理。

数据:跟在功能代码后边的是 n 个 8 位的数据。这个 n 值的到底是多少,是由功能代码来确定的,不同的功能代码后边跟的数据数量不同。举个例子,如果功能码是 0x03,也就是读保持寄存器,那么主机发送数据 n 的组成部分就是:2 字节的寄存器起始地址,加 2 字节的寄存器数量 N。从机数据 n 的组成部分是:1 字节的字节数,因为回复的寄存器的值是 2 字节,所以这个字节数也就是 2N 个,再加上 2N 个寄存器的值,如图 18-6 所示。

请求

功能码	1 字节	0x03
起始地址	2 字节	0x0000 至 0xFFFF
寄存器数量	2 字节	1 至 125(0x7D)

响应

功能码	1 字节	0x03
字节数	1 字节	$2 \times N^*$
寄存器值	$N^* \times 2$ 字节	

* N=寄存器的数量

图 18-6 读保持寄存器数据结构

CRC 校验:CRC 校验是一种数据算法,是用来校验数据对错的。CRC 校验函数把一帧数据除最后两个字节外,前边所有的字节进行特定的算法计算,计算完后生成了一个 16 位的数据,作为 CRC 校验码,添加在一帧数据的最后。接收方接收到数据后,同样会把前边的字节进行 CRC 计算,计算完了再和发过来的 16bit 的 CRC 数据进行比较,如果相同则认为数据正常,没有出错,如果比较不相同,则说明数据在传输中发生了错误,这帧数据将被丢弃,就像没收到一样,而发送方会在得不到回应后做相应的处理错误处理。

RTU 模式的每个字节的位是这样分布的:1 个起始位、8 个数据位,最小有效位先发送、1 个奇偶校验位(如果无校验则没有这一位)、1 位停止位(有校验位时)或者 2 个停止位(无校验位时)。

18.3 Modbus 多机通信例程

给从机下发不同的指令,从机去执行不同的操作,这个就是判断一下功能码即可,和前边学的实用串口例程是类似的。多机通信无非就是添加了一个设备地址判断而已,难度也不大。找了一个 Modbus 调试精灵,通过设置设备地址,读写寄存器的地址以及数值数量等参数,可以直接替代串口调试助手,比较方便地下发多个字节的数据,如图 18-7 所示。先来就图中的设置和数据来对 Modbus 做进一步的分析,图中的数据来自调试精灵与接下来要讲的例程之间的交互。

如图 18-7 所示,USB 转 RS-485 模块虚拟出的是 COM5,波特率 9600,无校验位,数据

图 18-7　Modbus 调试精灵

位是 8 位,1 位停止位,设备地址假设为 1。

　　写寄存器的时候,如果要把 01 写到一个地址是 0000 的寄存器地址里,单击"写入"按钮,就会出现发送指令:01 06 00 00 00 01 48 0A。下面来分析一下这帧数据,其中 01 是设备地址,06 是功能码,代表写寄存器这个功能,后边跟 00 00 表示的是要写入的寄存器的地址,00 01 就是要写入的数据,48 0A 就是 CRC 校验码,这是软件自动算出来的。而根据 Modbus 协议,当写寄存器的时候,从机成功完成该指令的操作后,会把主机发送的指令直接返回,我们的调试精灵会接收到这样一帧数据:01 06 00 00 00 01 48 0A。

　　假如按钮现在要从寄存器地址 0002 开始读取寄存器,并且读取的数量是 2 个。单击"读出"按钮,就会出现发送指令:01 03 00 02 00 02 65 CB。其中 01 是设备地址,03 是功能码,代表读寄存器这个功能,00 02 就是读寄存器的起始地址,后一个 00 02 就是要读取 2 个寄存器的数值,65 CB 就是 CRC 校验。而接收到的数据是:01 03 04 00 00 00 00 FA 33。其中 01 是设备地址,03 是功能码,04 代表的是后边读到的数据字节数是 4 个,00 00 00 00 分别是地址为 00 02 和 00 03 的寄存器内部的数据,而 FA 33 就是 CRC 校验了。

　　似乎越来越明朗了,所谓的 Modbus 通信协议,无非就是主机下发了不同的指令,从机根据指令的判断来执行不同的操作而已。由于开发板没有 Modbus 功能码那么多相应的功能,在程序中定义了一个数组 regGroup[5],相当于 5 个寄存器,此外又定义了第 6 个寄存器,控制蜂鸣器,通过下发不同的指令改变寄存器组的数据或者改变蜂鸣器的开关状态。在 Modbus 协议里寄存器的地址和数值都是 16 位的,即 2 个字节,默认高字节是 0x00,低字节就是数组 regGroup 对应的值。其中地址 0x0000 到 0x0004 对应的就是 regGroup 数组中的元素,写入的同时把数字又显示到 1602 液晶上,而 0x0005 这个地址,写入 0x00,蜂鸣器就不响,写入任何其他数值,蜂鸣器就报警。单片机的主要工作也就是解析串口接收的数据执行不同操作。

/ ************************** **Lcd1602. c 文件程序源代码** ************************** /
（此处省略，可参考之前章节的代码）
/ ************************** **RS485. c 文件程序源代码** ************************** /
（此处省略，可参考之前章节的代码）
/ ************************** **CRC16. c 文件程序源代码** ************************** /

```c
/ *  CRC16 计算函数,ptr 为数据指针,len 为数据长度,返回值为计算出的 CRC16 数值  * /
unsigned int GetCRC16(unsigned char * ptr, unsigned char len)
{
    unsigned int index;
    unsigned char crch = 0xFF;                   //高 CRC 字节
    unsigned char crcl = 0xFF;                   //低 CRC 字节
    unsigned char code TabH[ ] = {               //CRC 高位字节值表
        0x00, 0xC1, 0x81, 0x40, 0x01, 0xC0, 0x80, 0x41, 0x01, 0xC0,
        0x80, 0x41, 0x00, 0xC1, 0x81, 0x40, 0x01, 0xC0, 0x80, 0x41,
        0x00, 0xC1, 0x81, 0x40, 0x00, 0xC1, 0x81, 0x40, 0x01, 0xC0,
        0x80, 0x41, 0x01, 0xC0, 0x80, 0x41, 0x00, 0xC1, 0x81, 0x40,
        0x00, 0xC1, 0x81, 0x40, 0x01, 0xC0, 0x80, 0x41, 0x00, 0xC1,
        0x81, 0x40, 0x01, 0xC0, 0x80, 0x41, 0x01, 0xC0, 0x80, 0x41,
        0x00, 0xC1, 0x81, 0x40, 0x01, 0xC0, 0x80, 0x41, 0x00, 0xC1,
        0x81, 0x40, 0x00, 0xC1, 0x81, 0x40, 0x01, 0xC0, 0x80, 0x41,
        0x00, 0xC1, 0x81, 0x40, 0x01, 0xC0, 0x80, 0x41, 0x01, 0xC0,
        0x80, 0x41, 0x00, 0xC1, 0x81, 0x40, 0x00, 0xC1, 0x81, 0x40,
        0x01, 0xC0, 0x80, 0x41, 0x01, 0xC0, 0x80, 0x41, 0x00, 0xC1,
        0x81, 0x40, 0x01, 0xC0, 0x80, 0x41, 0x00, 0xC1, 0x81, 0x40,
        0x00, 0xC1, 0x81, 0x40, 0x01, 0xC0, 0x80, 0x41, 0x01, 0xC0,
        0x80, 0x41, 0x00, 0xC1, 0x81, 0x40, 0x00, 0xC1, 0x81, 0x40,
        0x01, 0xC0, 0x80, 0x41, 0x00, 0xC1, 0x81, 0x40, 0x01, 0xC0,
        0x80, 0x41, 0x01, 0xC0, 0x80, 0x41, 0x00, 0xC1, 0x81, 0x40,
        0x00, 0xC1, 0x81, 0x40, 0x01, 0xC0, 0x80, 0x41, 0x01, 0xC0,
        0x80, 0x41, 0x00, 0xC1, 0x81, 0x40, 0x01, 0xC0, 0x80, 0x41,
        0x00, 0xC1, 0x81, 0x40, 0x00, 0xC1, 0x81, 0x40, 0x01, 0xC0,
        0x80, 0x41, 0x00, 0xC1, 0x81, 0x40, 0x01, 0xC0, 0x80, 0x41,
        0x01, 0xC0, 0x80, 0x41, 0x00, 0xC1, 0x81, 0x40, 0x01, 0xC0,
        0x80, 0x41, 0x00, 0xC1, 0x81, 0x40, 0x00, 0xC1, 0x81, 0x40,
        0x01, 0xC0, 0x80, 0x41, 0x01, 0xC0, 0x80, 0x41, 0x00, 0xC1,
        0x81, 0x40, 0x00, 0xC1, 0x81, 0x40, 0x01, 0xC0, 0x80, 0x41,
        0x00, 0xC1, 0x81, 0x40, 0x01, 0xC0, 0x80, 0x41, 0x01, 0xC0,
        0x80, 0x41, 0x00, 0xC1, 0x81, 0x40
    };
    unsigned char code TabL[ ] = {               //CRC 低位字节值表
        0x00, 0xC0, 0xC1, 0x01, 0xC3, 0x03, 0x02, 0xC2, 0xC6, 0x06,
        0x07, 0xC7, 0x05, 0xC5, 0xC4, 0x04, 0xCC, 0x0C, 0x0D, 0xCD,
        0x0F, 0xCF, 0xCE, 0x0E, 0x0A, 0xCA, 0xCB, 0x0B, 0xC9, 0x09,
        0x08, 0xC8, 0xD8, 0x18, 0x19, 0xD9, 0x1B, 0xDB, 0xDA, 0x1A,
        0x1E, 0xDE, 0xDF, 0x1F, 0xDD, 0x1D, 0x1C, 0xDC, 0x14, 0xD4,
        0xD5, 0x15, 0xD7, 0x17, 0x16, 0xD6, 0xD2, 0x12, 0x13, 0xD3,
        0x11, 0xD1, 0xD0, 0x10, 0xF0, 0x30, 0x31, 0xF1, 0x33, 0xF3,
        0xF2, 0x32, 0x36, 0xF6, 0xF7, 0x37, 0xF5, 0x35, 0x34, 0xF4,
```

```
        0x3C, 0xFC, 0xFD, 0x3D, 0xFF, 0x3F, 0x3E, 0xFE, 0xFA, 0x3A,
        0x3B, 0xFB, 0x39, 0xF9, 0xF8, 0x38, 0x28, 0xE8, 0xE9, 0x29,
        0xEB, 0x2B, 0x2A, 0xEA, 0xEE, 0x2E, 0x2F, 0xEF, 0x2D, 0xED,
        0xEC, 0x2C, 0xE4, 0x24, 0x25, 0xE5, 0x27, 0xE7, 0xE6, 0x26,
        0x22, 0xE2, 0xE3, 0x23, 0xE1, 0x21, 0x20, 0xE0, 0xA0, 0x60,
        0x61, 0xA1, 0x63, 0xA3, 0xA2, 0x62, 0x66, 0xA6, 0xA7, 0x67,
        0xA5, 0x65, 0x64, 0xA4, 0x6C, 0xAC, 0xAD, 0x6D, 0xAF, 0x6F,
        0x6E, 0xAE, 0xAA, 0x6A, 0x6B, 0xAB, 0x69, 0xA9, 0xA8, 0x68,
        0x78, 0xB8, 0xB9, 0x79, 0xBB, 0x7B, 0x7A, 0xBA, 0xBE, 0x7E,
        0x7F, 0xBF, 0x7D, 0xBD, 0xBC, 0x7C, 0xB4, 0x74, 0x75, 0xB5,
        0x77, 0xB7, 0xB6, 0x76, 0x72, 0xB2, 0xB3, 0x73, 0xB1, 0x71,
        0x70, 0xB0, 0x50, 0x90, 0x91, 0x51, 0x93, 0x53, 0x52, 0x92,
        0x96, 0x56, 0x57, 0x97, 0x55, 0x95, 0x94, 0x54, 0x9C, 0x5C,
        0x5D, 0x9D, 0x5F, 0x9F, 0x9E, 0x5E, 0x5A, 0x9A, 0x9B, 0x5B,
        0x99, 0x59, 0x58, 0x98, 0x88, 0x48, 0x49, 0x89, 0x4B, 0x8B,
        0x8A, 0x4A, 0x4E, 0x8E, 0x8F, 0x4F, 0x8D, 0x4D, 0x4C, 0x8C,
        0x44, 0x84, 0x85, 0x45, 0x87, 0x47, 0x46, 0x86, 0x82, 0x42,
        0x43, 0x83, 0x41, 0x81, 0x80, 0x40
    };

    while (len--)          //计算指定长度的 CRC
    {
        index = crch ^ *ptr++;
        crch = crcl ^ TabH[index];
        crcl = TabL[index];
    }

    return ((crch << 8) | crcl);
}
```

关于 CRC 校验的算法,如果不是专门学习校验算法本身,大家可以不去研究这个程序的细节,直接使用现成的函数即可。

/ *************************** **main. c 文件程序源代码** *************************** /

```
# include < reg52. h>

sbit BUZZ = P1^6;

bit flagBuzzOn = 0;                     //蜂鸣器启动标志
unsigned char T0RH = 0;                 //T0 重载值的高字节
unsigned char T0RL = 0;                 //T0 重载值的低字节
unsigned char regGroup[5];              //Modbus 寄存器组,地址为 0x00~0x04

void ConfigTimer0(unsigned int ms);
extern void UartDriver();
extern void ConfigUART(unsigned int baud);
extern void UartRxMonitor(unsigned char ms);
```

```
extern void UartWrite(unsigned char * buf, unsigned char len);
extern unsigned int GetCRC16(unsigned char * ptr, unsigned char len);
extern void InitLcd1602();
extern void LcdShowStr(unsigned char x, unsigned char y, unsigned char * str);

void main()
{
    EA = 1;                             //开总中断
    ConfigTimer0(1);                    //配置 T0 定时 1ms
    ConfigUART(9600);                   //配置波特率为 9600
    InitLcd1602();                      //初始化液晶

    while (1)
    {
        UartDriver();                   //调用串口驱动
    }
}
/* 串口动作函数,根据接收到的命令帧执行响应的动作
   buf 为接收到的命令帧指针,len 为命令帧长度 */
void UartAction(unsigned char * buf, unsigned char len)
{
    unsigned char i;
    unsigned char cnt;
    unsigned char str[4];
    unsigned int crc;
    unsigned char crch, crcl;

    if (buf[0] != 0x01)                 //本例中的本机地址设定为 0x01,
    {                                   //如数据帧中的地址字节与本机地址不符,
        return;                         //则直接退出,即丢弃本帧数据不做任何处理
    }
    //地址相符时,再对本帧数据进行校验
    crc = GetCRC16(buf, len - 2);       //计算 CRC 校验值
    crch = crc >> 8;
    crcl = crc & 0xFF;
    if ((buf[len - 2]!= crch) || (buf[len - 1]!= crcl))
    {
        return;                         //如 CRC 校验不符时直接退出
    }
    //地址和校验字均相符后,解析功能码,执行相关操作
    switch (buf[1])
    {
        case 0x03:                      //读取一个或连续的寄存器
            if ((buf[2] == 0x00) && (buf[3]<= 0x05)) //只支持 0x0000~0x0005
            {
                if (buf[3] <= 0x04)
                {
                    i = buf[3];         //提取寄存器地址
                    cnt = buf[5];       //提取待读取的寄存器数量
```

```
                buf[2] = cnt * 2;              //读取数据的字节数,为寄存器数 * 2
                len = 3;
                while (cnt -- )
                {
                    buf[len++] = 0x00;         //寄存器高字节补 0
                    buf[len++] = regGroup[i++]; //寄存器低字节
                }
            }
            else                               //地址 0x05 为蜂鸣器状态
            {
                buf[2] = 2;                    //读取数据的字节数
                buf[3] = 0x00;
                buf[4] = flagBuzzOn;
                len = 5;
            }
            break;
        }
        else                                   //寄存器地址不被支持时,返回错误码
        {
            buf[1] = 0x83;                     //功能码最高位置1
            buf[2] = 0x02;                     //设置异常码为 02 - 无效地址
            len = 3;
            break;
        }

    case 0x06:                                 //写入单个寄存器
        if ((buf[2] == 0x00) && (buf[3]<= 0x05)) //只支持 0x0000~0x0005
        {
            if (buf[3] <= 0x04)
            {
                i = buf[3];                    //提取寄存器地址
                regGroup[i] = buf[5];          //保存寄存器数据
                cnt = regGroup[i] >> 4;        //显示到液晶上
                if (cnt >= 0xA)
                    str[0] = cnt - 0xA + 'A';
                else
                    str[0] = cnt + '0';
                cnt = regGroup[i] & 0x0F;
                if (cnt >= 0xA)
                    str[1] = cnt - 0xA + 'A';
                else
                    str[1] = cnt + '0';
                str[2] = '\0';
                LcdShowStr(i * 3, 0, str);
            }
            else                               //地址 0x05 为蜂鸣器状态
            {
                flagBuzzOn = (bit)buf[5];      //寄存器值转为蜂鸣器的开关
            }
```

```
                    len -= 2;                    //长度-2以重新计算CRC并返回原帧
                    break;
                }
                else                             //寄存器地址不被支持时,返回错误码
                {
                    buf[1] = 0x86;               //功能码最高位置1
                    buf[2] = 0x02;               //设置异常码为02-无效地址
                    len = 3;
                    break;
                }

        default:                                 //其他不支持的功能码
            buf[1] |= 0x80;                      //功能码最高位置1
            buf[2] = 0x01;                       //设置异常码为01-无效功能
            len = 3;
            break;
    }
    crc = GetCRC16(buf, len);                    //计算返回帧的CRC校验值
    buf[len++] = crc >> 8;                       //CRC高字节
    buf[len++] = crc & 0xFF;                     //CRC低字节
    UartWrite(buf, len);                         //发送返回帧
}
/* 配置并启动T0,ms为T0定时时间 */
void ConfigTimer0(unsigned int ms)
{
    unsigned long tmp;                           //临时变量

    tmp = 11059200 / 12;                         //定时器计数频率
    tmp = (tmp * ms) / 1000;                     //计算所需的计数值
    tmp = 65536 - tmp;                           //计算定时器重载值
    tmp = tmp + 33;                              //补偿中断响应延时造成的误差
    T0RH = (unsigned char)(tmp >> 8);            //定时器重载值拆分为高低字节
    T0RL = (unsigned char)tmp;
    TMOD &= 0xF0;                                //清0 T0的控制位
    TMOD |= 0x01;                                //配置T0为模式1
    TH0 = T0RH;                                  //加载T0重载值
    TL0 = T0RL;
    ET0 = 1;                                     //使能T0中断
    TR0 = 1;                                     //启动T0
}
/* T0中断服务函数,执行串口接收监控和蜂鸣器驱动 */
void InterruptTimer0() interrupt 1
{
    TH0 = T0RH;                                  //重新加载重载值
    TL0 = T0RL;
    if (flagBuzzOn)                              //执行蜂鸣器鸣叫或关闭
        BUZZ = ~BUZZ;
    else
        BUZZ = 1;
    UartRxMonitor(1);                            //串口接收监控
}
```

大家可以看到解析协议的 UartAction 函数很长，因为协议解析本来就是一件很烦琐的事情。例子仅解析执行了两个功能命令，就已经有近百行程序了，如果需要解析更多的功能命令，那么建议把每个功能都做一个函数，然后在相应的 case 分支里调用即可，这样就不会使单个函数过于庞大而难以维护。

18.4 练习题

1. 了解 RS-485 通信以及和 RS-232 的不同用法。
2. 了解 Modbus 协议以及 RTU 数据帧的规则。
3. 写一个电子钟程序，并且可以通过 RS-485 调试器校时。

第 19 章

实践项目：多功能电子钟

第 19 章视频

到这里，基本知识就介绍完了。如果读者能够认真把前边的"降龙十八章"领悟透彻，那剩下的主要工作就是不断反复练习巩固了。本章首先介绍实际项目开发中的一些技巧和规范性的东西，然后带领大家一起来做一个真正的项目，把项目开发的整个流程都走一遍。

19.1 类型说明

C 语言不仅提供了丰富的数据类型，而且还允许用户自己定义类型说明符，也就是说为了方便，给已经存在的数据类型起个"代号"，比如"9527 就是你的终身代号"，指的是用 9527 代表某个人。在 C 语言中，使用 typedef 即可完成这项功能，定义格式如下：

typedef 原类型名 新类型名

typedef 语句并未定义一种新的数据类型，它仅仅是给已有的数据类型取了一个更加简洁形象的名字，可以用这个新的类型名字来定义变量。在实际开发中，很多公司都会使用这个关键字给变量类型取新名字，一是为了方便代码的移植，二是可以使代码更加简洁易读，比如以下的这几种类型定义方式。

```
typedef signed char int8;            //8 位有符号整型数
typedef signed int int16;            //16 位有符号整型数
typedef signed long int32;           //32 位有符号整型数
typedef unsigned char uint8;         //8 位无符号整型数
typedef unsigned int uint16;         //16 位无符号整型数
typedef unsigned long uint32;        //32 位无符号整型数
```

有了以上类型说明，今后在程序中可以直接使用 uint8 来替代 unsigned char 定义变量。你是否发现这些代号的含义呢？无符号型的前边带一个 u，有符号型的不带 u，int 表示整数的意思，后边的数字代表的是这个变量类型占的位数，这种命名方式很多公司都采用，大家也可以学着采用这种方式。

有的时候也有用宏定义代替 typedef 的功能，但是宏定义是由预处理完成的，而 typedef

则是在编译时完成的,后者更加灵活。也许你曾看到过这种定义方式:

```
#define uchar unsigned char
```

这种方式不建议大家使用,在这种应用下是没问题,但是当用到指针的时候,就有可能出错,在一些比较正规的公司如果写出这种形式会让人觉得写代码的人比较初级。下面就介绍一下 typedef 和 #define 之间的区别。

　　#define 是预编译处理命令,在编译处理时进行简单的替换,不做任何正确性检查,不管含义是否正确都会被代入,比如:

```
#define PI 3.1415926
```

有了这个宏,今后可以直接用 PI 来替代 3.1415926 了,比如写 area ＝ PI＊r＊r 求圆的面积就会直接替换成 3.1415926＊r＊r。如果不小心写成了 3.1415g26,编译的时候还是会代入。

　　typedef 是在编译时进行处理的,它是在自己的作用域内给一个已经存在的类型起一个代号,如果把前边的类型说明错误的写成:

```
typedef unsinged char uint8;
```

编译器就会直接在这里报错。

　　对于 #define 来说,更多的应用是进行一些程序可读性、易维护的替换。比如:

```
#define LCD1602_DB P0
#define SYS_MCLK (11059200/12)
```

在写 1602 程序的过程中,可以直接用 LCD1602_DB 表示 1602 的通信总线,也可以直接用 SYS_MCLK 来作为单片机的机器周期,如果改动一些硬件,比如出于特定需要而换了其他频率的晶振,那么可以直接在程序最开始部分改一下即可,不用到处去查找修改数字了。

　　而对于类型说明,有的情况下 typedef 和 #define 用法一样,有的情况就不一样了。

```
typedef unsigned char uint8; uint8 i, j;
#define uchar unsigned char uchar i, j;
```

　　这两种用法是完全相同的,没有区别,不过大家要注意 typedef 后边有分号,而 #define 后边是没有分号的。

```
typedef int * int_p; int_p i, j;
#define int_p int * int_p i, j;
```

　　这两种用法得到的结果是不一样的,其中第一种无疑是定义了 i 和 j 这两个 int 指针变量。而第二种呢? 因为 define 是直接替换,实际上就是 int＊i, j; 所以 i 是一个 int 指针变量,而 j 却是一个普通的 int 变量。

　　总之,typedef 是专门给类型重新起名的,而 #define 是纯粹替换的,大家要记住其用法。

19.2　头文件

在前边的章节中多次使用过文件包含命令♯include,这条指令的功能是将指定的被包含文件的全部内容插到该命令行的位置处,从而把指定文件和当前的源程序文件连成一个源文件参与编译,通常的写法有以下两种如下:

```
♯include <文件名>
♯include "文件名"
```

使用尖括号表示预处理程序直接到系统指定的"包含文件目录"去查找,使用双引号则表示预处理程序首先在当前文件所在的文件目录中查找被包含的文件,如果没有找到才会再到系统的"包含文件目录"去查找。一般情况下,人们的习惯是系统提供的头文件用尖括号方式,用户自己编写的头文件用双引号方式。

在前边用过很多次♯include < reg52. h >,这个文件所在的位置是 Keil 软件安装目录的\C51\INC 这个路径内,大家可以去看看,在这个文件夹内,有很多系统自带的头文件,当然也包含了<intrins. h >这个头文件。一旦写了♯include < reg52. h >这条指令,就相当于在当前的. c 文件中写下了以下的代码。

```c
♯ifndef __REG52_H__
♯define __REG52_H__

/* BYTE Registers */
sfr P0 = 0x80;
sfr P1 = 0x90;
sfr P2 = 0xA0;
sfr P3 = 0xB0;
...

/* BIT Registers */
/* PSW */
sbit CY = PSW^7;
sbit AC = PSW^6;
sbit F0 = PSW^5;
sbit RS1 = PSW^4;
sbit RS0 = PSW^3;
sbit OV = PSW^2;
sbit P = PSW^0;              //8052 only

/* TCON */
sbit TF1 = TCON^7;
sbit TR1 = TCON^6;
sbit TF0 = TCON^5;
sbit TR0 = TCON^4;
sbit IE1 = TCON^3;
```

```
sbit IT1 = TCON^2;
sbit IE0 = TCON^1;
sbit IT0 = TCON^0;
...

#endif
```

之前在程序中，只要写了#include <reg52.h>这条指令就可以随便使用 P0、TCON、TMOD 这些寄存器和 TR0、TR1、TI、RI 等这些寄存器的位，是因为它们已经在这个头文件中定义或声明过了。

在前边讲过，要调用某个函数，必须提前声明。而 Keil 自己做了很多函数，生成了库文件，如果要使用这些函数，不需要写这些函数的代码，直接调用这些函数即可，调用之前首先要进行声明，而这些声明也放在头文件当中。比如所用的_nop_()；函数，就是在<intrins.h>这个头文件中。

在前边应用的实例中，很多文件中的所要用到的函数，都是在其他文件中定义的，在当前文件中要调用它们的时候，提前声明一下即可。为了使程序的易维护性和可移植性提高，通常会自己编写所需要的头文件。自己编写的头文件中不仅仅可以进行函数的声明和变量的外部声明，一些宏定义也可以放在其中。

举个例子，比如在写 main.c 这个文件时，配套写一个 main.h 文件。新建头文件的方式也很简单，和.c 是类似的，首先单击新建文件的那个图标，或者单击菜单 File→New，然后单击保存文件，保存的时候命名为 main.h 即可。为了方便编写、修改和维护，在 Keil 编程环境中新建一个头文件组，把所有的源文件放在一个组内，把所有的头文件放在一个组内，如图 19-1 所示。

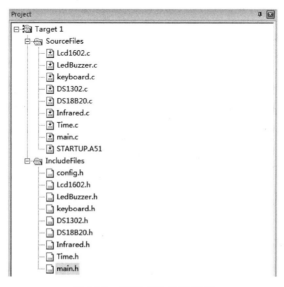

图 19-1　工程文件分组管理

大家注意,main.h 里除了要包含 main.c 所要使用的一些宏之外,还要在里边对 main.c 文件中所定义的全局变量,进行 extern 声明,提供给其他的.c 文件使用,还要把 main.c 内的自定义类型进行声明,还要把 main.c 内所提供给其他文件使用的全局函数进行声明。比如把 main.h 文件写成下边这样。

```
enum eStaSystem {              //系统运行状态枚举
    E_NORMAL, E_SET_TIME, E_SET_ALARM
};

extern enum eStaSystem staSystem;

void RefreshTemp(uint8 ops);
void ConfigTimer0(uint16 ms);
```

首先要注意,对于函数的外部声明,extern 是可以省略的,但是对于外部变量的声明是不能省略的。其次 enum 是一个枚举体,前边已经提到过了,读者可以再阅读前文了解一下枚举体的作用和结构。在 main.c 当中定义的 staSystem 其他文件中也要用到,所以在这里就要用 extern 声明一下。

头文件这样编写看似没问题,实际上则不然。首先第一个比较明显的问题,由于所有的源文件都有可能要包含这个 main.h,同样 main.c 也会包含它,而 staSystem 这个枚举变量是在 main.c 中定义的,所以当 main.h 被 main.c 包含时就不需要进行外部声明,而被其他文件包含时则应进行这个声明。此外,在程序编写过程中,经常会遇到头文件包含头文件的用法,假设 a.h 包含了 main.h 文件,b.h 文件同样也包含了 main.h 文件,如果现在有一个 c 文件 Lcd.c,它既包含了 a.h 又包含了 b.h,这样就会出现头文件的重复包含,从而会发生变量函数等的重复声明,因此还得用到 C 语言的另一个知识点——条件编译。

19.3 条件编译

条件编译属于预处理程序,包括之前讲的宏,都是程序在编译之前做的一些必要的处理,这些都不是实际程序功能代码,而仅仅是告诉编译器需要进行的特定操作等。

条件编译通常有三种用法,第一种表达式是:

```
#if 表达式
    程序段 1
#else
    程序段 2
#endif
```

作用:如果表达式的值为"真"(非 0),则编译程序段 1,否则,编译程序段 2。在使用中,表达式通常是一个常量,通常事先用宏来进行声明,通过宏声明的值来确定到底执行哪段程序。

例如某公司开发了同类的两款产品，这两款产品的功能有一部分是相同的，有一部分是不同的，同样所编写的程序代码大部分的代码是一样的，只有少部分有区别。这个时候为了方便程序的维护，可以把两款产品的代码写到同一个工程程序中，然后把其中有区别的功能利用条件编译。

```
#define PLAN 0
#if (PLAN == 0)
    程序段 1
#else
    程序段 2
#endif
```

这样写之后，当要编译款式 1 的时候，把 PLAN 宏声明成 0 即可，当要编译款式 2 的时候，把宏声明的值改为 1 或其他值即可。

第二种表达式和第三种表达式是类似的，使用哪一种要看具体情况或个人偏好。

表达式二：

```
#ifdef 标识符
    程序段 1
#else
    程序段 2
#endif
```

表达式三：

```
#ifndef 标识符
    程序段 1
#else
    程序段 2
#endif
```

在本章的示例中使用到了表达式三，表达式三的作用是：如果标识符没有被 #define 命令所声明过，则编译程序段 1，否则则编译程序段 2。此外，命令中的 #else 部分是可以省略的。表达式二和表达式三正好相反，大家自己看一下。其实 #ifndef 就是 if no define 的缩写。

在头文件的编写过程中，为了防止命名的错乱，每个 .c 文件对应的 .h 文件，除名字一致外，进行宏声明的时候，也用这个头文件的名字，并且大写，在中间加上下画线，比如这个main.h 的结构，首先要这样写：

```
#ifndef _MAIN_H
#define _MAIN_H

    程序段 1

#endif
```

这样说明的意思是，如果这个 _MAIN_H 没有声明过，那么就声明 _MAIN_H，并且程序段 1 是有效的,最终结束;如果_MAIN_H 已经声明过了,也就不用再声明了,同时程序段 1 也就无效了。这样就有效地解决了头文件重复包含的问题。

main.c 文件中定义的外部变量,在 main.c 中不需要进行外部声明。那么可以在 main.c 程序中最开始的位置加上一句:

```
#define _MAIN_C
```

然后在 main.h 内对这类变量进行声明的时候,再加上这样的条件编译语句:

```
#ifndef _MAIN_C
    程序段 2
#endif
```

这样处理之后,大家看一下,由于在 main.c 的程序中首先对_MAIN_C 进行了宏声明,因此程序段 2 中的内容不会参与到 main.c 的编译中去,而其他所有的包含 main.h 的源文件则会把程序段 2 参与到编译中,因此前边的 main.h 文件的整体代码如下。

```
#ifndef _MAIN_H
#define _MAIN_H

enum eStaSystem {                       //系统运行状态枚举
    E_NORMAL, E_SET_TIME, E_SET_ALARM
};

#ifndef _MAIN_C
extern enum eStaSystem staSystem;
#endif

void RefreshTemp(uint8 ops);
void ConfigTimer0(uint16 ms);

#endif
```

19.4 项目实战

现在进入本章的重头戏,也是本书即将结束时的综合训练,也是实实在在的实战项目——多功能电子钟。当接到一个具体项目开发任务后,要根据项目做出框架规划,整理出逻辑思路,并且写出规范的程序,调试代码最终完成功能。

19.4.1 项目需求分析

作为电子钟,或者说万年历,提供日期、时间的显示是一个基本的功能,但是设计要求并不能只满足于基本功能,而是要提供更多的信息,并且兼具人性化设计。在设计中,除了基本的走时(包括时间、日期、星期)、板载按键校时功能外,还提供闹钟、温度测量、红外遥控校时这几项实用功能,所以称之为多功能。

如果一个产品只是所需功能的杂乱堆积,而不考虑怎样让人用起来更舒服、更愉悦,那么这就非常的不人性化,也绝对不是一个优秀的设计或者说产品。比如说电子钟把日期和时间都显示到液晶上,这样看起来主次就不是很分明,显得杂乱。人性化设计考虑的是大多数人的行为习惯,当然最终的产品依靠了设计人员的经验和审美等因素。比如 KST-51 开发板的器件布局,右上方向是显示器件,右下是按键输入,有一些外围器件比如上下拉电阻、三极管等可以隐藏到液晶底下,这就是大多数人的习惯。而在多功能电子钟项目中,如何去体现人性化设计呢?

首先来观察一下各种显示器件,数字显示如果采用 LED 点阵或者数码管就会比较醒目,但是点阵无法同时显示这么多数字,于是就把最常用的时间用数码管来显示,日期、闹钟设置、温度等辅助信息显示到液晶上。那么点阵呢?可以用它来显示星期,这对于盼望着周末的人们来说是不是很醒目很人性化呢?对了,还有独立的 LED,就用它来给电子钟做装饰吧,用个来回跑的流水灯增加点活泼气氛。最后再来个遥控器功能,如果电子钟挂得太高了或者放在不方便触碰的位置,就可以使用遥控器来校时。大家再来想想看,整个过程是不是挺人性化的?

当然了,所用的是 KST-51 单片机开发板来作为硬件平台,如果这是一个从头设计的项目,就不需要那么多外围器件了,首先做好单片机最小系统,而后配备多功能电子钟所需的部件就可以了。也就是说,在进行项目开发时,设计的硬件电路是根据实际项目需求来设计的。

19.4.2 程序结构规划

项目需求和硬件规划已经确定了,我们就得研究如何实现所需的功能,程序结构如何组织。一个项目,如果需要的部件很多,同时实现的功能也很多,为了方便编写和程序维护,整个程序必须采用模块化编程,也就是每个模块对应一个 C 文件来实现,这种用法实际上在前面的章节已经开始使用了。一方面,如果所有的代码堆到一起会显得杂乱无章,更重要的是容易造成意外错误,程序一旦有逻辑上的问题或者更新需求,这种维护将变成一种灾难。另一方面,当一个项目程序量很大的时候,可以由多个程序员共同参与编程,多模块的方式也可以让每个程序员之间的代码最终很方便地融合到一起。

模块的划分并没有什么教条可以遵循,而是根据具体需要灵活处理。就以这个多功能电子钟项目为例,来给大家介绍如何合理的划分模块。要实现的功能有走时、校时、闹钟、温度和遥控。要想实现这几个功能,其中走时所需要的就是时钟芯片,即 DS1302;时间需要显示给人看,就需要显示器件,用到了点阵、数码管、独立 LED、液晶;再来看校时,校时需要输入器件,本例中可以用板载按键和遥控器,它们各自的驱动代码不同,但是实现的功能是一样的,都是校时;还有闹钟设置,在校时的输入器件的支持下,闹钟也就不需要额外的硬件输入了,只需要用程序代码让蜂鸣器响就行了。

　　功能上大概列举出来了,那么就可以把程序源代码划分为这样几个模块:DS1302 作为走时的核心自成一个模块;点阵、数码管、独立 LED 都属于 LED 的范畴,控制方式类似,也都需要动态扫描,所以把它们整体作为一个模块;液晶是另一个显示模块;按键和遥控器的驱动各自成为一个模块。

　　模块划分到这里,大家就要特别注意,随着程序量变大,功能变强,对程序的划分要分层了。前边划分的这些模块都属于是底层驱动范畴的,它们要共同为上层应用服务,那么上层应用是什么呢? 就是根据最终需要显示的效果来调度各种显示驱动函数,决定把时间的哪一部分显示到哪个器件上,然后还要根据按键或者遥控器的输入来具体实现时间的调整,还要不停地对比当前时间和设定的闹钟时间来完成闹钟功能,那么这些功能函数自然就成为一个应用层模块了(当然你也可以把它们都放在 main.c 文件内实现,但不推荐这样做,如果程序还有其他应用层代码模块,main.c 仍然会变得复杂而不易维护)。这个应用层模块在本例中取名为 Time.c,即完成时间相关的应用层功能。最后,还有一个温度功能,除了要加入温度传感器 DS18B20 的底层驱动模块外,它的上层显示功能非常简单,不值得再单独占一个 c 文件,所以直接把它放到 main.c 中实现。

　　模块划分完后就要进行整体程序流程的规划。我们刚刚对程序进行了分层,一层是硬件底层驱动,再就是上层应用功能。底层驱动这些模块在之前的章节已经全都实现过了,那么现在就还需要规划一个应用层上的整体流程。根据所需要的上层应用功能画出流程图,如图 19-2 所示。

图 19-2　多功能电子钟整体流程图

19.4.3　程序代码编写

在实际项目开发中，人们不仅仅希望源程序、头文件等文件结构规范、代码编写规范，而且还希望工程文件规整规范，方便维护。因此首先新建一个 lesson19_1 的文件夹，用来存放本章的工程文件。而后新建工程保存的时候，在 lesson19-1 文件夹内再建立一个文件夹，取名为 project，专门用于存放工程文件的，如图 19-3 所示。

图 19-3　工程文件目录

然后新建文件，保存的时候在 lesson19_1 目录再建立一个文件夹，取名为 source 文件夹，专门用来存放源代码，如图 19-4 所示。

最后，随便看一个之前的例子都能看到，工程编译后会生成很多额外的文件，这些文件可以统称为编译输出文件，在 lesson19_1 目录下再建立一个 output 文件夹来存放这些文件，要改变输出文件它们的路径，需要修改两个地方：首先进入 Options for Target，选择 Output 选项页，单击 Select Folder for Objects，在弹出的对话框中选择新建的 output 文件夹；然后再进入 Listing 选项页，单击 Select Folder for Listings，同样指定 output 文件夹即可。

进行了这样三个步骤，今后要对这个工程进行整理编写，文件就不再凌乱了，而是非常规整地排列在的文件夹内。尤其是今后大家还可能学到编写程序的另外的方式，就是编译的时候使用 Keil 软件，而编写代码的时候在其他更好的编辑器中进行，那么编辑器的工程文件也可以放到 project 下，而不会对其他部分产生任何影响。总之，这是一套规范而又实用的工程文件组织方案。

图 19-4　源文件目录

　　工程建立完毕,文件夹也整理妥当,下面就开始正式编写代码。当我们要进行一个实际产品或者项目开发的时候,首先电路原理图是确定的,所使用的单片机的引脚也是明确的,还有一些比如类型说明,一些特殊的全局参数及宏声明,我们会放到一个专门的头文件中,在这里命名为 config. h,即全局的配置文件。

/ **************************** **config. h 文件程序源代码** **************************** /

```
# ifndef _CONFIG_H
# define _CONFIG_H

/* 通用头文件 */
# include < reg52. h>
# include < intrins. h>

/* 数据类型定义 */
typedef signed char int8;                //8 位有符号整型数
typedef signed int int16;                //16 位有符号整型数
typedef signed long int32;               //32 位有符号整型数
typedef unsigned char uint8;             //8 位无符号整型数
typedef unsigned int uint16;             //16 位无符号整型数
typedef unsigned long uint32;            //32 位无符号整型数

/* 全局运行参数定义 */
# define SYS_MCLK (11059200/12)          //系统主时钟频率,即振荡器频率÷12
```

```
/*  I/O引脚分配定义  */
sbit KEY_IN_1 = P2^4;              //矩阵按键的扫描输入引脚1
sbit KEY_IN_2 = P2^5;              //矩阵按键的扫描输入引脚2
sbit KEY_IN_3 = P2^6;              //矩阵按键的扫描输入引脚3
sbit KEY_IN_4 = P2^7;              //矩阵按键的扫描输入引脚4
sbit KEY_OUT_1 = P2^3;             //矩阵按键的扫描输出引脚1
sbit KEY_OUT_2 = P2^2;             //矩阵按键的扫描输出引脚2
sbit KEY_OUT_3 = P2^1;             //矩阵按键的扫描输出引脚3
sbit KEY_OUT_4 = P2^0;             //矩阵按键的扫描输出引脚4

sbit ADDR0 = P1^0;                 //LED位选译码地址引脚0
sbit ADDR1 = P1^1;                 //LED位选译码地址引脚1
sbit ADDR2 = P1^2;                 //LED位选译码地址引脚2
sbit ADDR3 = P1^3;                 //LED位选译码地址引脚3
sbit ENLED = P1^4;                 //LED显示部件的总使能引脚

#define LCD1602_DB P0              //1602液晶数据端口
sbit LCD1602_RS = P1^0;            //1602液晶指令/数据选择引脚
sbit LCD1602_RW = P1^1;            //1602液晶读写引脚
sbit LCD1602_E = P1^5;             //1602液晶使能引脚

sbit DS1302_CE = P1^7;             //DS1302片选引脚
sbit DS1302_CK = P3^5;             //DS1302通信时钟引脚
sbit DS1302_IO = P3^4;             //DS1302通信数据引脚

sbit I2C_SCL = P3^7;               //I2C总线时钟引脚
sbit I2C_SDA = P3^6;               //I2C总线数据引脚

sbit BUZZER = P1^6;                //蜂鸣器控制引脚

sbit IO_18B20 = P3^2;              //DS18B20通信引脚

sbit IR_INPUT = P3^3;              //红外接收引脚

#endif
```

这个config.h中包含了系统所共同使用的类型声明以及宏声明,以方便使用。下边的编程步骤就是从main.c文件开始,以流程图作为主线来进行代码编写。

作为资深的研发工程师来讲,调试这样一个程序,也得几个小时的时间,不可能写出来就好用,所以在这里无法把整个过程给大家还原出来,但是主要的编写代码的过程会尽可能地给大家介绍一下。

程序的流程虽然是从main.c开始的,但是那是整体程序框架,而编写代码,往往用流程图来做主线,却不是严格按照流程图的顺序来。比如这个程序,首先要进行功能性调试验证。

习惯上,首先要调试显示程序,因为显示程序可以直观地看到,而且调试好显示后,在调试其他的模块时,可以用作调试输出,直观地观察其他模块运行结果正确与否。显示设备就是 1602 液晶和各种 LED,由于蜂鸣器比较简单,所以将蜂鸣器和 LED 放到一起。调试的时候,可以在 main.c 文件中添加临时的调试函数,比如给 1602 液晶发送数据,让 1602 液晶显示个字符串,保证 1602 液晶的底层程序是没问题的;调用相应的函数让 LED 进行显示以及刷新,保证 LED 部分的程序也是没问题的。通过这种方式,如果发现哪部分还有问题就继续调整,如果发现显示部分 OK 了,那就可以继续往下编写了。

1602 液晶的底层驱动之前已经写过了,直接拿过来用就行了。而对于 LED 的动态刷新问题,在讲红外的时候已经阐述过,用于 LED 刷新的定时器应该采用高优先级以避免红外接收中断动辄上百 ms 的执行时间影响视觉效果,选择 T1 用来作为红外接收的计时,按理说再用 T0 设置成高优先级来处理 LED 刷新即可,但是,本例中还启用了矩阵按键,而矩阵按键的扫描也采用 T0 而对红外中断实现嵌套,由于按键扫描的时间会达到几百微秒,这几百微秒的延时则足以使红外对码位的解析产生误判了。怎么办呢? 是不是会很自然地想到:再增加一个定时器用来做 LED 扫描并实现对红外中断的嵌套,而按键扫描和红外处于相同的低优先级而不能彼此嵌套,按键迟后上百微秒再响应不会感觉到问题,同样几百微秒的延时对红外起始引导码的 9ms 来说也完全可以容忍。那么还有没有定时器可用了呢? 好在 STC89C52 还有一个定时器 T2(标准的 8051 是没有 T2 的,它是 8052 的扩充外设,现在绝大多数的 51 系列单片机都是有这个 T2 的),于是问题解决。此外还有一个问题,就是由于操作液晶的时候要对 P1.0 和 P1.1 进行操作,而刷新 LED 是中断,优先级是高于液晶的。如果当前正在操作液晶,对 P1.0 和 P1.1 操作了,数码管刷新的中断又来了,也要对 P1.0 和 P1.1 进行操作,就会导致逻辑错误。虽然这种错误出现的概率不大,但是逻辑必须要严谨,必须避免它。当进行液晶操作的时候,如果数码管的定时中断来了,在本次中断中就放弃对数码管的刷新,不对那几个口线进行操作,因为液晶的读写操作都很快,所以对实际显示效果并没有太大的影响。

这部分代码除了定时器 2 的寄存器配置外,其他的内容之前都用到过,大家可以通过分析程序学明白。而定时器 2 的寄存器配置,相信学到这里的读者也可以通过查阅数据手册自己看明白,这里要求读者自学一下。下面直接把代码贴出来,大家研究一下。

/ ****************************** **Lcd1602.h 文件程序源代码** ****************************** /

```
#ifndef _LCD1602_H
#define _LCD1602_H

#ifndef _LCD1602_C

#endif

void InitLcd1602();
void LcdClearScreen();
void LcdOpenCursor();
```

```
void LcdCloseCursor();
void LcdSetCursor(uint8 x, uint8 y);
void LcdShowStr(uint8 x, uint8 y, uint8 * str);
void LcdShowChar(uint8 x, uint8 y, uint8 chr);

#endif
```

/ ************************ **Lcd1602.c 文件程序源代码** ************************ /

```
#define _LCD1602_C
#include "config.h"
#include "Lcd1602.h"

uint8 tmpP0;                        //暂存 P0 口的值
bit tmpADDR0;                       //暂存 LED 位选译码地址 0 的值
bit tmpADDR1;                       //暂存 LED 位选译码地址 1 的值

/* 暂停 LED 动态扫描,暂存相关引脚的值 */
void LedScanPause()
{
    ENLED = 1;
    tmpP0 = P0;
    tmpADDR0 = ADDR0;
    tmpADDR1 = ADDR1;
}
/* 恢复 LED 动态扫描,恢复相关引脚的值 */
void LedScanContinue()
{
    ADDR0 = tmpADDR0;
    ADDR1 = tmpADDR1;
    P0 = tmpP0;
    ENLED = 0;
}
/* 等待液晶准备好 */
void LcdWaitReady()
{
    uint8 sta;

    LCD1602_DB = 0xFF;
    LCD1602_RS = 0;
    LCD1602_RW = 1;
    do {
        LCD1602_E = 1;
        sta = LCD1602_DB;           //读取状态字
        LCD1602_E = 0;
    } while (sta & 0x80);           //bit7 等于 1 表示液晶正忙,重复检测直到其等于 0 为止
}
/* 向 LCD1602 液晶写入一字节命令,cmd 为待写入命令值 */
void LcdWriteCmd(uint8 cmd)
{
```

```
        LedScanPause();
        LcdWaitReady();
        LCD1602_RS = 0;
        LCD1602_RW = 0;
        LCD1602_DB = cmd;
        LCD1602_E = 1;
        LCD1602_E = 0;
        LedScanContinue();
}
/* 向 LCD1602 液晶写入一字节数据,dat 为待写入数据值 */
void LcdWriteDat(uint8 dat)
{
        LedScanPause();
        LcdWaitReady();
        LCD1602_RS = 1;
        LCD1602_RW = 0;
        LCD1602_DB = dat;
        LCD1602_E = 1;
        LCD1602_E = 0;
        LedScanContinue();
}
/* 清屏 */
void LcdClearScreen()
{
        LcdWriteCmd(0x01);
}
/* 打开光标的闪烁效果 */
void LcdOpenCursor()
{
        LcdWriteCmd(0x0F);
}
/* 关闭光标显示 */
void LcdCloseCursor()
{
        LcdWriteCmd(0x0C);
}
/* 设置显示 RAM 起始地址,亦即光标位置,(x,y)为对应屏幕上的字符坐标 */
void LcdSetCursor(uint8 x, uint8 y)
{
        uint8 addr;

        if (y == 0)                 //由输入的屏幕坐标计算显示 RAM 的地址
            addr = 0x00 + x;        //第一行字符地址从 0x00 起始
        else
            addr = 0x40 + x;        //第二行字符地址从 0x40 起始
        LcdWriteCmd(addr | 0x80);   //设置 RAM 地址
}
/* 在液晶上显示字符串,(x,y)为对应屏幕上的起始坐标,str 为字符串指针 */
void LcdShowStr(uint8 x, uint8 y, uint8 * str)
{
        LcdSetCursor(x, y);            //设置起始地址
```

```
        while ( * str != '\0')              //连续写入字符串数据,直到检测到结束符
        {
            LcdWriteDat( * str++);
        }
    }
    /* 在液晶上显示一个字符,(x,y)为对应屏幕上的起始坐标,chr 为字符 ASCII 码 */
    void LcdShowChar(uint8 x, uint8 y, uint8 chr)
    {
        LcdSetCursor(x, y);                 //设置起始地址
        LcdWriteDat(chr);                   //写入 ASCII 字符
    }
    /* 初始化 1602 液晶 */
    void InitLcd1602()
    {
        LcdWriteCmd(0x38);                  //16 * 2 显示,5 * 7 点阵,8 位数据接口
        LcdWriteCmd(0x0C);                  //显示器开,光标关闭
        LcdWriteCmd(0x06);                  //文字不动,地址自动 + 1
        LcdWriteCmd(0x01);                  //清屏
    }
```

/ ************************** **LedBuzzer. h 文件程序源代码** ************************** /

```
#ifndef _LED_BUZZER_H
#define _LED_BUZZER_H

struct sLedBuff {                       //LED 显示缓冲区结构
    uint8 array[8];                     //点阵缓冲区
    uint8 number[6];                    //数码管缓冲区
    uint8 alone;                        //独立 LED 缓冲区
};

#ifndef _LED_BUZZER_C
extern bit staBuzzer;
extern struct sLedBuff ledBuff;
#endif

void InitLed();
void FlowingLight();
void ShowLedNumber(uint8 index, uint8 num, uint8 point);
void ShowLedArray(uint8 * ptr);

#endif
```

/ ************************** **LedBuzzer. c 文件程序源代码** ************************** /

```
#define _LED_BUZZER_C
#include "config.h"
#include "LedBuzzer.h"
```

```c
uint8 code LedChar[] = {                    //数码管显示字符转换表
    0xC0, 0xF9, 0xA4, 0xB0, 0x99, 0x92, 0x82, 0xF8,
    0x80, 0x90, 0x88, 0x83, 0xC6, 0xA1, 0x86, 0x8E
};

bit staBuzzer = 0;                          //蜂鸣器状态控制位,1—鸣叫、0—关闭
struct sLedBuff ledBuff;                    //LED 显示缓冲区,默认初值全 0,正好达到上电全亮的效果

/* LED 初始化函数,初始化 I/O、配置定时器 */
void InitLed()
{
    //初始化 I/O 口
    P0 = 0xFF;
    ENLED = 0;
    //配置 T2 作为动态扫描定时
    T2CON = 0x00;                           //配置 T2 工作在 16 位自动重载定时器模式
    RCAP2H = ((65536 - SYS_MCLK/1500)>> 8);//配置重载值,每秒产生 1500 次中断,
    RCAP2L = (65536 - SYS_MCLK/1500);       //以使刷新率达到 100Hz 无闪烁的效果
    TH2 = RCAP2H;                           //设置初值等于重载值
    TL2 = RCAP2L;
    ET2 = 1;                                //使能 T2 中断
    PT2 = 1;                                //设置 T2 中断为高优先级
    TR2 = 1;                                //启动 T2
}
/* 流水灯实现函数,间隔调用实现流动效果 */
void FlowingLight()
{
    static uint8 i = 0;
    const uint8 code tab[] = {              //流动表
        0x7F, 0x3F, 0x1F, 0x0F, 0x87, 0xC3, 0xE1, 0xF0, 0xF8, 0xFC, 0xFE, 0xFF
    };

    ledBuff.alone = tab[i];                 //表中对应值送到独立 LED 的显示缓冲区
    if (i < (sizeof(tab) - 1))              //索引递增循环,遍历整个流动表
        i++;
    else
        i = 0;
}
/* 数码管上显示一位数字,index 为数码管位索引(从右到左对应 0~5),
** num 为待显示的数字,point - 代表是否显示此位上的小数点 */
void ShowLedNumber(uint8 index, uint8 num, uint8 point)
{
    ledBuff.number[index] = LedChar[num];   //输入数字转换为数码管字符 0~F
    if (point != 0)
    {
        ledBuff.number[index] &= 0x7F;      //point 不为 0 时点亮当前位的小数点
    }
}
/* 点阵上显示一帧图片,ptr 为待显示图片指针 */
```

```c
void ShowLedArray(uint8 * ptr)
{
    uint8 i;

    for (i = 0; i < sizeof(ledBuff.array); i++)
    {
        ledBuff.array[i] = * ptr++;
    }
}
/* T2 中断服务函数,LED 动态扫描、蜂鸣器控制 */
void InterruptTimer2() interrupt 5
{
    static uint8 i = 0;                      //LED 位选索引

    TF2 = 0;                                 //清 0 T2 中断标志
    //全部 LED 动态扫描显示
    if (ENLED == 0)                          //LED 使能时才进行动态扫描
    {
        P0 = 0xFF;                           //关闭所有段选位,显示消隐
        P1 = (P1 & 0xF0) | i;                //位选索引值赋值到 P1 口低 4 位
        P0 = * ((uint8 data * )&ledBuff + i);//缓冲区中索引位置的数据送到 P0 口
        if (i < (sizeof(ledBuff) - 1))       //索引递增循环,遍历整个缓冲区
            i++;
        else
            i = 0;
    }
    //由蜂鸣器状态位控制蜂鸣器
    if (staBuzzer == 1)
        BUZZER = ~BUZZER;                    //蜂鸣器鸣叫
    else
        BUZZER = 1;                          //蜂鸣器静音
}
```

　　LED 驱动程序中有一点请大家注意,因为有点阵、数码管和独立 LED 三种器件,因此为了方便对它们各自的操作,统一组织成了 sLedBuff 结构体,用这个结构体类型定义了一个统一的显示缓冲区 ledBuff,相应地,在动态扫描的中断函数中读取缓冲区数据时就用了这样一行代码 P0 ＝ ＊((uint8 data ＊)&ledBuff＋i)。这行代码首先把 ledBuff 的地址转换为指向 data 区(内部 RAM 低 128 字节)的 uint8 型指针,然后取自这个指针起第 i 个字节的数据送给 P0,之所以明确指定 data 区,是为了提高代码执行效率,这样处理后这行代码与之前章节里的 P0＝ledBuff[i]执行效果是完全相同的。这里包含了指针转换和代码执行效率的问题,大家可以细细琢磨一下。

　　下面调试时钟 DS1302 的程序代码。首先把前边在 1602 液晶上显示时间的代码拿过来当作调试手段,当可以成功显示到 1602 液晶上后,就可以写进去一个初始时间,再读出来,把星期显示在 LED 点阵上,时间显示到数码管上,日期显示到液晶上,并且让流水灯流动起来。这块功能调试好以后,就完成了一个简单的电子钟。

/ *************************** **DS1302.h 文件程序源代码** ***************************** /

```c
#ifndef _DS1302_H
#define _DS1302_H

struct sTime {                              //日期时间结构
    uint16 year;                            //年
    uint8 mon;                              //月
    uint8 day;                              //日
    uint8 hour;                             //时
    uint8 min;                              //分
    uint8 sec;                              //秒
    uint8 week;                             //星期
};

#ifndef _DS1302_C

#endif

void InitDS1302();
void GetRealTime(struct sTime * time);
void SetRealTime(struct sTime * time);

#endif
```

/ *************************** **DS1302.c 文件程序源代码** ***************************** /

```c
#define _DS1302_C
#include "config.h"
#include "DS1302.h"

/* 发送一个字节到 DS1302 通信总线上 */
void DS1302ByteWrite(uint8 dat)
{
    uint8 mask;

    for (mask = 0x01; mask!= 0; mask << = 1)     //低位在前,逐位移出
    {
        if ((mask&dat) != 0)                     //首先输出该位数据
            DS1302_IO = 1;
        else
            DS1302_IO = 0;
        DS1302_CK = 1;                           //然后拉高时钟
        DS1302_CK = 0;                           //再拉低时钟,完成一个位的操作
    }
    DS1302_IO = 1;                               //最后确保释放 I/O 引脚
}
/* 由 DS1302 通信总线上读取一个字节 */
uint8 DS1302ByteRead()
```

```
{
    uint8 mask;
    uint8 dat = 0;

    for (mask = 0x01; mask!= 0; mask << = 1)    //低位在前,逐位读取
    {
        if (DS1302_IO != 0)                      //首先读取此时的 I/O 引脚,并设置 dat 中的对应位
        {
            dat |= mask;
        }
        DS1302_CK = 1;                           //然后拉高时钟
        DS1302_CK = 0;                           //再拉低时钟,完成一个位的操作
    }
    return dat;                                   //最后返回读到的字节数据
}
/* 用单次写操作向某一寄存器写入一个字节,reg 为寄存器地址,dat 为待写入字节 */
void DS1302SingleWrite(uint8 reg, uint8 dat)
{
    DS1302_CE = 1;                               //使能片选信号
    DS1302ByteWrite((reg << 1)|0x80);            //发送写寄存器指令
    DS1302ByteWrite(dat);                        //写入字节数据
    DS1302_CE = 0;                               //除能片选信号
}
/* 用单次读操作从某一寄存器读取一个字节,reg 为寄存器地址,返回值为读到的字节 */
uint8 DS1302SingleRead(uint8 reg)
{
    uint8 dat;

    DS1302_CE = 1;                               //使能片选信号
    DS1302ByteWrite((reg << 1)|0x81);            //发送读寄存器指令
    dat = DS1302ByteRead();                      //读取字节数据
    DS1302_CE = 0;                               //除能片选信号

    return dat;
}
/* 用突发模式连续写入 8 个寄存器数据,dat 为待写入数据指针 */
void DS1302BurstWrite(uint8 * dat)
{
    uint8 i;

    DS1302_CE = 1;
    DS1302ByteWrite(0xBE);                       //发送突发写寄存器指令
    for (i = 0; i < 8; i++)                      //连续写入 8 字节数据
    {
        DS1302ByteWrite(dat[i]);
    }
    DS1302_CE = 0;
}
/* 用突发模式连续读取 8 个寄存器的数据,dat 为读取数据的接收指针 */
```

```
void DS1302BurstRead(uint8 * dat)
{
    uint8 i;

    DS1302_CE = 1;
    DS1302ByteWrite(0xBF);            //发送突发读寄存器指令
    for (i = 0; i < 8; i++)           //连续读取 8 个字节
    {
        dat[i] = DS1302ByteRead();
    }
    DS1302_CE = 0;
}
/* 获取实时时间,即读取 DS1302 当前时间并转换为时间结构体格式 */
void GetRealTime(struct sTime * time)
{
    uint8 buf[8];

    DS1302BurstRead(buf);
    time -> year = buf[6] + 0x2000;
    time -> mon = buf[4];
    time -> day = buf[3];
    time -> hour = buf[2];
    time -> min = buf[1];
    time -> sec = buf[0];
    time -> week = buf[5];
}
/* 设定实时时间,时间结构体格式的设定时间转换为数组并写入 DS1302 */
void SetRealTime(struct sTime * time)
{
    uint8 buf[8];

    buf[7] = 0;
    buf[6] = time -> year;
    buf[5] = time -> week;
    buf[4] = time -> mon;
    buf[3] = time -> day;
    buf[2] = time -> hour;
    buf[1] = time -> min;
    buf[0] = time -> sec;
    DS1302BurstWrite(buf);
}
/* DS1302 初始化,如发生掉电则重新设置初始时间 */
void InitDS1302()
{
    uint8 dat;
    struct sTime code InitTime[] = {        //默认初始值: 2014 - 01 - 01 12:30:00 星期 3
        0x2014,0x01,0x01, 0x12,0x30,0x00, 0x03
    };
```

```
    DS1302_CE = 0;                          //初始化 DS1302 通信引脚
    DS1302_CK = 0;
    dat = DS1302SingleRead(0);              //读取秒寄存器
    if ((dat & 0x80) != 0)                  //由秒寄存器最高位 CH 的值判断 DS1302 是否已停止
    {
        DS1302SingleWrite(7, 0x00);         //撤销写保护以允许写入数据
        SetRealTime(&InitTime);             //设置 DS1302 为默认的初始时间
    }
}
```

时钟显示调试完后，下一步就可以开始编写按键代码，使用按键可以调整时钟，调整闹钟的时间。当然，在调试按键底层驱动的时候，不一定要把所有想要的功能都罗列出来，可以先进行按键底层功能程序的调试，按下按键让蜂鸣器响一下，或者闪烁个小灯等都可以用来检验按键底层代码工作的正确性。随着程序量的加大，有些功能也可以进行综合了，可以在 Time.c 文件中和 main.c 文件中添加程序了，一边添加一边调试，而不是把所有的程序代码都写完后，像无头苍蝇一样到处找漏洞。

/ ************************* **keyboard.h 文件程序源代码** ************************* /

```
# ifndef _KEY_BOARD_H
# define _KEY_BOARD_H

# ifndef _KEY_BOARD_C

# endif

void KeyScan();
void KeyDriver();

# endif
```

/ ************************* **keyboard.c 文件程序源代码** ************************* /

```
# define _KEY_BOARD_C
# include "config.h"
# include "keyboard.h"
# include "Time.h"

const uint8 code KeyCodeMap[4][4] = {         //矩阵按键到标准键码的映射表
    { '1', '2', '3', 0x26 },                  //数字键1、数字键2、数字键3、向上键
    { '4', '5', '6', 0x25 },                  //数字键4、数字键5、数字键6、向左键
    { '7', '8', '9', 0x28 },                  //数字键7、数字键8、数字键9、向下键
    { '0', 0x1B, 0x0D, 0x27 }                 //数字键0、ESC键、回车键、向右键
};
uint8 pdata KeySta[4][4] = {                  //全部矩阵按键的当前状态
    {1, 1, 1, 1}, {1, 1, 1, 1}, {1, 1, 1, 1}, {1, 1, 1, 1}
};
```

```c
/* 按键驱动函数,检测按键动作,调度相应动作函数,需在主循环中调用 */
void KeyDriver()
{
    uint8 i, j;
    static uint8 pdata backup[4][4] = {                //按键值备份,保存前一次的值
        {1, 1, 1, 1}, {1, 1, 1, 1}, {1, 1, 1, 1}, {1, 1, 1, 1}
    };

    for (i=0; i<4; i++)                                //循环检测 4*4 的矩阵按键
    {
        for (j=0; j<4; j++)
        {
            if (backup[i][j] != KeySta[i][j])          //检测按键动作
            {
                if (backup[i][j] != 0)                 //按键按下时执行动作
                {
                    KeyAction(KeyCodeMap[i][j]);       //调用按键动作函数
                }
                backup[i][j] = KeySta[i][j];           //刷新前一次的备份值
            }
        }
    }
}
/* 按键扫描函数,需在定时中断中调用,推荐调用间隔 1ms */
void KeyScan()
{
    uint8 i;
    static uint8 keyout = 0;                           //矩阵按键扫描输出索引
    static uint8 keybuf[4][4] = {                      //矩阵按键扫描缓冲区
        {0xFF, 0xFF, 0xFF, 0xFF}, {0xFF, 0xFF, 0xFF, 0xFF},
        {0xFF, 0xFF, 0xFF, 0xFF}, {0xFF, 0xFF, 0xFF, 0xFF}
    };

    //将一行的 4 个按键值移入缓冲区
    keybuf[keyout][0] = (keybuf[keyout][0] << 1) | KEY_IN_1;
    keybuf[keyout][1] = (keybuf[keyout][1] << 1) | KEY_IN_2;
    keybuf[keyout][2] = (keybuf[keyout][2] << 1) | KEY_IN_3;
    keybuf[keyout][3] = (keybuf[keyout][3] << 1) | KEY_IN_4;
    //消抖后更新按键状态
    for (i=0; i<4; i++)                                //每行 4 个按键,所以循环 4 次
    {
        if ((keybuf[keyout][i] & 0x0F) == 0x00)
        { //连续 4 次扫描值为 0,即 4*4ms 内都是按下状态时,可认为按键已稳定地按下
            KeySta[keyout][i] = 0;
        }
        else if ((keybuf[keyout][i] & 0x0F) == 0x0F)
        { //连续 4 次扫描值为 1,即 4*4ms 内都是弹起状态时,可认为按键已稳定地弹起
            KeySta[keyout][i] = 1;
        }
```

```
    }
    //执行下一次的扫描输出
    keyout++;              //输出索引递增
    keyout &= 0x03;        //索引值加到4即归0
    switch (keyout)        //根据索引值,释放当前输出引脚,拉低下次的输出引脚
    {
        case 0: KEY_OUT_4 = 1; KEY_OUT_1 = 0; break;
        case 1: KEY_OUT_1 = 1; KEY_OUT_2 = 0; break;
        case 2: KEY_OUT_2 = 1; KEY_OUT_3 = 0; break;
        case 3: KEY_OUT_3 = 1; KEY_OUT_4 = 0; break;
        default: break;
    }
}
```

　　按键程序调试完后,下一步毫无疑问就是红外的代码了。红外所要实现的功能是和按键完全一样的,但是如果说把红外按键的代码解析出来后,再去判断键码做相应的操作显得有点多余了。处理方式是,把红外的按键代码解析出来后,把它们映射成标准键盘的键码,就跟板载按键的映射一样,这样红外和板载按键就可以很方便的共用一套应用层接口了,我们的应用层代码也只需要写一遍就可以了,而不需要针对不同的输入设备做不同的函数,从这里是不是又能体会到一次程序接口标准化和结构层次化的好处呢。但红外键码的映射与板载按键的映射不同,红外键码值不像矩阵按键的行列那样有规律,所以这里用一个二维数组来完成这个映射,二维数组每一行的第一个元素是红外遥控器的键码,第二个元素是该键要映射成的标准键码,不要的按键直接映射成0即可。这样,当收到一个红外键码后,在这个二维数组每行的第一个元素中查找相同值,找到后即把该行的第二个元素作为参数调用按键动作函数即可。

/ ***************************** **Infrared. h 文件程序源代码** ***************************** /

```
# ifndef _INFRARED_H
# define _INFRARED_H

# ifndef _INFRARED_C

# endif

void InitInfrared();
void InfraredDriver();

# endif
```

/ ***************************** **Infrared. c 文件程序源代码** ***************************** /

```
# define _INFRARED_C
# include "config.h"
# include "Infrared.h"
```

```c
#include "Time.h"

const uint8 code IrCodeMap[][2] = {          //红外键码到标准 PC 键码的映射表
    {0x45,0x00}, {0x46,0x00}, {0x47,0x1B},   //开关 ->无 Mode ->无 静音 -> ESC
    {0x44,0x00}, {0x40,0x25}, {0x43,0x27},   //播放 ->无 后退 ->向左 前进 ->向右
    {0x07,0x00}, {0x15,0x28}, {0x09,0x26},   //EQ ->无 减号 ->向下 加号 ->向上
    {0x16, '0'}, {0x19,0x1B}, {0x0D,0x0D},   //'0' ->'0' 箭头 -> ESC U/SD ->回车
    {0x0C, '1'}, {0x18, '2'}, {0x5E, '3'},   //'1' ->'1' '2' ->'2' '3' ->'3'
    {0x08, '4'}, {0x1C, '5'}, {0x5A, '6'},   //'4' ->'4' '5' ->'5' '6' ->'6'
    {0x42, '7'}, {0x52, '8'}, {0x4A, '9'},   //'7' ->'7' '6' ->'8' '9' ->'9'
};

bit irflag = 0;                              //红外接收标志,收到一帧正确数据后置 1
uint8 ircode[4];                             //红外代码接收缓冲区

/* 红外接收驱动,检测接收到的键码,调度相应动作函数 */
void InfraredDriver()
{
    uint8 i;

    if (irflag)
    {
        irflag = 0;
        for (i = 0; i < sizeof(IrCodeMap)/sizeof(IrCodeMap[0]); i++)   //遍历映射表
        {
            if (ircode[2] == IrCodeMap[i][0]) //在表中找到当前接收的键码后,
            {                                 //用对应的映射码执行函数调度,
                KeyAction(IrCodeMap[i][1]);   //直接调用按键动作函数即可
                break;
            }
        }
    }
}
/* 初始化红外接收功能 */
void InitInfrared()
{
    IR_INPUT = 1;                            //确保红外接收引脚被释放
    TMOD &= 0x0F;                            //清零 T1 的控制位
    TMOD |= 0x10;                            //配置 T1 为模式 1
    TR1 = 0;                                 //停止 T1 计数
    ET1 = 0;                                 //禁止 T1 中断
    IT1 = 1;                                 //设置 INT1 为负边沿触发
    EX1 = 1;                                 //使能 INT1 中断
}
/* 获取当前高电平的持续时间 */
uint16 GetHighTime()
{
    TH1 = 0;                                 //清 0 T1 计数初值
    TL1 = 0;
```

```
        TR1 = 1;                    //启动 T1 计数
        while (IR_INPUT)            //红外输入引脚为 1 时循环检测等待,变为 0 时则结束本循环
        {
            if (TH1 >= 0x40)
            {                       //当 T1 计数值大于 0x4000,即高电平持续时间超过约 18ms 时,
                break;              //强制退出循环,是为了避免信号异常时,程序假死在这里
            }
        }
        TR1 = 0;                    //停止 T1 计数

        return (TH1 * 256 + TL1);   //T1 计数值合成为 16bit 整型数,并返回该数
}
/* 获取当前低电平的持续时间 */
uint16 GetLowTime()
{
        TH1 = 0;                    //清 0 T1 计数初值
        TL1 = 0;
        TR1 = 1;                    //启动 T1 计数
        while (!IR_INPUT)           //红外输入引脚为 0 时循环检测等待,变为 1 时则结束本循环
        {
            if (TH1 >= 0x40)
            {                       //当 T1 计数值大于 0x4000,即低电平持续时间超过约 18ms 时,
                break;              //强制退出循环,是为了避免信号异常时,程序假死在这里
            }
        }
        TR1 = 0;                    //停止 T1 计数

        return (TH1 * 256 + TL1);   //T1 计数值合成为 16bit 整型数,并返回该数
}
/* INT1 中断服务函数,执行红外接收及解码 */
void EXINT1_ISR() interrupt 2
{
        uint8 i, j;
        uint8 byt;
        uint16 time;

        //接收并判定引导码的 9ms 低电平
        time = GetLowTime();
        if ((time < 7833) || (time > 8755)) //时间判定范围为 8.5~9.5ms,
        {                                   //超过此范围则说明为误码,直接退出
            IE1 = 0;                        //退出前清 0 INT1 中断标志
            return;
        }
        //接收并判定引导码的 4.5ms 高电平
        time = GetHighTime();
        if ((time < 3686) || (time > 4608)) //时间判定范围为 4.0~5.0ms,
        {                                   //超过此范围则说明为误码,直接退出
            IE1 = 0;
            return;
```

```
    }
    //接收并判定后续的 4 字节数据
    for (i = 0; i < 4; i++)                          //循环接收 4 字节
    {
        for (j = 0; j < 8; j++)                      //循环接收判定每字节的 8 位
        {
            //接收判定每 bit 的 560us 低电平
            time = GetLowTime();
            if ((time < 313) || (time > 718))        //时间判定范围为 340～780μs,
            {                                        //超过此范围则说明为误码,直接退出
                IE1 = 0;
                return;
            }
            //接收每 bit 高电平时间,判定该 bit 的值
            time = GetHighTime();
            if ((time > 313) && (time < 718))        //时间判定范围为 340～780μs,
            {                                        //在此范围内说明该 bit 值为 0
                byt >>= 1;                           //因低位在先,所以数据右移,高位为 0
            }
            else if ((time > 1345) && (time < 1751)) //时间判定范围为 1460～1900μs,
            {                                        //在此范围内说明该 bit 值为 1
                byt >>= 1;                           //因低位在先,所以数据右移,
                byt |= 0x80;                         //高位置 1
            }
            else                                     //不在上述范围内则说明为误码,直接退出
            {
                IE1 = 0;
                return;
            }
        }
        ircode[i] = byt;                             //接收完一个字节后保存到缓冲区
    }
    irflag = 1;                                      //接收完毕后设置标志
    IE1 = 0;                                         //退出前清 0 INT1 中断标志
}
```

这一切底层的驱动完成之后就可以整理调试 main.c 和 Time.c 内的功能代码了。一边添加功能一边调试,把最终的功能代码调试出来,在 KST-51 开发板上做验证。这一切都做完之后可以添加一项新功能,就是 DS18B20 温度传感器显示,这个是个独立功能,直接写好代码,添加进去就可以了。

/ ************************ **DS18B20.h 文件程序源代码** ************************ /

```
#ifndef _DS18B20_H
#define _DS18B20_H

#ifndef _DS18B20_C
```

```
    #endif

    bit Start18B20();
    bit Get18B20Temp(int16 * temp);

    #endif
```

/*************************** **DS18B20.c 文件程序源代码** ***************************/

```c
#define _DS18B20_C
#include "config.h"
#include "DS18B20.h"

/* 软件延时函数,延时时间(t * 10)us */
void DelayX10us(uint8 t)
{
    do {
        _nop_();
        _nop_();
        _nop_();
        _nop_();
        _nop_();
        _nop_();
        _nop_();
        _nop_();
    } while ( -- t);
}
/* 复位总线,获取存在脉冲,以启动一次读写操作 */
bit Get18B20Ack()
{
    bit ack;

    EA = 0;                          //禁止总中断
    IO_18B20 = 0;                    //产生 500μs 复位脉冲
    DelayX10us(50);
    IO_18B20 = 1;
    DelayX10us(6);                   //延时 60μs
    ack = IO_18B20;                  //读取存在脉冲
    while(!IO_18B20);                //等待存在脉冲结束
    EA = 1;                          //重新使能总中断

    return ack;
}
/* 向 DS18B20 写入一个字节,dat 为待写入字节 */
void Write18B20(uint8 dat)
{
    uint8 mask;

    EA = 0;                          //禁止总中断
```

```
    for (mask = 0x01; mask!= 0; mask << = 1)          //低位在先,依次移出8位
    {
        IO_18B20 = 0;                                 //产生2μs低电平脉冲
        _nop_();
        _nop_();
        if ((mask&dat) == 0)                          //输出该位值
            IO_18B20 = 0;
        else
            IO_18B20 = 1;
        DelayX10us(6);                                //延时60μs
        IO_18B20 = 1;                                 //拉高通信引脚
    }
    EA = 1;                                           //重新使能总中断
}
/* 从DS18B20读取一个字节,返回值为读到的字节 */
uint8 Read18B20()
{
    uint8 dat;
    uint8 mask;

    EA = 0;                                           //禁止总中断
    for (mask = 0x01; mask!= 0; mask << = 1)          //低位在先,依次采集8位
    {
        IO_18B20 = 0;                                 //产生2μs低电平脉冲
        _nop_();
        _nop_();
        IO_18B20 = 1;                                 //结束低电平脉冲,等待18B20输出数据
        _nop_();                                      //延时2μs
        _nop_();
        if (!IO_18B20)                                //读取通信引脚上的值
            dat & = ~mask;
        else
            dat | = mask;
        DelayX10us(6);                                //再延时60μs
    }
    EA = 1;                                           //重新使能总中断

    return dat;
}
/* 启动一次18B20温度转换,返回值为表示是否启动成功 */
bit Start18B20()
{
    bit ack;

    ack = Get18B20Ack();                              //执行总线复位,并获取18B20应答
    if (ack == 0)                                     //如18B20正确应答,则启动一次转换
    {
        Write18B20(0xCC);                             //跳过ROM操作
        Write18B20(0x44);                             //启动一次温度转换
```

```
    }
    return ~ack;                         //ack == 0 表示操作成功,所以返回值对其取反
}
/* 读取 DS18B20 转换的温度值,返回值 - 表示是否读取成功 */
bit Get18B20Temp(int16 * temp)
{
    bit ack;
    uint8 LSB, MSB;                      //16 位温度值的低字节和高字节

    ack = Get18B20Ack();                 //执行总线复位,并获取 18B20 应答
    if (ack == 0)                        //如 18B20 正确应答,则读取温度值
    {
        Write18B20(0xCC);                //跳过 ROM 操作
        Write18B20(0xBE);                //发送读命令
        LSB = Read18B20();               //读温度值的低字节
        MSB = Read18B20();               //读温度值的高字节
        * temp = ((int16)MSB << 8) + LSB;  //合成为 16 位整型数
    }
    return ~ack;                         //ack == 0 表示操作应答,所以返回值为其取反值
}
```

/ ***************************** **Time. h 文件程序源代码** ***************************** /

```
# ifndef _TIME_H
# define _TIME_H


# ifndef _TIME_C

# endif

void RefreshTime();
void RefreshDate(uint8 ops);
void RefreshAlarm();
void AlarmMonitor();
void KeyAction(uint8 keycode);

# endif
```

/ ***************************** **Time. c 文件程序源代码** ***************************** /

```
# define _TIME_C
# include "config. h"
# include "DS1302. h"
# include "LedBuzzer. h"
# include "Lcd1602. h"
# include "Time. h"
```

```c
# include "main.h"

uint8 code WeekMod[] = {                                    //星期 X 字符图片表
    0xFF, 0x99, 0x00, 0x00, 0x00, 0x81, 0xC3, 0xE7,         //星期日(红心)
    0xEF, 0xE7, 0xE3, 0xE7, 0xE7, 0xE7, 0xE7, 0xC3,         //星期1
    0xC3, 0x81, 0x9D, 0x87, 0xC3, 0xF9, 0xC1, 0x81,         //星期2
    0xC3, 0x81, 0x9D, 0xC7, 0xC7, 0x9D, 0x81, 0xC3,         //星期3
    0xCF, 0xC7, 0xC3, 0xC9, 0xC9, 0x81, 0xCF, 0xCF,         //星期4
    0x81, 0xC1, 0xF9, 0xC3, 0x87, 0x9D, 0x81, 0xC3,         //星期5
    0xC3, 0x81, 0xF9, 0xC3, 0x81, 0x99, 0x81, 0xC3,         //星期6
    0xFF, 0x99, 0x00, 0x00, 0x00, 0x81, 0xC3, 0xE7,         //星期日
};
bit staMute = 0;                                            //静音标志位
uint8 AlarmHour = 0x07;                                     //闹钟时间的小时数
uint8 AlarmMin = 0x30;                                      //闹钟时间的分钟数
struct sTime CurTime;                                       //当前日期时间

uint8 SetIndex = 0;                                         //设置位索引
uint8 pdata SetAlarmHour;                                   //闹钟小时数设置缓冲
uint8 pdata SetAlarmMin;                                    //闹钟分钟数设置缓冲
struct sTime pdata SetTime;                                 //日期时间设置缓冲区

/* 获取当前日期时间,并刷新时间和星期的显示 */
void RefreshTime()
{
    GetRealTime(&CurTime);                                  //获取当前日期时间
    ShowLedNumber(5, CurTime.hour >> 4, 0);                 //时
    ShowLedNumber(4, CurTime.hour&0xF,1);
    ShowLedNumber(3, CurTime.min >> 4, 0);                  //分
    ShowLedNumber(2, CurTime.min&0xF, 1);
    ShowLedNumber(1, CurTime.sec >> 4, 0);                  //秒
    ShowLedNumber(0, CurTime.sec&0xF, 0);
    ShowLedArray(WeekMod + CurTime.week * 8);               //星期
}
/* 日期刷新函数,ops 为刷新选项:为 0 时只当日期变化才刷新,非 0 则立即刷新 */
void RefreshDate(uint8 ops)
{
    uint8 pdata str[12];
    static uint8 backup = 0;

    if ((backup!= CurTime.day) || (ops!= 0))
    {
        str[0] = ((CurTime.year >> 12) & 0xF) + '0';        //4 位数年份
        str[1] = ((CurTime.year >> 8) & 0xF) + '0';
        str[2] = ((CurTime.year >> 4) & 0xF) + '0';
        str[3] = (CurTime.year & 0xF) + '0';
        str[4] = '-';                                       //分隔符
        str[5] = (CurTime.mon >> 4) + '0';                  //月份
```

```
        str[6] = (CurTime.mon & 0xF) + '0';
        str[7] = '-';                               //分隔符
        str[8] = (CurTime.day >> 4) + '0';          //日期
        str[9] = (CurTime.day & 0xF) + '0';
        str[10] = '\0';                             //字符串结束符
        LcdShowStr(0, 0, str);                      //显示到液晶上
        backup = CurTime.day;                       //刷新上次日期值
    }
}
/* 刷新闹钟时间的显示 */
void RefreshAlarm()
{
    uint8 pdata str[8];

    LcdShowStr(0, 1, "Alarm at ");                  //显示提示标题
    str[0] = (AlarmHour >> 4) + '0';                //闹钟小时数
    str[1] = (AlarmHour & 0xF) + '0';
    str[2] = ':';                                   //分隔符
    str[3] = (AlarmMin >> 4) + '0';                 //闹钟分钟数
    str[4] = (AlarmMin & 0xF) + '0';
    str[5] = '\0';                                  //字符串结束符
    LcdShowStr(9, 1, str);                          //显示到液晶上
/* 闹钟监控函数,抵达设定的闹钟时间时执行闹铃 */
void AlarmMonitor()
{
    if ((CurTime.hour == AlarmHour) && (CurTime.min == AlarmMin)) //检查时间匹配
    {
        if (!staMute)                               //检查是否静音
            staBuzzer = ~staBuzzer;                 //实现蜂鸣器断续鸣叫
        else
            staBuzzer = 0;
    }
    else
    {
        staMute = 0;
        staBuzzer = 0;
    }
}
/* 将设置时间及标题提示显示到液晶上 */
void ShowSetTime()
{
    uint8 pdata str[18];

    str[0] = ((SetTime.year >> 4) & 0xF) + '0';     //两位数年份
    str[1] = (SetTime.year & 0xF) + '0';
    str[2] = '-';
    str[3] = (SetTime.mon >> 4) + '0';              //月份
    str[4] = (SetTime.mon & 0xF) + '0';
```

```
        str[5] = '-';
        str[6] = (SetTime.day >> 4) + '0';                    //日期
        str[7] = (SetTime.day & 0xF) + '0';
        str[8] = '-';
        str[9] = (SetTime.week & 0xF) + '0';                  //星期
        str[10] = '';
        str[11] = (SetTime.hour >> 4) + '0';                  //小时
        str[12] = (SetTime.hour & 0xF) + '0';
        str[13] = ':';
        str[14] = (SetTime.min >> 4) + '0';                   //分钟
        str[15] = (SetTime.min & 0xF) + '0';
        str[16] = '\0';
        LcdShowStr(0, 0, "Set Date Time");                    //显示提示标题
        LcdShowStr(0, 1, str);                                //显示设置时间值
}
/* 将设置闹钟及标题提示显示到液晶上 */
void ShowSetAlarm()
{
        uint8 pdata str[8];

        str[0] = (SetAlarmHour >> 4) + '0';                  //小时
        str[1] = (SetAlarmHour & 0xF) + '0';
        str[2] = ':';
        str[3] = (SetAlarmMin >> 4) + '0';                   //分钟
        str[4] = (SetAlarmMin & 0xF) + '0';
        str[5] = '\0';
        LcdShowStr(0, 0, "Set Alarm");                       //显示提示标题
        LcdShowStr(0, 1, str);                               //显示设定闹钟值
}
/* 取消当前设置,返回正常运行状态 */
void CancelCurSet()
{
        staSystem = E_NORMAL;
        LcdCloseCursor();                                    //关闭光标
        LcdClearScreen();                                    //液晶清屏
        RefreshTime();                                       //刷新当前时间
        RefreshDate(1);                                      //立即刷新日期显示
        RefreshTemp(1);                                      //立即刷新温度显示
        RefreshAlarm();                                      //闹钟设定值显示
}
/* 时间或闹钟设置时,设置位右移一位,到头后折回 */
void SetRightShift()
{
        if (staSystem == E_SET_TIME)
        {
                switch (SetIndex)
                {
                        case 0: SetIndex = 1; LcdSetCursor(1, 1); break;
                        case 1: SetIndex = 2; LcdSetCursor(3, 1); break;
```

```
                case 2: SetIndex = 3; LcdSetCursor(4, 1); break;
                case 3: SetIndex = 4; LcdSetCursor(6, 1); break;
                case 4: SetIndex = 5; LcdSetCursor(7, 1); break;
                case 5: SetIndex = 6; LcdSetCursor(9, 1); break;
                case 6: SetIndex = 7; LcdSetCursor(11,1); break;
                case 7: SetIndex = 8; LcdSetCursor(12,1); break;
                case 8: SetIndex = 9; LcdSetCursor(14,1); break;
                case 9: SetIndex = 10; LcdSetCursor(15,1); break;
                default: SetIndex = 0; LcdSetCursor(0, 1); break;
        }
    }
    else if (staSystem == E_SET_ALARM)
    {
        switch (SetIndex)
        {
                case 0: SetIndex = 1; LcdSetCursor(1,1); break;
                case 1: SetIndex = 2; LcdSetCursor(3,1); break;
                case 2: SetIndex = 3; LcdSetCursor(4,1); break;
                default: SetIndex = 0; LcdSetCursor(0,1); break;
        }
    }
}
/* 时间或闹钟设置时,设置位左移一位,到头后折回 */
void SetLeftShift()
{
    if (staSystem == E_SET_TIME)
    {
        switch (SetIndex)
        {
                case 0: SetIndex = 10; LcdSetCursor(15,1); break;
                case 1: SetIndex = 0; LcdSetCursor(0, 1); break;
                case 2: SetIndex = 1; LcdSetCursor(1, 1); break;
                case 3: SetIndex = 2; LcdSetCursor(3, 1); break;
                case 4: SetIndex = 3; LcdSetCursor(4, 1); break;
                case 5: SetIndex = 4; LcdSetCursor(6, 1); break;
                case 6: SetIndex = 5; LcdSetCursor(7, 1); break;
                case 7: SetIndex = 6; LcdSetCursor(9, 1); break;
                case 8: SetIndex = 7; LcdSetCursor(11,1); break;
                case 9: SetIndex = 8; LcdSetCursor(12,1); break;
                default: SetIndex = 9; LcdSetCursor(14,1); break;
        }
    }
    else if (staSystem == E_SET_ALARM)
    {
        switch (SetIndex)
        {
                case 0: SetIndex = 3; LcdSetCursor(4,1); break;
                case 1: SetIndex = 0; LcdSetCursor(0,1); break;
                case 2: SetIndex = 1; LcdSetCursor(1,1); break;
```

```
            default: SetIndex = 2; LcdSetCursor(3,1); break;
        }
    }
}
/* 输入设置数字,修改对应的设置位,并显示该数字,ascii 为输入数字的 ASCII 码 */
void InputSetNumber(uint8 ascii)
{
    uint8 num;

    num = ascii - '0';
    if (num <= 9)                                           //只响应 0～9 的数字
    {
        if (staSystem == E_SET_TIME)
        {
            switch (SetIndex)
            {
                case 0: SetTime.year = (SetTime.year&0xFF0F)|(num << 4);
                        LcdShowChar(0, 1, ascii); break;    //年份高位数字
                case 1: SetTime.year = (SetTime.year&0xFFF0)|(num);
                        LcdShowChar(1, 1, ascii); break;    //年份低位数字
                case 2: SetTime.mon = (SetTime.mon&0x0F)|(num << 4);
                        LcdShowChar(3, 1, ascii); break;    //月份高位数字
                case 3: SetTime.mon = (SetTime.mon&0xF0)|(num);
                        LcdShowChar(4, 1, ascii); break;    //月份低位数字
                case 4: SetTime.day = (SetTime.day&0x0F)|(num << 4);
                        LcdShowChar(6, 1, ascii); break;    //日期高位数字
                case 5: SetTime.day = (SetTime.day&0xF0)|(num);
                        LcdShowChar(7, 1, ascii); break;    //日期低位数字
                case 6: SetTime.week = (SetTime.week&0xF0)|(num);
                        LcdShowChar(9, 1, ascii); break;    //星期数字
                case 7: SetTime.hour = (SetTime.hour&0x0F)|(num << 4);
                        LcdShowChar(11,1, ascii); break;    //小时高位数字
                case 8: SetTime.hour = (SetTime.hour&0xF0)|(num);
                        LcdShowChar(12,1, ascii); break;    //小时低位数字
                case 9: SetTime.min = (SetTime.min&0x0F)|(num << 4);
                        LcdShowChar(14,1, ascii); break;    //分钟高位数字
                default:SetTime.min = (SetTime.min&0xF0)|(num);
                        LcdShowChar(15,1, ascii); break;    //分钟低位数字
            }
            SetRightShift();                                //完成该位设置后自动右移
        }
        else if (staSystem == E_SET_ALARM)
        {
            switch (SetIndex)
            {
                case 0: SetAlarmHour = (SetAlarmHour&0x0F) | (num << 4);
                        LcdShowChar(0,1, ascii); break;     //小时高位数字
                case 1: SetAlarmHour = (SetAlarmHour&0xF0) | (num);
                        LcdShowChar(1,1, ascii); break;     //小时低位数字
```

```
                case 2: SetAlarmMin = (SetAlarmMin&0x0F) | (num << 4);
                        LcdShowChar(3,1, ascii); break;        //分钟高位数字
                default:SetAlarmMin = (SetAlarmMin&0xF0) | (num);
                        LcdShowChar(4,1, ascii); break;        //分钟低位数字
            }
            SetRightShift();                    //完成该位设置后自动右移
        }
    }
}
/* 切换系统运行状态 */
void SwitchSystemSta()
{
    if (staSystem == E_NORMAL)              //正常运行切换到时间设置
    {
        staSystem = E_SET_TIME;
        SetTime.year = CurTime.year;        //当前时间复制到时间设置缓冲区中
        SetTime.mon = CurTime.mon;
        SetTime.day = CurTime.day;
        SetTime.hour = CurTime.hour;
        SetTime.min = CurTime.min;
        SetTime.sec = CurTime.sec;
        SetTime.week = CurTime.week;
        LcdClearScreen();                   //液晶清屏
        ShowSetTime();                      //显示设置时间
        SetIndex = 255;                     //与接下来的右移一起将光标设在最左边的位置上
        SetRightShift();
        LcdOpenCursor();                    //开启光标
    }
    else if (staSystem == E_SET_TIME)       //时间设置切换到闹钟设置
    {
        staSystem = E_SET_ALARM;
        SetTime.sec = 0;                    //秒清0,即设置时间后从0秒开始走时
        SetRealTime(&SetTime);              //设定时间写入实时时钟
        SetAlarmHour = AlarmHour;           //当前闹钟值复制到设置缓冲区
        SetAlarmMin = AlarmMin;
        LcdClearScreen();                   //液晶清屏
        ShowSetAlarm();                     //显示设置闹钟
        SetIndex = 255;                     //与接下来的右移一起将光标设在最左边的位置上
        SetRightShift();
    }
    else                                    //闹钟设置切换会正常运行
    {
        staSystem = E_NORMAL;
        AlarmHour = SetAlarmHour;           //设定的闹钟值写入闹钟时间
        AlarmMin = SetAlarmMin;
        LcdCloseCursor();                   //关闭光标
        LcdClearScreen();                   //液晶清屏
        RefreshTime();                      //刷新当前时间
        RefreshDate(1);                     //立即刷新日期显示
```

```
                RefreshTemp(1);                        //立即刷新温度显示
                RefreshAlarm();                        //闹钟设定值显示
        }
}
/* 按键动作函数,根据键码执行相应的操作,keycode 为按键键码  */
void KeyAction(uint8 keycode)
{
    if ((keycode >= '0') && (keycode <= '9'))      //数字键输入当前位设定值
    {
        InputSetNumber(keycode);
    }
    else if (keycode == 0x25)                      //向左键,向左切换设置位
    {
        SetLeftShift();
    }
    else if (keycode == 0x27)                      //向右键,向右切换设置位
    {
        SetRightShift();
    }
    else if (keycode == 0x0D)                      //回车键,切换运行状态/保存设置
    {
        SwitchSystemSta();
    }
    else if (keycode == 0x1B)                      //Esc 键,静音/取消当前设置
    {
        if (staSystem == E_NORMAL)                 //处于正常运行状态时闹铃静音
        {
            staMute = 1;
        }
        else                                       //处于设置状态时退出设置
        {
            CancelCurSet();
        }
    }
}
```

/ ******************************* **main. h 文件程序源代码** ******************************* /

```
#ifndef _MAIN_H
#define _MAIN_H

enum eStaSystem {        //系统运行状态枚举
    E_NORMAL, E_SET_TIME, E_SET_ALARM
};

#ifndef _MAIN_C
extern enum eStaSystem staSystem;
#endif
```

```
void RefreshTemp(uint8 ops);
void ConfigTimer0(uint16 ms);

#endif
```

/ **************************** main. c 文件程序源代码 **************************** /

```
#define _MAIN_C
#include "config.h"
#include "Lcd1602.h"
#include "LedBuzzer.h"
#include "keyboard.h"
#include "DS1302.h"
#include "DS18B20.h"
#include "Infrared.h"
#include "Time.h"
#include "main.h"

bit flag2s = 0;                      //2s 定时标志位
bit flag200ms = 0;                   //200ms 定时标志
uint8 T0RH = 0;                      //T0 重载值的高字节
uint8 T0RL = 0;                      //T0 重载值的低字节
enum eStaSystem staSystem = E_NORMAL; //系统运行状态

void main()
{
    EA = 1;                          //开总中断
    ConfigTimer0(1);                 //配置 T0 定时 1ms
    InitLed();                       //初始化 LED 模块
    InitDS1302();                    //初始化实时时钟模块
    InitInfrared();                  //初始化红外接收模块
    InitLcd1602();                   //初始化液晶模块
    Start18B20();                    //启动首次温度转换

    while (!flag2s);                 //上电后延时 2 秒
    flag2s = 0;
    RefreshTime();                   //刷新当前时间
    RefreshDate(1);                  //立即刷新日期显示
    RefreshTemp(1);                  //立即刷新温度显示
    RefreshAlarm();                  //闹钟设定值显示

    while (1)                        //进入主循环
    {
        KeyDriver();                 //执行按键驱动
        InfraredDriver();            //执行红外接收驱动
        if (flag200ms)               //每隔 200ms 执行以下分支
        {
            flag200ms = 0;
```

```
        FlowingLight();                    //流水灯效果实现
        RefreshTime();                     //刷新当前时间
        AlarmMonitor();                    //监控闹钟
        if (staSystem == E_NORMAL)         //正常运行时刷新日期显示
        {
            RefreshDate(0);
        }
    }
    if (flag2s)                            //每隔 2s 执行以下分支
    {
        flag2s = 0;
        if (staSystem == E_NORMAL)         //正常运行时刷新温度显示
        {
            RefreshTemp(0);
        }
    }
}
/* 温度刷新函数,读取当前温度并根据需要刷新液晶显示,
** ops - 刷新选项: 为 0 时只当温度变化才刷新,非 0 则立即刷新 */
void RefreshTemp(uint8 ops)
{
    int16 temp;
    uint8 pdata str[8];
    static int16 backup = 0;

    Get18B20Temp(&temp);                   //获取当前温度值
    Start18B20();                          //启动下一次转换
    temp >>= 4;                            //舍弃 4bit 小数位
    if ((backup!= temp) || (ops!= 0))      //按需要刷新液晶显示
    {
        str[0] = (temp/10) + '0';          //十位转为 ASCII 码
        str[1] = (temp % 10) + '0';        //个位转为 ASCII 码
        str[2] = '\'';                     //用 'C 代替℃
        str[3] = 'C';
        str[4] = '\0';                     //字符串结束符
        LcdShowStr(12, 0, str);            //显示到液晶上
        backup = temp;                     //刷新上次温度值
    }
}
/* 配置并启动 T0,ms 为 T0 定时时间 */
void ConfigTimer0(uint16 ms)
{
    uint32 tmp;

    tmp = (SYS_MCLK * ms)/1000;            //计算所需的计数值
```

```
        tmp = 65536 - tmp;                      //计算定时器重载值
        tmp = tmp + 33;                         //补偿中断响应延时造成的误差
        T0RH = (uint8)(tmp>>8);                 //定时器重载值拆分为高低字节
        T0RL = (uint8)tmp;
        TMOD &= 0xF0;                            //清 0 T0 的控制位
        TMOD |= 0x01;                            //配置 T0 为模式 1
        TH0 = T0RH;                              //加载 T0 重载值
        TL0 = T0RL;
        ET0 = 1;                                 //使能 T0 中断
        TR0 = 1;                                 //启动 T0
}
/* T0 中断服务函数,实现系统定时和按键扫描 */
void InterruptTimer0() interrupt 1
{
    static uint8 tmr2s = 0;
    static uint8 tmr200ms = 0;

    TH0 = T0RH;                                  //重新加载重载值
    TL0 = T0RL;
    tmr200ms++;                                  //定时 200ms
    if (tmr200ms >= 200)
    {
        tmr200ms = 0;
        flag200ms = 1;
        tmr2s++;                                 //定时 2s
        if (tmr2s >= 10)
        {
            tmr2s = 0;
            flag2s = 1;
        }
    }
    KeyScan();                                   //执行按键扫描
}
```

　　程序代码已经完成了,但是大家的学习还得继续,把思路学差不多之后,要自己能够不看源代码,独立把这个程序编写出来,那么我就可以很高兴地告诉你,你的单片机已经合格了,你可以动手开发一些小产品,进入下一个层次的历练了。

　　当然了,读者不要指望这样的代码一下子写出来就好用,包括研发工程师,调试这种代码也是一步步来的,在调试的过程中,可能还要穿插修改很多之前写好的代码,协调功能工作等。读者如果独立写这种代码,3 天到一周调试出来还是比较正常的。学到这里,相信同学们对于做技术的基本耐性已经具备了。做技术,耐心、细心、恒心,缺一不可。不要像初学那样遇到一个问题动不动就浮躁了,慢慢来,最终把这个功能实现出来,完成你的单片机之路的第一个项目。

19.5　练习题

1. 学会使用类型说明定义新类型,能够区别 typedef 和♯define。
2. 学会建立编写头文件,并且掌握头文件的格式。
3. 掌握条件编译的用法。
4. 独立将多功能电子钟项目开发的代码完成。

第 20 章

扩展实例：超声波测距 *

由于超声波指向性强，能量消耗缓慢，在空气中传播距离较远，因而超声波经常用于距离的测量。利用超声波进行检测往往比较迅速、方便，并且计算简单，测量精度高，因此大量应用于工业场合，例如在汽车的倒车雷达、移动机器人定位中都有超声波测距的应用。

20.1　超声波测距原理

超声波发射器向某一方向发射超声波，在发射的同时开始计时，超声波在空气中传输，途中碰到障碍物就会被反射回来，超声波接收器收到反射波就立即停止计时。超声波在空气中的传播速度约为 340m/s，根据计时器记录的时间 t 就可以计算出发射点距障碍物的距离 s，即 $s = 340 \cdot t/2$。

此外，当测量精度要求较高时，还需要充分考虑温度对超声波速度的影响。例如，当温度 0℃时超声波速度是 332m/s，20℃时是 344m/s，30℃时是 350m/s。

20.2　超声波测距硬件准备

1. HC-SR04 超声波模块

如图 20-1 所示，该模块预留了 4 根插针，提供＋5V 和 GND 电源，TRIG 为触发控制信号输入，ECHO 为回响信号输出。

HC-SR04 模块的电路原理图可以从网络上获取到。该模块集成了一片单片机，当 SR04 模块上的单片机的触发信号输入引脚收到大于 10μs 的脉冲后，会发出 8 个频率为 40kHz 的脉冲信号，这个脉冲信号通过超声波模块发出后，回响信号输出引脚会输出高电

　＊　本章为选学内容。本章实例设计需要在配书开发板上增加额外的功能模块，文中已给出模块的型号，读者可以到实体电子商城或者淘宝网站上购买。

+5V
触发信号输入
回响信号输出
GND

图 20-1　HC-SR04 模块实物图

平。超声波遇到障碍物返回后,回响信号重新输出低电平。因此,可以根据这个回响信号的高电平宽度来计算距离,如图 20-2 所示。

大于 10μs 的TTL

触发信号
输入

循环发出 8 个 40kHz 脉冲

模块内部
发出信号

回响信号
输出

回响电平输出
与检测距离成比例

图 20-2　超声波测距时序图

根据图 20-2 中回响信号的脉冲宽度,可以获得距离参数。计算公式为:

$$距离 = \frac{回响信号高电平时间 \times 声速}{2}$$　(精度不高时声速直接采用 340m/s)

2. KST-51 单片机开发板

单片机开发板的 I/O 口都做了预留,在主芯片周围留有插针。当需要扩展外设时,可以使用杜邦线,选择要使用的引脚,连接到其他扩展模块。例如,在本章的应用实例中,超声波测距实验中用不到按键,于是可以将原本用于按键的 P2.7 接到超声波模块的触发信号输入引脚,将 P2.6 接到回响信号输出引脚,同时连接+5V 电源和 GND。

20.3　超声波测距并在数码管上显示

以下实例代码将利用超声波模块实时测量距离，并将测到的距离显示到数码管上。

/ ***************************** **config. h 文件程序源代码** *************************** /

```c
# ifndef _CONFIG_H
# define _CONFIG_H

# include < reg52. h >
# include < intrins. h >

typedef signed char int8;            // 8 位有符号整型数
typedef signed int int16;            //16 位有符号整型数
typedef signed long int32;           //32 位有符号整型数
typedef unsigned char uint8;         // 8 位无符号整型数
typedef unsigned int uint16;         //16 位无符号整型数
typedef unsigned long uint32;        //32 位无符号整型数

# define SYS_MCLK (11059200/12)      //系统主时钟频率,即振荡器频率÷12

sbit ADDR0 = P1^0;
sbit ADDR1 = P1^1;
sbit ADDR2 = P1^2;
sbit ADDR3 = P1^3;
sbit ENLED = P1^4;

# endif
```

/ ***************************** **Ultrasonic. h 文件程序源代码** *************************** /

```c
# ifndef _ULTRASONIC_H
# define _ULTRASONIC_H

# include < reg52. h >
# include < intrins. h >

sbit Trig = P2^7;                    //超声波控制端引脚
sbit Echo = P2^6;                    //超声波接收端引脚

void InitUltrasonic();
unsigned int GetDistance();

# endif
```

/ ***************************** **Ultrasonic. c 文件程序源代码** ***************************** /

```c
#include "Ultrasonic.h"

/* 软件延时,延时时间(t * 10)μs */
void DelayX10μs(unsigned char t)
{
    do {
        _nop_();
        _nop_();
        _nop_();
        _nop_();
        _nop_();
        _nop_();
        _nop_();
        _nop_();
    } while ( -- t);
}
/* 获取测量数据,返回值:以毫米为单位的距离值 */
unsigned int GetDistance()
{
    float time;
    float result;

    TH0 = 0;                //定时器0清0,准备本次测距计数
    TL0 = 0;
    Trig = 1;               //Trig 输出高电平
    DelayX10μs(2);          //延时 20μs
    Trig = 0;               //Trig 输出低电平,至此产生一个 20μs 的脉冲信号以启动超声波模块
    while(!Echo);           //等待回波信号:当 Echo 为 0 时等待,当 Echo 为 1 时继续往下执行
    TR0 = 1;                //启动 T0 开始计时
    while(Echo);            //等待回波信号结束
    TR0 = 0;                //关闭定时器0停止计时
    if (TF0 == 1)           //TF0 为 1 时说明定时器溢出了
    {
        TF0 = 0;            //清除标志位
        time = 65535;       //溢出时,直接设置为最大计数值
    }
    else
        time = TH0 * 256 + TL0;     //未溢出时,读取其实际计数值
    //将计数周期转换为实际时间(μs);超声波测得的是来回距离,除 2 得到单程距离的时间
    time = time * (12/11.0592) / 2;
    //time(s) * 速度 = 距离,340 为声波在空气中的传播速度(m/s)
    result = (time/1000000) * 340;
    if (result > 4.0)               //判断是否超出模块的测量范围
        result = 4.0;               //超出上限 4m 则设置为 4m
    else if (result < 0.02)
        result = 0.02;              //低于下限 0.02m 则设置为 0.02m
    //以无符号整形数返回测量结果,乘 1000 使其单位变为毫米
```

```
        return (unsigned int)(result * 1000);
}
/* 初始化超声波模块 */
void InitUltrasonic()
{
    TMOD &= 0xf0;
    TMOD |= 0x01;              //设置 T0 为方式 1
    TH0 = 0;
    TL0 = 0;
    ET0 = 0;                  //关闭 T0 中断
    Trig = 0;                 //拉低模块触发引脚
}
```

/* ***************************** **main. c 文件程序源代码** ***************************** /

```
#include "config. h"
#include "Ultrasonic. h"

uint16 flag = 0;             //定义定时标志
uint8 LedBuff[7] = {         //数码管和 8 个独立 LED 的显示缓冲区,初值 0xFF 确保启动时都不亮
    0xFF, 0xFF, 0xFF, 0xFF, 0xFF, 0xFF, 0xFF
};
const int8 code LedChar[] = {    //数码管显示字符转换表
    0xC0, 0xF9, 0xA4, 0xB0, 0x99, 0x92, 0x82, 0xF8,
    0x80, 0x90, 0x88, 0x83, 0xC6, 0xA1, 0x86, 0x8E
};
const uint8 code ledtab[8] = {   //led 显示转换表
    0x7F, 0x3F, 0x1F, 0x0F, 0x07, 0x03, 0x01, 0x00
};
void ShowDistance();

/* 主函数 */
void main()
{
    EA = 1;                     //使能总中断
    ENLED = 0;                  //使能 U3,选择控制数码管
    ADDR3 = 1;                  //因为需要动态改变 ADDR0 - 2 的值,所以不需要再初始化
    TMOD &= 0x0f;
    TMOD |= 0x10;               //设置 T1 为模式 1
    TH1 = 0xFC;                 //为 T1 赋初值 0xFC67,定时 1ms
    TL1 = 0x67;
    ET1 = 1;                    //使能 T1 中断
    TR1 = 1;                    //启动 T1
    InitUltrasonic();          //初始化超声波模块

    while (1)
    {
        if(flag == 1)           //每间隔 200ms 启动一次测距
```

```
            {
                flag = 0;
                ShowDistance();
            }
        }
    }
}
/* 执行测距并显示结果 */
void ShowDistance()
{
    int8 i;
    uint8 buff[5];
    uint16 distance ;                       //暂存距离值

    distance = GetDistance();
    buff[0] = distance % 10;
    buff[1] = distance/10 % 10;
    buff[2] = distance/100 % 10;
    buff[3] = distance/1000 % 10;
    buff[4] = distance/10000 % 10;
    for(i = 4; i >= 1;i--)                   //整数部分高位的0转换为空白符
    {
        if(buff[i] == 0)
            LedBuff[i] = 0xff;
        else
            break;
    }
    for(; i >= 0; i--)                       //有效数字转化为显示字符
        LedBuff[i] = LedChar[ buff[i] ];
    //在从低起第2位添加小数点,表示显示数值的单位为厘米
    LedBuff[1] &= 0x7f;
    //将4m的距离平均分为8个区间,用LED灯直观反应出来
    LedBuff[6] = ledtab[(distance - 1)/500 ];
}
/* 定时器1中断服务函数 */
void InterruptTimer1() interrupt 3
{
    static uint8 i = 0;                      //LED位选索引
    static uint16 cnt = 0;                   //定义计数变量

    TH1 = 0xFC;                              //重新加载初值
    TL1 = 0x67;
    P0 = 0xFF;                               //关闭所有段选位,显示消隐
    P1 = (P1 & 0xF8) | i;                    //位选索引值赋值到 P1 口低 3 位
    P0 = LedBuff[i];                         //缓冲区中索引位置的数据送到 P0 口
    if (i < (sizeof(LedBuff) - 1))           //索引递增循环,遍历整个缓冲区
        i++;
```

```
    else
        i = 0;
    cnt++;
    if(cnt >= 200)                          //定时 200ms
    {
        cnt = 0;                            //清 0 计数值
        flag = 1;                           //设置定时标志为 1
    }
}
```

20.4　优化超声波测距的精度

在 20.3 节的实例代码中，检测回响信号脉冲宽度时用的是软件查询的方式，即用代码检测引脚的电平变化来启动和关闭定时器，从而实现对时间的测量。在简单的系统中，这样做完全可以得到让人满意的结果。但如果系统变得复杂，比如整个系统中还需要开启其他多个中断，而某些中断函数还可能执行较长的时间时，就可能发生这样一种情况：当实际的回响信号变化时，系统正在执行某个耗时较长的中断函数，那么主程序中的检测就只能等待此中断函数执行完后才能继续，于是就可能造成程序检测到回响信号变化的时刻比实际发生的时刻要晚一些，从而会使定时器测得的脉冲宽度值发生较大偏差，进而使计算出的距离发生较大的偏差。

针对此问题，可以通过灵活运用定时器 T0 或 T1 的门控功能来解决。定时器门控功能在第 5 章已有详细论述，本节仅就利用 T1 实现高精度的超声波测距来讲述它的具体使用方法：启用 T1 门控功能（TMOD 中相应的 GATE 位置 1）后，外部中断引脚 INT1(P3.3) 将起到实际控制 T1 启停的作用，即 INT1 为 1 时 T1 启动计数，INT1 为 0 时 T1 停止计数，于是就不需要编写代码来检测超声波回响信号，而是可以将回响信号连接到 INT1 上让它自动控制 T1 启停，从而避免了软件检测时可能产生的偏差。

以下代码就是利用 T1 门控功能优化后的超声波测距程序，测得的距离数值显示到了液晶屏上。

/ ***************************** config. h 文件程序源代码 ***************************** /

```
#ifndef _CONFIG_H
#define _CONFIG_H

#include <reg52.h>
#include <intrins.h>

typedef signed char int8;                   //8 位有符号整型数
typedef signed int int16;                   //16 位有符号整型数
typedef signed long int32;                  //32 位有符号整型数
```

```
typedef unsigned char uint8;                    // 8 位无符号整型数
typedef unsigned int uint16;                    //16 位无符号整型数
typedef unsigned long uint32;                   //32 位无符号整型数

#define SYS_MCLK (11059200/12)                  //系统主时钟频率,即振荡器频率÷12

#endif
```

/ *************************** **Ultrasonic. h 文件程序源代码** *************************** /

```
#ifndef _ULTRASONIC_H
#define _ULTRASONIC_H

#include < reg52. h>
#include < intrins. h>

sbit Trig = P2^7;                               //超声波控制端引脚
sbit Echo = P3^3;                               //超声波接收端引脚

void InitUltrasonic();
unsigned int GetDistance();

#endif
```

/ *************************** **Ultrasonic. c 文件程序源代码** *************************** /

```
#include "Ultrasonic.h"

/ * 软件延时,延时时间(t * 10) μs * /
void DelayX10us(unsigned char t)
{
    do {
        _nop_();
        _nop_();
        _nop_();
        _nop_();
        _nop_();
        _nop_();
        _nop_();
        _nop_();
    } while ( -- t);
}
/ * 获取测量数据,返回值:以毫米为单位的距离值 * /
unsigned int GetDistance()
{
    float time;
    float result;
```

```c
    TH1 = 0;                //定时器1清0,准备本次测距计数
    TL1 = 0;
    Trig = 1;               //Trig输出高电平
    DelayX10μs(2);          //延时20μs
    Trig = 0;               //Trig输出低电平,至此产生一个20μs的脉冲信号以启动超声波模块
    while(!Echo);           //等待回波信号,回波信号自动使能T1计数
    while(Echo);            //等待回波信号结束,T1同时自动停止
    if (TF1 == 1)           //TF1为1时说明定时器溢出了
    {
        TF1 = 0;            //清除标志位
        time = 65535;       //溢出时,直接设置为最大计数值
    }
    else
        time = TH1 * 256 + TL1;     //未溢出时,读取其实际计数值
    //将计数周期转换为实际时间(μs);超声波测得的是来回距离,除2得到单程距离的时间
    time = time * (12/11.0592) / 2;
    //time(s) * 速度 = 距离,340为声波在空气中的传播速度(m/s)
    result = (time/1000000) * 340;
    if (result > 4.0)                   //判断是否超出模块的测量范围
        result = 4.0;                   //超出上限4m则设置为4m
    else if (result < 0.02)
        result = 0.02;                  //低于下限0.02m则设置为0.02m
    //以无符号整形数返回测量结果,乘1000使其单位变为毫米
    return (unsigned int)(result * 1000);
}
/* 初始化超声波模块 */
void InitUltrasonic()
{
    TMOD &= 0x0f;
    TMOD |= 0x90;                       //设置T1为方式1,GATE=1启用门控模式
    TH1 = 0;
    TL1 = 0;
    ET1 = 0;                            //关闭T0中断
    TR1 = 1;                            //使能定时器,预先打开定时器,启停将由INT1引脚控制
    Trig = 0;                           //拉低模块触发引脚
}
```

/ *************************** **Lcd1602.h 文件程序源代码** *************************** /

```c
#ifndef _LCD1602_H
#define _LCD1602_H

#include <reg52.h>

#define LCD1602_DB P0
sbit LCD1602_RS = P1^0;
```

```
sbit LCD1602_RW = P1^1;
sbit LCD1602_E = P1^5;

void InitLcd1602();
void LcdShowStr(unsigned char x, unsigned char y, unsigned char * str);

#endif
```

/ ************************** **Lcd1602.c 文件程序源代码** *************************** /

```
#include "Lcd1602.h"

/* 等待液晶准备好 */
void LcdWaitReady()
{
    unsigned char sta;

    LCD1602_DB = 0xFF;
    LCD1602_RS = 0;
    LCD1602_RW = 1;
    do {
        LCD1602_E = 1;
        sta = LCD1602_DB;            //读取状态字
        LCD1602_E = 0;
    } while (sta & 0x80);            //bit7 等于 1 表示液晶正忙,重复检测直到其等于 0 为止
}
/* 向 LCD1602 液晶写入一字节命令,cmd - 待写入命令值 */
void LcdWriteCmd(unsigned char cmd)
{
    LcdWaitReady();
    LCD1602_RS = 0;
    LCD1602_RW = 0;
    LCD1602_DB = cmd;
    LCD1602_E = 1;
    LCD1602_E = 0;
}
/* 向 LCD1602 液晶写入一字节数据,dat - 待写入数据值 */
void LcdWriteDat(unsigned char dat)
{
    LcdWaitReady();
    LCD1602_RS = 1;
    LCD1602_RW = 0;
    LCD1602_DB = dat;
    LCD1602_E = 1;
    LCD1602_E = 0;
}
/* 设置显示 RAM 起始地址,亦即光标位置,(x,y) - 对应屏幕上的字符坐标 */
void LcdSetCursor(unsigned char x, unsigned char y)
```

```
{
    unsigned char addr;

    if (y == 0)                            //由输入的屏幕坐标计算显示 RAM 的地址
        addr = 0x00 + x;                   //第一行字符地址从 0x00 起始
    else
        addr = 0x40 + x;                   //第二行字符地址从 0x40 起始
    LcdWriteCmd(addr | 0x80);              //设置 RAM 地址
}
/* 在液晶上显示字符串,(x,y)-对应屏幕上的起始坐标,str-字符串指针 */
void LcdShowStr(unsigned char x, unsigned char y, unsigned char * str)
{
    LcdSetCursor(x, y);                    //设置起始地址
    while ( * str != '\0')                 //连续写入字符串数据,直到检测到结束符
        LcdWriteDat( * str++);
}
/* 初始化 1602 液晶 */
void InitLcd1602()
{
    LcdWriteCmd(0x38);                     //16 * 2 显示,5 * 7 点阵,8 位数据接口
    LcdWriteCmd(0x0C);                     //显示器开,光标关闭
    LcdWriteCmd(0x06);                     //文字不动,地址自动 + 1
    LcdWriteCmd(0x01);                     //清屏
}
```

/ ***************************** **main. c 文件程序源代码** ***************************** /

```
# include "config. h"
# include "Lcd1602. h"
# include "Ultrasonic. h"

uint16 flag;                              //定义定时标志
void ShowDistance();

/* 主函数 */
void main()
{
    EA = 1;                               //开启总中断
    TMOD &= 0Xf0;
    TMOD |= 0X01;                         //设置 T0 为方式 1
    TH0 = 0xFC;                           //为 T0 赋初值 0xFC67,定时 1ms
    TL0 = 0x67;
    ET0 = 1;                              //使能 T0 中断
    TR0 = 1;                              //启动 T0
    InitUltrasonic();                     //超声波模块初始化
    InitLcd1602();                        //1602 初始化
```

```
    while(1)
    {
        if(flag == 1)
        {
            flag = 0;
            ShowDistance();
        }
    }
}
/* 执行测距并显示结果 */
void ShowDistance()
{
    uint8 i;
    uint8 buff[6];
    uint16 Distance ;                        //暂存距离值

    Distance = GetDistance();
    buff[5] = Distance % 10 + '0';           //将数据转换为字符形式
    buff[4] = '.';
    buff[3] = (Distance/10) % 10 + '0';
    buff[2] = (Distance/100) % 10 + '0';
    buff[1] = (Distance/1000) % 10 + '0';
    buff[0] = (Distance/10000) % 10 + '0';
    for(i = 0; i <= 3; i++)                  //整数部分高位的 0 转换为空白符
    {
        if(buff[i] == '0')                   //判断是不是字符 0
            buff[i] = ' ';                   //将字符 0 转换为空格 即不显示
        else
            break;
    }
    LcdShowStr(0, 1, &buff);                 //显示距离值
    LcdShowStr(6, 1, "cm");                  //显示距离单位
}
/* 定时器 0 中断服务函数 */
void InterruptTimer0() interrupt 1 using 3
{
    static uint16 cnt = 0;                   //定义计数变量

    TH0 = 0xFC;                              //重新加载初值
    TL0 = 0x67;
    cnt++;
    if(cnt >= 330)                           //定时 330ms
    {
        cnt = 0;                             //清 0 计数值
        flag = 1;                            //设置定时标志为 1
    }
}
```

附录 A

单片机开发常用工具

"工欲善其事必先利其器"，在做单片机开发的时候，不管是调试电路还是调试程序，都需要借助一些辅助工具来帮助查找和定位问题，从而帮助我们顺利解决问题。没有任何辅助工具的单片机项目开发很可能就是无法完成的任务，不过好在实际上总是有很多种工具可用。附录 A 就要介绍一些最常用的单片机项目开发辅助工具，学习使用它们的方法，让它们协助我们进行项目的开发和调试。

附录 A 视频

A.1　万用表

A.1.1　万用表的功能及类型

万用表，也称作多用表、复用表等，是电子工程师最基本也最不可或缺的测量工具。它的基本功能包括：测量交直流电压、交直流电流、电阻阻值，检测二极管极性，测试电路通断等。有些高档的万用表还有电容容值测量、三极管测试、脉冲频率测量等功能。万用表大体可分为三类：指针万用表、数字万用表和自动量程万用表，先通过图 A-1 来认识一下。

图 A-1　指针万用表、数字万用表和自动量程万用表目前,指针万用表基本上已经被淘汰了,只在某些特殊场合才能见到(例如科研和教学机构),而数字万用表是当今的绝对主流。图中最右边的自动量程万用表也是数字万用表的一种,顾名思义,它能自动切换量程,就不用自己再手动拨动了,但挡位(指电压、电流、电阻等这些不同的测量项目)还是要手动拨的,无疑自动量程万用表更高级一点,用起来也更省事。下面以手动量程的数字万用表为例,来讲解万用表的使用方法,自动量程的更简单,所以不用讲你也能会了。

A.1.2 万用表的使用方法

要使用万用表完成一项实际的测量工作,除了要有如图 A-1 所示的万用表的主体机身之外,还得有两支表笔才行,表笔通常都是一只黑色、一只红色,如图 A-2 所示。

对照图中的表笔插孔,使用万用表进行具体测量时,黑色表笔要插到标有"COM"的黑色插孔里,而红色表笔根据测量项目的不同,插到不同的插孔:测量小电流(≤200mA)信号时插到"mA"插孔,测量大电流(大于 200mA)信号时插到"20A"插孔,其余测量项目均插到标有"VΩ"的插孔。要特别注意进行不同测量项目时千万不要插错了位置。

插好表笔之后还要选择挡位和量程,靠机身中间的挡位旋钮开关来实现,如图 A-3 所示。

图 A-2　万用表表笔、机身上的表笔插孔特写　　　　图 A-3　万用表挡位开关

围绕旋钮开关的一圈分为了多个挡位:电阻 Ω、电容 F、关闭 OFF、三极管 hFE、直流电压 V—、交流电压 V~、直流电流 A—、交流电流 A~、二极管、通断。有的挡位不分量程,而有的挡位则包含多个量程,看图即可一目了然。下面介绍几个最常用的挡位的使用方法。

交直流电压:交流和直流电压的测量方法是完全相同的,仅根据具体的被测信号选择不同的挡位量程即可。首先在测量前对被测信号的幅值应该有一个大概的评估,然后根据这个大概值去选择挡位:比如照明电是 220V 交流,那么选择交流电压 750V 挡位(绝不能选择低于被测信号最大值的挡位,以免损坏万用表);单片机系统多数都在 5V 以下,那么选择直流电压 20V 挡位。选择好挡位就可以把表笔接入被测系统了,如果是交流电压自然就无所谓方向了,两支表笔的地位也就是等同的了,把它们分别接触到两个被测点上即可;如果是直流信号,那么最好是红色表笔接电压高的一点,而黑色表笔接电压低的一点。有时候

习惯上只说某一点的电压是多少多少,而不是说哪两点之间的电压是多少,其实此时这某一点都是针对参考地来说的,即该点和参考地之间的电压,那么通常来说黑表笔就是接触到参考地上的了。

电阻:电阻阻值的测量很简单,先把挡位开关打到 Ω 挡,如果不知道大概的阻值范围,就选择最大量程,然后用两支表笔分别接触待测电阻的两端即可。根据屏幕显示的数值可进一步选择更加合适的量程。值得一提的是,多数万用表进行测量时都有一个反应时间,慢的需要等上几秒才能显示一个稳定的测量值,所以在使用的时候也不要太心急。

交直流电流:电流的测量相对复杂一点,因为测量电流要将万用表串联到回路中。那么首先需要把待测回路在某一个点上断开,把红表笔从 VΩ 插孔换到 mA 或 20A 插孔中(同样根据事先大概的评估来选择,如无把握就选择 20A 孔,如实测数值很小则再换到 mA 孔),把挡位开关打到 mA 或 20A 挡位上,然后用万用表的两支表笔分别接触断点的两端,也就是用表笔和万用表本身将断开的回路再连起来,这样万用表就串在原来的回路中了,此时就可以在屏幕上读到电流的测量值了。需要特别注意的一点是:当每次测量完电流,都必须把插在电流插孔上的红表笔插回到 VΩ 插孔,以免其他人随后拿去测其他信号时造成意外短路损坏被测设备或万用表。

二极管和通断:有的万用表上二极管和通断是同一个挡,有的是分开的两个,这从一个侧面说明它们在原理上是相同的。万用表从两支表笔输出一个很小的电流信号,通常为1mA 或更小,然后测量两支表笔之间的电压,如果这个电压值很小,小到几乎为 0,那就可以认为此时两支表笔之间是短路的,即被测物是连通的导线或等效阻值很小而近似通路,反之如果这个电压值很大以致超量程了(通常屏幕会在高位显示一个 1 后面是空白或者是OL 之类的提示),那么就可以认为两支表笔之间的被测物是断开的或者说绝缘的,这就是通断功能。通常当万用表检测到短路(即"通")时还会发出提示声音。那么二极管呢,同样是这个原理,如果测到的电压值大约等于一个 PN 结的正向导通电压(硅管 $0.5\sim0.7V$、锗管 $0.2\sim0.3V$),那么说明此时与红表笔接触的就是二极管的阳极,黑表笔接触的是阴极,反之如果显示超量程那么说明二极管接反了,需要反过来再测,如果正反电压都很小,或者都很大,那么说明二极管可能是坏了。

介绍完了万用表最常用的功能和使用方法,再来看它在单片机开发中能起到什么作用。当自己辛辛苦苦搭建好了一套单片机系统,满怀期待地上电,而它却很不给面子地罢工时,该怎么办呢? 首先就要检查电源是否正常:用万用表的直流电压挡测量单片机的供电电源,看是否在 5V 左右(以 5V 单片机系统为例,其他电压的系统请对号入座),以先确定作为整个系统基础的电源是否有故障。然后再检查复位信号电压是否正常、其他控制信号电压是否正常等。一步步查找,一步步排除问题。在查找排除问题的过程中,通断功能就是一个很好的帮手,它可以告诉你电路板的哪条线路是通的,哪条线路没通,或是哪条线路对地或对其他线路短路了,等等。而其他的电阻、电流、频率等也都各有用处,只是不像电压和通断如此常用,就不再赘述了,大家在实践中慢慢体会吧。

A.2 示波器

A.2.1 示波器的功能及类型

示波器,顾名思义,就是显示波形的机器,它还被誉为"电子工程师的眼睛"。它的核心功能就是把被测信号的实际波形显示在屏幕上,以供工程师查找定位问题或评估系统性能等。它的发展同样经历了模拟和数字两个时代,如图 A-4 所示。

目前,模拟示波器也基本上被淘汰了,现在是数字示波器的天下。同理,也只以数字示波器为例来加以讲解。

数字示波器,更准确的名称是数字存储示波器,即 DSO(Digital Storage Oscilloscope)。这个"存储"不是指它可以把波形存储到 U 盘等介质上,而是针对模拟示波器的即时显示特性而言的。模拟示波器靠的是阴极射线管(CRT,即俗称的电子枪)发射出电子束,而这束电子在根据被测信号所形成的磁场下发生偏转,从而在荧屏上反映出被测信号的波形,这个过程是即时的,中间没有任何的存储过程。而数字示波器的原理却是这样的:首先示波器利用前端 ADC 对被测信号进行快速的采样,这个采样速度通常都可以达到每秒几百兆到几十吉次,是相当快的;而示波器的后端显示部件是液晶屏,液晶屏的刷新速率一般只有几十到一百多赫兹,因此,前端采样的数据就不可能实时反应到屏幕上,于是就诞生了存储这个环节——示波器把前端采样来的数据暂时保存在内部的存储器中,而显示刷新的时候再来这个存储器中读取数据,用这级存储环节解决前端采样和后端显示之间的速度差异。

很多人在第一次见到示波器的时候,可能会被它面板上众多的按钮唬住,再加上示波器一般身价都比较高,所以对使用它就产生了一种畏惧心理。这是不必要的,因为示波器虽然看起来很复杂,但实际上它的核心功能——显示波形——并不复杂,只要三四个步骤就能搞定了,而现在示波器的复杂都是因为附加了很多辅助功能造成的,这些辅助功能自然都有它们的价值,熟练灵活地应用它们可以起到事半功倍的效果。但作为初学者,只把它最核心的、最基本的功能应用起来即可。

A.2.2 示波器的使用

跟万用表类似,要使用示波器,首先也得用示波器探头把它和被测系统相连,如图 A-4 最右侧的图所示。示波器一般都会有 2 个或 4 个通道(通常都会标有 1~4 的数字,而多余的那个探头插座是外部触发,一般用不到它),它们的地位是等同的,可以随便选择。把探头插到其中一个通道上,探头另一头的小夹子连接被测系统的参考地(这里一定要注意一个问题:示波器探头上的夹子是与大地即三插插头上的地线直接连通的,所以如果被测系统的参考地与大地之间存在电压差,将会导致示波器或被测系统的损坏),探针接触被测点,这样示波器就可以采集到该点的电压波形了(普通的探头不能用来测量电流,要测电流得选择专门的电流探头)。

图 A-4 模拟示波器、数字示波器和示波器探头

接下来就要通过调整示波器面板上的按钮,使被测波形以合适的大小显示在屏幕上了。只需按照一个信号的两大要素——幅值和周期(频率与周期在效果上是等同的)来调整示波器的参数即可。负责这两调整项的旋钮如图 A-5 所示。

图 A-5 示波器幅值、时间轴旋钮

如图中所示,在每个通道插座上方的旋钮,就是调整该通道的幅值的,即波形垂直方向大小的调整。转动它们就可以改变示波器屏幕上每个竖格所代表的电压值,所以可称其为"伏格"调整,如图 A-6 中两幅波形对比图所示:左图是 1V/格,右图是 500mV/格,左图波形的幅值占了 2.5 个格,所以是 2.5V,右图波形的幅值占了 5 个格,也是 2.5V。推荐是将波形调整到右图这个样子,因为此时波形占了整个测量范围的较大空间,可以提高波形测量的准确度和细节还原程度。

图 A-6 示波器伏格调整对比图

　　除了图 A-5 通道上方的伏格旋钮外,通常还会在面板上找到一个大小相同的旋钮(不一定像图 A-5 所示的位置),这个旋钮是调整周期的,即波形水平方向大小的调整。转动它,就可以改变示波器屏幕上每个横格所代表的时间值,所以可称其为"秒格"调整,如图 A-7 中两幅波形对比图所示:左图是 500 µs/格,右图是 200 µs/格,左图一个周期占 2 个格,周期是 1ms,即频率为 1kHz,右图一个周期占 5 个格,也是 1ms,即 1kHz。这里就没有哪个更合理的问题了,具体问题具体对待,它们都是很合理的。

图 A-7　示波器秒格调整对比图

　　很多时候只进行上述两项调整,就能看到一个波形,但这个波形很不稳定,左右乱颤,相互重叠,导致看不清楚,如图 A-8 所示。

图 A-8　示波器触发电平调整不当的示意图

　　这是因为示波器的触发没有调整好的缘故,那么什么是触发呢?简单点理解,所谓触发就是设定一个基准,让波形的采集和显示都围绕这个基准来。最常用的触发设置是基于电平的(也可基于时间等其他量,道理相同),大家看下上面的几张波形图,在左侧总有一个 T 和一个小箭头,T 是触发的意思,这个小箭头指向的位置所对应的电压值就是当前的触发电平。示波器总是在波形经过这个电平的时候,把之前和之后的一部分存储并最终显示出来,于是就能看到图 A-6 和图 A-7 所示的波形。而图 A-8 中,我们可以看到,无论如何波形也不会经过 T 所指的位置,即永远达不到触发电平,所以失去了基准的波形看上去就不稳定了。怎么调节这个触发电平的位置呢? 在示波器面板上找一个标了 Trigger 的旋钮,如图 A-9 所示,转动这个旋钮就可以改变这个 T 的位置了。

除了可以改变触发电平的值,还可以设置触发的方式:比如选择上升沿还是下降沿触发,也就是选择让波形向上增加的时候经过触发电平还是向下减小的时候经过触发电平来完成触发,这些设置一般都是通过 Trigger 栏里的按钮和屏幕旁边的菜单键来完成的。

图 A-9　示波器触发旋钮

只要经过上述几步,就可以把示波器的核心功能应用起来了,可以用它观察单片机系统的各个信号了。比如说上电后系统不运行,就用它来测一下晶振引脚的波形正常与否。需要注意的是,晶振引脚上的波形并不是方波,而是更像正弦波,而且晶振的两个脚上的波形是不一样的,一个幅值小一点的是作为输入的,一个幅值大一点的是作为输出的,如图 A-10 所示。

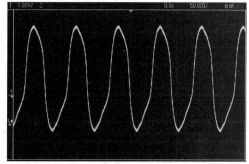

图 A-10　示波器实测的晶振波形

A.3　逻辑分析仪

A.3.1　什么是逻辑分析仪

由于电路的发展是从模拟发展到数字,因此测量工具的发展也遵循了这个顺序。现在提到测量,首先想到的是示波器,尤其是一些老工程师,他们对示波器的认知度非常高。而逻辑分析仪是一种新型测量工具,是随着单片机技术的发展而发展起来的,非常适合单片机这类数字系统的测量分析,而在通信方面的分析中,比示波器要更加方便和强大。

一个待测信号使用 10MHz 采样率的逻辑分析仪去采集,假定阈值电压是 1.5V,那么在测量的时候,逻辑分析仪就会每 100ns 采集一个样点,并且超过 1.5V 认为是高电平(逻辑 1),低于 1.5V 认为是低电平(逻辑 0)。而后呢,逻辑分析仪会用描点法将波形连起来,工程师就可以在这个连续的波形中查看到逻辑分析仪还原的待测信号,从而查找异常之处。

　　逻辑分析仪和示波器都是还原信号的,示波器前端有 ADC,再加上还原算法,可以实现模拟信号的还原。而逻辑分析仪只针对数字信号,不需要 ADC,不需要特殊算法,用最简单的连点就可以了。此外,示波器往往是台式的,波形显示在示波器本身的显示屏上,而逻辑分析仪当前大多数是和 PC 端的上位机软件结合的,在计算机上直接显示波形。图 A-11 是一款逻辑分析仪的实物图,最大采样率为 500MHz,通道数为 16 个,硬件采样深度为100Mb,经过压缩算法,最多可以实现每通道 10Gb 的采样深度,图 A-12 是该逻辑分析仪的上位机软件,先来看图认识一下它们。

图 A-11　逻辑分析仪实物图

图 A-12　逻辑分析仪上位机软件

A.3.2　逻辑分析仪的参数

逻辑分析仪有三个重要参数：阈值电压、采样率和存储深度。

(1) 阈值电压：区分高低电平的间隔。逻辑分析仪和单片机都是数字电路，它在读取外部信号的时候，多高电压识别成高电平、多高电压识别成低电平是有一定限制的。例如一款逻辑分析仪，阈值电压是 1.0～2.0V，那么当它采集外部的数字电路信号的时候，高于 2.0V 识别为高电平，低于 1.0V 识别为低电平，而在这之间的电压是一种不定态，有可能识别成高也可能识别成低，这是数字电路的固有特性所决定的。

(2) 采样率：每秒钟采集信号的次数。比如一个逻辑分析仪的最大采样率是 100MHz，那么也就是说它一秒钟可以采集 100MHz 个样点，即每 10ns 采集一个样点，并且高于阈值电压的认定为高电平，低于阈值电压的认定为低电平。前边学 UART 通信的时候提到过它每一位都会读取 16 次，而逻辑分析仪的原理也是类似的，就是在超频读取。频率为 1MHz 的数字信号，用 100MHz 的采样率去采集，那么一个信号周期就可以采集 100 次，最后用小学学过的描点法把采集到的样点连起来，就会还原出信号，当然 100 倍采样率的脉宽误差大概是百分之一。根据奈奎斯特定理，采样率必须是信号频率的 2 倍以上才能还原出信号，因为逻辑分析仪是数字系统，算法简单，所以最低也是 4 倍于信号的采样率才可以，一般选择 10 倍左右效果就比较好了。例如待测信号频率是 10MHz，那么逻辑分析仪采样率最低也得是 40MHz，最好能达到 100MHz，提高精确度。

(3) 存储深度：刚才讲了采样率，那么采集到的高电平或者低电平信号，要有一个存储器存储起来。例如用 100MHz 采样率，那么 1 秒就会产生 100MHz 个状态样点。一款逻辑分析仪能够存储多少个样点数，这是逻辑分析仪很重要的一个指标。如果采样率很高，但是存储的数据量很少，那也没有多大意义，逻辑分析仪可以保存的最大样点数就是一款逻辑分析仪的存储深度。通常情况下，数据采集时间＝存储深度/采样率。

此外，逻辑分析仪还有输入阻抗和耐压值等几个简单参数。所有的逻辑分析仪的通道上，都是有等效电阻和电容的，由于测量信号的时候分析仪通道是并联在通道上的，所以分析仪的输入阻抗如果太小，电容过大，就会干扰到线上原来的信号。理论上来讲，阻抗越大越好，电容越小越好。通常情况下，逻辑分析仪的阻抗都在 100kΩ 以上，电容都在 10pF 左右。所谓的耐压值，就是说如果测量超过这个电压值的信号那么分析仪就可能被烧坏，所以测量的时候必须要注意这个问题。

A.3.3　逻辑分析仪的使用

(1) 硬件通道连接。首先要把逻辑分析仪的 GND 和待测板子的 GND 连到一起，以保证信号的完整性。然后把逻辑分析仪的通道接到待测引脚上，待测引脚可以用多种方式引出来。

(2) 通道数设置。一般情况下，大多数逻辑分析仪有 8 通道、16 通道、32 通道等数目。而采集信号的时候，往往用不到那么多通道，为了更清晰地观察波形，可以把用不到的通道隐藏起来。

(3) 采样率和采样深度设置。首先要对待测信号最高频率有个大概的评估,把采样率设置到它的 10 倍以上,还要大概判断一下要采集的信号的时间长短,在设置采样深度的时候,尽量设置出一定的余量。采样深度除以采样率,得到的就是可以保存信号的时间。

(4) 触发设置。由于逻辑分析仪的限制,不可能无限期地保存数据。在使用逻辑分析仪时,如果没有采用任何触发设置,则从开始抓取就计算时间,一直到存满我们设置的存储深度后停止抓取。在实际操作过程中,开始抓取的一段信号可能是无用信号,有用信号可能只是其中一段,但是无用信号还占据了的存储空间。在这种情况下,就可以通过设置触发来提高存储深度的利用率。比如想抓取 UART 串口信号,而串口信号平时没有数据的时候是高电平,因此可以设置一个下降沿触发。从点击开始抓取,逻辑分析仪不会把抓到的信号保存到存储器中,而是会等待一个下降沿的产生,一旦产生了下降沿,才开始进行真正的信号采集,并且把采集到的信号存储到存储器中。也就是说,从点击开始抓取到下降沿这段时间内的无用信号,被所设置的触发给屏蔽掉了,这是一个非常实用的功能。

(5) 抓取波形。逻辑分析仪和示波器不同,示波器是实时显示的,而逻辑分析仪需要点击开始,才开始抓取波形,一直到存满了所设置的存储深度后结束,然后可以慢慢地去分析抓到的信号,因此点击"开始抓取"这个步骤是必须要有的。

(6) 设置协议解析(标准协议)。如果抓取的波形是标准协议,比如 UART、I2C、SPI 等这种协议,逻辑分析仪一般都会配有专门的解码器,可以通过设置解码器,不仅仅像示波器那样把波形显示出来,还可以直接把数据解析出来,以十六进制、二进制、ASCII 码等不同形式显示出来。

(7) 数据分析。和示波器类似,逻辑分析仪也有各种测量标线,可以测量脉冲宽度,测量波形的频率,占空比等信息,通过数据分析,查找波形是否符合要求,从而帮助我们解决问题。

A.3.4　应用实例——分析 UART、I2C、SPI

本节用实例来讲解逻辑分析仪在分析通信数据方面的应用,我们使用前面提到的 LA5016 来进行。

首先,把逻辑分析仪的 GND 与 KST-51 开发板的 GND 接起来,随便找一个通道,比如用通道 2 和板子的 P3.1 引脚接起来。然后让单片机以 2400 的波特率、无校验的方式发送几个字节的数据。由于 UART 通信平时默认是高电平,当数据来的时候,会先出现一位起始位,因此把触发方式设置成下降沿触发。而后要设置一下采样率和采样深度,因为信号是 2400 波特率的,采样率超过 1M 就很准了,抓几个字节,采样深度也要求不高,干脆都设置成 1M,那么总的采集时间计算下来就是 1 秒。单击三角形启动按钮,这个时候,逻辑分析仪还没有开始采集,因为它要等待一个下降沿产生才开始采集信号。让单片机发送串口通信数据,逻辑分析仪就会开始抓取信号,抓到的信号会直接显示在对应软件的界面上,如图 A-13 所示。

图 A-13　抓取 UART 信号

然后单击右侧边栏解析器右边的加号,在弹出的菜单中,选择 UART 通信协议,进入配置界面,将波特率改成 2400,无校验位,选择通道 2,单击"确定"按钮,就会在软件界面上直接把数据解析出来,如图 A-14 所示。

图 A-14　UART 数据解析

当设置好串口通信选项后,单击"确定"按钮,直接就会在通道上把十六进制显示在波形上边的悬浮图上,如果要显示其他进制的数字,还可以单击 UART 右侧的那个齿轮按钮,单击显示为其他格式,包括二进制、ASCII、十进制都可以显示出来。此外,如果数据量很大,解析出来后想要用文本形式显示,也可以单击那个齿轮按钮,单击输出选项,就可以把数据导出为 txt 或 csv 格式,如图 A-15 所示。

```
UART.txt - 记事本                               —  □  ×
文件(F) 编辑(E) 格式(O) 查看(V) 帮助(H)
Time [s],Value,Parity Error,Framing Error
0.000000000, 0x6B, ,
0.004160000, 0x65, ,
0.008319000, 0x79, ,
0.012479000, 0x3A, ,
0.016639000, 0x20, ,
0.020798000, 0x30, ,
0.024958000, 0x78, ,
0.029118000, 0x32, ,
0.033277000, 0x36, ,
0.037437000, 0x0D, ,
0.041596000, 0x0A, ,
```

图 A-15　导出的数据文件

图 A-15 中的 Time 就是这个信号发生时间,Value 是解析出的数值,Parity 是校验,如果数据错误也会在后边提示错误,这个功能是不是很酷呢?

同样的方法,也可以去抓取和解析 I2C 和 SPI 的信号数据。I2C 和 SPI 都不是一条线,比如 I2C 有 2 个信号,SCL 和 SDA,用分析仪的通道 3 接到 SCL 上,通道 4 接到 SDA 上,也可以将数据抓出来并且解析出来,其中 SDA 上悬浮的就是解析出的数值,如图 A-16 所示。

图 A-16　I2C 数据解析

SPI 是 4 线的,大家在使用的时候,尤其要注意配置 CPOL 和 CPHA 的设置,如果这两项设置得不对,或者是解析不出来数据,或者是解析出的数据是错误的。正确设置后,解析出来的波形数据分别悬浮在 MOSI 和 MISO 的通道上面,如图 A-17 所示。

图 A-17　SPI 数据解析

A.3.5　数字电路应用中逻辑分析仪比之示波器的优势

示波器是既可以测量模拟信号又可以测量数字信号的,但在测量分析数字信号时,逻辑分析仪比示波器强大许多,主要有以下几个方面。

(1) 测量数字信号时,示波器通常可以用来观察有没有信号或者是信号的质量如何,逻辑分析仪主要用来分析信号高低电平时序时间,以及通信的是什么数据等。

(2) 逻辑分析仪通道数通常比示波器多得多。示波器常见有单通道、双通道和四通道。而逻辑分析仪常见有 8 通道、16 通道、32 通道或者更多,测量多个信号运行状态,尤其是并行数据,只有通道足够多才能把完整的数据测量分析出来。

(3) 具有延迟能力,可以保存更长时间的数据。示波器是实时显示的,实际上它只能显示其中一小段数据,可以实现快速刷新,带来的缺点就是存储深度很低。而逻辑分析仪有较大的存储深度,可以保存大量的数据,而后一点点进行分析。

(4) 具有多种灵活的触发功能,可以对获取的数据进行挑选,对系统运行中的程序段进行调试。示波器通常只有上升沿、下降沿和电压设置的触发,而逻辑分析仪不仅仅有上升沿和下降沿触发,还可以设置并行数据等更复杂的触发。

(5) 具备强大的数据解析能力。对于一些标准的协议,示波器显示的是波形,而逻辑分析仪可以直接把数据解析出来。除了前边讲过的三种协议外,现在很多逻辑分析仪大都具备十种以上的协议解析器,可以方便地解析出各种数据,并且可以把数据显示成为 ASCII 码、二进制、十进制、十六进制等直观的形式。

(6) 可以将抓到的波形数据以 txt、csv 等格式导出,提供给第三方工具,例如 MATLAB 等进行时域分析。

在模拟时代,示波器有着不可替代的优势,但是步入数字世界,逻辑分析仪拥有更强大的功能,可以称之为分析数字通信的利器。

A.4　练习题

1. 掌握万用表的使用方法。
2. 熟悉示波器和逻辑分析仪的使用方法。

ASCII 码字符表

十进制码值	十六进制码值	字符	十进制码值	十六进制码值	字符	十进制码值	十六进制码值	字符	十进制码值	十六进制码值	字符
0	00	NUL	32	20		64	40	@	96	60	`
1	01	SOH	33	21	!	65	41	A	97	61	a
2	02	STX	34	22	"	66	42	B	98	62	b
3	03	ETX	35	23	#	67	43	C	99	63	c
4	04	EOT	36	24	$	68	44	D	100	64	d
5	05	ENQ	37	25	%	69	45	E	101	65	e
6	06	ACK	38	26	&	70	46	F	102	66	f
7	07	BEL	39	27	'	71	47	G	103	67	g
8	08	BS	40	28	(	72	48	H	104	68	h
9	09	HT	41	29	)	73	49	I	105	69	i
10	0A	LF	42	2A	*	74	4A	J	106	6A	j
11	0B	VT	43	2B	+	75	4B	K	107	6B	k
12	0C	FF	44	2C	,	76	4C	L	108	6C	l
13	0D	CR	45	2D	-	77	4D	M	109	6D	m
14	0E	SO	46	2E	.	78	4E	N	110	6E	n
15	0F	SI	47	2F	/	79	4F	O	111	6F	o
16	10	DLE	48	30	0	80	50	P	112	70	p
17	11	DC1	49	31	1	81	51	Q	113	71	q
18	12	DC2	50	32	2	82	52	R	114	72	r
19	13	DC3	51	33	3	83	53	S	115	73	s
20	14	DC4	52	34	4	84	54	T	116	74	t
21	15	NAK	53	35	5	85	55	U	117	75	u
22	16	SYN	54	36	6	86	56	V	118	76	v
23	17	ETB	55	37	7	87	57	W	119	77	w
24	18	CAN	56	38	8	88	58	X	120	78	x
25	19	EM	57	39	9	89	59	Y	121	79	y
26	1A	SUB	58	3A	:	90	5A	Z	122	7A	z
27	1B	ESC	59	3B	;	91	5B	[	123	7B	{
28	1C	FS	60	3C	<	92	5C	\	124	7C		
29	1D	GS	61	3D	=	93	5D	]	125	7D	}
30	1E	RS	62	3E	>	94	5E	^	126	7E	~
31	1F	US	63	3F	?	95	5F	_	127	7F	

C 语言运算符及优先级

优先级	运算符	名称或含义	结合方向	说　　明
1	()	圆括号	左到右	
	[]	数组下标		
	.	成员选择(对象)		
	->	成员选择(指针)		
	++	自增运算符(++i)		
	——	自减运算符(——i)		
2	—	负号运算符	右到左	单目运算符
	(类型)	强制类型转换		
	++	自增运算符(i++)		单目运算符
	——	自减运算符(i——)		单目运算符
	*	取值运算符		单目运算符
	&	取地址运算符		单目运算符
	!	逻辑非运算符		单目运算符
	~	按位取反运算符		单目运算符
	sizeof	长度运算符		
3	/	除	左到右	双目运算符
	*	乘		双目运算符
	%	余数(取模)		双目运算符
4	+	加	左到右	双目运算符
	—	减		双目运算符
5	<<	左移	左到右	双目运算符
	>>	右移		双目运算符
6	>	大于	左到右	双目运算符
	>=	大于等于		双目运算符
	<	小于		双目运算符
	<=	小于等于		双目运算符
7	==	等于	左到右	双目运算符
	!=	不等于		双目运算符

优先级	运算符	名称或含义	结合方向	说　明
8	&	按位与	左到右	双目运算符
9	^	按位异或	左到右	双目运算符
10	|	按位或	左到右	双目运算符
11	&&	逻辑与	左到右	双目运算符
12	||	逻辑或	左到右	双目运算符
13	?:	条件运算符	右到左	三目运算符
14	=	赋值运算符	右到左	
	/=	除后赋值		
	*=	乘后赋值		
	%=	取模后赋值		
	+=	加后赋值		
	-=	减后赋值		
	<<=	左移后赋值		
	>>=	右移后赋值		
	&=	按位与后赋值		
	^=	按位异或后赋值		
	|=	按位或后赋值		
15	,	逗号运算符	左到右	从左向右顺序运算

说明：同一优先级的运算符,运算次序由结合方向所决定。

图 书 资 源 支 持

感谢您一直以来对清华大学出版社图书的支持和爱护。为了配合本书的使用，本书提供配套的资源，有需求的读者请扫描下方的"书圈"微信公众号二维码，在图书专区下载，也可以拨打电话或发送电子邮件咨询。

如果您在使用本书的过程中遇到了什么问题，或者有相关图书出版计划，也请您发邮件告诉我们，以便我们更好地为您服务。

我们的联系方式：

地　　址：北京市海淀区双清路学研大厦 A 座 701

邮　　编：100084

电　　话：010-83470236　010-83470237

资源下载：http://www.tup.com.cn

客服邮箱：2301891038@qq.com

QQ：2301891038（请写明您的单位和姓名）

用微信扫一扫右边的二维码，即可关注清华大学出版社公众号。

科技传播·新书资讯

电子电气科技荟

资料下载·样书申请

书圈